Rolf K. Böttner/Alexandra Lène

Das Universal-Prinzip

Böttner, Rolf

Das Universal-Prinzip/Rolf Böttner; Alexandra Lène. Mit einem Vorwort von Prof. Dr. Fritz-Albert Popp – Lübeck: Karsten Büttner Verlag 2007

ISBN 978-3-939330-01-1

Titelentwurf: Teflon Fonfara, www.fonfara.de

Titelfoto: Rolf Böttner

Foto hintere Umschlagseite: Apollo 8, Erdaufgang: NASA

Herstellung: Books on Demand, Norderstedt

Zusätzliche Informationen zum Buch finden Sie unter:

http://www.das-universal-prinzip-buch.de

Inhaltsverzeichnis

Vorwort **9**

1. Einleitung **13**

2. Auf der Suche nach dem Prinzip **16**

Die Vorgeschichte *16*
Auslösende Fragen *18*
Alexandras Sicht 20
Die Visionen *21*
Alexandra erinnert sich 24
Erste Erfolge *25*
Weitere Meilensteine *26*
Ein Bruder im Geiste *26*
Unser Weg zum Universal-Prinzip *27*

3. Das Universal-Prinzip pur **29**

Das Universal-Prinzip – ganz kurz erklärt *29*
Kraft ohne Gegenkraft? 30
3.1 Sichtbare Körper, unsichtbare Kräfte *32*
3.2 Durch Anregung vom Kraftfeld zum Ausgleichsfeld *34*
Ein neuer Blick auf Wellen und Teilchen 35
Der Ausgleich 39
Die Grenzen der Ausgleichsfelder 42
Freie Kraft wird im Ausgleichsfeld gebunden 44
Energieniveaus in unserem Umfeld 46

3.3 Vorgänge im Ausgleichsfeld ... *48*
Die Umwandlung von Wellen ... 48
Die Natur elektromagnetischer Wellen ... 51
Der Spin (Rotation) ... 53
Empfänger werden zu Sendern ... 55
3.4 Resonanz ... *56*
Beim Flug zum Mond verschwanden plötzlich die Sterne … ... 63
3.5 Raum und Materie ... *64*
Der Universelle Kreisprozess in allen Ebenen ... 65
Das Raum-Materie-Gefüge ... 69
Bewegung durch Universelle Schwingkreise ... 73
3.6 Der Quantensprung ... *75*
Chaos und Ordnung in jedem Oktavbereich ... 75
Kontinuierlich und zugleich sprunghaft? ... 76
Das All im Universellen Periodensystem ... 77
Die drei Zustände ... 79
Zustandsänderungen sind umkehrbar ... 79
Unumkehrbare Stoffänderung ... 81
Energieniveaus und Antennen ... 85
3.7 Die Hochzeit der kleinen Teilchen ... *88*
3.8 Männliche und weibliche Qualität: Magnetismus und Elektrizität ... *91*
Kräfte und Verbindungen ... 94
3.9 Das Geheimnis der Zeit ... *98*
3.10 Kraft und Energie ... *101*
3.11 Erkenntnisse anderer Forscher ... *109*
Die Heilige Geometrie ... 109
Die Natur-Philosophie ... 111
Der Pneu ... 112
Eine ultraschwache Zellstrahlung ... 112
Die Helix in unseren Genen ... 112
Der Doppler-Effekt ... 115
Die Brownsche Molekularbewegung ... 115
Gravitationsbiologie ... 115

4. Das Universal-Prinzip im Universum ... 117

4.1 Makrokosmos: Galaxien, Sonnen, Planeten ... *119*

Sterne entstehen und vergehen ... 119
Kosmisches Einatmen ... 123
Kosmisches Ausatmen ... 124
Der Levitations-Zyklus von Sonnen ... 126
So entwickeln sich Planeten ... 129
Die Spirale zur höheren Qualität ... 133
4.2 Mikrokosmos: Atome, Moleküle, Zellen ... 134
Atome aus Sicht des Universal-Prinzips ... 134
Licht und Klang erfüllen die Leere ... 136
Bindungen zwischen Atomen: Freundschaft, Hochzeit, Trennung ... 142
Weshalb sind Atome gleichzeitig abstoßend und anziehend? ... 144
Haben Atome ein Bewusstsein? ... 145
Bindungen zwischen Molekülen ... 146
Unsere Zellen leuchten ... 148
4.3 Unsere Erde ... 152
Zuerst war Chaos ... 152
Die Welt versteinerte ... 153
Die Entstehung der Atmosphäre ... 154
Am Anfang war das Wort … ... 154
Levitation überwiegt, die Erde steigt auf ... 156
Vielfalt entsteht aus Einfalt ... 160
Die Herausbildung von Formen ... 160
Was sind Klangfiguren? ... 162
Die überlebenswichtige Freund-Feind-Erkennung ... 164
Die Vielfalt des Lebens ... 165
Auch Pflanzen haben Hormone ... 167
Alles lebt ... 168
Wir erleben eine Göttliche Evolution ... 168
Die Zyklen der Welten ... 171
Sternbilder und Sternzeichen ... 172
Welt-Zeitalter ... 173
Einflüsse von Sternzeichen und Sternbildern ... 176
Kreisläufe von Tag und Nacht, Monaten und Jahren ... 181
Der 11-jährige Sonnen-Zyklus ... 182
So entstanden Erd-Zeitalter ... 184

5. Universal-Prinzip und Mensch **185**
5.1 Die Zeit bis zur Geburt *186*
Was bedeuten Körper, Seele und Geist? 189
Die Geburt 191
5.2 Unser Energiesystem *193*
Die Aura in uns und um uns 195
Die Chakras 199
Polachse und göttlicher Kern 202
5.3 Wachsen und Reifen *206*
Der Oktav-Zyklus 210
Der Jahreskreis 213
Die Organuhr 214
Bewusstsein, Schlaf und Meditation 217
5.4 Gesundheit und Krankheit *221*
Steckenbleiben in Chaos oder Ordnung 222
Ungleichgewichte durch Materie oder Wellen 225
Was wird wodurch angeregt? 230
5.5 Heilung *233*
5.6 Der Übergang in die Anderswelt *236*
Himmel oder Hölle 238
Gesunder oder kranker Tod 238
Erleuchtung 239
Hin zu Gott 239
5.7 Die Entwicklung menschlichen Erkenntnisstrebens *241*
Die Weisheit alter Hochkulturen 241
Die Funktechnik der Götter 242
Das Geheimnis alter Sonnentempel 243
Geistfelder, Phantasie oder Realität? 247
Die Himmelscheibe von Nebra 247
Der Zauber der goldenen Hüte 248
Natürliche Philosophien 249
Die Mythen 249
Religion und Wissenschaft 250
5.8 Abkehr von der Natur-Philosophie, Einführung von Zweck-Religionen ... *254*
5.9 Die Wende in den Naturwissenschaften *256*
Der Bruch 258

5.10 Die Schieflage in der Neuzeit ... *260*
Andere Meinungen ... 262
Artgerechtes Leben statt Genmanipulation ... 265
Unsere Wurzeln ... 267

6. Anwendungen des Universal-Prinzips im Alltag ... 268

Die Welt mit anderen Augen sehen ... 268
6.1 Was bedeutet Lebens-Energie? ... *270*
Verbindungen zwischen fernöstliche Philosophie und Universal-Prinzip.. 270
Wie viel Energie habe ich? ... 272
So wirkt Lebensenergie ... 275
Der Dreifach-Erwärmer als Energie-Erzeuger ... 277
6.2 Wie gewinne ich mehr Lebens-Energie? ... *283*
6.3 Weitere Quellen von Lebens-Energie ... *286*
Was weise Frauen und Druiden wussten ... 286
Wellen machen Materie lebendig ... 286
Die Energie der Materie ... *287*
Die (Heil-) Wirkungen von Pflanzen ... 289
Was bedeutet eigentlich Qualität? ... 292
Wie wir durch Nahrung Lebenserfahrung gewinnen ... 293
Man ist, was man isst ... 295
Die Kraft der Wellen ... *295*
Der Einfluss natürlicher Wellen ... 296
Was können uns Bäume sagen? ... 298
Natürliche Rhythmen sind gesund ... 300
Symbole ... 301
So wird die Wohnung zum Kraftort ... 302
Die Wirkung nicht-natürlicher Wellen (Elektrosmog) ... 303
6.4 Wie finde ich den Sinn meines Lebens? ... *304*
Bin ich manchmal neben der Kappe? ... 305
Wohin geht mein Weg? ... 306
Jeder entwickelt seine Seele selbst ... 307
Körperlicher und seelischer Stoffwechsel ... 308
Ist aller Anfang schwer? ... 311
Der ideale Tageslauf ... 311
Leben zwischen Chaos und Ordnung ... 313

Unsere Helfer 313
Der Lauf des Lebens 314
Was ist klüger als mein Verstand? 315
Heilung 316
Meditation 316
Vorfrühling am Teich 317
6.5 Wie kann ich erkennen, was wahr ist? 319
6.6 Lebendiges Wissen durch intuitive Intelligenz 323
Der dritte Weg: die Intuition 324

7. Zukunftsvisionen 327

Anregungen für die verschiedenen Bereiche: 328
Weshalb bin gerade ich ganz wichtig für diese Welt? 332
Gutes tun, heute beginnen 333

Begriffserklärungen 336

Quellennachweis 343

Über die Autoren 348

Begriffe mit einem vorangestellten * werden unter Begriffserklärungen erläutert.

Vorwort

„Über Gott und die Welt reden" könnte auch ein passender Titel sein für das vorliegende Werk „Das Universal-Prinzip" von Rolf Böttner und seiner Tochter Alexandra Lène. Das muss nicht heißen, dass der Anspruch, ein „Universal-Prinzip" erkannt zu haben, völlig unberechtigt sei – auf diese Thematik möchte ich aber erst am Schluss meiner Ausführungen eingehen. Um Missverständnisse zu vermeiden, muss die Phrase „Gott und die Welt" auch beileibe nicht gleichzusetzen sein mit nutzlosem „Gelaber", sondern weist hier auf die interessante, eigentliche und ungewöhnliche Intention der beiden Autoren hin, nämlich nicht nur auf Ideen aufmerksam zu machen, sondern auch auf deren Geschichte, Entstehung, Entwicklung und Entfaltung, also auch im Weg das eigentliche Ziel zu sehen.

Der gewählte Titel will vor allem auf die Allgemeingültigkeit eines „Weltbildes", dessen Nützlichkeit, eben auch der Vorstellungen im Hintergrund und der Praxisnähe in der Anwendung hinweisen. Das spannende dabei ist, dass die Autoren diese Ideen selbst gefunden, entwickelt, erlebt und aufgezogen haben, mit all den Erlebnissen, die Erfinder bei der Geburt ihrer Schöpfungen erhoffen, erleiden und genießen. Dieser Schöpfungsakt ist oft entscheidender als der spätere Inhalt der Ideen und dessen Konsequenzen. Vor diesem Hintergrund und von diesem Anspruch her gesehen erhält man die liebenswerte Erzählung eines „Abenteuers Wissenschaft", zu dem der Vater – als er erfährt, krebskrank zu sein –

mit seiner Familie aufbricht und ungeahnte und wachsend anspruchsvolle Erkenntnisse gewinnt, die ihn und seine intakte Familie – wo gibt es DAS noch? – fesseln, vereinnahmen, gefangen nehmen.

Sinn und Inhalt nicht nur einzelner Naturphänomene, sondern mehr und mehr der Gesamtheit des Weltgeschehens werden aus Sicht der Autoren überprüfbar, getragen von einer Idee und Vorstellungen, die eine Weltansicht mit einer „neuen“ Physik untermauert, vereinfacht, komprimiert, im wahrsten Sinne verdichtet, und aus dieser Sicht auch vom Leser neu erfahren. So kommt es, dass die schlichte Lauterkeit des Forschers, das persönliche Engagement, das Ringen um Ehrlichkeit und die ungestüme Natürlichkeit auch tieferer Erkenntnisse die sonst formalistische Prozedur professioneller Erkenntnisgewinnung verdrängt.

Im Anspruch eines „Universal-Prinzips“ soll dessen tiefere Bedeutung und die Freude über das Empfinden genereller Gültigkeit zum Ausdruck gebracht werden. Daraus entspringt keineswegs die Forderung nach Anerkennung des exakten Beweises als nicht falsifizierbare wissenschaftliche Entdeckung, sondern die Bitte um Anteilnahme an der Freude über die Vielfalt von neuen, lebendigen, frischen Erkenntnissen, die erlebt und mitgeteilt werden wollen. Aus dieser Resonanz entsteht die Begeisterung in der Erforschung, Vertiefung und gleichzeitigen Überprüfung der Idee an der Vielfalt bekannter Phänomene aus der Sicht der Entdecker. Universalität, Allgemeingültigkeit des „Prinzips“ – nicht etwa quantitative Gesetzmäßigkeiten – vereinigen sich mit den Konzerten von Gedankenspielen über die Variabilität der Naturphänomene.

Das Buch erfreut den Leser mit der Atmosphäre unschuldiger, geduldiger, aber auch für ernsthafte wissenschaftliche Leistungen erforderlichen Neugierde ohne jeden Hintersinn auf Belohnung, Vergütung, Bezahlung oder Manipulation. Hier erlebt der Leser noch die Ursprünglichkeit echter Wissenschaft. Und das ist der Grund, weshalb dieses voluminöse Buch nie langweilig wird, sondern als Ganzes, „universal“, erfrischend und „ansteckend“ bleibt in der freundlichen Art des kommunikativen Diskurses der Ideen, ihrer Atmosphäre, des Wechselspiels zwischen Inhalt und der Originalität seiner Entstehung. Man möchte beteiligt sein an der erlebten Vermischung von Merkmalen des Inhalts mit der Form, man möchte das logische Ergründen des Universal-Prinzips mit dem „Aha-Erlebnis“ verbinden, das bei der tieferen Einsicht in die Geheimnisse der Natur resultieren sollte. Einerseits kommt damit ein neuer, lebenswichtiger und Leben erfüllender „Sinn“ in die forschende Familien-Gemeinschaft. Es entsteht die detektivische Erregung und Suche nach diesem „Prinzip“, das als Krönung des Erfolgs eben jene Überzeugung bewirkt und hinterlässt.

Ziel und Inhalt des Universal-Prinzip sollte sein, alle Ereignisse dieser Welt zu steuern, wobei es offen bleibt, ob das Universal-Prinzip steuern soll, steuern könnte, oder sogar steuern muss? Es ist dabei letztlich unwichtig, ob die „Theorie" exakt beweisbar ist, die sich aus den harmonischen, „privat"-forschenden familiären Gesprächen entfaltet. Sie fällt den erfrischend zwanglosen, aber doch auch um Ernsthaftigkeit bemühten Ingenieuren zu, ohne zufällig zu entstehen. Sie entspricht qualitativ einer kohärenten Zuordnung aller Erscheinungen zur Dynamik eines vermuteten „Ausgleichsfeldes", liefert die gemeinsame Basis eines neuen wissenschaftlichen Verständnisses der Natur.

Solche Bemühungen, die Mannigfaltigkeit der Vorgänge aus einfachsten Prinzipien zu erklären, findet sich in der Geschichte der Naturwissenschaften immer wieder, von Beginn des philosophischen und streng physikalischen Denkens an bis in die jüngsten Entwicklungen. Um nur ein Beispiel zu nennen, erinnere man sich an das Hamilton-Prinzip oder verwandte Prinzipien der kleinsten Wirkung in der klassischen Mechanik. Ebenso gibt es auch neueste Strömungen in der Hypothese von Ausgleichsprozessen zwischen antagonistischen virtuellen Resonanzvorgängen in der Quantenphysik.

Entscheidend dabei ist nicht eine neue mathematische Beschreibung physikalischer Vorgänge, sondern ein tieferes und dennoch einfacheres und plausibleres Verständnis der Natur, das wohl als eine Art „Belohnung" und Bereicherung des Bewusstseins nach oft langwierigen Wegen des Nachdenkens und Erforschens, des Verwerfens unbrauchbarer Ideen und der Übereinstimmung der Intuition mit der Abstimmung eben eines „Universal-Prinzips" erfolgt.

Ich möchte hier nicht auf die vielen Facetten der Überprüfung eines solchen Prinzips anhand ausgewählter Beispiele eingehen. Ihre Vielzahl ist sofort auch dem Inhaltsverzeichnis zu entnehmen, und die Übereinstimmungen lassen sich qualitativ nachvollziehen. Die Quantifizierung der Modelle, die natürlich notwendig wäre, bleibt möglicherweise der weiteren Entwicklung, auf die man gespannt sein darf, vorbehalten.

Es handelt sich hier nicht um eine strenge wissenschaftliche Beweisführung, sondern um das Erlebnis und die äußerst fruchtbare, sinnvolle, evolutionäre Erlebnis- und Gefühlswelt, die durch dieses „Universal-Prinzip" im permanenten Abgleich der Ausgleichsfelder angestoßen wird. Wäre es nicht von höchster Bedeutung, wenn unsere Jugend, ja die Bevölkerung sich diesen Entwicklungsprozessen aktiv anschließen könnte, um den Frust unserer Zeit durch die Suche nach einem tieferen Sinn auszugleichen und vielfach zu überwinden?

Alexandra Lène, die in unserem Institut ein mehrmonatiges Praktikum absolvierte, zeigte zu dieser Zeit schon deutlich die Tugend und das Streben nach einem tieferen und umfassenderen Verständnis der Natur. Besonders in der heutigen Zeit der Zersplitterung in chaotische Phasen der Bewusstseinsentfaltung können solche Entwicklungen junger Menschen nicht hoch genug eingeschätzt, unterstützt und angeregt werden. Darin liegt die tiefere Bedeutung, der Sinn und Zweck der biologischen Evolution. Der Leser ist gut beraten, sich davon anstecken zu lassen und dieses Buch der Familie mit evolutionärer Freude und Genugtuung aufzunehmen.

Neuss, im Februar 2007

Prof. Dr. Fritz-Albert Popp

Fritz-Albert Popp ist einer der Väter der „Biophotonen-Theorie". Er ist Gründer und Leiter des International Institute of Biophysics (IIB) e.V.

1. Einleitung

Die Erscheinungsformen des seit Milliarden von Jahren andauernden Entwicklungs- und Gestaltungsprozesses der Erde haben den Menschen zu allen Zeiten Rätsel aufgegeben.

Denken wir an ein Ameisenvolk, das nach langer emsiger Arbeit seinen Berg fertig gestellt hat. Beschädigt ein anderes Tier oder ein Mensch unachtsam den Ameisenberg, entsteht zunächst ein Chaos. Sofort jedoch setzt eine eilige Schadenbegrenzung ein. Es muss Ordnung geschaffen werden, ehe sich wieder ein normales Gleichgewicht einpendeln kann. Das ist beim Ausbruch einer Krankheit nicht anders als bei einer Naturkatastrophe.

Jeder Mensch stellt sich im Laufe seines Lebens sicher einmal die Frage, welches Geheimnis dem Wunder der Natur zugrunde liegt. Weshalb funktioniert alles so und nicht anders?

Man sagt: das einzig Beständige ist die Unbeständigkeit. Und weil das so ist, haben die natürlichen Ausgleichsmechanismen im Laufe der Zeit Systeme erzeugt, mit deren Hilfe eine Chaos-Situation sogar zur Quelle einer höheren Qualität genutzt werden kann. Daraus folgt, dass jede Anpassung nur ein Übergangszustand sein kann.

Nach Jahren des Hinterfragens und Infragestellens auch scheinbar gesicherter Erkenntnisse wurden für uns im Nebel der *Transzendenz allmählich Konturen sichtbar. Und dann – ganz plötzlich, eines Nachts, offenbarte sich uns Ende des vorigen Jahrtausends schlaglichtartig das ganze Bild jenes Mechanismus', um den es in diesem Buch geht.

Der faszinierende Gedanke, den vielfältigen Erscheinungsformen des Lebens könnte ein alles ordnendes Prinzip zugrunde liegen, führte mich gemeinsam mit meiner Tochter zu dem einfachen Modell eines ausgleichenden *Feldes, dass sich zwischen Gegensätzen jeglicher Art entwickelt. Für Atome und Moleküle gilt es ebenso wie für Menschen oder für kosmische Galaxien. Aus diesem Grund nannten wir es Universal-Prinzip.

Das Universal-Prinzip eröffnet eine völlig neue Sicht auf Entwicklungs-Prozesse in allen Ebenen. Es gelingt damit, scheinbar getrennt voneinander existierende Sachverhalte in einem übergeordneten Gesamtzusammenhang zu erkennen.

Das Prinzip steckt evolutionsbedingt in jedem von uns. Ja, die gesamte Entwicklung der Erde, der übrigen Planeten, ihrer Monde und auch der Sonne verläuft nach jenem Prinzip.

Mit dem Universal-Prinzip lassen sich Fragen beantworten, die scheinbar weit auseinander liegen:

- Gibt es Ähnlichkeiten zwischen der wohltuenden Atmosphäre, die uns im Wald oder im Gebirge erfrischt und der, die wir an Energieorten, Kathedralen oder historischen Stadtanlagen spüren?
- Wenn Gravitation die bestimmende Kraft im Universum sein soll, weshalb stürzen dann Planeten und Sterne nicht ineinander?
- Wozu dienten die vor Tausenden von Jahren in verschiedenen Teilen der Erde aufwendig gebauten und präzise ausgerichteten Pyramiden und Steinkreisanlagen?
- Weshalb gelingt es dem rasanten wissenschaftlich-technischen Fortschritt nicht, das Artensterben zu stoppen, wie wichtig ist die evolutionäre Vielfalt?
- Wie erkenne ich Aufgaben und Ziel meines Lebens, worauf kommt es an?

Das **Universal-Prinzip** ist ein neuer Ansatz zur Beschreibung von Wechselwirkungen zwischen Kraft und Materie. Vorgänge, die in unterschiedlichen Bereichen der Natur- und Geisteswissenschaften sowie in Religionen behandelt werden, können damit unter einheitlichen Gesichtspunkten betrachtet werden.

Grundlage des Universal-Prinzips ist das Phänomen eines ausgleichenden Feldes. Das so genannte Ausgleichsfeld entwickelt sich unter dem Einfluss von anregenden Kräften zwischen unterschiedlichen Körpern bzw. zwischen Körpern und Umfeld. Das Ausgleichsfeld bildet den Aktionsraum, in welchem sich die Wechselwirkungen zwischen Körper und Umfeld abspielen.

Wir können zeigen, dass die Natur nicht kompliziert, sondern lediglich hochkomplex und genial organisiert ist. Das Universal-Prinzip verdeutlicht die bewährten Mechanismen der Natur, die nach einem langen Prozess göttlicher Evolution schließlich uns Menschen hervorgebracht hat. Das vorliegende Buch ist entsprechend einer Oktave in sieben Kapitel gegliedert.

Im folgenden Kapitel beschreiben wir den Pfad, der uns auf eine Höhe führte, von welcher wir einen größeren Überblick über die vielfältigen Erscheinungsformen des Lebens erhielten.

Kapitel 3 enthält Elementares zum Verstehen des Prinzips. Danach begeben wir uns in Kapitel 4 in die gewaltigen Dimensionen des Universums, um anschließend in die winzigen Strukturen atomarer Größenordnungen einzutauchen. Schließlich betrachten wir in Kapitel 5 zunächst die Entwicklung des Menschen im Verlauf eines Lebens-Zyklus'. Danach beleuchten wir Zusammenhänge zwischen dem Universal-Prinzip und den *Weisheiten alter Hochkulturen. Wir zeigen Gründe für die historische Abkehr der westlichen Gesellschaft von der Natur, für die Wende in der Wissenschaft, die zusammen mit dem Charakter monotheistischer Religionen zu der gegenwärtigen Schieflage führte. Als Alternative bauen wir eine Brücke zwischen den beiden extremen Anschauungen von Gott und Evolution sowie zwischen Weisheit und heutiger Naturwissenschaft. Kapitel 6 gibt dann eine Fülle von Anregungen für das tägliche Leben.

Im letzten Kapitel geht es um die Vision eines neuen gesellschaftlichen Gleichgewichts. Ein Bild, das in jedem von uns ruht. Wir sind der Ansicht, dass die Menschheit derzeit unter ihrem Niveau lebt. Daher versuchen wir einen Weg zu zeigen, wie jeder Einzelne und damit auch die Gesellschaft die Mosaiksteinchen des kollektiven Unterbewussten zu einem einheitlichen Ganzen zusammensetzen kann. Auf diese Weise könnte mit Hilfe des Universal-Prinzips ein Quantensprung in ein qualitativ höheres Lebensniveau erfolgen.

Der Leser erhält mit dem Universal-Prinzip gleichsam einen Schlüssel, mit welchem er seinen Lebensweg leichter finden kann, sich Türen leichter öffnen lassen, um neue Räume betreten zu können.

*Mit *versehene Begriffe finden Sie ab S. 336 unter Begriffserklärungen erläutert.*

2. Auf der Suche nach dem Prinzip

In diesem Kapitel erfahren Sie, was die Auslöser waren, welche Überlegungen wir anstellten und mit welchen Methoden wir gearbeitet haben.

Die Vorgeschichte

Tiefgründige Fragen zur Weltenordnung stellten wir uns in der ersten Lebenshälfte eher selten. Wir, das sind meine Frau Renate, unsere Tochter Alexandra und ich. Als „Durchschnittsfamilie“ wohnten wir im Dresdner Süden.

Im Februar 1984 konnten wir nach dreijährigem Kampf in die Bundesrepublik übersiedeln.

Dann, im Herbst 1987, erfuhr ich bei einer Routineuntersuchung, dass ich Darmkrebs hatte und – stürzte in ein tiefes Loch. Die Operation verlief technisch einwandfrei und bei der Entlassung aus dem Krankenhaus erklärten mir die Ärzte auf meine Frage, ich könne nun wieder alles ohne Einschränkung essen und müsse nichts weiter beachten. Das jedoch glaubte ich den Ärzten nicht. Eine so schwere Krankheit musste doch Ursachen haben, und ich wollte natürlich einen erneuten Rückfall vermeiden. Bisher hatte ich mich auf die Aussagen von „Fachleuten“ verlassen. Jetzt wurde mir klar, dass man sich selbst um die Wahrheit bemühen muss, wenn einem eine Sache wichtig ist. So machte ich mich auf die Suche und fand drei mögliche Ursachen:

Erstens war ich erblich belastet, hier sah ich keine Handlungsmöglichkeit. Zweitens könnte es an meiner Arbeitsstelle liegen. Renate half mir, eine andere Stelle zu finden. Drittens könnte es etwas mit unserer Ernährung zu tun haben.

Einige Jahre später kamen wir bei einem Spaziergang an meiner alten Firma vorbei. Dabei fiel mir auf, dass mein Arbeitszimmer direkt über der Trafostation lag, vielleicht eine der Ursachen für meine Erkrankung.

Ab sofort begann ich mich intensiv mit dem Thema Ernährung zu beschäftigen. Renate und Alexandra interessieren sich ebenfalls für dieses Thema. Nachdem ich drei Bücher über Ernährung gelesen hatte, zweifelte ich erneut.

Bei Recherchen wie z. B. in „Die große GU Nährwert Tabelle" in der sowohl Nährstoffinhalte von Lebensmitteln als auch Empfehlungen der Deutschen Gesellschaft für Ernährung (DGE) für die Nährstoffzufuhr, sowie Angaben zu Schadstoffbelastungen enthalten sind, erkannte ich Widersprüche zu anderen Büchern. Uns wunderte, dass es bis heute keine Ernährungsphilosophie der modernen Wissenschaft gibt, die widerspruchsfrei ist.

Meine Suche nach Information verlief von jetzt ab anders als bisher. Früher war es für mich stets schwierig, ein gutes Buch zu finden. Nun genügte oft nur eine im Stillen gestellte Frage. Schon fiel mir ein Buch oder die Zeitschrift auf, die meine Fragen beantwortete oder mir wurde genau das gebracht, was ich gerade suchte. Auch geschah es, dass mir ein Bekannter eine Zeitschrift wegen eines bestimmten Artikels borgte. Darin fand ich dann an anderer Stelle genau das, wonach ich gerade suchte, während mich der empfohlene Artikel weniger interessierte. Auf diese Weise konnte ich rasch neues Wissen erwerben.

Im Jahre 1992 erhielt ich eine Rehabilitationskur. Es war schön, einmal richtig ausspannen zu können. Mein Interesse verlagerte sich zunehmend auf Zusammenhänge zwischen Körper, Seele und Geist. Ich begann mir Notizen zu machen.

Es war Anfang 1993, als Renate eines Tages spontan den Fernseher anschaltete. In der Reihe „Schlaglicht" kam ein Beitrag mit dem Titel „Auraheiler". Es wurde über Forschungsergebnisse von Professor Popp vom „Internationalen Institut für Biophysik" in Kaiserslautern berichtet: Danach geben lebende Zellen eine „ultraschwache Zellstrahlung" ab, die er „Biophotonen" nennt und durch Messung nachweisen kann. Das Ei eines glücklichen Freilandhuhnes strahlt etwa doppelt so viele Biophotonen ab wie ein Batterielegehuhn. Außerdem gelang es nachzuweisen, dass Geistheiler willentlich überdurchschnittlich viele Biophotonen, also Licht, über ihre Hände abgeben können. Auch in den USA war man bei ähnlichen Messungen zu gleichen Ergebnissen gekommen. Professor Popp bestätigte eine Analogie zwischen der gemessenen Strahlung und der traditionellen Vorstellung von einer *Aura, die uns Menschen umgibt und die auf Bildern von Jesus, Buddha oder anderen Heiligen dargestellt wird. Weiterhin beschrieb eine amerikanische Heilerin die Aura von Bäumen, die nahezu jeder fühlen könne, und die sie sogar farbig sieht.

Alexandra begann nach ihrem Abitur ein „Biotechnologie-Studium". Ihr Ziel war es mitzuhelfen, natürliche Methoden in die Technik einzuführen, um beispielsweise die Schadstoff- und Nebenwirkungsproblematik besser zu lösen. Begeistert von Professor Popps Forschungen, bewarb sie sich für ein Praktikum. Sie erhielt den Zuschlag und konnte nun während der folgenden sechs Monate an verschiedenen Untersuchungen zur ultraschwachen Photonenemission von lebenden Organismen mitarbeiten und dabei wertvolle Erfahrungen sammeln.

Eines Morgens erinnerte ich mich an einen Traum, der für mich sehr bedeutsam werden sollte. Zunächst sah ich nur eine Sandfläche. Plötzlich verwehte aufkommender Wind den Sand. Dadurch kam eine am Boden liegende Metallplatte zum Vorschein, auf der sich ein relativ kompliziertes Symbol befand, das etwa zu zwei Drittel sichtbar wurde. Erst viel später entdeckte ich dieses Symbol in einem Buch wieder. Es handelte sich um das Shri-Yantra, ein aus der Vedischen Tradition stammendes geheimnisvolles Meditationssymbol.

*Bild 1: Meditationssymbol „ *Sri Yantra"*

Auslösende Fragen

Noch im Jahr 93 erlernten wir eine alte buddhistische Heilweise und damit die Möglichkeit „Fernbehandlungen" durchzuführen. Unmittelbar danach rief an einem Sonntagabend ein Kollege an, der im Keller gestürzt war. Und – die erste „Fernbehandlung" funktionierte tatsächlich! „Es war gerade so, als wärst du bei mir gewesen", sagte er später. Ich wiederum hatte den Eindruck, er hätte direkt vor mir gelegen. Nun wollten wir herausfinden, wie Fernheilung mit Symbolen und *Mantras funktioniert – immer wieder stellten wir Fragen in den Raum – und erhielten Antworten, die uns in Form von intuitiven Einfällen erreichten:

Im Herbst fahren wir traditionell in den Pfälzer Wald, um Esskastanien und Nüsse zu sammeln. An jenem Wochenende lag Nebel im Wald. Beim Kastaniensammeln hörten wir plötzlich das Geräusch fallender Regentropfen. So ein Pech, dachten wir, zurück zum Auto war es etwa eine Stunde und wir hatten keinen Schirm dabei. So machten wir uns auf ein nasses Abenteuer gefasst. Aber nichts dergleichen tat sich. Wir hörten zwar deutlich Regen fallen, aber ringsum blieb es trocken. Neugierig gingen wir dem Geräusch nach und sahen, wie es tatsächlich tropfte – jedoch nur unter Fichten. Alles andere, auch die Bereiche unter Laubbäumen, blieb trocken. Da fiel mir die Ursache des Londoner Regens aus der Schulzeit ein und ich erklärte Renate: „Die Nadeln der Bäume wirken wohl ähnlich wie die Rauchpartikel der Londoner Kamine als Kondensationskerne. So fallen hier aus dem mit Feuchtigkeit gesättigten Nebel ebenso wie in London die Regentropfen aus."

So weit, so gut. Da mein beschränkter Verstand die Verbindung zu der Frage nach dem Funktionieren der Fernheilung und diesem Regenphänomen nicht herstellen konnte, erlebte ich am folgenden Montag noch einmal das gleiche Phänomen. Beim Mittagsspaziergang herrschte noch immer die Nebelwetterlage. Und wieder sah ich das, was ich in den 40 Jahren meines Lebens noch nie bemerkt hatte: Überall war es trocken, nur unter Nadelbäumen regnete es. Da fiel mir endlich ein, was mir meine Intuition wohl symbolisch mitteilen wollte: „Die Nadeln der Bäume oder die besondere Form der Bäume wirken wie *Antennen. Der Nebel ist überall da, aber nur Nadelbäume „empfangen" Regen. Nun ahnte ich, dass auch die Symbole mit dem dazugehörenden Mantras, die wir zur Fernbehandlung verwenden, wie Antennen wirken, mit denen ich ganz bestimmte Informationen senden und auch empfangen kann.

Wie es nach einer Antwort oft geschieht, enthält sie bereits die nächste Frage. Was empfange ich da? In meiner Hand konnte ich von Anfang an bei jedem Symbol / Mantra deutlich unterschiedliche Empfindungen spüren.

Ich kramte meine alten Aufzeichnungen über die Ernährung heraus, begann manches umzuschreiben und meine Erfahrungen mit Energiearbeit einzuarbeiten. Dabei stieß ich auf Widersprüche bezüglich der Unterschiede zwischen Aurafeldern und der *Chakras.

In den folgenden Jahren beschäftigten wir uns mit verschiedenen Formen der Energiearbeit. Dann erfuhren wir in einem einjährigen Lehrgang „Vergleichende Philosophie" Interessantes von den Auswirkungen großer historischen Zyklen auf unsere Kulturgeschichte.

Alexandras Sicht

Mir ging es ähnlich wie vielen Kindern. Mein phantasievolles Erfassen der Natur – das Flüstern der Gräser, das Leben in den Wolken, die Magie der Sonnenstrahlen - stand im krassen und schier unüberbrückbaren Gegensatz zu dem uns vermittelten Schulwissen. Auf meine Frage, die ich mir am Tag der Schuleinführung stellte: „Was ist Leben?" – bekam ich in den Jahren auf der Schulbank keine Antwort. Das vorgefertigte Wissen von all den meist schon verstorbenen Wissenschaftlern lernte ich in jeder der unzusammenhängenden Disziplinen brav auswendig. Aber meine Hauptfrage blieb unbeantwortet. Schon damals wünschte ich mir ein Schulfach, das alle Fächer in einen großen Zusammenhang bringt, hatte Sehnsucht nach einer Wahrheit, die ich vollständig verstehen und im Leben erfahren kann.

Zum Glück hatte ich ja noch eine ganz andere Seite der Wirklichkeit, abseits des Leistungsdruckes, kennen gelernt: eine Freundin nahm mich mit zur „Christenlehre". Dies war in der ehemaligen DDR nicht alltäglich. Religiöse Bedürfnisse waren der sozialistischen Regierung ein Dorn im Auge und weitgehend aus dem öffentlichen Leben verdrängt worden – Dafür steht ein Zitat von Mao Tse Tung: „Religion ist Opium für das Volk". Meine Eltern wollten meine Glaubenseinstellung nicht vorbestimmen und mir die Entscheidung selbst überlassen – so wurde ich mit acht Jahren getauft.

In der christlichen Gemeinschaft lernte ich, dass ein Leben nach göttlichen Geboten zu Gleichgewicht, Harmonie und persönlichem Wachstum führen kann. Doch auch hier konnte mein Wissensdurst nach lebendigem Wissen nicht umfassend gestillt werden. Zu weit schien der Mensch von Gott entfernt, so dass man Mittler benötigt. Blind zu glauben, was längst verstorbene Propheten und Apostel aufgeschrieben hatten, fiel mir schwer.

Wahrscheinlich war der Graben zwischen beiden Ansätzen – der rationalen Wissenschaft auf der einen Seite - und der mystischen Religion auf der anderen Seite – zu groß. Trotzdem oder vielleicht gerade wegen dieser unüberbrückbaren Gegensätze wuchs in mir, wie sicher auch in den Herzen vieler Menschen, die Sehnsucht nach Wahrheit. Trägt nicht jeder diese sprudelnde Quelle von Weisheit in sich selbst?

Eines Tages regte uns unsere Christenlehrerin dazu an, Gott so zu malen, wie wir ihn uns vorstellen. Ich malte einen blau leuchtenden Mantel rund um die Erde.

18 Jahre später fiel mir dieses Bild wieder in die Hände. Ich hatte nach Notizen im Zusammenhang mit Erde, göttlicher Anregung und – einem Ausgleichsfeld

gesucht! Ja, das Bild stellte eindeutig das Ausgleichsfeld der Erde dar, das wir inzwischen durch unsere Forschungen als Kern des „Universal-Prinzips“ gefunden hatten. Mehr noch, mein Vater sah eine Verbindung zu den Natur-Religionen. Vieles deutet darauf hin, dass die alten Hochkulturen die Ausgleichsfelder der Planeten als Götter ansahen.

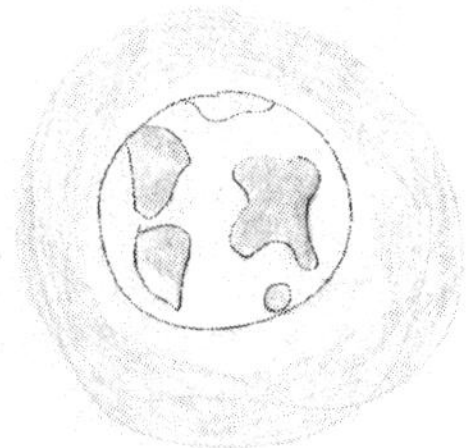

In Alexandra schlummerte wohl bereits als Kind der Kern des Universal-Prinzips. Und – für den physikalischen Begriff „Ausgleichsfeld“ können auch andere Bezeichnungen wie z. B. Seele, *Akasha-Chronik – oder eben Gott gelten. Nun ist der Erdgott nicht jener große Gott, denn auch eine Sonne, eine Galaxie, ja auch das gesamte Universum besitzen ein Ausgleichsfeld, einen Gott. Die Götter-Hierarchien sind offenbar ebenso real, wie es die Alten sahen!

Bild 2: Die Vorstellung der achtjährigen Alexandra von Gott: eine blau leuchtende Erd-Atmosphäre (hier natürlich nur in grau)

Anfang März 1997 rief mich Alexandra an und meinte: „Vati, wir müssen uns mal zusammensetzen und über Gravitation sprechen.“ Sie hatte einen Artikel über Quantenphysik gelesen, der sie faszinierte und der ebenfalls Gravitation zum Inhalt hatte. Mich interessierte das Thema vor allem deshalb, weil ich daran dachte, aus meinen Notizen ein Buch zu machen und weil ich die Erklärungen, die ich über Aurafelder und Chakras gelesen hatte, nicht unter einen Hut bringen konnte. So ging ich am Vorabend des 5. März 1997 mit folgendem Vorsatz zu Bett: „Jetzt will ich mich mit der Gravitation beschäftigen.“

Die Visionen

Am frühen Morgen des folgenden Tages hatte ich folgendes Bild vor meinem geistigen Auge:

„Inmitten eines hellgrauen Nebels sah ich einen etwas dunkleren Körper, der infolge seiner größeren Dichte nach unten fiel. Gleichzeitig entwickelte sich folgender Eigendynamik - der Körper zog hellgraue Nebelpartikel aus seinem Umfeld an, verdichtete sich mit zunehmender Masse, wurde dunkler, zog nun auch weiter entfernte Partikel an, und – fiel durch - ins Bodenlose.

Im gleichen Moment war mir das Wesen von Gravitation offenbar. Ich wusste nun, dass jeder Körper aufgrund seiner Dichte ein ganz bestimmtes Energieniveau besitzt und dass ein nicht angeregter Körper einem Gravitations-Zyklus unterliegt. Mehr dazu in Kapitel 3: „Das Universal-Prinzip pur“

Am 8. März 1997 wurde mir dann bewusst, dass sich jeder Körper durch eine stehende Welle mit dem Umfeld ausgleicht. Am folgenden Tag erkannte ich, dass durch die Wirkung eines Strahlers (z. B. der Sonne) in einem Massekörper (z. B. der Erde) eine Kraft angeregt wird, die der Gravitation genau entgegen wirkt. Dabei kann es sich nur um Levitation handeln, schlussfolgerte ich. Ja, und auf diese Weise könnte beispielsweise auch die Erd-Atmosphäre entstanden sein: Durch Anregung entstehen auf der Erde Bewegung und Wärme - der Erdkern gibt Gase ab. Und wenn ein Teil der Erdmaterie, nämlich die Atmosphäre gasförmig ist, wird die Erde insgesamt leichter. Ja, das ist es! - jubelte ich, dies ist der Grund für den Abstand zwischen Erde und Sonne!

Jedoch wird seit Newton nur Gravitation gelehrt. Von Levitation ist seit langem keine Rede mehr. Das wiederum passte genau zu einem Artikel, den ich kürzlich gelesen hatte. Dort stand, dass die Lehre des großen englischen Physikers Isaak Newton, nach der Gravitation die einzige beherrschende Kraft im Universum sei, unter den Gelehrten beileibe nicht unumstritten sei. Auf die Frage eines Geistlichen, weshalb dann nicht alle Sterne in sich zusammenstürzten, hatte Newton seinerzeit ausweichend geantwortet, Gott habe die Sterne so angeordnet, dass diese sich gegenseitig anziehen und damit im Gleichgewicht befänden. Der Geistliche zweifelte an dieser Aussage und meinte, es müsse sich dann um ein sehr instabiles Gleichgewicht handeln.

Seither bin ich mir sicher, dass wir in einem Sonnensystem leben, in welchen Gravitationskräften zwar die Welt zusammenhalten, Levitationskräfte dagegen die Abstände zwischen Sonne und Planeten sichern. Und – ein ständiger Wechsel von Gravitation und Levitation führt in allen Größenordnungen zu lebendiger Pulsation, der auch wir unsere Existenz verdanken. Beispiele sind der Wechsel zwischen Tag und Nacht, den Jahreszeiten, unser Herzschlag und alle anderen biologischen Rhythmen.

Dennoch wurde offenbar seit Newton nie mehr ernsthaft über Levitationskraft nachgedacht. Und das – obwohl wir in einer Welt der Polarität leben, in der jede Kraft eine Gegenkraft besitzt, wie ausgerechnet Newton selbst feststellte.

Am frühen Morgen des 10. März 1997 hatte ich meine bisher schönste Vision:

Ich sah eine graue Kugel. Diese hatte auf der Oberseite eine Öffnung, aus der pulsierend eine Art schwerer hellgrauer Rauch quoll, der zunächst ähnlich wie flüssige Luft nach unten sank, sich dann jedoch in Form einer Welle heller werdenden Nebels wieder hob, um sich schließlich wabernd im Raum aufzulösen. Erfüllt von einem unbeschreiblichen Glücksgefühl wusste ich - dies ist ein Atom. Ich sah, wie es pumpte: Im gleichen Moment dachte ich auch - an ein Herz! Als sich mein Bewusstsein wieder auf den Bereich des Wachzustandes reduziert hatte wurde mir klar, dass ich durch diese Vision etwas ganz Großes erfahren hatte.

Am 12. März 1997 morgens um 3.22 Uhr erkannte ich den größeren Zusammenhang – das „Universal-Prinzip“ war geboren. Eine Geburt? Vielleicht, denn das Universal-Prinzip entstand aus dem kreative Zusammenwirken eines männlichen und eines weiblichen Hirns.

Renate und Alexandra waren natürlich immer die ersten, die von den neuen Entdeckungen erfuhren. Oft geschah es, dass mir Renate unbeabsichtigt einen Zeitschriftenartikel zum gleichen Thema mitbrachte, oder dass sich Alexandra ebenfalls gerade mit der Thematik beschäftigte. Dann setzten wir uns zusammen und diskutierten - über Gravitation, Quantentheorie, Gott und die Welt. Gemeinsam entwickelten wir unsere Gedanken weiter, die sich zu neuen Erkenntnissen fügten - und oft entstanden wieder neue Fragen.

Breite und Tiefe der intuitiv erworbenen Informationen (Bilder und Wissen) beeindruckten mich tief. Allerdings musste ich das neue Wissen erst in eine allgemein verständliche Sprache übersetzen. In der Folgezeit bemühte ich mich, das Neue mit Erinnerungen aus Schulzeit und Literaturstudien zu verbinden. Ich erinnerte mich an die Darstellung einer evolutionär spiralförmigen Entwicklung, die ich mit meiner Vision der durch eine externe Kraft angeregten Pulsation verband.

Nach Aristoteles, einem griechischen Naturphilosophen, liegt der eigentliche Grund der Dinge in ihren Ursachen, ihrer Zweckbestimmung. Das Lebende zeichnet sich durch die Fähigkeit aus, sich selbst zu bewegen. Bewegung kann nur geschehen, wo neben einem Bewegten auch ein Bewegendes ist. Das Lebende muss beides enthalten. nach [10] S. 181

Das Bewegte ist der Körper – die Erde; das Bewegende kann meiner Ansicht nach nur die Sonne sein. Und durch die Spannungen zwischen Körper und Umfeld durch Anregung der Sonne entwickelt sich zwischen Erde und Weltraum die Atmosphäre als Ausgleichsfeld. So muss es auch bei einem menschlichen Lebenszyklus sein. Des Weiteren scheint das Ausgleichsfeld identisch zu sein mit der uralten Vorstellung einer Seele. Die Anlagen zur individuellen Entwicklung einer Seele sind im Körper gespeichert. Der Sinn des Lebens ist demnach ein ewig währender Prozess der Vervollkommnung.

Alexandra erinnert sich

Bei einem meiner Besuche setzten wir uns zunächst ohne große Erwartung zusammen und begannen aus reiner Neugier, in verschiedenen Artikeln zu stöbern. Plötzlich geschah etwas Unerwartetes: Ohne unser bewusstes Zutun erschienen Antworten auf einige schon lange in uns gärende Fragen. Sie erreichten uns beide gleichzeitig als plötzliches Erkennen und verbanden das gesammelte Wissen zu einer neuen Qualität – es sprühten wahre Feuerwerke von Inspirationen.

Dieser Tag war der Beginn einer außergewöhnlichen Zusammenarbeit, die bis heute anhält. Wir erkannten die Fähigkeit, unsere Intuition zu koppeln, um in neue Bereiche vorzudringen zu können. Bereiche, die jedem von uns als Einzelperson wohl verschlossen waren.

Vielleicht half uns die Tatsache, dass sich weibliche Intuition und männlicher Verstand, Venus und Mars (das sind unsere Planetenherrscher) so gut ergänzen. Bei einem Vergleich der Biorhythmus-Kurven stellten wir eine 97-prozentige Übereinstimmung unserer intuitiven Kurve fest, was sicher außerordentlich selten vorkommt.

Weitere Ereignisse förderten offensichtlich die Weiterentwicklung des Universal-Prinzips:

- Zusammen mit Dr. Klaus Michael organisierte ich als Ansprechpartner für Deutschland Ende April 1997 die interaktive Ausstellung „Lebensenergie“ des gleichnamigen Arbeitskreises aus Hergiswil (Schweiz) unter der Leitung von Caspar Lütolf im Stuttgarter Messezentrum.

  Wir hatten diese Veranstaltung, die zum Selbst-Spüren und Erfahren von Lebensenergie angelegt war, bereits Jahre zuvor in Freiburg gesehen. Als ich seinerzeit die Ankündigung gelesen hatte, erahnte ich die Bedeutung dieser Veranstaltung und mobilisierte meine ganze Familie zum gemeinsamen Besuch. Unsere Erwartungen wurden weit übertroffen. Wir erfuhren Neues und Verblüffendes über Ursache und Wirkung unseres Denkens und Handelns, über physikalische und biochemische Phänomene, über Yoga und Kinesiologie in Theorie und Praxis.
- In jener Zeit, die uns so intensive Intuitionen brachte, flog gerade der Komet Hale Bopp deutlich sichtbar an der Erde vorbei. Ich erinnerte mich an alte

Legenden und dachte an die Möglichkeit, dass Kometen nicht nur organische Keime aus anderen Sphären zu uns bringen, sondern auch Informationen.

- Als ich begann, mich intensiver mit Physik zu beschäftigen, um die intuitiv erworbenen Kenntnisse mit dem „offiziellen" Wissen zu vergleichen, erhielt ich eines Tages von Alexandra einen Artikel aus der populärwissenschaftlichen Zeitschrift „Bild der Wissenschaft". Diese informierte darüber, dass die Physik einige große Fragen bisher noch nicht endgültig klären konnte. Das sind Gravitationskraft, elektromagnetische Kräfte, Kräfte der starken Wechselwirkung einschließlich der Kernkräfte sowie die zu Elementarteilchenzerfall führenden Kräfte der schwachen Wechselwirkungen.

  Aber was bedeutete das für uns? Bisher hatten wir lediglich nach „unserer" Wahrheit gesucht, waren dabei aber unversehens in Bereiche vorgestoßen, mit denen sich Wissenschaftler in aller Welt beschäftigen.

  In der Folgezeit beschäftigte ich mich noch intensiver mit der herrschenden Lehrmeinung und konnte auf der Basis des Universal-Prinzips alternative Erklärungen für Dinge finden, für die es bereits offizielle Meinungen gab. Außerdem verfeinerte ich die Beschreibung für einige der Phänomene, für die es nach dem Eingeständnis der Wissenschaftler bisher keine plausible Erklärung gab.

- Ende 97 verkündete Alexandra, dass sie unser „Universal-Prinzip" zur Grundlage ihrer Diplomarbeit machen dürfe. Ihr aufgeschlossener Professor hatte zugestimmt und ein Fachthema damit verknüpft.

Erste Erfolge

Im März 1999 absolvierte Alexandra, inzwischen zum zweiten Mal schwanger, ihre Diplomprüfung in Mannheim zum Thema „Die Theorie der Ausgleichswellenfelder und deren Anwendung auf Wechselwirkungen zwischen Atomen und Molekülen". Ich konnte teilnehmen und sah am Schluss in viele leuchtende Augen. Einer der Professoren meinte, dass diese Theorie entweder ein Flop oder genial sei, da sie mit nur zwei Formeln auskomme. Alexandras Mentor äußerte, dass die Arbeit in der Fachwelt verbreitet werden müsse. Alexandra erhielt ihre wohlverdiente Note „sehr gut".

Am 18. April 99 feierten wir das lang geplante „Universalfest", und präsentierten das Universal-Prinzip einer Gruppe interessierter Freunde und Bekannter. Der von vielen Publikationen und Vorträgen bekannte Professor Endress bestätigte uns bei dieser Gelegenheit die grundsätzliche Richtigkeit.

Im Juli 99 fand eine erste Besprechung mit dem Chefredakteur der Zeitschrift „Zeitgeist“ für eine Artikelserie über das „Universal-Prinzip“ statt, die Anfang 2.000 erschien.

Weitere Meilensteine

Ende 2000 erhielten wir eine Einladung der Stiftung „Vereinigende Wissenschaften“ und hielten am 23.03.2001 einen Vortrag an der Uni Karlsruhe vor einer interdisziplinären Gruppe von Wissenschaftlern und Studenten. Daraus ergab sich eine Zusammenarbeit, die bis heute anhält.

Es folgten weitere Vorträge für unterschiedliche Zielgruppen. Durch Fragen und Anregungen konnten wir die Palette der Beispiele sowie die Allgemeinverständlichkeit wesentlich erweitern.

Ein Bruder im Geiste

Zu Weihnachten 2002 erreichte uns eine E-Mail aus den USA. Dr. Edward Dowdye vom NASA Goddard Space Flight Center aus Greenbelt Maryland schrieb uns, dass auch er an einem ähnlichen Thema arbeitet und großes Interesse an einem Gedankenaustausch habe. Unsere Freunde aus Karlsruhe organisierten eine Arbeitstagung im Mai 2003 an der Uni. Anlässlich dieses Treffens stellte er auch seine eigene Theorie vor: „The Extinction Shift Principle“ (Das Löschverschiebungsprinzip).

Das Löschverschiebungsprinzip ist eine mathematische Ableitung der bisher nur annäherungsweise dargestellten Details der Natur elektromagnetischer Wellen. Das Prinzip basiert auf der Klassischen Mechanik und stellt eine Alternative zur Relativitätstheorie dar.

Alexandra und ich erläuterten die Teile des „Universal-Prinzips“, die Parallelen mit dem Löschverschiebungsprinzip aufweisen.

Dr. Dowdye betonte in seinem Statement, durch das „Universal-Prinzip“ werden die statistische Mechanik wie auch die Quantenmechanik mit kosmologischen Erscheinungen verknüpft. Dieses führe zu einer sehr deutlichen, viel einfacheren und auch verständlicheren Wissenschaft – es könnte eine neue Wissenschafts-Disziplin eröffnen.

Prof. Kaucher von der Uni Karlsruhe führte aus, dass das „Universal-Prinzip“ einen Blick in die Zukunft zeige – es wäre denkbar, dass dieser Stoff in 20 Jahren gelehrt wird. Heute werde zumeist zuerst gemessen und danach abgeleitet, welches Gesetz für diesen Fall anzuwenden ist. Erst daraufhin werde eine entsprechende Theorie entwickelt. Das „Universal-Prinzip" biete jedoch einen ganz anderen Zugang – nicht von unten nach oben, sondern von oben nach unten. So könne ohne quantitative Messungen oder Berechnungen auf der Stelle eine qualitative Aussage zu beliebigen Problemen getroffen werden. Die Anwendung des Prinzips ermögliche bereits im Ansatz eine wesentlich größere Übersicht, denn alles, was auf dieser Welt geschieht, könne eingeordnet werden. Dies heißt beispielsweise, nach einer Äquatorreaktion müsse eine Polreaktion folgen. Dabei sei gleichgültig, welches Fachgebiet betrachtet wird – Elektrotechnik, Quantentheorie, kosmische Erscheinungen oder auch biologische Zusammenhänge. In allen Fällen zeige sich das Wirken ein und desselben Prinzips. Die Anpassung an quantitative reale Werte sei hier der zweite Schritt. Der große Vorteil liege in der Sicherheit, einen prinzipiell richtigen Ansatz zu verfolgen, und dabei den Zufall mit zu erfassen. Konventionelle deduktive Methoden seien zumeist primär auf Spezialisierung ausgerichtet. Gerade das müsse man bei einem quantitativen Ansatz jedoch vermeiden. Es handele es sich um ein schöpferisches Weltprinzip, einen ganzheitlichen Zugang, wie beispielsweise bei der chinesischen Medizin.

Unser Weg zum Universal-Prinzip

Intuition, *geistiges Schauen und der Abgleich mit konventionellen physikalischen Gesetzen – das ist die Kurzformel für unseren Erkenntnisweg.

Die Ereignisse bahnten sich zunehmend einen eigenen Weg, so dass uns mehr und mehr fördernde Impulse halfen. Mit unserer auslösenden Frage hatten wir offenbar ein Problem angestoßen, das ohnehin herangereift war und der Lösung harrte. Uns kam es vor, als ob uns unsichtbare Helfer unterstützten.

Immer wieder fragten wir uns, weshalb die Schulmeinung so hartnäckig daran festhält, dass es keine Gegenkraft zur Gravitation gäbe, obwohl „unsere" Levitation allgegenwärtig ist und von dem Aufsteigen erwärmter Luft über das Nach-Oben-Wachsen eines Baumes bis hin zu einer Explosion oder einer Supernova reicht. Außerdem würden alle Körper schrumpfen, die Sterne in sich zusammenstürzen und schließlich alles rasch von einem gigantischen Schwarzen Loch verschluckt, wenn es nur Gravitation gäbe. Und – obwohl seit Newton die Beweisführung für die Richtigkeit physikalischer Sachverhalte durch mathematische Methoden gilt, gibt es damals wie heute durchaus Probleme mit der Newtonschen Gravitation.

Oder gerade deshalb? Und so machte ich mich auf die Suche, studierte vier Bücher über Newton und – wurde fündig! Ich fand Hinweise darauf, weshalb Newton nach langer Suche die Gravitation als die einzig bestimmende Kraft im Universum ansah und das, ohne Ursache und Wesen der Gravitation zu kennen. Newton verwies bei

Zusammenhängen, die er nicht erklären konnte, auf göttliches Wirken. Nach unserer Ansicht wurde ein grundlegender Widerspruch in der von Newton begründeten „Klassischen Physik" verankert. Der Grund, weshalb Newton seine Erklärungsmodelle immer wieder änderte und schließlich den „Mathematischen Beweis" über das „menschliche Verstandesvermögen" setzte, liegt wohl in der Tatsache begründet, dass er bis zu seinem Tode vergeblich nach der Ursache von Gravitation geforscht hatte.

Nachfolgende Physiker wie Max Planck, Albert Einstein und Werner Heisenberg entwickelten die Physik mit der „Relativitätstheorie" und der „Quantentheorie" zwar scheinbar erfolgreich weiter, konnten aber die Widersprüche zwischen ihren Theorien und der Klassischen Mechanik nicht lösen.

3. Das Universal-Prinzip pur

Das Universal-Prinzip – ganz kurz erklärt

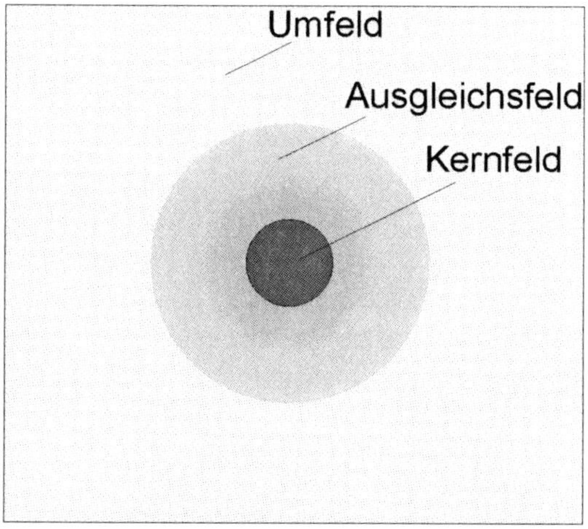

Bild 3.1 Körper (Kernfeld) mit Ausgleichsfeld im Umfeld

Das **Universal-Prinzip** ist ein neuer Ansatz zur Beschreibung von Wechselwirkungen zwischen Kraft und Materie. Basis des Universal-Prinzips ist das Phänomen eines ausgleichenden *Feldes, das sich unter dem Einfluss von anregenden Kräften zwischen unterschiedlichen Körpern bzw. zwischen Körpern und Umfeld entwickelt.

Das **Ausgleichsfeld** bildet den Aktionsraum, in welchem sich die Wechselwirkungen zwischen Körper und Umfeld abspielen. Die Universalität des Prinzips beruht auf der Übertragbarkeit eines einfachen Modells auf Gebilde beliebiger Größenordung und jeglicher Komplexität.

Das heißt, das Universalprinzip kann Phänomene vom subatomaren über den irdischen bis zum galaktischen Bereich erklären. Es kann auf körperliche, seelische und geistige evolutionäre Entwicklung bezogen werden.

Das Universalprinzip stellt ein Gesamtkonzept dar, das aufgrund von Naturbeobachtungen, praktischen Erfahrungen, Versuchen, Literaturstudien und intuitiven Schlussfolgerungen entstand. Vorgänge, die in unterschiedlichen Bereichen der Natur- und Geisteswissenschaften sowie in Religionen behandelt werden, können damit unter einheitlichen Gesichtspunkten betrachtet werden.

Kraft ohne Gegenkraft?

Ursache und Wirkung hängen untrennbar zusammen. Dies betrifft auch unser Leben, sei es beim Essen, Arbeiten, Lernen, Schlafen oder Lieben. Probleme kann man nur dauerhaft auflösen, wenn man sich mit den Ursachen beschäftigt. Diese herauszufinden ist oft nicht ganz leicht. In diesem Kapitel erfahren Sie Grundlegendes über den Zusammenhang von Ursache und Wirkung in der neutralen Sprache einer populärwissenschaftlichen alternativen Physik. Zahlreiche Bilder erleichtern ihnen das Verständnis.

Isaac Newton vermutete, dass Gravitation die bestimmende Kraft im Universum sei und dass es zu dieser Kraft keine Gegenkraft gäbe. Von Anfang an erschien uns diese Sonderstellung der Gravitation unreal, da wir in der Natur ausschließlich Vorgänge beobachten, bei denen zwei entgegen gesetzte Kräfte um einen mittleren Gleichgewichtszustand pendeln.

Nach der konventionellen Physik ist jeder Körper von einem „Kraftfeld“ (seinem Schwerefeld) umgeben. Durch das Universal-Prinzip wird diese Aussage erweitert. Eine tiefgehende und unvoreingenommene Betrachtung des Phänomens Gravitation aufgrund der Vision vom 6. März 1997 (Kap. 2) hatte uns zu folgender Erkenntnis geführt: Die Gravitationskraft eines Körpers ist nicht allein von dessen Masse abhängig, sondern außerdem von der Kraft, mit welcher er angeregt wird.

Die Erde wird beispielsweise ständig von der Sonne angeregt, gerät dadurch in Schwingungen, erwärmt sich und dehnt sich aus. Erwärmung und Ausdehnung werden durch die ignorierte Gegenkraft zur Gravitation (griechisch: Schwerkraft) – durch die Levitation (griechisch. Aufhebung der Schwerkraft) bewirkt, denn die Erde wird spezifisch leichter.

Damit entsteht eine Brücke zum griechischen Naturphilosophen Aristoteles, dessen Wissen von „Schwerkraft und Auftrieb" 2.000 Jahre lang gelehrt wurde.

Und dann ergab sich in weiteren Visionen im März 1997 die Entdeckung des „Ausgleichsfeldes". Dieses Phänomen eröffnet eine völlig neue Sichtweise der Welt – alles erscheint plötzlich in einem anderen Licht.

Die Renaissance der beiden grundlegenden Kräfte und die Entdeckung des Ausgleichsfeldes machten uns den genialen dynamischen und sich selbst regulierenden Charakter der Natur auf eine neue Weise bewusst.

Das Universal-Prinzip besteht aus neun Teilen und wird jeweils am Ende jedes Zusammenhanges allgemeinverständlich in einem Kasten zusammengefasst.

Die Essenz des Universal-Prinzips besteht in dem einfachen Modell eines ausgleichenden Feldes, das sich zwischen jeglichem Körper und dessen Umfeld entwickelt (Bild 3.1). Es kann wie ein Herz pulsieren, wie eine Lunge atmen, wie ein Magen verdauen, wie ein Gehirn lernen und zwischen Körper und Umfeld (Geist) wie ein Diplomat vermitteln. Es entspricht dem uralten Phänomen „Seele". Das Ausgleichsfeld ist ein universelles Phänomen. Es zeigt sich in unendlich vielen Erscheinungsformen, beispielsweise als Erdatmosphäre.

Der Mensch ist ebenso wie Erde und Sonne ein elektromagnetisches Wesen. Er lebt von und durch Teilchen (Nahrung) und wird durch Wellen (Licht und Wärme) angeregt. Aus diesem Grunde werden wir die Vorgänge in diesem Kapitel zunächst physikalisch beschreiben. Damit ergibt sich eine neutrale Grundlage zum Verständnis von Vorgängen so verschiedener Bereiche wie Astronomie, Biologie, Geologie, Medizin, Philosophie oder Psychologie.

3.1 Sichtbare Körper, unsichtbare Kräfte

Wir sind es gewohnt, auf der Erde Körper wie Menschen, Autos, Häuser und Bäume zu sehen und im Weltraum den Mond und die Sterne.

Körper sind materiell und daher **sichtbar.** Die Bezeichnung „Körper" gilt nach dem Universal-Prinzip für alle materiellen Massekonzentrationen, beispielsweise für Elementarteilchen, Atome, Moleküle, Zellen, Organe, Planeten oder Lebewesen.

Kräfte bzw. Kraftfelder (Räume in denen Kräfte wirken) sind immateriell und **unsichtbar**. Wir nehmen lediglich Wirkungen von Kräften auf Körper wahr. So können wir den Wind nicht sehen, jedoch seine Wirkung auf der Haut spüren.

Ursache von Kräften sind „**Potenzialdifferenzen**" zwischen Körpern und ihrem Umfeld. „Potenziale" können Masse, Druck, Temperatur oder Dichte sein. So ist die Sonne dichter als ihr interstellares Umfeld, die Erde dichter als ihr interplanetares Umfeld, und ein Mensch dichter als die Luft der Atmosphäre, die ihn umgibt.

Eine übergeordnete Sichtweise, wie sie durch das Universal-Prinzip ermöglicht wird, war zu allen Zeiten gewünscht, wird jedoch wohl erst durch das wissenschaftliche Verständnis der drei Ebenen Körper (Kern), Ausgleichsfeld und Umfeld möglich:

Sonne, Erde, Menschen, Atome - kurz gesagt jeder beliebige Körper im Universum mit einer Temperatur höher als der absolute Nullpunkt (0 Kelvin), wird jeweils von zwei Kraftfeldern umgeben:

- einer anziehenden „**Gravitations-Kraft**", die den Körper in Abhängigkeit von seiner „**Masse**" und „**Dichte**" zusammenhält, und
- einer abstoßenden „**Levitations-Kraft**", die die Ausdehnung des Körpers und seinen Abstand zu anderen Körpern aufrechterhält. Dieses ist allerdings stets abhängig von der „**Anregungskraft**" eines Strahlers wie z. B. der Sonne.

Im universellen Maßstab bewirkt die „anziehende Gravitationskraft", dass die Planeten genau in ihrer Bahn im Sonnensystem verbleiben und nicht ins All abdriften, während wir den Abstand zwischen Sonne und Planeten sowie deren Ausdehnung der „abstoßenden Levitationskraft" verdanken. Ohne Levitationskraft würden alle Körper solange schrumpfen und dann ineinander stürzen, bis sie nicht mehr vorhanden wären, d. h. keinen Raum mehr ausfüllen könnten.

Eine unreale Vorstellung? Bis heute gilt bei der konventionellen Physik die Annahme Newtons, Gravitation sei die einzig bestimmende Kraft im Universum. (Mehr dazu in Kapitel 5)

UNIVERSAL-PRINZIP TEIL 1

Jeder Körper ist aufgrund der Potenzialdifferenz zu seinem Umfeld (z. B. Dichte des Körpers ist höher als Luft), von einem Kraftfeld umgeben.

Das Kraftfeld besteht aus einer anziehenden **Gravitations-Kraft**, die den Körper zusammenhält. Bei Anregung jedoch entwickelt der Körper zusätzlich eine abstoßende **Levitations-Kraft,** die den Abstand zu anderen Körpern aufrechterhält.

3.2 Durch Anregung vom Kraftfeld zum Ausgleichsfeld

Der durch die Morgensonne angeregte Tau dehnt sich aus und steigt als Morgennebel auf. Vögel und Segelflieger nutzen die Thermik der an Berghängen aufsteigenden Luft. Die Luft im Kamin drängt, durch das Kaminfeuer angeregt, nach oben. Und ganz langsam wächst ein Baum entgegen der Schwerkraft in den Himmel, ebenso die im Herbst an den Bäumen hängenden Früchte. Andererseits fallen Äpfel nach unten, stehen wir fest auf der Erde und diese wird von der Sonne angezogen.

Kraft ist der Motor des Universums! Während die anziehende Gravitationskraft eines Körpers ständig wirksam ist, entsteht nach dem Universal-Prinzip eine abstoßende Levitationskraft im Körper nur aufgrund einer entsprechenden „Anregungskraft". Lässt die Anregungskraft nach, verringert sich gleichzeitig auch die Levitationskraft des Körpers, weil diese durch die Bewegung verbraucht wird. Als simples Beispiel kann hier eine Herdplatte dienen – durch rechtzeitiges Abstellen sinken die Anregungskraft und damit die Levitationskraft – die Milch kocht nicht über.

Mit anderen Worten: Anregung zeigt sich durch die von einem Sender ausgehende Kraftwirkung, welche den Empfänger insgesamt oder seine Teilchen in Bewegung versetzt. Durch Bewegung entsteht Reibung und damit Wärme, die zur Ausdehnung des Empfängers bzw. seiner Teilchen und damit zu einer Erhöhung von Druck und Temperatur führt. Levitationskraft entsteht durch bewegte Materie. Dies geschieht beispielsweise, wenn wir uns im Winter die kalten Hände reiben. Das gleiche Prinzip wird bei technischen Anwendungen genutzt, um Arbeit zu verrichten. Beispiele hierfür sind Dampfmaschine, Benzin- oder Dieselmotor.

Ein Körper kann durch jegliche Kraftwirkungen angeregt werden, z. B. durch Schwingungen aller Arten, von Wellen oder durch Bewegung (Stoß, Translation, Rotation). Dazu gehört auch die Veränderung von Druck oder Temperatur des Umfeldes. So regen Wind oder Kälte unseren Kreislauf zur Verstärkung unseres Wärmefeldes an. Wenn wir dann plötzlich in einen Windschatten treten oder aus der Kälte in einen warmen Raum kommen merken wir, wie unser Körper noch kurze Zeit zusätzliche Wärme produziert, bevor er ein neues Gleichgewicht eingeregelt hat.

Was im Universal-Prinzip als **Levitation** bezeichnet wird, ist wohl bekannt, nur wird es seit Newton nicht im Zusammenhang zur Gravitation gesehen. Man hat es in den einzelnen Fachbereichen unterschiedlich benannt und definiert, so z. B. als abstoßende und anziehende, elektrische und magnetische Kräfte (Elektrotechnik), als Druck und Sog (Wärmelehre), als anziehende und abstoßende Kern- oder Molekularkräfte, als Energiezufuhr und –abgabe bei Elektronen, als Spaltung und Fusion (Kernphysik), als Fluchtgeschwindigkeit bei aufsteigenden Raketen oder dem Sonnenwind (Astrophysik), als exotherme und endotherme Vorgänge (Chemie), als Explosion und Implosion.

Ein neuer Blick auf Wellen und Teilchen

Alles Leben auf der Erde ist nur durch die Sonne möglich. Allgemein sprechen wir von Anregung und unterscheiden zwei Arten: elektromagnetische **Wellen** (erzeugen z. B. Licht und Wärme) und einen **Teilchen**-Strom (Sonnenwind).

- Elektromagnetische Wellen schwingen wie mechanische Wellen mit periodischem Wechsel von Wellenberg und Wellental um einen mittleren Gleichgewichts-Zustand (Bild 3.2). Wirken diese auf Körper ein, entsteht ein periodischer Wechsel von Levitations- und Gravitationskraft, d. h. eine Pulsation (Bild 3.3). Dies gilt für Körper aller Größenordnungen, für anorganische Teilchen ebenso wie für lebende Zellen.

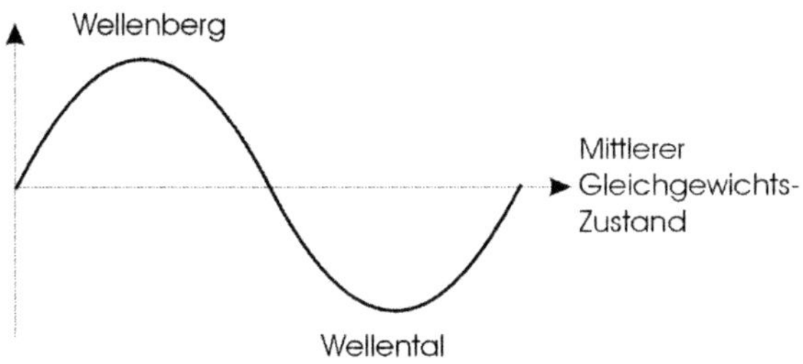

Bild 3.2 Schema: Rhythmus der Anregungskraft

Atome erzeugen durch ihre Pulsation Wechselwirkungen, die wir als Wärme und Licht wahrnehmen. Pulsation im Bereich der Moleküle ist als „Brownsche Molekularbewegung" bekannt.

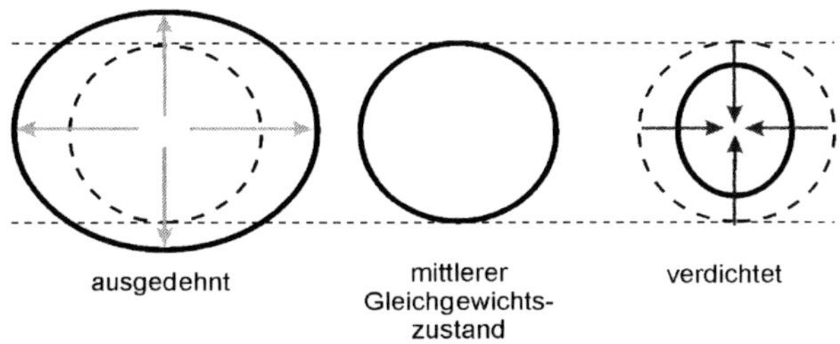

Bild 3.3 Schema: Pulsation eines Körpers

Bei Tieren und Menschen kennen wir die komplexeren Herz- und Atemrhythmen. Das Gehirn pulsiert ebenfalls. Verursacht wird diese (geringe) Größenänderung durch das Hormon Melatonin, vermuten die Neurowissenschaftler. Der Melatoninspiegel schwankt mit sich verändernden Lichtverhältnissen. nach [Spiegel105]

Außerdem erleben wir regelmäßig den Rhythmus von Tag und Nacht. Der Tag beginnt zumeist mit einer Erwärmung der Erdoberfläche. Zuerst dehnen sich dichtere Stoffe, dann auch Luft aus – der Luftdruck steigt und die Atmosphäre expandiert. Zum Abend hin verringert sich die Anregung – in der Nacht entfällt sie ganz und die Stoffe ziehen sich wieder zusammen. Erdkugel und Atmosphäre pulsieren im Tag-Nacht-Rhythmus. Per Laser-Messungen konnte nachgewiesen werden, dass sogar die felsige Kruste der Erde durch die Einflüsse von Mond und Sonne um etwa einen halben Meter pulsiert. Die Erd-Atmosphäre pulsiert ebenfalls, wodurch Wetter und Gezeiten entstehen. Sonne und Erde verformen den Mond übrigens um bis zu zehn Zentimeter. Im gigantischen kosmischen Maßstäben kennt man so genannte Pulsare.

- Teilchen erreichen uns beispielsweise mit dem Strom des Sonnenwindes. Dies ist der zweite Aspekt der Anregung. Sonnenwind bringt zum einen Sonnenmaterie auf die Erde und wirkt zum anderen wie ein feines Sandstrahlgebläse mechanisch auf die Erde ein.

Die Erde besitzt aufgrund ihrer Masse ein Gravitations-Kraftfeld und infolge der Sonnenanregung zusätzlich ein Levitations-Kraftfeld. Die Anregung durch die Sonne bewirkt jedoch neben Ausdehnung, Pulsation und Erwärmung noch einen weiteren Effekt: Die Erde und alles, was sich auf ihr befindet, gibt ebenfalls Wellen und Teilchen ab. Beim Erwärmen werden Wasserdampf (Teilchen) und Wellen (Wärme) ans Umfeld abgegeben.

Offiziell gilt

- für die Wellenstrahlung: „Jeder Körper, dessen Temperatur höher als 0° Kelvin ist, emittiert Strahlung. Diese wird deshalb als Temperatur- oder Wärmestrahlung bezeichnet.“ [Kuchling99] S. 319. 0° Kelvin ist die Temperatur des absoluten Nullpunktes.
- für die Teilchenabgabe: Diese erfolgt analog zum *Photoeffekt, zum Ausbleichen von Farben aus Stoffen, zum Austrocknen eines feuchten Körpers, zur Freisetzung von Duftstoffen einer Blume oder allgemein zum Wachstum.

Bild 3.4 zeigt schematisch die Loslösung von Teilchen. Die abgelösten Teilchen nennen wir „**Medienteilchen**", weil sie ein **Medium** (lat. Vermittler) bilden. Da dieses zunächst den Körper als Ausgleichsfeld umhüllt, wird es zum Ausgleichsfeld-Medium.

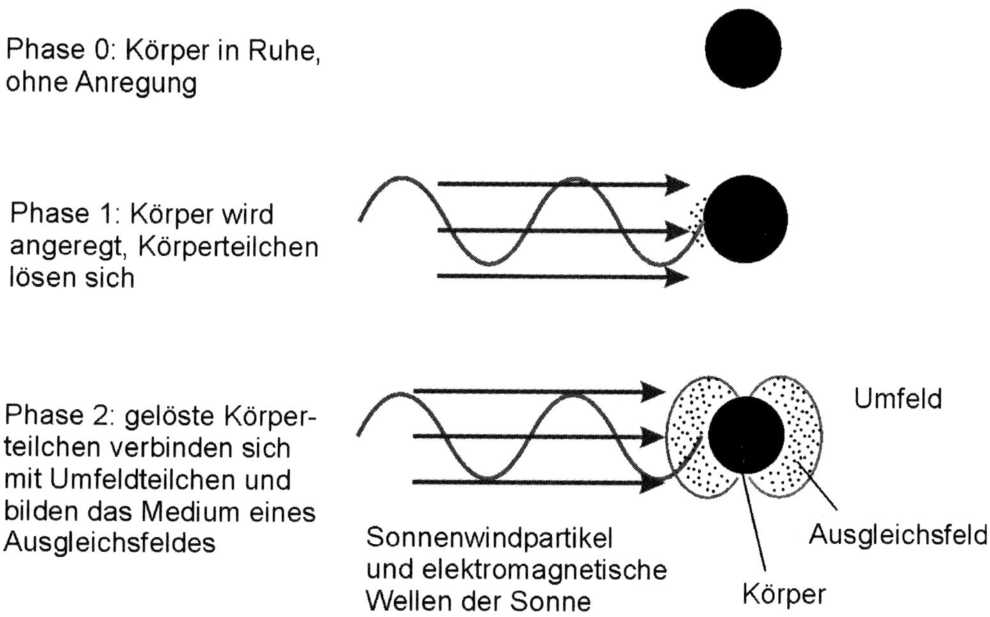

Bild 3.4: Der Körper gibt bei Anregung Teilchen ab, ein Ausgleichsfeld entsteht

Die Bedeutung „Vermittler" stimmt übrigens genau mit der ausgleichenden Eigenschaft des Ausgleichsfeldes überein. Ein Ausgleichsfeld wirkt als Bindeglied zwischen einem Körper größerer Dichte und dessen Umfeld mit geringerer Dichte. Es gibt sichtbare Medien wie Wasser, und unsichtbare wie der Wasserdampf in der Luft an einem klaren Tag. Ein Wärmefeld ist für uns ebenfalls unsichtbar, wir können es lediglich spüren.

Während die etablierte Wissenschaft insbesondere aufgrund der Quantentheorie von einer Dualität zwischen beiden ausgeht, das heißt Elementarteilchen (Korpuskel) könnten gleichzeitig auch als Wellen in Erscheinung treten, bietet das Universal-Prinzip durch eine alternative Erklärung der Entstehungsursachen eine deutliche Trennung beider Aspekte.

Welle und Teilchen

Max Planck entdeckte, dass ein Atom nicht ständig Energie in Form von Lichtstrahlung aufnehmen oder abgeben kann, sondern nur ganz bestimmte („diskrete") Beträge, die er Energiequanten nannte. Später stellte man zunächst bei den Licht-Quanten (Photonen) fest, dass diese sich sowohl als Teilchen als auch als Welle verhalten können. Und, wegen der Quantelung der Energie könne man jede Strahlung als einen Teilchenstrom (Photonen) ansehen. Die Photonen seien aber nicht Teilchen im klassischen Sinne, denn sie besäßen keine Ruhemasse.

Die entscheidende Hypothese der Quantenfeldtheorie lautet:

„Zu jedem Kraftfeld gibt es Quanten, d. h. Teilchen als Träger dieser Kraft. Den *Feldern werden Quanten (Teilchen) zugeordnet, z. B. dem elektromagnetischen Feld die Lichtquanten, dem Kernkraftfeld die Mesonen."

Universal-Prinzip-Kommentar: Teilchen bilden das Trägermedium, das eine Welle benötigt, um sich fortbewegen zu können, Teilchen sind Träger der Kraft.

Das korpuskulare Verhalten betrifft das Teilchen selbst. Das wellenartige Verhalten zeigt sich im bewegten Medium, welches aus einer Vielzahl von Teilchen besteht. Es werden transversale Umfeld-Wellen und longitudinale Ausgleichsfeld-Wellen unterschieden. Der Aktionsraum, in dem die Wechselwirkungen zwischen Welle und Teilchen stattfindet, ist das Ausgleichsfeld.

Der Eindruck einer Doppelnatur entstand offenbar dadurch, weil die Medien-**Teilchen** im Rhythmus der emittierten **Wellen** schubweise, eben als Pakete gesendet und empfangen werden.

Außerdem wird klar, weshalb die sog. Quanten keine Ruhemasse besitzen sollen: Bei diesem „Quantenaspekt" handelt es sich um das „Kraftpaket" einer abgestrahlten Ausgleichsfeld- oder Umfeld-Welle. Da eine Welle selbst immateriell ist, kann sie natürlich keine Ruhemasse besitzen. Eine Welle transportiert Kraft durch die passive Rotation der Teilchen des Mediums, durch welches sie sich bewegt. Der Teilchenaspekt zeigt sich bei den durch die Kraft der Welle bewegten Medienteilchen als Träger der Kraft.

Die obige Aussage: „Wegen der Quantelung kann man jede Strahlung als einen Teilchenstrom (Photonen) ansehen." kann daher nicht bestätigt werden.

Fazit: Ein Teilchen kann Wellen absorbieren oder emittieren, es kann sich mit anderen Teilchen verbinden oder Verbindungen lösen, es kann als Teil eines Mediums schwingen, durch das sich eine Welle bewegt, aber es kann nie selbst eine Welle sein.

Der Ausgleich

Der von uns als Ausgleichsfeld benannte Raum zwischen Körper und Umfeld bildet die Basis des Universal-Prinzips.

Durch ein Ausgleichsfeld verringert sich die ursprüngliche Potenzialdifferenz zwischen Körper und Umfeld – die Spannung wird ausgeglichen. Unterschiedliche Potenziale können beispielsweise Dichte, Druck, Temperatur, Masse sein.

Bild 3.5 zeigt eine große Potenzialdifferenz (oben links) mit abruptem Übergang zwischen einem dichten Körper und seinem ausgedehntem Umfeld. Im Laufe der Zeit entwickelt sich ein Ausgleichsfeld, durch dessen ausgleichende Wirkung hat sich die Potenzialdifferenz verringert (oben rechts).

Sie können sich auch eine schroff aufragende Felsenzinne vorstellen (unten links), solche gibt es recht eindrucksvoll in Colorado, USA. Im Laufe der Zeit wird der Bergkern durch Anregung von Sonne und Witterung (Erosion) langsam abgetragen. Das abgelöste Geröll bildet dann markante Schuttkegel. Das Gefälle der Schuttkegel stellt ein Ausgleichsfeld dar, denn die ursprünglich große Potenzialdifferenz zwischen Berggipfel und Ebene hat sich in eine verlaufsförmig abfallende umgewandelt. So setzt ein vom schroffen Abhang (links) herabfallender Stein beim Aufprall eine wesentlich größere Kraft frei als ein Stein, der auf dem sanften Gefälle allmählich herabrollt und dabei die gespeicherte Kraft allmählich abgibt (rechts).

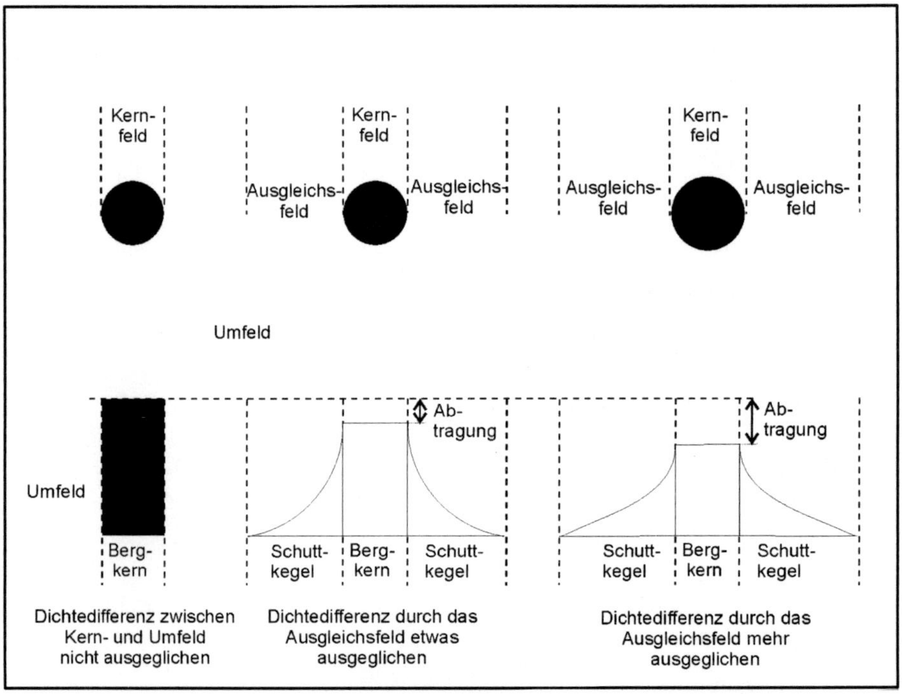

Bild 3.5: Potenzialdifferenz unausgeglichen ohne Ausgleichsfeld (links) – zunehmend ausgeglichen mit Ausgleichsfeld (rechts)

Ein Ausgleichsfeld wird durch Levitationskraft aufrechterhalten und durch Gravitationskraft an den Körper gebunden. Jeder Körper (Kern) bildet nach dem Universal-Prinzip zusammen mit seinem Ausgleichsfeld ein **„Objekt“**. Bei der Wahl der Begriffe kommt es stets auf das Objekt an, auf das wir uns beziehen. Sprechen wir beispielsweise vom Objekt „Erde“, sind Sauerstoffatome Medienteilchen des „Erd-Ausgleichsfeldes“. Beziehen wir uns jedoch auf das Objekt „Sauerstoffatom“, sind dessen Elektronen die Medienteilchen des „Sauerstoff-Ausgleichsfeldes“.

Ausgleichsfelder bilden nicht nur eine Übergangszone zwischen den unterschiedlichen Potenzialen von Körper und Umfeld, sie schützen den Körper auch vor äußeren Einflüssen. Gäbe es keine Atmosphären-Ausgleichsfelder, hätten wir keine Atemluft. Es wäre kalt, dunkel – das Leben auf der Erde würde durch kosmische Strahlung und durch Meteoriteneinschläge zerstört. Auch Satelliten, orbitale Teleskope sowie die Internationale Raumstation ISS sind einer bisher unterschätzten Gefahr ausgesetzt: Ihr Teflon-Schutzschild wird von extrem aggressiven Sauerstoffatomen zerstört.

Die masseabhängige Gravitationskraft eines Körpers überlagert sich mit der anregungsabhängigen Levitationskraft, so dass eine resultierende Kraft entsteht. Überwiegt die Gravitationskraft, wird der Körper vermehrt Medienteilchen aufnehmen, überwiegt jedoch die Levitationskraft, wird er vermehrt Medienteilchen abgeben. Im ersten Fall nimmt die Masse zu, im zweiten ab.

Die Dichte eines Objektes setzt sich aus der Dichte des Körpers und des Ausgleichsfeldes zusammen. Objekte, die aus verschiedenen Elementen bestehen, verbinden sich stets im Bereich ihrer Ausgleichsfelder. So treten beispielsweise bei Atomen schon lange, bevor sie sich chemisch miteinander verbinden (Elektronenaustausch), physikalische Wechselwirkungen (Überlappung von Ausgleichsfeldern) auf. Kommt eine chemische Bindung zustande, bleibt die Identität beider Bindungspartner erhalten (Kerne halten Abstand durch Levitation), und unter bestimmten Umständen können sie sich wieder trennen. Ein Beispiel hierfür bildet Rost – eine chemische Verbindung aus Eisen und Sauerstoff. Rost (Eisenoxid) besitzt andere Eigenschaften und daher einen anderen Namen als die Bindungspartner. Dieses Beispiel ist auf beliebige Vorgänge anwendbar (denken wir an eine Beziehung zwischen zwei Menschen).

Ausgleichsfelder finden sich überall: so z. B. die Erdatmosphäre, das Aura-Feld eines Menschen, der Duft einer Rose, die Wärme eines Ofens, das Fruchtfleisch und die Schale eines Apfels, das Mikroklima unter einem Baum, der Schweif eines Kometen, die ionisierte Luft im Bereich einer Hochspannungsleitung oder die Dunstglocke über einer Stadt.

Ausgleichsfelder wirken als Mittler und gleichen die auf den Körper einwirkenden äußeren Kräfte aus. Wird ein Apfel aufgeschnitten, also sein Ausgleichsfeld beschädigt, stellt dieser umgehend ein Ersatz-Ausgleichsfeld her: Die Schnittfläche wird braun und es bildet sich eine Schutzschicht, welche ein schnelles Austrocknen verhindert. Die menschliche Haut stellt ebenfalls ein Ausgleichsfeld dar. Bei Verletzungen entsteht rasch ein Wundschorf als neues Ausgleichsfeld, das vor Verblutung und Infektionen schützt.

Eine weitere Anwendung ist die Verpackung von Lebensmitteln. Durch Lagerung in einer annähernd luftleer gepumpten Plastikhülle wird verhindert, dass Sauerstoff mit der Nahrung reagiert und das Nahrungsmittel verdirbt. Thermoskannen besitzen ein annähernd luftleer gepumptes Ausgleichsfeld. Dieses vermindert die Abkühlung des Inhalts. Und je nachdem, ob wir frieren oder schwitzen, regulieren wir unsere Wohlfühltemperatur mit einem austauschbaren Ausgleichsfeld – einer angepassten Kleidung. Tieren wächst das Sommer- bzw. Winterfell.

Das Phänomen eines Ausgleichsfeldes ist verschiedenen Fachgebieten der konventionellen Wissenschaften geläufig. Dessen übergreifende Bedeutung wurde allerdings nicht erkannt. So wird es jeweils unterschiedlich benannt und interpretiert. Geläufige Bezeichnungen sind: Hülle, Feld (Physik), Atmosphäre, Heliosphäre, Ereignishorizont, Raumblase oder Einsteins "gekrümmte Räume" (Astrophysik), Atomhülle oder Orbital (Kernphysik), Wirkungs- oder Einflusssphäre (Biophysik), Fruchtblase, Haut, Fell, Pneu (Biologie), Verband (Medizin), als Haus, Isolation, Wärmedämmung, Bekleidung (Industrie), Dunstglocke (Meteorologie).

Die Grenzen der Ausgleichsfelder

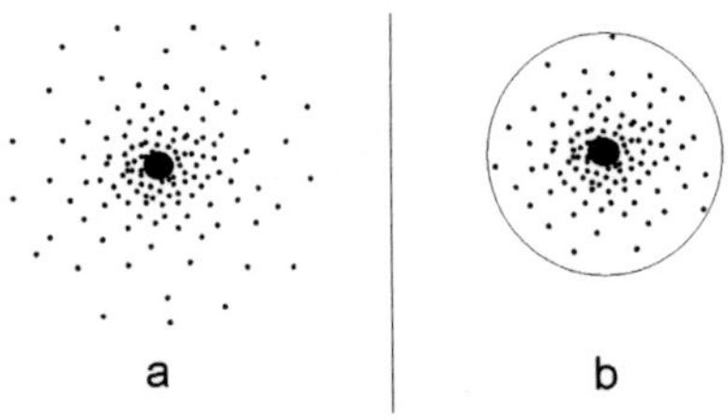

Während die konventionelle Physik bei Atomen von einer diffusen Ladungswolke ohne Begrenzung ausgeht (Bild 3.6 a), entsteht nach dem Universal-Prinzip ein klar begrenztes Ausgleichsfeld (Bild 3.6 b). Die Dichte eines Ausgleichsfeldes nimmt von innen nach außen ebenso wie die Stärke des Gravitationskraftfeldes ab.

Bild 3.6: Diffuse Ladungswolke „a“ und abgegrenztes Ausgleichsfeld „b“

Dies hat zwei Gründe: Das Universal-Prinzip wird sowohl den Gesetzen der Teilchen-Mechanik als auch denen der Wellenoptik gerecht.

- Die von einem Körper abgestrahlten Wellen werden an den optisch dichteren (kern-näheren) und optisch dünneren (kern-ferneren) Ausgleichsfeld-Grenzschichten reflektiert (Bild 3.7)

- Die von einem Körper abgegebenen Medienteilchen können sich nicht beliebig weit vom Körper entfernen, denn die Anregung nimmt mit der Entfernung vom Kern ab, die Teilchen kondensieren wieder und fallen auf den Körper zurück.

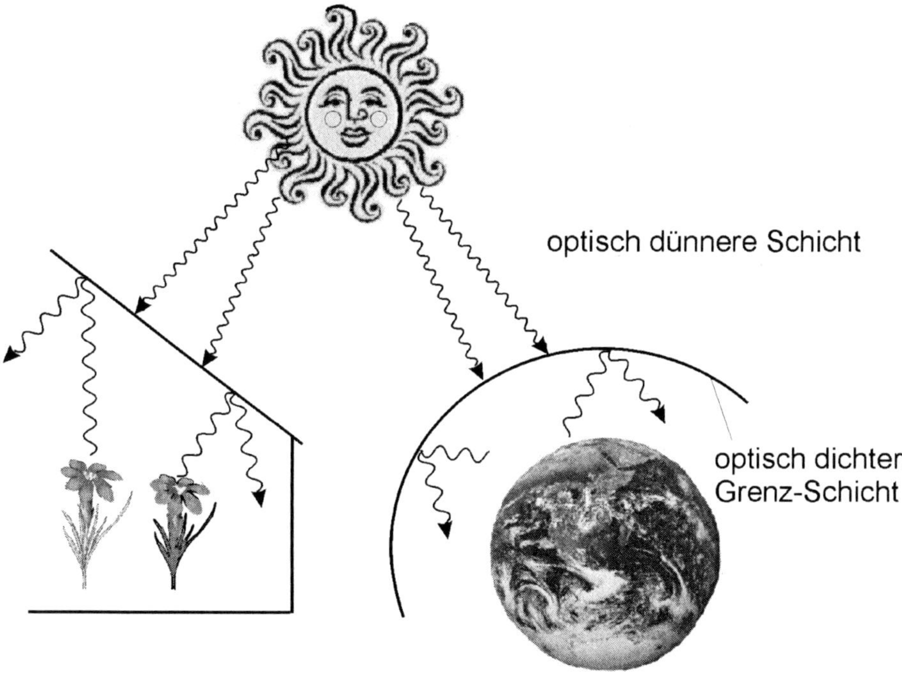

Bild 3.7: Wellen werden von Grenzschichten reflektiert (Treibhauseffekt)

Bild 3.8 zeigt die Vorgänge im Ausgleichsfeld am Beispiel des Wassers. Wasserteilchen expandieren bei Anregung und steigen nach oben. In großer Höhe sinkt die Temperatur, und die Wassermoleküle verdichten sich zu Wolken. Bei weiterer Abkühlung oder Druckanstieg kondensieren die Wolken zu Wasser, Graupel oder Schnee und fallen wieder zur Erde herab. Damit ist der Kreislauf geschlossen. Wasser verbleibt im Atmosphären-Ausgleichsfeld, denn nach oben wird es durch Kondensation infolge Kälte und nach unten durch Wärme begrenzt. So pendeln die Wasserteilchen um einen mittleren Gleichgewichts-Zustand.

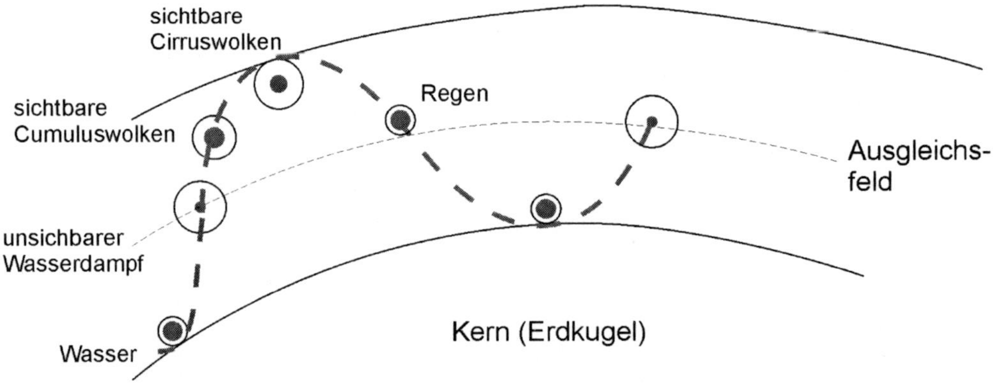

Bild 3.8 Wasserkreislauf im Ausgleichsfeld

Wasser kann sein Ausgleichsfeld nie verlassen. Gemäß dem *holografischen Aufbau der Natur kann das Verhalten der Wasserteilchen auf alle anderen Objekte übertragen werden.

Johann Wolfgang von Goethe beschrieb diesen Kreislauf wunderschön und tiefsinnig:

**„Des Menschen Seele gleicht dem Wasser.
Vom Himmel kommt es, zum Himmel steigt es
und wieder zur Erde muss es
ewig wechselnd."**

Freie Kraft wird im Ausgleichsfeld gebunden

Während ein Kraftfeld nur aus anziehender Gravitationskraft oder abstoßender Levitationskraft besteht, ist ein Ausgleichsfeld mit einem Medium gefüllt, das durch Levitation aufrechterhalten wird und durch Gravitation mit dem Körper verbunden bleibt. Mit anderen Worten: **Durch ein Ausgleichsfeld wird ursprünglich freie Kraft gebunden.** Dieses Prinzip wird beispielsweise bei einem Kran genutzt, der zum Verladen von Eisenschrott einen Elektromagneten statt einem Greifer verwendet. Wird der Elektromagnet aktiviert, kann er eine bestimmte Menge Schrott festhalten – d. h. die Kraft des Stroms ist im Schrott gebunden. Wird er wieder abgeschaltet, fällt die Ladung zu Boden.

Kann sich ein angeregter Körper wegen einer Begrenzung nicht ausdehnen, entwickelt er Druck, das heißt freie Levitationskraft. Er wird die Grenze wie ein ausbrechender Vulkan oder eine berstende Bombe durchbrechen.

Kann sich ein Körper bei Ausbleiben einer Anregung wegen einer Begrenzung nicht verdichten, entwickelt er Sog, das heißt freie Gravitationskraft. Ein Beispiel für die Zerstörung einer solchen Begrenzung bildet eine implodierende Bildröhre.

Im gleichen Maße, wie ein Ausgleichsfeld wächst, steigt die dazu nötige **gebundene Kraft**, während die verbleibende **freie Kraft** sinkt.

Diese Erkenntnis ist auch für das Zusammenleben von Menschen außerordentlich wichtig. Junge Menschen verfügen zwar über viel freie Körperkraft, jedoch über wenig Erfahrung in seelisch-geistigen Ausgleichsfeldern. Daher kommt es bei Meinungsverschiedenheiten rasch zu hitzigen Reaktionen. Bei älteren Menschen ist das Verhältnis in der Regel umgekehrt. Sie werden zuerst versuchen, Probleme mit seelisch-geistigen Mitteln auf Grund ihrer dort gesammelten Erfahrungen zu lösen.

Konventionelle Physiker zeigen sich über das gemessene, ihrer Meinung nach sehr schwache Magnetfeld von Erde und Sonne überaus erstaunt. Dieses Ergebnis liegt entsprechend unserer Überzeugung darin begründet, dass bei Messungen stets die Resultierende aus den beiden freien Komponenten „anziehende Gravitationskraft" und „abstoßende Levitationskraft" erfasst wird. Die in den Ausgleichsfeldern von Erde und Sonne gebundene Kraft bleibt dagegen unberücksichtigt.

Um korrekte Werte zu erhalten, sind bei einem Objekt folgende drei Aspekte zu berücksichtigen:

- freie Gravitations- und Levitationskraft
- die in Kern- und Ausgleichsfeld-Teilchen gebundenen Gravitationskraft, die diese zusammenhält
- die in Kern- und Ausgleichsfeld-Teilchen gebundene Levitationskraft, die die Distanz zwischen ihnen und zum Umfeld aufrechterhält.

UNIVERSAL-PRINZIP TEIL 2

Die beiden entgegengesetzt gerichteten Kräfte Gravitation und Levitation überlagern sich zu einem gemeinsamen resultierenden Kraftfeld. Welche der beiden Komponenten überwiegt, hängt von der Größe der **Anregungskraft** ab:

Bei abnehmender Anregung verringert sich die Intensität der Bewegung eines Körpers oder seiner Bestandteile, die Gravitationskraft wächst – der Körper verdichtet sich und zieht Teilchen aus dem Umfeld an. Bei zunehmender Anregung nehmen Teilchenbewegung und Levitationskraft zu – der Körper dehnt sich aus und gibt Teilchen an das Umfeld ab.

Die Teilchen, die der Körper abgibt, können sich mit Umfeldteilchen verbinden und umgeben den Körper zunächst wie eine Hülle. Da in diesen Teilchen die anfangs freie Kraft gebunden ist, wird die ursprüngliche Potenzialdifferenz zwischen Körper und Umfeld ausgeglichen. Das „Kraftfeld“ verwandelt sich in ein „**Ausgleichsfeld**“.

Ein Ausgleichsfeld bildet somit einen Kraftspeicher, denn es enthält die Kraft, die zu seinem Aufbau aufgebracht wurde. Es bildet den Raum, in welchem sich die **Wechselwirkungen** zwischen Körper und Umfeld abspielen. Ein Ausgleichsfeld wird durch Levitationskraft aufrechterhalten und durch Gravitationskraft an den Körper gebunden. Körper und Ausgleichsfeld bilden zusammen ein Objekt.

Energieniveaus in unserem Umfeld

Das Potenzialgefälle zwischen dichter und ausgedehnter Materie (Kern und Umfeld) besteht aus einer Folge von Energieniveaus, vom niedrigsten beim Kern bis zum höchsten beim Umfeld. Jenes Potenzialgefälle kann durch ein Ausgleichsfeld (Ausgleichsfeld) ganz oder teilweise ausgeglichen werden, weil sich die im Ausgleichsfeld befindlichen Medienteilchen in Energieniveaus anordnen, die ihrer Größe (Masse und Dichte) entsprechen und damit, wie oben erwähnt, die ursprünglich freie Kraft binden.

Das Energieniveau eines Körpers wird von dessen Dichte bestimmt: Je geringer die Dichte eines Körpers, desto höher sein Energieniveau. Mit anderen Worten: Die Medienteilchen eines Ausgleichsfeldes sind jeweils einem bestimmten Energieniveau zugeordnet. In diesem haben sie ihr stabiles Gleichgewicht, um das sie bei Anregungsschwankungen pendeln.

In der Natur stellten im Laufe der Zeit alle Körper, die eine vom Umfeld abweichende Dichte besitzen und die sich nicht in ihr Energieniveau bewegen können, ihr Gleichgewicht durch den Aufbau von Ausgleichsfeldern her.

Diese Vorgänge sind als Alterung, Erosion oder Korrosion bekannt. Während Veränderungen in der Natur harmonisch über längere Zeiträume ablaufen, produziert die moderne Technik in kürzester Zeit Produkte, die aufgrund ihrer erheblichen Differenz an Dichte zum Umfeld häufig eine Belastung für biologische Systeme darstellen. Körper, die sich nicht in ihrem Energieniveau befinden, entwickeln zuerst freie Kräfte, bevor ein Ausgleichsfeld entsteht. So binden Schadstoff-Emissionen wertvollen Luftsauerstoff. Abstrahlung elektromagnetischer Wellen führt zur unkontrollierten Anregung von organischem Gewebe.

Aus dem Erdinneren wird beispielsweise Eisen gefördert, wo es sich in Form von Erz an das dort herrschende „Energieniveau“ angeglichen hat. Durch Verhüttung entsteht erheblich dichteres reines Eisen oder Stahl.

Mancher Feldstein müsste aufgrund seiner Bestandteile sofort als Sondermüll entsorgt werden. Da er jedoch im Verlauf eines langen Zeitraumes die enthaltenen Schwermetalle durch den Aufbau eines Ausgleichsfeldes neutralisiert hat, ist er für uns in dieser Form an der Erdoberfläche völlig ungefährlich.

Werden technisch hergestellte Stoffe mit großer Dichtedifferenz freigesetzt, verbinden sie sich mit natürlich vorkommenden Stoffen, um ins Gleichgewicht zu kommen. Die Auswirkungen sind unterschiedlich. Spontane Reaktionen, z. B. von „freien Radikalen“ wie Ozon oder langsam verlaufende Reaktionen wie radioaktive Strahlung, können in Abhängigkeit der Intensität organisches Gewebe von Lebewesen zerstören.

Andere in Organismen natürlich vorhandene und benötigte Stoffe sind in zu großen Mengen unverträglich. So können z. B. Schwermetalle oder Hormone, die mit der Atemluft oder mit Trinkwasser zugeführt werden, oft nicht verarbeitet werden. Sie sammeln sich im Körper bis zu einem toxischen Grenzwert an, was zu Störungen bis hin zum Ausfall der betroffenen Zellen oder Organe führen kann. Die Kompensation von unverträglichen Stoffen oder Strahlen, die von Natur aus nicht in unser Umfeld gehören, belasten unseren Energiehaushalt sowie die Funktionen der Organe in heutiger Zeit erheblich.

3.3 Vorgänge im Ausgleichsfeld

Im Abschnitt „Sichtbare Körper, unsichtbare Kräfte“ stellten wir einen Zusammenhang zwischen den Begriffen „Ausgleichsfeld“ und „Seele“ her. Die Beschreibung der Seele stellt eines der größten Mysterien dar, das Menschen seit alters her in allen Kulturkreisen beschäftigt.

Das Ausgleichsfeld entspricht als Vermittler zwischen Körper und Umfeld dem Phänomen Seele, denn es entwickelt sich zwischen Körper und Umfeld (Geist). Mehr noch – nach dem Universal-Prinzip wird gezeigt, dass alle Körper, die ein Ausgleichsfeld entwickelt haben, beseelt sind. Diese Schlussfolgerung baut eine Brücke zur *Weisheit alter Hochkulturen und öffnet unserer Gesellschaft einen völlig neuen Bewusstseinshorizont.

Wir wissen nun, dass jedes Wachstum, jede Entfaltung nur aufgrund der anregenden Kraft von Wellen möglich ist. Ohne Wärme und Licht würden alle Dinge auf der Welt gefrieren und schrumpfen. Deshalb gelten die nächsten Betrachtungen in erster Linie den Wellen.

Die Umwandlung von Wellen

Im Unterschied zum Materiestrom Sonnenwind erhalten wir durch die anregenden Wellen der Sonne keine Materie, sondern lediglich Kraft. Die Kraft wird von der Sonne zur Erde wie bei einer Wasserwelle über rotierende Teilchen des interplanetaren Mediums weitergeleitet.

In Bild 3.9 sehen wir eine Wasserwelle. Indem sie sich dem Strand nähert, wird sie durch dessen Widerstand gebremst und nimmt an Länge und Geschwindigkeit ab, jedoch an Höhe zu. Die nachkommenden Wellen stauen und türmen sich auf. Dadurch gerät die Kreisbewegung (Rotation) der Wasserteilchen unter Druck, wird zunehmend elliptisch und geht schließlich in eine Hin-und-Her-Bewegung (Translation) über.

Dieses Beispiel zeigt ein außerordentlich wichtiges Phänomen, dass nach dem Universal-Prinzip auf alle Arten von Wellen übertragbar ist, und dessen übergreifende Bedeutung von der konventionellen Physik bisher offensichtlich nicht erkannt wurde: Die Umwandlung von Welle und Teilchen.

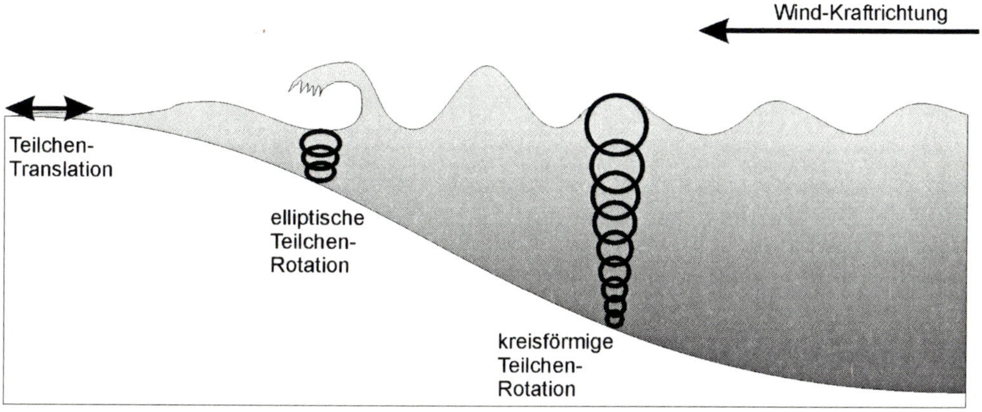

Bild 3.9: Wasserwelle: Die Rotation der Wasserteilchen (rechts) wird in der Brandung elliptisch (Mitte) und geht am Strand über in eine Translation (links), nach [Bertels98]

In Bild 3.10 ist diese Umwandlung nochmals schematisch dargestellt. Die im Umfeld fortlaufenden Transversalwellen transportieren durch „passive" Teilchen-Rotation **Kraft**, jedoch keine Materie. Treffen diese Wellen auf einen Körper oder eine Ausgleichsfeld-Grenzschicht, wandelt sich die passive Teilchenrotation um in die „aktive" Teilchen-Translation einer stehenden Longitudinalwelle. Aktiv heißt, jetzt wird **Kraft** und **Materie** transportiert. Das Ausgleichsfeld wird zum Aktionsraum, eindringende Umfeldteilchen prallen mit ihrer Kraft direkt auf Ausgleichsfeld-Teilchen (in Bild 3.9 Wasser auf Strand). Wenn Kraft auf Materie trifft, wird Arbeit verrichtet. Körperteilchen (Strandgestein) werden abgetragen und zerkleinert und verbinden sich mit Umfeldteilchen zu neuen Medienteilchen des Ausgleichsfelds.

Auch die von der Sonne ausgestrahlten Transversalwellen breiten sich im Umfeld aus, wir nennen sie deshalb „**Umfeld-Wellen**". An der Grenzschicht zum Erd-Ausgleichsfeld oder -Kern wandelt sich der absorbierte Teil um in Longitudinalwellen (Dichteschwingungen). Weil sich diese als stehende Wellen nur im Ausgleichsfeld hin- und herbewegen, nennen wir sie „**Ausgleichsfeld-Wellen**".

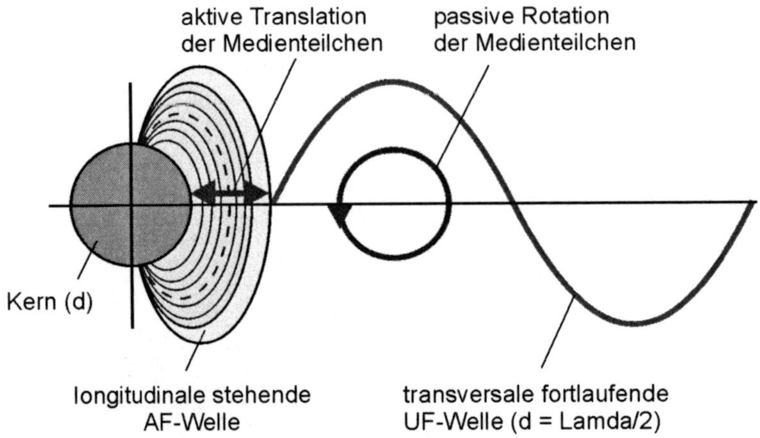

Bild 3.10 Wasserwelle: Umwandlung einer Transversalwelle (rechts) in eine in einer Longitudinalwelle im Ausgleichfeld (links)

Auf Stubbenkammer (Insel Rügen) erscheint die Brandungszone vor den Kreidefelsen milchigweiß, weil durch die Ausgleichsfeld-Wellen Kreide abgetragen wird, die sich im Wasser löst. In Bild 3.24 verbinden sich analog Eisen und Sauerstoff zu Rost.

Der Tsunami nach dem dramatischen Seebeben in Südasien Ende 2004 entstand auf die gleiche Weise. Die folgenschweren materiellen Wechselwirkungen ereigneten sich erst nach Auftreffen der Welle auf den Widerstand „Strand" samt Bewohnern und Bebauung. Der Strand wurde zum Ausgleichsfeld, in welchem sich materielle Wechselwirkungen „austobten".

Dieselbe Bewegungsumwandlung (Rotation in Translation oder umgekehrt) wird beim Kurbeltrieb genutzt, einer technischen Anwendung, die es in sehr vielen Modifikationen gibt, z. B. beim Fensterrollo, einem Hubkolbenmotor oder bei einer Turbine.

Transversale Meereswellen können auch den Meeresboden in longitudinale Schallwellen versetzten. In [Spiegel604] heißt es unter dem Titel „Warum der Meeresboden singt", unter anderem: *„Winterstürme über dem Nordpazifik und dem Südatlantik lassen die Erde mit einer tiefen Bass-Stimme summen, berichten US-Forscher. Die heftigen Luftströmungen erzeugen starke Wasserbewegungen, die den Meeresboden in extrem langsame Schwingungen versetzen."*

Während das Umfeld, in dem sich die anregenden Umfeld-Wellen fortpflanzen, den Übertragungsraum darstellt, bildet das Ausgleichsfeld den Aktionsraum, in dem sich Teilchen und Wellen aufgrund von Wechselwirkungen zwischen Materie und Kraft umwandeln.

Die Natur elektromagnetischer Wellen

Eine Ausgleichsfeld-Welle besteht wie alle elektromagnetischen Wellen aus zwei Komponenten. Als Beispiel zur Veranschaulichung soll uns wieder die Erde dienen.

Die Kraft der Sonnenanregung bewirkt auf der Erdkugel zunächst eine **„Oberflächenreaktion"**. Diese erreicht in der Äquatorregion (Sonnennähe) ein Maximum. Wir nennen sie deshalb **„Äquatorwelle"** (Bild 3.11 a). Dabei bezeichnet „λ" (Lambda) die Wellenlänge, die aus einem Wellenbauch und einem Wellental besteht. Damit entspricht der Kerndurchmesser „d" der halben Wellenlänge λ/2.

Die Sonnenanregung beschränkt sich jedoch nicht nur auf die Oberfläche, sondern dringt in abgeschwächter Form in die Erdkugel ein. Infolge des Anstiegs der Dichte bis zu ihrem inneren Kern entsteht durch Wechselwirkungen dort deutlich mehr Reibung als an der Oberfläche, wodurch Druck und Temperatur erheblich weiter ansteigen als in der Atmosphäre.

Die Teilchen im Erdinneren erwärmen sich durch Reibung so stark, dass sie in den flüssigen bzw. gasförmigen Aggregatzustand übergehen. Da sie sich jedoch nicht wie die Teilchen an der Erdoberfläche in die Atmosphäre ausdehnen können, baut sich ein enormer Druck auf. Dieser entlädt sich periodisch durch die Pole, weil diese Regionen am weitesten von der Sonnenanregung entfernt sind. Durch den extremen Druckabfall, der sich vom Erdinneren bis zur Oberfläche ergibt, expandieren die Teilchen in einer Levitations-Kaskade. Dieser Vorgang führt zu starker Abkühlung (analog dem Lindeverfahren zur Luftverflüssigung), welche zum einen für die Kälte an den Polregionen verantwortlich ist und zum anderen die von den Polen ausgehenden Passat-Winde verursacht (Bild 3.11 d). Aufgrund der beschriebenen **„Polreaktion"** bezeichnen wir diese Welle als **„Polwelle"** (Bild 3.11 b).

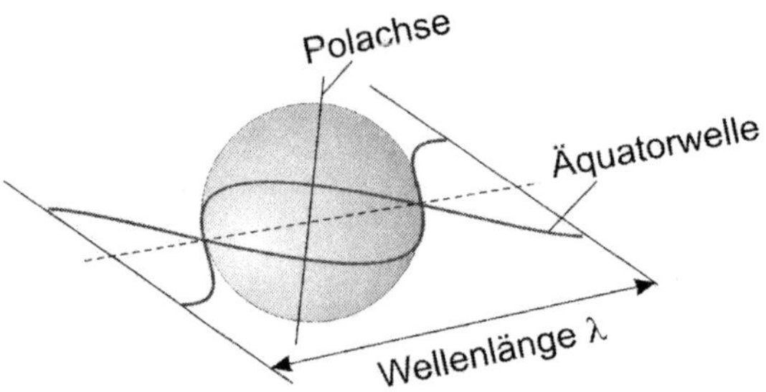

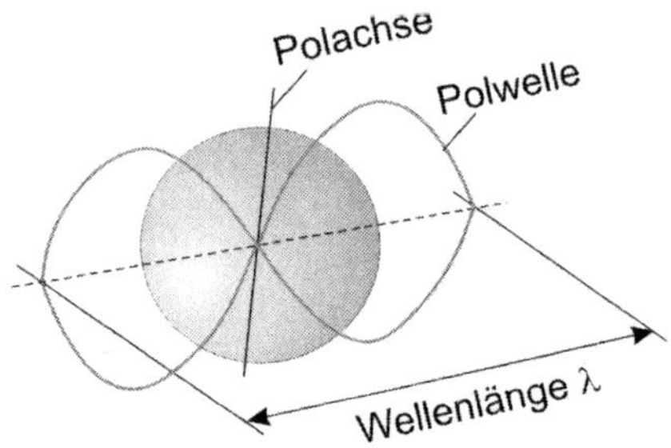

Bild 3.11 a: Elektrische Komponente der elektromagnetischen Ausgleichsfeld-Welle (Äquatorwelle)

Bild 3.11 b: Magnetische Komponente der elektromagnetischen Ausgleichsfeld-Welle (Polwelle)

Bild 3.11 c zeigt eine vollständige elektromagnetische Ausgleichsfeld-Welle (Äquator- und Polwelle). Die Polwelle erscheint wegen der Verzögerung infolge des Körperdurchmessers mit einer Phasenverschiebung von 90° bzw. λ/2, wie dies bei elektromagnetischen Wellen üblich ist.

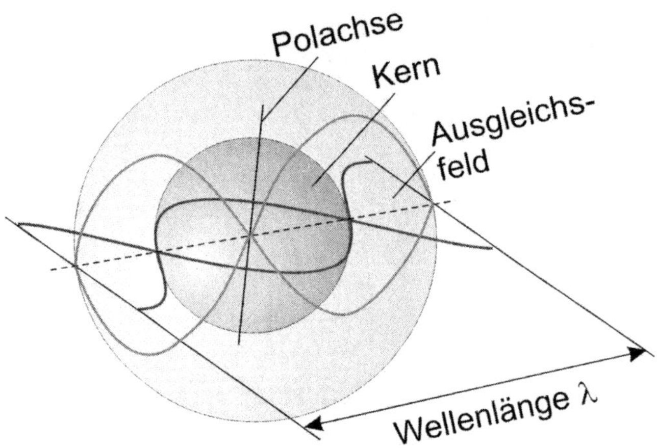

Eine Ausgleichsfeld-Welle begrenzt den Raum des Ausgleichsfelds durch die Knoten der Ausgleichsfeld-Polwelle und die Bäuche der Ausgleichsfeld-Äquatorwelle. Es handelt sich um Näherungswerte, die Beziehung lautet Ausbreitungsgeschwindigkeit c = Wellenlänge λ x Frequenz f.

Bild 3.11 c: Beide Komponenten der elektromagnetischen Ausgleichsfeld-Welle

Vulkanausbrüche sind weitere Beispiele für einen gelegentlich auftretenden Druckausgleich. Dabei erfolgt der Austritt jedoch sehr viel langsamer als bei einer Polwelle und kommt aus geringerer Tiefe, so dass sich kein so enormer Druck aufbauen kann. Deshalb kühlt sich Lava weniger stark ab und tritt noch relativ heiß und flüssig aus.

Während die Äquatorwelle einen elektrischen Aspekt hat, ist die Polwelle magnetischer Natur. Der Grund: Bei Medienteilchen in der Äquatorregion überwiegt aufgrund ihrer größeren Dichte der Teilchencharakter bzw. der Masse-Aspekt – deshalb die Zuordnung „elektrisch". Bei den Medienteilchen in der Polregion überwiegt hingegen wegen ihrer geringeren Dichte der Kraft-Aspekt bzw. der Wellencharakter – deshalb die Zuordnung „magnetisch".

Auch die Rotation (Spin) entsteht durch die Sonnenanregung.

Der Spin (Rotation)

Die meisten Himmelskörper rotieren ebenso wie die Erde um ihre eigene Achse, wodurch der Tag- und Nachtrhythmus entsteht. Die Ursache der Drehung besteht nach dem Universal-Prinzip darin, dass der Himmelskörper bzw. sein Ausgleichsfeld beim Auftreffen von Strahlen nur auf der Seite angeregt wird, die der Strahlung zugewandt ist. Durch die Ausdehnung der Materie wird der Körper auf dieser Seite leichter und dreht sich in Richtung des höheren Energieniveaus, gerät dadurch in den Schatten und zieht sich wieder zusammen. Zur gleichen Zeit wird die andere Seite angeregt, wodurch ein Drehmoment entsteht.

Auch die konventionelle Physik geht davon aus, dass die Lichtstrahlung der Sonne für die Rotation verantwortlich ist und beschreibt die Ursache der Rotation mit dem „Jarowski-Effekt", der im August 1993 mit Hilfe der Raumsonde „Galileo" am Asteroiden „Ida" rechnerisch bestätigt wurde. Die Differenzkraft zwischen dem absorbierten Sonnenlicht und der emittierten Infrarotstrahlung sei die Ursache der Rotation. [Spiegel203] Vom Ergebnis her ist dies richtig, der zugrunde liegende Mechanismus aber bleibt der konventionellen Physik verborgen, da diese bisher kein Ausgleichsfeld kennt.

Bei Levitation zeigen Objekte in Blickrichtung auf den Nordpol (Wirkrichtung) einen rechtsgerichteten Spin (im Uhrzeigersinn), Gravitation dagegen ist mit einem linksgerichteten Spin verbunden. Da ein levitierendes Objekt eine größere Menge Materie emittiert als absorbiert, verringert sich dessen Masse und Dichte – das Objekt dehnt sich aus. Bei einem gravitierenden Objekt führt die Aufnahme von Materie zu einer Massezunahme und zu einer größeren Dichte – das Objekt zieht sich zusammen.

Dazu heißt es in [Schpolski85] S. 242: *„Die Frequenz des Elektrons wird also, wenn es sich im Magnetfeld – von der Spitze des Feldvektors (Wirkrichtung) aus gesehen – entgegen dem Uhrzeigersinn bewegt, um* ω_l *(Kreisfrequenz) größer und wenn es die entgegen gesetzte Richtung hat, um denselben Betrag kleiner."*

Ein gravitierendes Objekt wird demnach seinen Spin erhöhen, wenn sich dessen Durchmesser verringert. Die Wellenlänge sinkt proportional zum Durchmesser, die Frequenz erhöht sich proportional zum Spin.

Das Urteilchen der Materie ist das hypothetisch eingeführte Quark – es kann eine links- („spin-up") oder rechtsgerichtete („spin-down") Drehrichtung aufweisen. Wir schlussfolgern, dass ein down-Quark wegen seiner levitierenden Drehrichtung einen großen Anteil an Raumkomponente erzeugt. Ein up-Quark mit linksgerichtetem Spin dagegen einen größeren Materieanteil aufbaut. Ein Proton, das aus zwei up-Quarks und nur einem down-Quark besteht, enthält daher im Verhältnis zu seinem Kern ein kleines Ausgleichsfeld und ist folglich positiv geladen.

UNIVERSAL-PRINZIP TEIL 3

Im Ausgleichsfeld wandeln sich anregende transversale Umfeld-Wellen mit passiver Teilchenrotation in longitudinale Ausgleichsfeld-Wellen mit aktiver Teilchen-Translation um.

Im Ausgleichsfeld wird Arbeit verrichtet. Durch die Kraft der Wellen kommt es zu **Wechselwirkungen** zwischen Körper- und Umfeldmaterie. Während das Umfeld, in dem sich anregende Wellen fortpflanzen, den **Übertragungsraum** darstellt, bildet das Ausgleichsfeld den **Aktionsraum**, in dem sich sowohl Teilchen (Größe, Dichte), als auch Wellen (Form) umwandeln.

Ein Ausgleichsfeld wird gebildet und begrenzt durch eine elektrische Ausgleichsfeld-Welle, die am Äquator beginnt, und eine um 90° versetzte magnetische Ausgleichsfeld-Welle, die im Zentrum der Polachse beginnt. Daraus ergibt sich gesetzmäßig die Beziehung $d_{Kern} = \lambda/2$.

Empfänger werden zu Sendern

Empfänger können bei intensiver Anregung ihrerseits zu Sendern werden. Das gesamte Ausgleichsfeld und/oder der Kern geraten dann in Schwingung und senden Wellen und Teilchen aus.

In Bild 3.12 sehen wir, wie sich an der Ausgleichsfeld-Grenzschicht eines Senders eine stehende longitudinale Ausgleichsfeld-Welle in eine transversale Umfeld-Welle umwandelt, welche sich dann im Umfeld ausbreitet. Die Longitudinalwelle wurde wegen der besseren Erkennbarkeit ebenfalls als Transversalwelle dargestellt.

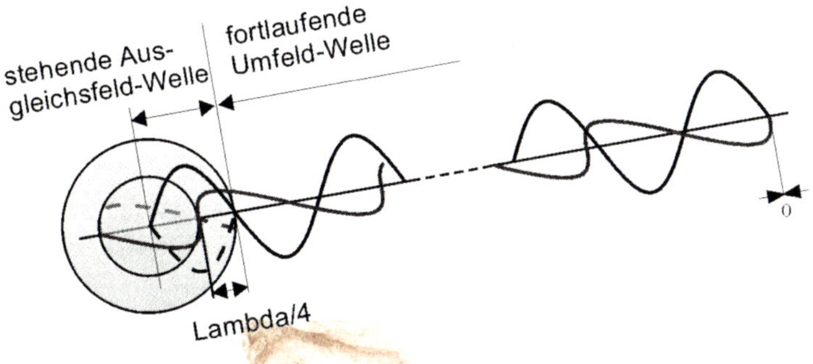

Bild 3.12 Die im Kern und Ausgleichsfeld wirkende stehende Ausgleichsfeld-Welle verwandelt sich an der Ausgleichsfeld-Grenzfläche in eine fortlaufende Umfeld-Welle

Den Effekt der Umwandlung von Wellen kann man in jeder Badewanne erzeugen. Indem man stoßweise auf die Wasseroberfläche pustet, erzeugt man longitudinale Dichtewellen. Diese werden an der Wasseroberfläche in Transversalwellen umgewandelt, die sich kreisförmig in der Wanne ausbreiten.

3.4 Resonanz

Resonanz ist die wichtigste Wechselwirkung im Universum, sie ist gleichzeitig Ursache und Folge für die uns bekannte Welt der Töne und Farben. Resonanz bestimmt daher auch auf das Intensivste unser Leben. Eine Werbung kann in uns Resonanz erzeugen, ein Flirt unser Herz entflammen oder ein Wunsch, der zur Erfüllung strebt.

Während es bisher lediglich um Objekte ging, die durch Umfeld-Wellen von Sendern zum Schwingen angeregt werden, beschäftigen wir uns nachfolgend mit dem zugrunde liegenden Phänomen der Resonanz.

Voraussetzung für Resonanz ist die Übereinstimmung von Sender und Empfänger in Durchmesser und damit Wellenlänge. Komplexe Körper wie Pflanzen, Tiere und Menschen besitzen aufgrund ihrer Zusammensetzung unzählige Resonanzbereiche.

Die Kraft der Wellen regen im Empfänger materielle Wechselwirkungen an, bei denen Teilchen des Empfängers mit Teilchen des Senders reagieren. Dabei entstehen die gleichen wahrnehmbaren Effekte wie Schall, Wärme und Licht.

In der Quantenphysik wird Resonanz zwischen zwei Feldern folgendermaßen beschrieben: *„(...) In dem Moment, in dem in erreichbarer Nähe ein weiteres Feld oder ein ähnliches Gebilde existiert, dass in Resonanz liegen kann (das denselben Energiebetrag, dieselbe Frequenz aufweist, wie ein Teil des Feldes), kollabiert die Trägerwelle und aus dem elektromagnetischen Wellenmoment wird ein Quant. Dieses Quant ist der Bote der Kraftübertragung. Zwischen Molekül 1 und Molekül 2 wird also bei einer Resonanz Kraft in Form von beispielsweise Photonen übertragen."* [Speicher96]

Bei der Trägerwelle handelt es sich nach der Universal-Prinzip um eine Umfeld-Welle. Das Kollabieren entspricht der Umwandlung der Umfeld-Welle in eine Ausgleichsfeld-Welle beim Auftreffen der Umfeld-Welle auf das Ausgleichsfeld. Das Wellenmoment betrifft die Kraft der Welle. Das Wellenmoment wird nicht zu einem Quant, sondern die transversale Umfeld-Welle wandelt sich in eine longitudinale Ausgleichsfeld-Welle um. Gleichzeitig transportiert die Welle Umfeldteilchen ins Ausgleichsfeld, die als Träger der Kraft dienen und im Ausgleichsfeld mit den Medienteilchen wechselwirken.

Stellen wir uns folgenden Versuch vor: Wir haben für jeden der sieben Töne der Tonleiter (c bis h) zwei Stimmgabeln. Wird eine Stimmgabel des Tones „a" angeschlagen, gerät auch die nicht angeschlagene a-Stimmgabel (Resonator) in

Resonanzschwingungen. Die Stimmgabeln für die übrigen Töne werden hingegen nicht angeregt, weil sie aufgrund ihrer Größe und Form auf diese Frequenz nicht ansprechen. Stimmgabeln stellen *Antennen dar. Resonanzen sind nicht nur in völlig identischen Objekten möglich, sondern können auch bei Objekten entstehen, die sich in darüber oder darunter liegenden entsprechenden Oktaven befinden. So kann ein Ton c auch das höhere c' (Oberton) oder das tiefere c (Unterton) zum Tönen bringen.

Resonanz zwischen Sender und Empfänger kann vier Phänomene bewirken:

- **Entstehung einer Resonanzwelle**: Bild 3.13 zeigt Resonanz zwischen einem Körper (Kern) und einem Ausgleichsfeld gleichen Durchmessers. Der Sender (Kern) mit dem Durchmesser d_1 sendet eine Umfeld-Welle aus (durchgehende Welle). Das Ausgleichsfeld des Empfängers mit dem gleichen Durchmesser $d_1 = d_2$, sendet eine Welle gleicher Wellenlänge zum Sender zurück (gestrichelte Welle). Beide einfache Wellen vereinigen sich zu einer stehende „Resonanzwelle“. Zur besseren Übersicht wurde nur die magnetische Polwelle dargestellt.

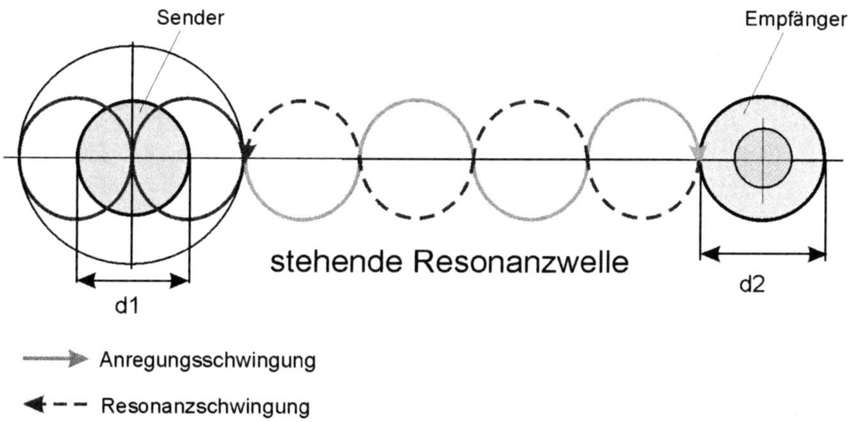

Bild 3.13 Schema Resonanzwelle

- **Ausbildung von zwei Kreisläufen**: Durch die Kraft der „anbrandenden“ Umfeld-Welle beginnt der Empfänger zu pulsieren. Aufgrund dieser Pumpbewegung kommt es zu einem inneren und einem äußeren „Kreislauf“ (Bild 3.14). Der innere Kreislauf bewirkt einen Austausch innerhalb des

Ausgleichsfeldes. Der äußere Kreislauf dient dem Austausch von Teilchen mit dem Umfeld.

- **Resonanzfall**: Die Amplitude (Wellenhöhe) der Schwingung des Empfängers hängt wesentlich von dessen Dämpfung (innerer Reibung) ab. Durch eine extreme Erhöhung der Amplitude kann es zu einem „Resonanzfall" und damit zur Zerstörung des Empfängers kommen. Als historisches Beispiel seien die „Trompeten von Jericho" genannt, deren Töne zum Bersten der Festungsmauer geführt haben sollen.

- **Entwicklung eines Resonanzkanals:** Aus dem in Bild 3.14 dargestellten äußeren Kreislauf kann sich ein Teilchenstrom (Jetstream) zwischen den Polen von Sender und Empfänger entwickeln, den wir als „Resonanzkanal" bezeichnen (Bild 3.15). Der Resonanzkanal verläuft im Ausgleichsfeld des Senders, in dem sich der Empfänger befindet, innerhalb eines entsprechenden Energieniveaus. Je höher das Energieniveau des ausgleichenden Teilchenstromes, desto feiner die Medienteilchen, die transportiert werden.

Dieser Teilchenstrom fließt spiralförmig und pulsierend. Spiralförmig, weil er sich wie eine Serpentine in die am Rand dichter werdenden Energieniveaus eindreht und pulsierend, weil er außer der Druckdifferenz zwischen Sender und Empfänger durch die Pulsation des Senders angetrieben wird. Denken Sie an einen Wasserstrudel, der sich in jeder Badewanne beobachten lässt. Durch Resonanzkanäle entstehen leitende Verbindungen, über die Teilchen, Kraft und Informationen über weite Entfernungen übertragen werden.

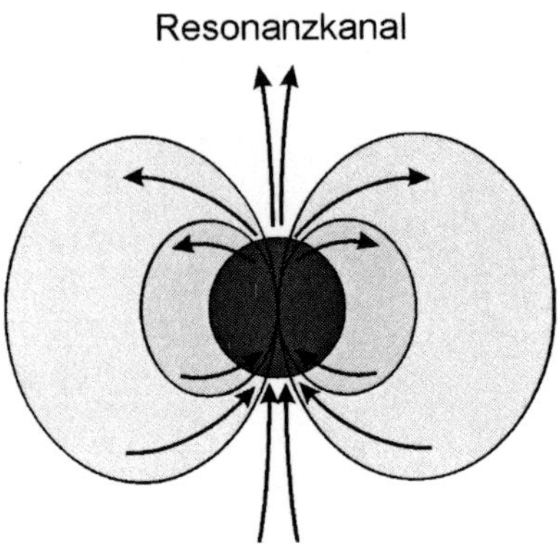

Bild 3.14 Schema Pulsation mit innerem Kreislauf und äußerem Kreislauf (senkrechte Pfeile für Resonanzkanal)

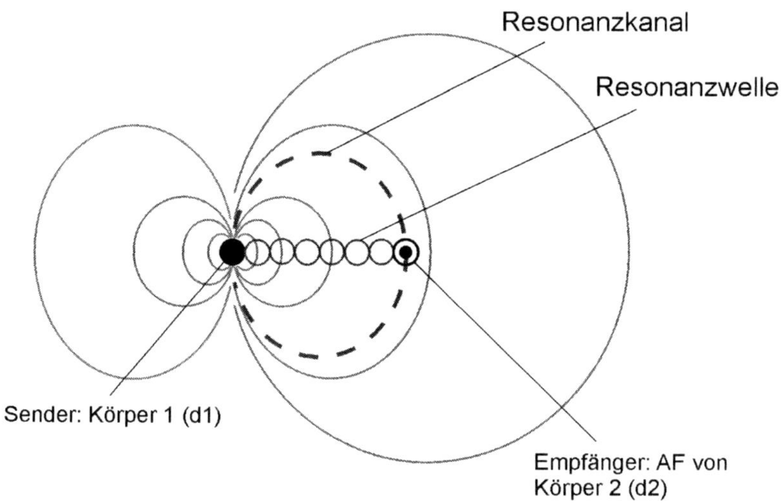

Bild 3.15 Resonanzwelle und Resonanzkanal im Ausgleichsfeld zwischen Sender und Empfänger

In jedem Fall entsteht durch Resonanz die „Lebendigkeit" eines Objektes. Bild 3.15 zeigt die Entwicklung von Resonanzwelle und -kanal im Zusammenhang. Auf unser Sonnensystem übertragen ergibt sich: Die Erde befindet sich im Ausgleichsfeld der Sonne, analog den Elektronen im Atom. Der Sender (Sonne) regt den resonanzfähigen Empfänger (Erde) durch eine Umfeld-Welle an. Das Ausgleichsfeld der Erde beginnt zu pulsieren und sendet eine Umfeld-Welle zurück. Beide Umfeld-Wellen bilden eine stehende Resonanzwelle und es entwickelt sich ein Resonanzkanal. Zwischen Sonne und Erde werden nunmehr Kraft, Teilchen und Informationen ausgetauscht (siehe auch Bild 4.6).

Die folgenden Grundfunktionen finden sich in allen anorganischen und organischen Systemen – vom Atom über Zellen bis hin zu Galaxien. Körper (Kern) und Ausgleichsfeld bilden:

- durch ihr Pulsieren den Prototyp einer Pumpe (Herz),
- durch Resonanzwelle und Resonanzkanal den Prototyp für Kreislaufsysteme,
- aufgrund ihrer Fähigkeit zum Kraft- und Informationsaustausch den Prototyp der Sinnesorgane,

- wegen ihrer Begrenzung die Aktionsräume, in denen Stoffwechselprozesse ablaufen.

UNIVERSAL-PRINZIP TEIL 4

Gerät ein Objekt oder dessen Bestandteile durch die Kraft einer Umfeld-Welle in Resonanzschwingungen, entstehen zwischen Objekt und Sender der Umfeldwelle eine stehende **Resonanzwelle** und danach ein **Resonanzkanal**. Während die Resonanzwelle Kraft und Informationen überträgt, fließt im Resonanzkanal ein ausgleichender Teilchenstrom.

Durch Resonanz können zwei oder mehrere Objekte, die in einer Eigenschaft (Durchmesser ihrer Felder) übereinstimmen, über große Entfernungen miteinander in Wechselwirkungen (Informations- und Teilchenaustausch) treten. Resonanz ist eine entscheidende Grundlage der Evolution.

Die konventionelle Physik spricht oft von „Fenstern", durch welche das sichtbare Licht, Teile des Infrarotbereiches sowie Radiowellen von der Sonne bis zur Erdoberfläche gelangen. Lebensfeindliche Strahlung hingegen würde durch die Atmosphäre abgeschirmt. Nach dem Universal-Prinzip stellen sich die Zusammenhänge so dar:

- Die von Sonnen abgestrahlten „Umfeld-Wellen" (elektromagnetische Umfeld-Wellen) breiten sich im Universum aus, in welchem sich verschiedene Himmelskörper (Planeten, Meteoriten, Asteroiden) und unterschiedlich dichte Medien (kosmische Nebel) befinden. Treffen die Umfeld-Wellen auf einen Körper, werden sie je nach Dichte und Größe der Körper oder Medien reflektiert, absorbiert oder durchgelassen und gedämpft.
- Somit ist zu unterscheiden zwischen sinnlich nicht wahrnehmbaren „Umfeld-Wellen" und sinnlich wahrnehmbaren materiellen „Wechselwirkungen" in Ausgleichsfeld-Wellen. Wir sehen demnach Licht nicht in Form von Strahlen bzw. elektromagnetischen Wellen, wir fühlen keine Infrarot-Strahlen und hören keine Schallwellen. Wir sehen das Licht, fühlen die Wärme und hören den Schall als Folge von Wechselwirkungen.

Insofern gibt es keine derartigen „Fenster". Sonnenstrahlen durchdringen den interplanetaren Raum solange, bis sie von resonanzfähigen Schichten des Erd-Ausgleichsfeldes oder -kerns absorbiert werden. Jede dieser Schichten filtert eine entsprechende Wellenlänge der Sonnenstrahlen heraus. Die Kraft der Wellen wird durch die materiellen Wechselwirkungen verbraucht. Umfeldteilchen prallen auf Medienteilchen, beide reagieren chemisch miteinander. Dabei blitzt (Licht) und kracht es (Schall) und es entsteht Wärme. Das in Milliarden Jahren entstandene Ausgleichsfeld der Erde mit seinen Schichten unterschiedlicher Materiedichte dient insofern nicht schlechthin als Schutzschild, welches das Leben vor dem aggressiven Sonnenwind und -strahlen schützt. Vielmehr entstanden im Verlauf der Evolution durch Sonnenwind- und strahlen nacheinander immer mehr Ausgleichswellen-Oktavbereiche. Dies ist die Grundlage für die evolutionäre Entstehung und Weiterentwickeln der Erde mit ihrer Artenvielfalt.

Wird allerdings eine der Schichten geschwächt, können sich die entsprechenden Wellen weiter ausbreiten. Durch Umweltverschmutzung und technische Manipulation wird die natürliche Schichtung tatsächlich beeinflusst und es kommt zu Störungen. Fehlen jedoch Teilchen einer bestimmten Größe (Ozon), können die entsprechenden Umfeld-Wellen nicht absorbiert werden. Sie dringen weiter in Richtung Erdoberfläche vor und werden dann u. a. von Menschen absorbiert mit der Folge von Verbrennungen. Befinden sich zu dichte Teilchen in bestimmten Schichten (CO_2), entstehen mehr Wärme, höhere Dämpfung und Reflexion.

Wenn wir die Sonne betrachten, sehen wir zwar ihr Licht am Entstehungsort im Sonnen-Ausgleichsfeld, das Tageslicht der Erde jedoch entsteht durch Resonanz in den stehenden Wellen des Erd-Ausgleichsfeld wieder. Das gleiche gilt für das übrige Spektrum, das von ELF-Wellen (extrem langwelligen) bis zur sekundären kosmischen Höhenstrahlung (extrem kurzwellig) reicht. Im Unterschied dazu wird der Mond lediglich vom sichtbaren Licht der Sonne bestrahlt, weil er (noch) kein resonanzfähiges Ausgleichsfeld entwickelt hat. Bei der Mondmission konnte man das im Unterschied zum Erdlicht fahle Licht mit kräftigen Schlagschatten auf der Mondoberfläche beobachten. Außerdem ist der Mondhimmel schwarz, Sonnenlicht wird bei der Reflexion am Mond polarisiert, die Lichtwellen schwingen dann nur in einer Ebene. Bild 3.16 zeigt, dass es im interplanetaren Raum weder Licht noch Wärme gibt. Im All ist es bitterkalt (2,7 Kelvin) und stockdunkel.

Bild 3.16 Apollo 8: vorn Mondoberfläche oben Erde [Quelle: NASA]

HISTORISCHES ZUM LICHT

Aristoteles und Huygens gingen davon aus, dass Licht aus Wellen besteht. Isaac Newton nahm an, Licht bestünde aus der Strahlung vieler Teilchen (Korpuskularstrahlen). Albert Einstein und Max Planck hatten die Vorstellung von einer Doppelnatur des Lichtes.

Nach dem Universal-Prinzip haben alle ein wenig Recht. Ein Problem ergibt sich erst dann, wenn nur eine der Vorstellungen als Dogma behandelt wird. Es verhält sich wie beim frühen buddhistischen Gleichnis von den zwölf Blindgeborenen, die einen Elefanten beschreiben sollten. Jeder betastete den Elefanten an der Stelle, wo er gerade stand. Der den Rüssel zu fassen bekam meinte, es sei eine Schlange, der ein Bein befühlte, sprach von einem Baum, und der den Schwanz fasste war überzeugt, ein Elefant sei so etwas wie ein Besen, und so fort. Alle hatten Recht, denn sie beschrieben wahrheitsgetreu ihre Eindrücke. Erst die übergeordnete Betrachtungsweise lässt erkennen, dass es sich jeweils um Detailbeschreibungen ein und desselben Tieres handelte.

Beim Flug zum Mond verschwanden plötzlich die Sterne …

Die Astronauten waren verblüfft, als beim Flug zum Mond nach dem Verlassen dichterer Schichten des Erd-Ausgleichsfeldes plötzlich die Sterne verschwanden und erst in Mondnähe wieder sichtbar wurden. Callum Coats fand in [coats] heraus, dass Sterne im dünnen Medium des interplanetaren Raums unsichtbar sind. Sehen können wir sie nur dann, wenn ein Minimum an Atmosphäre vorhanden ist. Dies ist ein schönes Praxisbeispiel, dass von der konventionellen Physik nicht, vom Universal-Prinzip aber vollständig erklärt wird. Danach sind elektromagnetische Wellen selbst stets unsichtbar. Sichtbare Wechselwirkungen entstehen erst beim Auftreffen der Wellen auf Medien entsprechender Dichte, in diesem Fall die Ausgleichsfelder von Erde und Mond (siehe Kapitel 4.3 Abschnitt „Am Anfang war das Wort“.

Ein Holzfeuer kann ein kräftiges Eigenlicht entwickeln. Die Umgebung wird allerdings nur sehr schwach beleuchtet, weil diese kein Eigenlicht entfacht.

UNIVERSAL-PRINZIP TEIL 5

Während Umfeld-Wellen eine Kraft unsichtbar übertragen, entsteht sichtbares Licht durch Wechselwirkungen angeregter Teilchen innerhalb von Ausgleichsfeldern. Dies gilt analog für alle anderen sinnlich wahrnehmbaren Wechselwirkungen wie beispielsweise Wärme oder Schall.

3.5 Raum und Materie

Das Universal-Prinzip gründet sich auf die Tatsache, dass weder der interplanetare Raum (in unserem Sonnensystem), noch der interstellare (zwischen den Sonnensystemen einer Galaxie) oder der intergalaktische Raum (zwischen den Galaxien) leer, sondern jeweils mit Teilchen gefüllt ist. Materie beansprucht stets einen *Gewissen Raum, d. h. Materie und Raum sind untrennbar verbunden. So kann es weder eine raumlose Materie noch einen materielosen bzw. teilchenfreien Raum geben. Die bekannte Welt, ja das ganze Universum besteht aus Zwischenformen der beiden Extreme:

- dichte Materie, zusammengedrängt auf kleinsten Raum und
- ausgedehnte Materie, verteilt auf einen Raum in universalen Größenordnungen.

Nach dem Universal-Prinzip sind Teilchen als Träger einer Kraft unverzichtbar. Selbst theoretisch könnte keine Kraft im Nichts übertragen werden, ganz abgesehen davon, dass es ein Nichts nicht gibt. Interessanterweise wissen die Buddhisten, dass die meditative Leere keinesfalls ein Nichts bedeutet, sondern dass alle Möglichkeiten als Keim in ihr enthalten sind.

Der im intergalaktischen Weltraum auftretende konventionell als Vakuum bezeichnete Raum ist nicht leer. Dieses Medium ist lediglich dünner als das, in welchem wir leben oder auch jedes auf der Erde technisch herstellbare Vakuum.

Historisches zum Vakuum

Der griechische Philosoph Leukipp (5. Jh. v. u. Z., erster Vertreter des Atomismus) und sein Schüler Demokrit nahmen an, dass die Materie aus unteilbaren Atomen aufgebaut ist, die sich im leeren Raum also im Vakuum bewegen. Die Annahme wurde aber vor allem von Aristoteles abgelehnt, da sich dieser eine Bewegung ohne treibendes Medium nicht denken konnte. Auch die Platonische Schule lehnte es ab, an das Nicht-Seiende zu *glauben. Im Mittelalter galt Aristoteles als Autorität.

Einen ersten vakuumähnlichen Zustand erzeugte Torricelli mit Hilfe einer Quecksilbersäule in einem gebogenen Glasrohr. Populär wurde das Vakuum durch Otto von Guericke. Er zeigte, dass seine beiden annähernd leer gepumpten

Halbkugeln eine so starke Saugkraft entwickelten, dass man diese selbst mit jeweils acht Pferden nicht lösen konnte. Das Vakuum wurde in der Folge wieder so gedeutet, dass es einen teilchenfreien Raum geben müsse. Die etablierte Physik geht bis heute davon aus, dass sich elektromagnetische Wellen im Vakuum ausbreiten könnten, obwohl es ein solches im gesamten Universum nicht gibt.

Universal-Prinzip-Kommentar: Die erwähnten Versuche bestätigen allerdings keineswegs die Möglichkeit eines Vakuums, denn es ist nicht möglich, einen völlig teilchenfreien Raum zu erzeugen. Die Saugkraft entsteht aufgrund der Potenzialdifferenz zwischen Innen- und Aussendruck. Die Aussage von der Wellenausbreitung ist daher lediglich eine nicht zu beweisende Theorie. Wollte man theoretisch im Innenraum zwischen den Halbkugeln ein echtes Vakuum erzeugen, würde die dazu benötigte Saugkraft ins Unendliche steigen, überdies würden die Halbkugeln zuvor implodieren.

Tatsächlich zeigen die Versuche, dass Raum untrennbar mit Materie verbunden ist. Denn, indem man die Luft aus dem Raum nimmt, entfernt man zugleich auch den Raum.

Der Universelle Kreisprozess in allen Ebenen

Anregungskräfte können auf zweierlei Weise wirken:

- extern bei Anregung eines Empfängers (z. B. Erde) durch einen äußeren Sender (z. B. Sonne),
- intern bei Anregung des Körpers aus sich selbst heraus (z. B. Sonnen brennen durch Selbstentzündung von innen).

Äußerlich anregend auf die Erde und ihre Bewohner wirken Sonne, Mond und Gestirne. Anregend für Menschen kann beispielsweise auch der Druck, die Pflicht sein, etwas tun zu müssen. Daneben ist eine innere Anregung möglich wie der Drang, ein erstrebenswertes Ziel zu erreichen.

Jedwede Entwicklung vollzieht sich in Kreisprozessen. Von den unendlich vielen Beispielen seien genannt: Ein- und Ausatmen, Blutkreislauf, Leben und Tod, Wasserkreislauf, Wetterverlauf im Rhythmus von Tag und Nacht sowie die vier Jahreszeiten, Supernova und Schwarzes Loch. Bei menschlichem Verhalten sind diese Prozesse ebenfalls unübersehbar: Der Wechsel von Levitations- und Gravitationskräften ermöglicht die Aktivitäten eines erfüllten Tages. Die nächtliche Entspannung gelingt durch das Erreichen entspannender Gleichgewichte zwischen beiden.

Frühere Hochkulturen stellten diese Zusammenhänge symbolisch dar in Form einer *Lemniskate, die in der Mathematik „unendlich“ bedeutet (Bild 3.17), in Form des Yin-Yang-Zeichens (Bild 3.18) oder des Pendels. Religionen prophezeien: „Im Himmel ist es leicht, ausgedehnt und kühl, in der Hölle dagegen schwer, dicht und heiß.“

Bild 3.17 Lemniskate (Mathematik: Unendlichkeitszeichen)

Wir gehen davon aus, dass sich die Entwicklung des Universums ebenfalls im Verlauf gigantischer **„Universeller Kreisprozesse“** vollzieht, die aus je einem **„Gravitations- und einen Levitations-Zyklus“** bestehen und abwechselnd eigendynamisch ineinander übergehen. Bild 3.19 zeigt einen derartigen Prozess.

Bild 3.18 Yin-Yang Symbol (Tai Chi)

Innerhalb des grau hinterlegten Bereiches vollziehen sich ein Gravitations-Zyklus und anschließend ein Levitations-Zyklus.

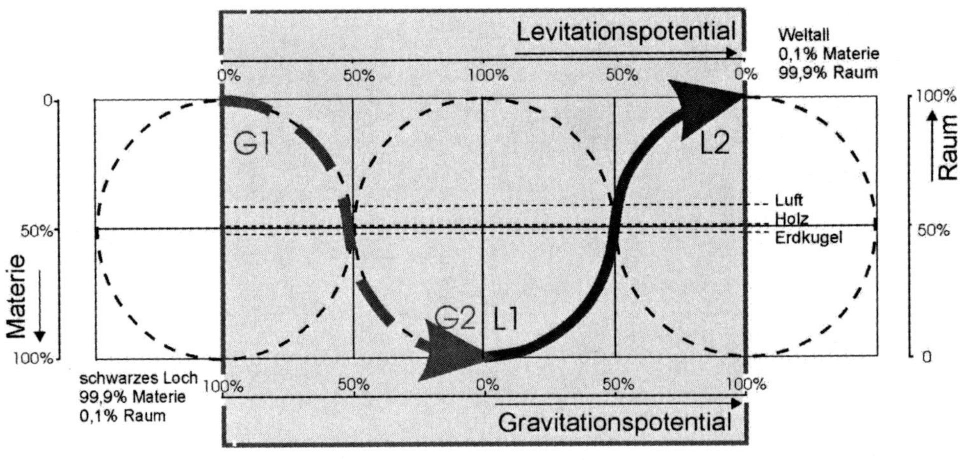

Bild 3.19 Universeller Kreisprozess

Die Spitzen geben die Richtung an, in der die Zyklen verlaufen:

- **„Gravitations-Zyklus“** (durchgehende Pfeilkurve von G1 bis G2): Ohne Anregung (z. B. nach Ausbrennen einer Sonne), verdichten sich die Körper (z. B. Planeten), da ihre Schwingung aufgrund der Masse-Trägheit abnimmt. Dies führt zum Zusammenbrechen des ursprünglichen Ausgleichsfeldes. Nun überwiegt die freie Gravitationskraft, Planeten stürzen in die alte Sonne, wodurch diese spezifisch schwerer und kleiner wird.

  Während der Verdichtung beginnt im Inneren der Sonne eine gegenläufige Entwicklung, denn mit wachsender Dichte erhöhen sich innerer Druck und Temperatur. Jetzt steigt die entgegengesetzt gerichtete Levitationskraft durch innere Anregung. Von G1 bis G2 nimmt demnach das Gravitations-Potenzial ab, während in gleichem Maße das Levitations-Potenzial zunimmt. G2 stellt einen Grenzwert dar, an dem Materie extrem verdichtet ist. Der Extremfall einer „raumlosen Materie“ ist praktisch nicht erreichbar, weil dazu die Gravitationskraft unendlich groß werden müsste, und – ein Körper (Materie) ohne Raum (Volumen) wäre nicht existent!

- **„Levitations-Zyklus“** (gestrichelte Pfeilkurve von L1 bis L2): Bei G2 kehrt sich der Gravitations-Zyklus in den gegenläufigen Levitations-Zyklus L1 um. Maximalwerte von Druck und Temperatur bilden die innere Anregung, die zur Zündung einer neuen Sonne führt. Durch eine explosionsartige Ausdehnung und Ausstoß von Kernmaterie werden Planeten ins Umfeld katapultiert. Das ursprüngliche Gravitations-Kraftfeld verteilt sich auf das rasch wachsende Sonnen-Ausgleichsfeld, nimmt daher spezifisch ab.

  Mit zunehmender Ausdehnung beginnt in den Randzonen des Ausgleichsfelds eine gegenläufige Entwicklung, denn mit abnehmender Dichte verringern sich äußerer Druck und Temperatur. Mit dem Sinken der Levitationskraft wächst erneut die entgegengesetzte Gravitationskraft durch Zusammenbrechen der inneren Anregung. Von L1 bis L2 nimmt das Levitations-Potenzial ab, während in gleichem Maße das Gravitations-Potenzial zunimmt. L2 stellt einen Grenzwert dar, an dem Materie extrem ausgedehnt ist. Materie kann sich nicht unbegrenzt ausdehnen, denn der Extremfall eines „materielosen Raumes“ ist praktisch nicht erreichbar, weil dazu die Levitationskraft unendlich groß werden müsste, und – ein Raum (Volumen) ohne Körper (Materie) wäre nicht möglich, da Materie und Raum untrennbar miteinander verbunden sind.

Damit hat sich der Kreis geschlossen.

Hier liegt auch das Geheimnis der galaktischen Zentral-Sonnen: Sie brennen, einmal entzündet, aufgrund der im Kern höchsten Dichte stets von innen nach außen. Ihre Energie beziehen sie aus der Spaltung von Materie, ausgelöst durch Levitationskraft. Die konventionelle Meinung geht demgegenüber davon aus, es handele sich um Kernfusion. Fusion bedeutet Verdichtung durch Gravitationskräfte. Diese würden jedoch das Feuer der Sonne zum Erlöschen bringen. Die unübersehbare Wirkung einer Sonne aber ist Expansion. Während die Zentralsonne einer Galaxie offenbar völlig ohne zusätzliche Anregung strahlt, werden periphere Sonnen einer Galaxie von der Zentralsonne bzw. vom zentralen Schwarzen Loch angeregt.

Alle Erscheinungen im Universum entwickeln sich durch die Dynamik von Wechselwirkungen, die einen immerwährenden Wandel zwischen Gravitations- und Levitations-Zyklen erzeugen. Dabei entstehen ganz natürlich und von selbst immer wieder Anregungskräfte durch neue Sonnen bzw. Schwarze Löcher.

Derartige Zyklen vollziehen sich in irdischen Bereichen in allen Größenordnungen; sowohl in Pflanzen, Tieren, Menschen sowie deren Organen, Zellen, Molekülen und Atomen, als auch in der Erde insgesamt. Bei den typischen Zyklen von Kohlenstoff, Stickstoff oder Wasser kreisen diese Stoffe zwar in ihrem Energieniveau (Bild 3.8). Ständig aber gelangen „frische" Stoffe aus niedrigeren Energieniveaus in die Kreisläufe, während andere diese nach Aufspaltung in höhere Energieniveaus verlassen (Bild 3.23).

Auf die gleiche Weise erhalten wir ständig frischen Sauerstoff. Die dafür nötige Aufspaltung von Wasser in seine Bestandteile vollbringen die 360.000 irdischen Pflanzenarten, die ihre organische Körpersubstanz mit Hilfe der Anregung des Sonnenlichts (Photosynthese) aus anorganischem Material aufbauen.

Damit schaffen Pflanzen die Lebensvoraussetzungen für Tiere und Menschen, die ihre Körpersubstanz nur aus organischem Material bilden können. Pflanzen schufen den heutigen Sauerstoffgehalt der Atmosphäre übrigens allein. Es gibt außerdem noch anoxygene Pflanzen, diese jedoch spalten Schwefelwasserstoff.

Zur Aufspaltung eines Stoffes werden stets höher entwickelte Lebewesen benötigt. So „wandern" ständig schwere anorganische Stoffe des Erdkerns über viele einzelne Zyklen aus der Erde über Zwischenstufen von Pflanzen, Tieren, Menschen. Durch stufenweise Verfeinerung entstehen schließlich auch die Teilchen, durch deren Vernetzung unsere Gefühle und Gedanken entstehen.

Mit dem Menschen ist aber die Entwicklung keineswegs zu Ende, höher entwickelte Wesen entwickeln Teilchen, die bis in äußerste Schichten des Erd-

Ausgleichsfeldes und schließlich in das Ausgleichsfeld der Sonne gelangen. Dies ist der von den Religionen beschriebene erstrebenswerte Weg zurück zu Gott.

Das Raum-Materie-Gefüge

Im vorigen Abschnitt wurde begründet, dass Materie und Raum untrennbar verbunden sind. Beide bilden ein „**Raum-Materie-Gefüge**". Im Verlauf eines universellen Kreisprozesses vergrößern sich ihre Anteile an dem Gefüge gegenläufig:

- Während eines Gravitations-Zyklusses vergrößert sich die Materiedichte. So nimmt ein gravitierender Körper (Extrem = Schwarzes Loch) einen minimalen Raum ein und hat ein minimales Energieniveau.
- Beim Levitations-Zyklus verringert sich die Materiedichte. Ein levitierender Körper (Extrem = Supernova) nimmt einen maximalen Raum ein und besitzt ein maximales Energieniveau.
- Durch die Entwicklung eines Ausgleichsfelds erhöht sich das Energieniveau eines Körpers. Sein Resonanzspektrum vergrößert sich, wodurch mehr Anregungskraft aufgenommen werden kann.

Bild 3.20 zeigt drei Zustände des Raum-Materie-Gefüges. Die drei spiralförmigen Kegel stellen jeweils den Veränderungsspielraum von maximal ausgedehntem intergalaktischem Raum (obere Fläche) und den maximal verdichteten Raum (untere Fläche) des Raum-Materie-Gefüges dar.

Eingebettet in dieses spiralförmige Gefüge ist im linken Kegel ein punktförmiges Objekt maximaler Dichte, im mittleren Kegel ein scheibenförmiger Bereich von Objekten mittlerer Dichte, dass sich zwischen den Extremen befindet, und rechts ein scheibenförmiger Bereich eines Objektes minimaler Dichte. Der linke Kegel ist linksdrehend gravitierend, der rechte Kegel dagegen rechtsdrehend levitierend (Uhrzeigersinn).

Zwischen den Extremen können wir uns alle möglichen Objekte, wie Galaxien, Sonnensysteme, Sonnen, Planeten, Menschen, Tiere, Pflanzen, Gesteine, Moleküle, Atome und auch Elementarteilchen vorstellen. Alle vollziehen im Rahmen des Universellen Kreisprozesses eigene Zyklen.

Jedes Objekt schwebt in dem Energieniveau, welches seiner Masse und Dichte entspricht. Da Körper und Ausgleichsfeld eines Objektes zumindest für einen Lebenszyklus untrennbar verbunden sind, wird das Energieniveau durch die Summe beider bestimmt.

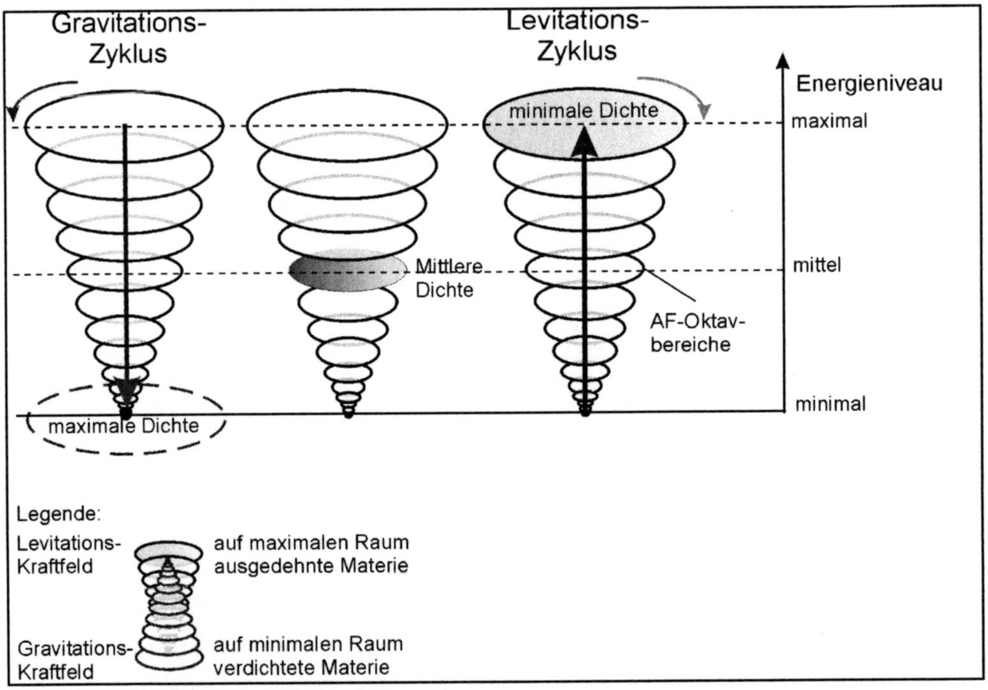

Bild 3.20 Universeller Kreisprozess im Raum-Materie-Gefüge, links Gravitations-zyklus, rechts Levitations-Zyklus

Alles ist eingebettet in ein Raum-Materie-Gefüge

Alle Gebilde, von Elementarteilchen bis zur Galaxie sind in das dreidimensionale „Raum-Materie-Gefüge" des Universums eingebettet. Ausgedehnte kosmische Nebel befinden sich in höheren Energieniveaus, dichte Schwarze Löcher in niedrigen.

Ähnlich wird zuweilen das Einsteinsche „Raum-Zeit-Gefüge" dargestellt. Albert Einstein ging davon aus, dass Raum und Zeit verknüpft sind. Zeit ist nach dem Universal-Prinzip allerdings eine objekt-bezogene Größe. Sie ist insbesondere bei komplexen Objekten schwer im Sinne eines Gefüges darstellbar, weil die Bestandteile eines jeden Gebildes durch ihre Pulsation jeweils andere, individuelle Zeiten erzeugen als das gesamte Gebilde.

So erscheint das Raum-Materie-Gefüge verständlicher. Einstein brachte zwar mit seiner Allgemeinen Relativitätstheorie die Krümmung des Raumes in Zusammenhang mit der Anwesenheit und Verteilung der Massen im Raum, kannte jedoch nicht das Wesen von Ausgleichsfeldern. Nach seiner Theorie hängt die Raumkrümmung von der mittleren Dichte der im Raum enthaltenen Materie ab. Einsteins gekrümmter Raum wird ersetzt durch die Ausgleichfelder des Universal-Prinzips. Die Himmelskörper sind danach nicht von einem gekrümmten Raum umgeben, sondern der umgebende Raum besitzt eine abweichende Dichte. Damit wird auch der Gravitationslinseneffekt, welcher sich bei Himmelskörpern beobachten lässt, plausibler.

Letztlich reduzieren sich Potenzialdifferenzen zwischen verschiedenen Körpern oder einem Körper und seinem Umfeld allein auf Dichtedifferenzen. Die Gravitation eines Körpers, d. h. die Kraft, die er auf einen zweiten Körper ausübt, ist nicht nur von seiner Masse abhängig, sondern auch von seiner Dichte. Das Newtonsche Gravitationsgesetz berücksichtigt dies nicht. Danach gilt, dass allein die Masse für die Größe der Gravitation ausschlaggebend sei, gleichgültig, ob es sich um einen Strahler (Sonne) oder einen Sauger (Schwarzes Loch) handelt.

Vier Forschergruppen kamen unabhängig voneinander bei der Auswertung von Messungen des Röntgensatelliten Chandra, zu Ergebnissen, welche unsere Vorstellung eines Raum-Zeit-Gefüges bestätigen. In [Spiegel702] heißt es dazu: „Intergalaktisches Gas verborgener Kanäle durchzieht das Universum. Es bestimmt die kosmische Landschaft und wiegt schwerer als alle Galaxien zusammen: Astronomen haben Teile eines gigantischen Netzes aus Gas und dunkler Materie entdeckt. (...) Wenn man sich den Weltraum als flache Ebene vorstellt, die durch Masse eingedellt wird, dann graben Materieschläuche tiefe Rinnen ein, wie ein System aus Flüssen, das durch Erosion entstanden ist. In den kosmischen Kanälen wabert heißes Gas, (...)"

Das Raum-Materie-Gefüge ist in allen Ebenen ähnlich strukturiert. An der Erdoberfläche erfreuen wir uns an Landschaften aus Bergen und Tälern, in höheren Energieniveaus sehen wir Landschaften aus Wolken. An der Erdoberfläche fließt Wasser von den hohen Energieniveaus der Wolken als Regen, von Bergen als Flüsse in die niedrigeren Energieniveaus der Seen und Meere. Wind fließt von den hohen Energieniveaus der Hochdruckgebiete zu den niedrigen der Tiefdruckgebiete.

In [ZDF106] wird von der gigantischen arktischen Wärmepumpe berichtet. Danach verteilen die Polarmeere die Meeresströmungen wie gewaltige Pumpen.

Der Grund: Meerwasser wird von den Eismassen der Polregionen angezogen. Trifft es auf das Eis, sinkt es nach unten, weil es schwerer wird, seine Dichte durch die Abkühlung zunimmt und das leichtere Salz ausgefroren wird.

„Die natürliche Wasserpumpe vor Grönland besteht aus rund tausend Meter dicken Säulen und transportiert mehr Wasser, als alle Flüsse der Erde zusammen. Der Abstrom erreicht in 4 bis 5.000 m Tiefe den Meeresboden und ergießt sich als gewaltiger unterseeischer Fluss in Richtung Süden. Als 100 km breiter Tiefseestrom fließt er gemächlich die Ostküste Amerikas entlang. Diese Strömung treibt nicht nur den Golfstrom an, sie ist Teil eines weltumspannenden Strömungssystems. Durch sie wird das Klima auf der gesamten Erde bestimmt. Im Süden trifft das Tiefenwasser auf die antarktische Kreisströmung, die als zweite globale Umwälzpumpe funktioniert."

Atemluft, Blut sowie Pflanzensäfte sind biologische Medienteilchen, die in Kreisläufen auf höhere Energieniveaus gepumpt werden, um anschließend beim Rückfluss Arbeit verrichten zu können. Akkumulatoren und Pumpspeicherwerke sind technische Vorrichtungen, die Potenzialdifferenzen erzeugen, und dies ebenfalls deshalb, um beim Zurückfließen in Turbinen Arbeit verrichten zu können.

Wärmetransport wird von der konventionellen Physik wie folgt definiert: *„Bei allen Arten des Wärmetransports gilt der Grundsatz, dass die natürliche Transportrichtung der Wärmeenergie von der höheren zur tieferen Temperatur verläuft."* [Kuchling99] S. 311. Demgegenüber bezieht das Universal-Prinzip auch den natürlichen Wärmetransport infolge von Anregung ein, wodurch Ströme auch entgegen der Schwerkraft „nach oben fließen" können:

UNIVERSAL-PRINZIP TEIL 6

Materie beansprucht stets einen *Gewissen Raum, d. h. Materie und Raum sind untrennbar verbunden. So kann es weder eine raumlose Materie noch einen materielosen Raum geben. Das Universum besteht aus Zwischenformen der beiden Extreme:

1. Dichte Materie (niedriges Energieniveau), zusammengedrängt auf kleinstem Raum und

2. Ausgedehnte Materie (hohes Energieniveau), verteilt auf maximal ausgedehnten Raum

Dichte = Masse / Volumen = Materie / Raum

Die Zwischenformen von Raum und Materie bilden ein „**Raum-Materie-Gefüge**“: verdichtete Objekte sind in ausgedehnte Materie eingebettet.

In allen Ebenen des Universums verlaufen „**Universelle Kreisprozesse**“, die aus je einem Gravitations- und einem Levitations-Zyklus bestehen (z. B. das Ein- und Ausatmen von Lebewesen, die Verdichtung zu einem Schwarzen Loch oder die Ausdehnung zu einer Supernova).

Bewegung durch Universelle *Schwingkreise

Die Kraft zum Betreiben des gigantischen „Universellen Kreisprozesses“ wird letztlich durch *Schwingkreise geliefert.

Ein elektromagnetischer Schwingkreis besteht aus einem Kondensator und einer Spule, die sich wechselweise auf- und wieder entladen. Die Kraft, die zum Aufbau eines Feldes nötig ist, wird beim Zusammenbrechen des einen Feldes jeweils mit entgegen gesetztem Vorzeichen wieder frei und liefert damit die Kraft für den gegenläufigen Zyklus – für den Aufbau des anderen Feldes. Der Kraftverlust infolge Dämpfung des Systems (Reibungsverluste) muss im richtigen Maß und zum richtigen Zeitpunkt durch eine „Erhaltungskraft“ zugeführt werden. Im Verhältnis zu beiden Schwingungskräften ist die Erhaltungskraft sehr gering. Beispiele für einen mechanischen Schwingkreis sind Pendel und Schaukel.

- Auf- und Abbau wird durch die gegenläufige Umwandlung von Materie erzeugt. Bild 3.20 zeigt links die überwiegende Levitationskraft, die zur Aufspaltung führt und rechts die überwiegende Gravitationskraft, die zur Fusion führt. Die Levitationskraft setzt den Levitations-Zyklus in Gang. Sie nimmt aber in dessen Verlauf ab, weil der Brennstoffvorrat (dichte Materie) aufgebraucht wird. Umgekehrt nimmt die Gravitationskraft während des Gravitations-Zyklusses ab, da auch die bei der Fusion der ausgedehnten Materie in dichtere Materie Energie in Form von Kraft mit dem Vorrat an ausgedehnter Materie abnimmt.

- Analog zu einem elektromagnetischen Schwingkreis wirken die Kerne von Sonne und Planeten als Spulen, das Ausgleichsfeld als Kugelkondensator. Der Teilchenstrom durch die Polachse eines Kerns bewirkt eine elektrische Ladung des Ausgleichsfeldes. Dieses entlädt sich danach über den Kern. Das dabei entstehende Magnetfeld lädt das Ausgleichsfeld mit umgekehrter

Polarität wieder auf. Indem sich nun das Ausgleichsfeld wieder entlädt, fließ der Entladestrom in umgekehrter Richtung durch die Polachse, wodurch ein Magnetfeld mit entgegen gesetzter Polarität entsteht (Polsprung).

- Die Erhaltungskraft wird der Sonne zugeführt durch das galaktische Zentrum (die Zentralsonne der Galaxie), den Planeten durch die Sonne in Form des ausgleichenden Teilchenstroms (Resonanzkanal) durch die Polachse des Kerns.
- Polsprünge erfolgen bei unserer Sonne in einem 11-jährigen Zyklus. Mehr dazu in Kapitel 4.

Konventionelle Wissenschaftler gehen nach wie vor von einer geheimnisvollen Dunklen Materie aus, welche das Universum zusammenhält und infolge der Entdeckung Edwin Hubbles von einer ebenso mysteriösen Dunklen Energie, welche die beobachtete Expansion des Universums erklären soll. „Obwohl die dunkle Energie mehr als 70 Prozent der Energie im Universum ausmacht, wissen wir fast nichts über sie", sagte Riess.“ [Spiegel 0206]

3.6 Der Quantensprung

Denken wir an die ungeheueren Kräfte, die bei einer Sonneneruption frei werden, so erleben wir an der Erdoberfläche die Wechselwirkungen des Wetters als eher ausgeglichen, von seltenen Extremwetterlagen abgesehen. Der Grund: Die Erde entwickelte im Laufe der Zeit ihr Ausgleichsfeld „Atmosphäre". So gelingt es, die im interplanetaren Raum wirkenden freien Kräfte in den Ausgleichsfeld-Oktavbereichen zu binden und für Lebenszyklen zu nutzen (siehe Kapitel 3.2, Abschnitt „Freie Kraft wird im Ausgleichsfeld gebunden").

Insofern wird die Erde durch das umgebende Ausgleichsfeld „Atmosphäre" nicht schlechthin geschützt, sondern die Kräfte werden durch die in den vorhergehenden Abschnitten beschriebenen Systeme von miteinander gekoppelten Kreisprozessen genutzt.

Mit anderen Worten: Die Natur betreibt ein System von Kraftwerken, welche durch mannigfach überlagerte Zyklen gesteuert werden. Die Prozesse regulieren sich selbst, „Abfälle" dienen jeweils in andern Zyklen als „Nahrung". Träge Medienteilchen gravitieren in niedrigere Energieniveaus, aktive Medienteilchen steigen in höhere Energieniveaus auf. Es werden weder ein Bürgerliches Gesetzbuch noch Rechtsanwälte benötigt, ebenso werden keine Steuern erhoben. Nahrung und Energie sind kostenlos. Und das Wichtigste, es herrscht Vollbeschäftigung, weil ein Jeder in einem Energieniveau lebt, das seiner Dichte entspricht. So kommt jeder irgendwann einmal in „Teufels Küche", kann dann aber, wenn er fleißig ist, wieder Stufe für Stufe in das „Himmelreich" aufsteigen.

Schauen wir nun, auf welch geniale Weise es der Natur gelingt, nach Chaoszeiten stets wieder ins Gleichgewicht zu kommen, und – dies im Mikro- wie auch im Makrokosmos:

Chaos und Ordnung in jedem Oktavbereich

Infolge der Anregung führen zwei Vorgänge immer wieder zu chaotischen Verhältnissen innerhalb von Körper und Ausgleichsfeld:

- Durch die Pulsations-Kreisläufe werden die Medienteilchen eines Körpers ständig durcheinander gewirbelt.
- Die Anregungsintensität eines Senders ist nicht konstant, sondern schwankt.

Die Natur schuf einen hochintelligenten **„Regulierungs-Mechanismus"**, durch welchen chaotische Zustände rasch wieder in ein Gleichgewicht zurückgeführt werden. Dieser Mechanismus basiert darauf, dass der Bereich zwischen maximaler und minimaler Materiedichte aus einer Folge von **„Energieniveaus“** besteht. Je sieben Energieniveaus bilden einen **„Ausgleichsfeld-Oktavbereich“** (Bild 3.21).

Kontinuierlich und zugleich sprunghaft?

Jeder von uns wuchs im Laufe seines Lebens vom Baby bis zur jetzigen Größe. Wie aber verläuft Wachstum? Die einen meinen, es verliefe gleichmäßig, andere sagen in Schüben.

Das Universal-Prinzip gibt beiden Recht. Am Beispiel der Bäume sehen wir, dass ein Baumring im Verlaufe eines Jahres **kontinuierlich** wächst und Jahr für Jahr **sprunghaft** ein weiterer Ring hinzukommt. Das Wachstum verläuft also sowohl gleichmäßig als auch in Intervallen. Wir kennen dies auch von unserer *geistigen Entwicklung, langes Lernen und dann – plötzlich begreift man das Gelernte.

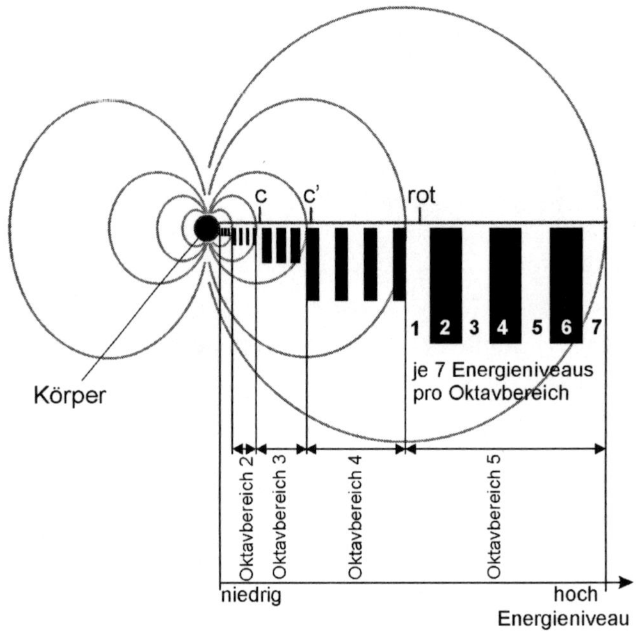

Bild 3.21 Ein Ausgleichsfeld besteht aus Ausgleichsfeld-Oktavbereichen mit je 7 Energieniveaus

Nach der im Universal-Prinzip Teil 3 abgeleiteten Beziehung $d = \lambda/2$ vergrößern sich die Oktavbereiche eines Ausgleichsfeldes wie in Bild 3.21 dargestellt, im Verhältnis von 1:2 bzw. $d_n/d_{n+1} = 1/2$.

Dieses Verhältnis entspricht dem klassischen griechischen „Harmonia“. Im gleichen Maße verkleinert sich Größe (Masse und Dichte) der darin befindlichen Medienteilchen in jedem kernferneren Oktavbereich.

Die Energieniveaus in den Oktavbereichen sind wie Tasten eines Klaviers dargestellt. Die Energieniveaus bilden zwar insgesamt eine **kontinuierliche** Folge, aber jedes achte Energieniveau, je eines pro Oktavbereich, weist **sprunghaft** gleiche Eigenschaften auf, weil es mit der jeweils doppelten Frequenz schwingt.

Im Ausgleichsfeld-Oktavbereich „Schall" gibt es als Energieniveau die Töne vom tiefen c bis zum höheren c', im Ausgleichsfeld-Oktavbereich „Licht" die Farben von rot bis violett. In Bild 3.21 haben folgende Elemente gleiche Eigenschaften: Die Töne c, höheres c' und in der höheren Licht-Oktave die Farbe Rot.

Durch die Vernetzung von Teilchen gleicher Eigenschaften entsteht übrigens im menschlichen Ausgleichsfeld unsere Gefühls- und Gedankentiefe, jener Nuancen-Reichtum an Tönen, Gerüchen und Farben.

Die Erkenntnis der Verknüpfung von „kontinuierlich" und „sprunghaft" könnte auch den Widerspruch zwischen den kontinuierlichen Übergängen der Klassischen Mechanik und den sprunghaften (diskreten) Übergängen der Quantenmechanik lösen. Die Quantentheorie wurde seinerzeit deshalb aufgestellt, weil man sich die diskreten Sprünge, mit denen ein Atom Lichtstrahlung aufnehmen und abgeben kann, mit der Klassischen Mechanik nicht erklären konnte. Zuvor waren nur kontinuierliche Übergänge bekannt.

Das All im Universellen Periodensystem

Eine interessante Analogie ergibt sich beim Blick auf die Anordnung der chemischen Elemente im „*Periodensystem der Elemente" (PSE). Darin sind die Elemente systematisch nach Gesetzmäßigkeiten des atomaren Aufbaus und der physikalischen und chemischen Eigenschaften in sieben Perioden und acht Gruppen angeordnet. Die sieben Perioden entsprechen sieben möglichen Elektronenbahnen. Die Elemente einer Gruppe (Spalten des PSE) haben ähnliche Eigenschaften. Die Elemente einer Periode (Zeilen des PSE) sind nach steigenden Elektronenzahlen angeordnet.

Die Kombination kontinuierlicher und sprunghafter Übergänge bildet die Grundlage eines wesentlichen Ordnungsprinzips der göttlichen Evolution – wir bezeichnen dieses daher in Anlehnung an das PSE als **„Universelles Periodensystem"**. Auf das Universal-Prinzip angewendet ist die Reihenfolge allerdings umgekehrt: der kernnächste Ausgleichsfeld-Oktavbereich startet mit den schwersten Teilchen der letzten Periode. Ansonsten entsprechen die Elemente einer Periode den Ausgleichsfeld-Oktavbereichen und die Gruppen den Energieniveaus.

Das universelle Periodensystem bildet u. a. die Grundlage zur außerordentlich vielfältigen Kommunikation zwischen den Medienteilchen und Ausgleichsfeld- bzw. Umfeld-Wellen. Allgemein ordnen sich schwere Medienteilchen in einem kernnahen niedrigen Energieniveau an, leichte Medienteilchen hingegen suchen ein kernfernes hohes Energieniveau auf. Auch die Luft wird nach oben hin immer dünner. In Bodennähe besteht unsere Atmosphäre aus Sauerstoff-, Stickstoff-, Kohlendioxid-, und Wassermolekülen. In größerer Höhe finden wir deren Spaltprodukte Atome und Elementarteilchen. Während die Kerne kleiner werden, vergrößern sich ihre Ausgleichsfelder. Auch gibt es einen guten Grund, weshalb es mit sieben eine ungerade Anzahl von Energieniveaus gibt: nur so entsteht ein mittleres Energieniveau, ein **Gleichgewichtszustand**.

Eine weitere Analogie ergibt sich durch die Entwicklung der Ausgleichsfelder von Menschen im Laufe ihres Lebens. Die vielfältigen Erfahrungen, die wir machen, unsere Empfindungen, Gefühle und Gedanken werden in aufeinander folgenden Oktavbereichen strukturiert. Die Sinnensorgane des Körpers kommunizieren mit den netzwerkartig organisierten Strukturen der Ausgleichsfelder. In tiefen Energieniveaus sind Worte mit ihrer Bedeutung gespeichert. Durch individuelle Erfahrungen erweitert sich die Bedeutung eines Wortes in höheren Energieniveaus. Auf das Wort „Apfel" folgt in den höheren Oktaven die Empfindung von dessen Form und Festigkeit, Geruch, Geschmack, Farbe, die gedankliche Bedeutung: gesunde Nahrung, Gehalt an Vitaminen. Außerdem sind diese Worte und Erfahrungen mit anderen vernetzt. So ist vielleicht ein bestimmter Apfelbaum gespeichert oder die freundliche Nachbarsfrau, die uns einmal einen Apfel schenkte.

Während die Struktur des Netzwerkes bereits zu Beginn der Entwicklung eines Körpers vorgegeben ist, füllen sich die Energieniveaus erst im Laufe der Entwicklung mit Medienteilchen. Diese entstehen durch Wechselwirkungen zwischen Körper und Umfeld und werden als Lebenserfahrungen gespeichert.

Aus der Physik sind die drei **Aggregatzustände** „fest", „flüssig" und „gasförmig" bekannt. Nach dem Universal-Prinzip ist die Zuordnung zu den Aggregatzuständen relativ. Es muss stets das Ausgleichsfeld zugrunde gelegt werden, in welchem der betreffende Stoff in allen drei Aggregatzuständen stabil ist. Stabil heißt, er wird nicht chemisch in andere Stoffe umgewandelt (**Stoffänderung**), wie dies bei Bodenschätzen der Fall ist, welche aus niedrigeren Energieniveaus an die Erdoberfläche gebracht werden. In unserem Atmosphären-Ausgleichsfeld ist Wasser stabil, es unterliegt bei seinem Kreislauf nur **Zustandsänderungen**. Im unteren Anregungs-Zustand bei maximalem Druck und maximaler Temperatur ist es flüssig und erreicht eine maximale Dichte (Wasser), im mittleren Anregungs-Zustand wird es gasförmig und besitzt eine minimale Dichte (Dampf), im oberen Anregungs-Zustand bei minimalem Druck und Temperatur ist es fest und hat eine mittlere Dichte (Eis). Gelegentlich werden Plasma oder Bose-Einstein-Kondensat als weitere Aggregatzustände bezeichnet. Nach dem Verständnis des Universal-Prinzips ist dies nicht zutreffend, weil Aggregatzustände nur im Rahmen einer Zustandsänderung möglich sind. Stoffänderungen sind ausgeschlossen.

Die drei Zustände

Die auf die Medienteilchen wirkenden Anregungskräfte wechseln in ihrer Intensität. Im mittleren Anregungs-Zustand schwingt ein Objekt mit dem größten Freiheitsgrad (maximaler Amplitude) in seiner Eigenfrequenz. Es befindet sich im Gleichgewichts-Zustand und nimmt gerade soviel Materie auf, wie es abgibt. Sinkt die Anregung und damit die Frequenz, steigt die Gravitationskraft; d. h. Druck, Temperatur und Verschleiß sinken und das bedeutet **Trägheit**. Steigt die Anregung und damit die Frequenz, wächst die Levitationskraft, wodurch Druck, Temperatur und Verschleiß steigen, das bedeutet **Aktivität**.

Die Medienteilchen können entweder durch Zustands- oder Stoffänderung auf wechselnde Anregung reagieren:

Zustandsänderungen sind umkehrbar

Ein Objekt kann seine Dichte durch Wechsel seines Aggregatzustandes verändern und sich auf diese Weise wechselnden Anregungen anpassen, wie in Bild 3.8 am Beispiel Wasser gezeigt wird.

Anregungs-zustand	Energie-Niveau	Ordnungs-zustand	Aggregat-Zustand	Dichte
stark	oberes	kristalline starre Ordnung	fest	mittel
mittel	mittleres	Gleichgewicht	gasförmig	minimal
schwach	unteres	Chaos	flüssig	maximal

Bild 3.22 Zusammenhang zwischen Anregungs- und Aggregat-Zuständen

Die konventionelle Physik geht bisher von zwei Zuständen für ein Objekt aus: dem niedrigsten für ein Teilchen möglichen „Grundzustand", in den es nach Anregung zurückkehrt, und einen „angeregtem Zustand". Nach dem Universal-Prinzip werden **drei Anregungs-Zustände** unterschieden: In einem mittleren Energieniveau befindet sich ein Objekt im Gleichgewicht zwischen anziehender Gravitations- und abstoßender Levitationskraft (Bild 3.22).

Der Regulierungs-Mechanismus des Universal-Prinzips besteht darin, dass Objekte gleich welcher Dichte durch das Wechselspiel von Gravitations- und Levitationskraft stets in „ihr" Energieniveau gelangen. Dieses entspricht ihrer Größe (Dichte und Masse). Dort befinden sie sich im Gleichgewicht zwischen masse- und dichteabhängiger Gravitationskraft sowie anregungsabhängiger Levitationskraft. Ein Objekt, welches sich in seinem Gleichgewicht befindet, schwebt in seinem Umfeld, gleich unserer Erde im All.

Teilchen, die nicht frei beweglich sind und daher nicht in ihr Energieniveau gelangen können, passen sich dem gegebenen Niveau durch die Entwicklung ihres Ausgleichsfeldes an. Das als Beispiel bereits erwähnte Eisen kann aufgrund der dichten Erdkruste nicht in sein ursprüngliches Niveau ins Erdinnere vordringen – so entwickelt es sein Ausgleichsfeld Rost.

Die Definition der drei Anregungs-Zustände ist wichtig für die Anordnung von Objekten und ermöglicht eine plausible Erklärung verschiedenster Sachverhalte:

- Die Erdoberfläche, die uns trägt, entspricht der festen Schicht des oberen Energieniveaus, des Erdmantels. Das Wasser, das wir trinken und die Luft, die wir atmen, gehören hingegen bereits zum nächsten Oktavbereich.
- Der Luftdruck entsteht nicht durch das Gewicht der über uns lagernden Luftmassen (Lehrmeinung), sondern durch deren Dichte im Verlauf des Erd-Ausgleichsfeldes. Die Medienteilchen des Atmosphären-Ausgleichsfeldes ordnen sich in einem Energieniveau an, in dem sie durch ein Gleichgewicht zwischen Gravitations- und Levitationskraft schweben.
- Ein um einen Atomkern kreisendes Elektron wird nicht durch das Gleichgewicht zwischen elektrostatischer Anziehungskraft und Fliehkraft (Lehrmeinung), sondern durch ein Gleichgewicht zwischen Gravitations- und Levitationskraft in seiner Bahn gehalten.

Den Unterschied zwischen Kern und Ausgleichsfeld können wir sehr anschaulich bei einem Heißluftballon erkennen. In dem Maße, wie die Luft im Ballon angeregt, also erhitzt wird, erhöht sich der Anteil der Levitationskraft, und der

Ballon ist in der Lage, das Gewicht der Gondel zu tragen. Wenn sich die Luft im Ballon abkühlt, erhöht sich der Anteil der Gravitationskraft und der Ballon sinkt auf ein niedrigeres Energieniveau. Ist keine Landung geplant, muss der Ballonfahrer die Luft mit dem Brenner wieder vermehrt anregen. Da sich die Dichte eines Objektes aus der Summe von Kern und Ausgleichsfeld zusammensetzt, kann das leichte Ausgleichsfeld den schwereren Kern tragen.

Die Verbindung „Körper mit Ausgleichsfeld“ stellt ein hochintelligentes **Regulations-System** dar, welches einem Objekt ermöglicht, auch bei wechselnden Anregungskräften durch eine dynamische Anpassung des Aggregatzustandes ein Gleichgewicht zu halten.

Der Volksmund sagt treffend: „**Die Wahrheit liegt immer in der Mitte**“. Das Regulationssystem bildet eines der Geheimnisse der Natur, mit dem es gelingt, nach einer chaotisch alles durcheinander wirbelnden Anregung immer wieder Ordnung zu schaffen.

Unumkehrbare Stoffänderung

Die Anpassung durch Zustandsänderung funktioniert nur bei kleineren Schwankungen innerhalb eines Ausgleichsfeld-Oktavbereichs.

Erhöht sich bei größeren Schwankungen die Schwingungsamplitude überproportional, entsteht **Stress**. Ein derartiges „Aufschaukeln“ führt zu einer „Resonanzkatastrophe“, wodurch das Objekt zerstört wird. Es zerfällt in seine Einzelteile, die wegen ihrer geringeren Größe (Masse, Dichte) sofort in ihr neues Energieniveau in einem kernferneren Ausgleichsfeld-Oktavbereich springen. Diese Sprünge nennen wir analog zur konventionellen Physik „**Quantensprünge**“.

Zwei Beispiele zeigen die Vielfalt von Levitations-Zyklen:

- Farbige Möbel oder Stoffe verblassen durch Anregung von Sonne und Mond, das heißt die Farbpartikel vollziehen einen Quantensprung ins Umfeld.
- Bäume entwickeln in jedem Jahr einen neuen Ausgleichsfeld-Oktavbereich. Die Wachstumszone wandert und befindet sich stets im äußersten Oktavbereich.

Ein Ausgleichsfeld bleibt aufgrund der Gravitationskraft des Körpers (Kerns) mit diesem verbunden. Die Anregung sorgt aber immer wieder für Abwechslung:

- Übersteigt die Levitationskraft bei stärkerer Anregung die Gravitation, verlassen die emittierten Teilchen das Ausgleichsfeld. So wird Kernmaterie in das Umfeld abgegeben und der Körper verliert an Masse. Es kommt zur Auflösung von Verbindungen – im Extrem bis hin zur Kernspaltung.

- Übersteigt die Gravitationskraft bei schwacher oder ausbleibender Anregung die Levitation, wird Umfeldmaterie angezogen und der Körper nimmt an Masse zu. Der Körper verbindet sich mit anderen Körpern – im Extrem kommt es zur Kernfusion.

Bilder 3.8 und 3.23 ähneln sich. In Bild 3.8 hieß es, dass ein Körper „seinen" Ausgleichsfeld-Oktavbereich nie verlassen kann. Besteht hier ein Widerspruch zu dem in Bild 3.23 dargestellten Quantensprung? Nein, denn bei diesem Quantensprung wird Wasser in seine Bestandteile – Wasserstoff und Sauerstoff – aufgespaltet. Während leichter Wasserstoff in den Ausgleichsfeld-Oktavbereich 2 aufsteigt, verbleibt der schwerere Sauerstoff im Oktavbereich 1.

Bild 3.8 zeigte eine Zustandsänderung, in Bild 3.23 findet eine Stoffänderung statt. Stoffänderungen sind stets Masseänderungen.

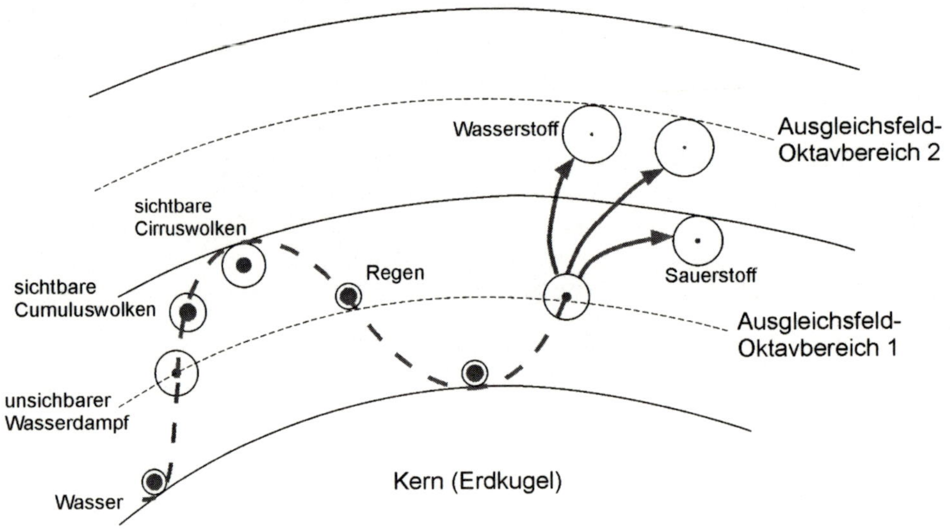

Bild 3.23 links Wasserkreislauf, Teilchen verbleiben im Ausgleichsfeld-Oktavbereich 1. rechts „Quantensprung", Teilchen springen in Oktavbereich 2

Diesen Zusammenhang kennen wir aus dem täglichen Leben. Druck ist zwar der Motor des Fortschritts, aber mit zu viel Druck, sozusagen *„mit dem Kopf durch die*

Wand", kommen wir selten zum Ziel. Suche ich z. B. krampfhaft nach einem Wort, „es liegt mir auf der Zunge" aber ich spüre: je mehr ich mich anstrenge, desto weiter entfernt es sich. Und dann – wenn ich mich zurücklehne „in der Ruhe liegt die Kraft", fällt es mir ein.

Bei anhaltend starker Anregung entlädt sich der Körper (Kern) solange über seine Ausgleichsfelder, bis die Potenzialdifferenz zwischen Körper und Umfeld gleich Null wird. In diesem Fall wird der Kern Teil des Umfelds. Verrichten wir Arbeit bzw. treiben wir Sport, werden wir ebenfalls stark angeregt und geben Teilchen in Form von Schweiß ab.

Zustands- oder Stoffänderung eines Objektes wirken sich in verschiedener Weise auf die Individualität eines Objektes aus:

- bei Zustandsänderung bleibt die Individualität erhalten (Aggregatzustände)
- bei Stoffänderung ändern sich physikalische und chemische Eigenschaften. Die Kerne der sich verbindenden Objekte bleiben jedoch erhalten. Durch Lösung der Verbindung entstehen die ursprünglichen Objekte wieder.
- bei Stoffänderung des Kerns (Isotop, Kernspaltung, Kernverschmelzung) verändert sich die Individualität nachhaltig.

Zustands- und Stoffänderungen sind alltägliche Erscheinungen, dazu einige Beispiele:

- Zustandsänderung: Bei steigender Anregung - **Erwärmung** - wandelt sich festes Eis zunächst in flüssiges Wasser, dann in Gas um.
- Stoffänderung: Bei jeder **Verbrennung** wandelt sich der Brennstoff in chemisch andere Feststoffe und Gase um.

Werden Stoffe durch **Lageänderung** in ein anderes Energieniveau gebracht, beschleunigt dies die entsprechende Reaktion (Uran an der Erdoberfläche) oder verzögert diese (Atommüll im unterirdischen Endlager).

Die „Chaostheorie" beschreibt mit dem „Schmetterlingseffekt" [Loisl93], wie scheinbar kleinste Vorgänge globale Ereignisse hervorrufen können: „Eine Luftbewegung" beispielsweise durch den Flügelschlag eines Schmetterlings kann den Verlauf eines Hurrikans auf der anderen Erdhalbkugel beeinflussen." In jedem Falle bewegt sich ein Objekt nach der Anpassung sofort in ein Energieniveau, das seiner neuen Größe (Dichte und Masse) entspricht. So ordnen sich die Objekte nach chaotischen Übergangszuständen durch den „automatischen" universellen

Regulierungs-Mechanismus stets rasch zu einem kontinuierlichen Spektrum innerhalb des Ausgleichsfelds. Diese Ordnung wird trotz wechselnder Umfeldanregung stabil aufrechterhalten. Folgende Beispiele zeigen das Wirken in anderen Lebensbereichen:

Das Wetter: Steigt durch Wärme angeregte Luft empor, strömt in das bodennah entstandene Tief aufgrund der Sogwirkung kältere Luft nach. Da sich alle Teilchen durch die wechselnde Sonnenanregung (Tag-, Nacht-, sowie Jahreszeiten-Rhythmus) ständig verändern, handelt es sich um dynamische Vorgänge (Wechselwirkungen). Durch Wechselwirkungen infolge Masseaufnahme und Masseabgabe kommt es einerseits zu chaotischen Übergangszuständen, andererseits wirken diese als Kraftspeicher.

Die Medienteilchen des Ausgleichsfeldes „Erdatmosphäre“ dämpfen die Schwankungen von Anregungskräften durch Zustandsänderung (Änderung ihres Aggregatzustandes). So wird durch Verdampfen von Wasser an warmen Tagen Kraft gespeichert, welche an kühleren Tagen durch Kondensieren wieder abgegeben wird.

Im Pflanzen- und Tierreich: Pflanzen und Tiere verhalten sich in Überflusssituationen individuell, in Mangelsituationen hingegen kollektiv. Ein besonders eindrucksvolles Beispiel ist der Schleimpilz „Dictyostelium discoideum“ [Popp84] S.15: *„Ist seine Bakteriennahrung im Überfluss vorhanden, zerfällt er in einen chaotischen Haufen von Einzellern, die selbständig wandern, sich ernähren und – wie Amöben – auch vermehren. Wird die Nahrung hingegen knapp, beginnen sich die Zellen untereinander zu verständigen, vereinigen sich zu einem geschlossenen Verband und differenzieren sich schließlich zu einem einzigen Sporenträger aus, der wie ein Pilz aussieht und sich auch so verhält.“*

Bei Menschen: Die zunehmende Individualisierung in Überflusszeiten trifft ebenso für den Menschen zu. So zeigte eine jüngst bei Studenten in England durchgeführte Studie, dass „ärmere“ Studenten sich kameradschaftlicher verhielten. Hingegen führte bereits die Ankündigung von mehr Geld dazu, dass sie sich abgrenzten. Sie waren weniger bereit, Auskünfte oder Hilfestellungen zu geben, oder sich nach einem heruntergefallenen Gegenstand zu bücken.

Wenn wir im Leben über eine längere Zeit tagaus, tagein die gleiche Routine erleben, die gleichen Erfolge und Fehler, werden wir unzufrieden. Dies entspricht dem Kreislauf von Wasser beim Wetter. Gautama Buddha sprach vom Leidensweg, der nur durch „Erleuchtung“ beendet werden kann, d. h. durch den „Quantensprung“ in ein kernferneres Oktavsystem bzw. Ausgleichsfeld. Das Verdrängen von Problemen hilft ebenfalls nicht. Die Probleme beschäftigen uns, wechselnd zwischen Chaos und Ordnung offenbar so lange, bis wir eine Lösung gefunden haben, die dichte Blockade aufgelöst ist. In diesem Moment hat sich das Problem (dichte Blockade) in seine Bestandteile aufgelöst und das Ergebnis liegt in Form von Einzelteilen vor uns. Jetzt erkennen wir in der Ursache des Problems dessen Wesen. Jetzt springen die Einzelteile in einen neuen Ausgleichsfeld-Oktavbereich des Ausgleichsfelds, so funktioniert die höhere Einsicht.

Wir kennen alle das Gefühl der Leichtigkeit nach bestandener Prüfung, nach dem ersten Kuss. Wir kennen jedoch auch den Zustand der Schwere nach Misserfolgen.

In der Technik: Hier wird das Potenzialgefälle zwischen Stoffen unterschiedlicher Dichte beispielsweise bei Akkumulatoren genutzt. Durch das Laden werden Anode und Kathode durch Stoffänderung in unterschiedliche Energieniveaus gebracht. Auf diese Weise entsteht ein Potenzialgefälle, die in dem Fall gewünschte Spannung. Indem sich der Akku durch die Nutzung entlädt und Arbeit verrichten kann, gelangen Anode und Kathode wieder in ihren Gleichgewichtszustand zurück. Durch lange Standzeit entlädt sich ein Akku zum einen durch Kriechströme, zum anderen durch den Aufbau eines Ausgleichsfeld-Mediums. Die im Bereich von Hochspannungsleitungen ionisierte Luft stellt ebenfalls ein Ausgleichsfeld-Medium dar. Die dazu erforderliche Energie ist Teil der Leitungsverluste. Die Spannungsspitzen beim Einschalten von Verbrauchern entstehen ebenfalls aufgrund des Aufbaus von Ausgleichsfeldern.

Hier noch das bereits erwähnte Beispiel Pumpspeicherwerk: Mit kostengünstigen Nachtstrom wird Wasser in einen Hochbehälter, in ein höheres Energieniveau, gepumpt. Dadurch entsteht ein Potenzialgefälle, das tags genutzt wird. Indem das Wasser wieder herunter fließt, gleicht sich die Spannung aus. Der ausgleichende Wasserstrom verrichtet Arbeit, indem er Turbinen antreibt.

Energieniveaus und Antennen

In Bild 3.21 sahen wir die Energieniveaus in je sieben Ausgleichsfeld-Oktavbereichen eines Ausgleichsfeldes, in den Bildern 3.13 und 3.15 den Zusammenhang zwischen Sender und Empfänger elektromagnetischer Wellen. Da jeder Körper eine *Antenne darstellt, mit deren Hilfe er Wellen empfangen und senden kann, kommt der Entwicklung von Ausgleichsfeldern noch eine ganz andere wesentliche Aufgabe zu. Mit jedem neuen Energieniveau, das mit Medienteilchen gefüllt wird, vergrößert sich das Resonanzspektrum eines Objektes gleich in zweifacher Hinsicht:

- Die Oktavbereiche vergrößern sich nach außen hin im Verhältnis 1:2.
- Die darin befindlichen Medienteilchen verkleinern sich im gleichen Maße.

Mit jedem neuen Ausgleichsfeld-Oktavbereich können Wellen größerer Wellenlänge, und mit den neuen Medienteilchen können Wellen kleinerer Wellenlänge empfangen und gesendet werden.

Ein Radio- oder TV-Empfänger kann einen Sender nur empfangen, wenn der Empfänger über eine dafür resonanzfähige Antenne verfügt. Die Frequenzen der Sender sind in so genannte Frequenzbänder (Lang-, Mittel- und Kurzwelle, UKW) eingeteilt. Antennen eignen sich sowohl zum Senden als auch zum Empfangen von Wellen.

Während also bei Levitation weitere Antennen entstehen, so als würden wir die Teleskop-Antenne eines Kofferradios verlängern, verkürzen sich die Antennen bei Gravitation.

Ein Mensch kann im Laufe des Lebens bis zu sieben Ausgleichsfelder entwickeln. Während er mit den kurzwelligeren Medienteilchen mehr Details erfassen kann, gelingt ihm mit den langwelligeren Ausgleichsfeldern ein besserer Überblick. In tiefen Schlafphasen oder in tiefer Meditation befindet sich das Bewusstsein in langwelligen Ausgleichsfeldern. Die tagsüber auf uns einströmenden Ereignisse und Bilder werden in den Schlafphasen oder in der Meditation durch den oben erwähnten Regulierungs-Mechanismus geordnet. Während die langen Ausgleichsfeld-Wellen der Melodie eines Liedes entsprechen, entsteht das Rhythmus-Stakkato durch kurze Wellen einzelner Medienteilchen. Menschen, die bestimmte Ausgleichsfelder (Antennen) noch nicht entwickelt haben, können die entsprechenden Signale nicht empfangen und Zusammenhänge nicht verstehen. Gemeint ist die tiefere Bedeutung, welche Dichter oder Philosophen oft hinter ihren Formulierungen verbergen.

UNIVERSAL-PRINZIP TEIL 7

Das im Raum-Materie-Gefüge bestehende Potenzialgefälle zwischen maximaler und minimaler Materiedichte bzw. Raumausdehnung besteht jeweils aus einer Folge von **Energieniveaus**. Je sieben Energieniveaus bilden einen **Ausgleichsfeld-Oktavbereich**.

Durch die Dynamik der gegenläufigen Gravitations- und Levitationszyklen des Universellen Kreisprozesses entstehen in Objekten aller Größenordnungen pulsierende Stoffwechsel. Chaotische Phasen werden durch ein dynamisches Ordnungsprinzip überlagert: Jedes Objekt strebt ein Energieniveau an, das seiner Dichte entspricht, in der es sich im **Gleichgewicht** zwischen Gravitation und Levitation befindet. Kann es „sein“ Energieniveau nicht erreichen, bildet es ein Ausgleichsfeld. Durch dieses Ausgleichsfeld erhöhen sich Energieniveau und Resonanzspektrum eines Objektes.

Masse und Dichte der Medienteilchen innerhalb eines Ausgleichsfeld-Oktavbereiches verringern sich vom Kern zum Umfeld hin **kontinuierlich**. Zwischen den Ausgleichsfeld-Oktavbereichen ändern sich Masse und Dichte dagegen **sprunghaft**.

Dieses Ordnungsprinzip gilt gemäß dem „*Periodensystem der Elemente“ nicht nur für chemische Elemente, sondern analog auch für Töne und Farben, d. h. allgemein für die Entwicklung von Ausgleichsfeldern. Es handelt sich somit um ein „**Universelles Periodensystem**“.

3.7 Die Hochzeit der kleinen Teilchen

Allgemein entsteht ein Ausgleichsfeld-Medium, indem sich durch Anregung gelöste Teilchen eines dichteren Körpers mit weniger dichten Umfeldteilchen verbinden. Wir können hier von der Hochzeit der kleinen Teilchen sprechen.

Bild 3.24 zeigt ein Stück Eisen. Es ist wesentlich dichter als die umgebende Luft, da es einem niedrigeren Energieniveau angehört. Die Potenzialdifferenz bewirkt eine Spannung zwischen Eisen (Fe) und Luft (u. a. O_2). Im Laufe der Zeit wird sich durch die Sonnenanregung zwischen beiden Medien eine Rostschicht bilden (Fe_2 O_3). Diese gleicht die ursprünglich große Potenzialdifferenz aus, denn die Dichte von Rost liegt zwischen derjenigen von Eisen und Luft. Das Volumen von Rost kann bis zum Zehnfachen von Eisen anwachsen. Die Rostschicht bildet das Ausgleichsfeld des Eisenstückes. Sie dämpft weitere Sonnenanregung ab, und schützt so den verbleibenden Eisenkern. Der Vorgang wird als Korrosion bezeichnet.

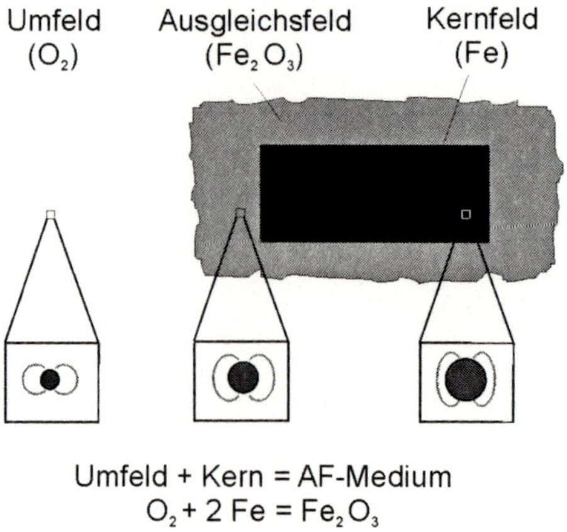

Die Atmung ist ebenfalls ein Oxidationsprozess. Sauerstoff (Umfeldteilchen) wird von der Lunge in alle Zellen verteilt und bildet den Reaktionspartner für die Nahrung (Kernteilchen), um durch Verdauungsprozesse die nötige Kraft zum Leben zu gewinnen.

Bild 3.24 Umfeldteilchen (Sauerstoff) verbindet sich mit Körperteilchen (Eisen) zu Eisenoxid

Aber nun zur Hochzeit: Im Umfeld bewegen sich Umfeld-Wellen unterschiedlicher Frequenz, die von den aktiven Sendern Sonne und Sterne und den passiven Sendern Mond und Planeten kommen. Trifft eine dieser Umfeld-Wellen auf ein resonanzfähiges Objekt, wandelt sich die Umfeld-Welle in eine Ausgleichsfeld-Welle um (Bilder 3.10, 3.12).

Im Ausgleichsfeld kommt es zur aktiven Teilchenbewegung. Chaos entsteht sogleich in zweifacher Hinsicht: Teilchen stoßen an andere Teilchen und an den Kern. Es wird Arbeit verrichtet, Kernteilchen werden frei, Umfeldteilchen dringen ins Ausgleichsfeld, einige Teilchen spalten sich in ihre Bestandteile auf, andere verbinden sich miteinander. Und – einige Teilchen gelangen mit einem „Quantensprung" in einen höheren Ausgleichsfeld-Oktavbereich oder ins Umfeld.

Teilchen, die aus dem niedrigeren oder höheren Energieniveaus kommen, müssen sich rasch anpassen, denn in ihrem neuen Energieniveau treffen sie auf andere Werte für Druck und Temperatur. Das tun sie durch Zustands- oder Stoffänderung, durch Aufbau neuer bzw. Abbau bestehender Ausgleichsfelder – oder sie gehen neue Verbindungen ein bzw. lösen bestehende. Teilchen, die nach Trennung vom alten Partner durch einen Quantensprung in einem höheren Energieniveau landen, dehnen sich aus, genießen ihre Freiheit oder schauen sich nach einem neuen Partner um. Teilchen, die sich mit einem dichteren Partner verbunden haben, verdichten sich, gewinnen ein größeres Maß an Geborgenheit. Durch eine neue Verbindung können beide Partner in der neuen Umgebung ein neues Gleichgewicht herstellen. Dies ist die Hochzeit der kleinen Teilchen, ein sanfter Kurzschluss. Der Volksmund sagt, wenn sich ein Paar spontan findet: *„Es ist Liebe auf den ersten Blick" oder: „Zwischen den beiden hat es gefunkt".*

Im Aktionsraum Ausgleichsfeld gibt es also Hochzeiten und Scheidungen. Auf die chaotische Tageszeit folgt mit der Nachtzeit eine Phase der Ruhe, weil sich das Objekt dreht oder in andere Oktavbereiche begibt, sich von den tags anregenden Umfeld-Wellen abwendet. In dieser Ruhephase ordnen sich Verheiratete und Ledige in Energieniveaus, die ihrer Dichte und Masse entsprechen. Und mit jedem neuen Tag wiederholt sich die Turbulenz.

Durch die Hochzeiten kommt es je nach Größe der Medienteilchen zu verschiedenen Wirkungen in den unterschiedlichen Ausgleichsfeld-Oktavbereiche: Licht entsteht in Ausgleichsfeldern mit kleineren Medienteilchen als Wärme oder Schall.

Jede neue Hochzeit verstärkt die Anregungskraft auf andere Teilchen, denn durch die Hochzeits-Wellen werden andere Heiratswillige angeregt (Resonatoren sind Verstärker). Es kommt zu einer Kettenreaktion. Diese erleben wir täglich, wenn die Sonne das „Eigenlicht" auf der Erde angeknipst hat. Die ersten Medienteilchen, die von der Sonne angeregt wurden, helfen den anderen, damit diese ebenfalls in Resonanz geraten.

In der gleichen Weise wird die Retina unserer Augen angeregt. In den Stäbchen- und Zapfensehzellen auf der Netzhaut werden stehende Ausgleichsfeld-Wellen erzeugt, was zu einer Stoffänderung führt. Wir benötigen zum Sehen ständig neues Sehpurpur. Unsere Augen können also Empfänger und Sender von elektromagnetischen Wellen sein, denn sie entsprechen in ihrem Aufbau einem Kernfeld. Beim Augapfel unterscheidet man ebenfalls zwei Pole, eine Polachse und einen Äquator.

Auf diese Weise vollzieht sich täglich ein gigantischer Kreislauf mit entsprechendem Stoffwechsel in den Ausgleichsfeldern. Durch den Levitations-Zyklus, in dem sich unsere Galaxie heute befindet, wird ständig Kernmaterie über Ausgleichsfeldmaterie in Umfeldmaterie aufgespaltet. Die Dichte verringert sich – wir erleben dies als Mehr an persönlicher Freiheit, die jedoch auch mit mehr Verantwortung einhergeht. Daran müssen wir uns sicher noch gewöhnen. Alte Geborgenheit und Sicherheit bietende Einrichtungen wie soziale Systeme, Kirche, Familiengemeinschaft aus mehreren Generationen weichen neuen Lebensformen. Ein Umdenken auf allen Ebenen ist erforderlich. Wir werden die neue Zeit-Qualität, die auch als „Wassermann-Zeitalter" bezeichnet wird meistern, sobald wir uns unserer Rolle in der neuen Freiheit bewusst werden, sobald wir erkennen, dass wir Menschen im Rahmen des „Universellen Kreisprozesses" lediglich ein kleines Glied in der Kette zwischen Pflanzen und Tieren einerseits sowie höheren Wesenheiten andererseits bilden. Und – wir sollten erkennen, dass wir uns in größerem Rahmen mitten im Levitations-Zyklus zwischen Schwarzem Loch hin zur Supernova befinden.

Interessant erscheint in diesem Zusammenhang, dass sich ebenfalls unsere Erde entwickelt und durch Entwicklung jedes weiteren Ausgleichsfeld-Oktavbereiches eine Antenne hinzugewinnt. Sie kann weitere Frequenzen der Sonnenanregung empfangen und an uns weitergeben, so dass auch wir weitere Ausgleichsfelder entwickeln können.

3.8 Männliche und weibliche Qualität: Magnetismus und Elektrizität

Jetzt werden Sie vielleicht fragen: Was haben denn Mann und Frau mit Magnetismus zu tun? Nun, Magnetismus und Elektrizität sind natürliche Erscheinungen, die auch uns Menschen betreffen. Folgende Aussagen beziehen sich direkt auf derartige Zusammenhänge:

„Du ziehst mich magisch an." – „Der Mensch hat eine tolle Ausstrahlung." – „Mich zieht es hinaus in die Natur."– „Gegensätze ziehen sich an." – "Gewaltvideos stoßen mich ab."– „Dies war eine Kurzschlussreaktion." – „Ich fühl mich heute ganz leicht." – „Das fällt mir sehr schwer." – „Zwischen den beiden hat es gefunkt."

Dies alles sind zutreffende Aussagen des Volksmundes, die auf anziehende und abstoßende magnetische sowie elektrische Kräfte hindeuten. Und das ist wohlbegründet, denn auch nach der konventionellen Biologie ist der Mensch ein elektromagnetisches Wesen. Bekannt ist, dass alle lebenden Zellen elektrische Eigenschaften zeigen. Sinnes- und Nervenzellen können diese Eigenschaften verändern und zur Aufnahme, Verarbeitung und Weiterleitung von Informationen nutzen. Nach dem Universal-Prinzip sind alle Zellen, Organe, ja der gesamte Körper Empfänger und Sender von elektromagnetischen Wellen. Unser gesamter Organismus ist anregungsgesteuert.

Zunächst eine interessante physikalische Betrachtung:

- Beim konventionellen Begriff „elektrisch" steht Ladung, also Materie im Vordergrund (Bild 3.25). Zwischen unterschiedlich oder gleich geladenen Körpern entstehen anziehende oder abstoßende Kräfte. Konventionell ist ein Körper bei Elektronenmangel positiv und bei Elektronenüberschuss negativ geladen. Und, es gibt Spannungen bei Potenzialunterschieden zwischen Körpern oder zwischen Körper und Umfeld. Nach dem Universal-Prinzip werden die gleichen Sachverhalte in einem größeren Zusammenhang gesehen:

  Ein Körper mit Medienteilchen-Mangel im Ausgleichsfeld ist ein positiver Ladungsträger. Er besitzt freie Gravitationskraft, zieht Umfeldteilchen an. Die Entsprechung für einen negativen Ladungsträger ist ein Körper mit Medienteilchen-Überschuss. Bei diesem übersteigt die Levitationskraft die Gravitationskraft und er gibt Medienteilchen ab.

  Es kann sich um beliebige Körper handeln, etwa um einen Topf, dessen Inhalt überläuft. Positive oder negative Ladung ist außerdem bei Körpern gegeben, die sich oberhalb bzw. unterhalb ihres Energieniveaus befinden (Uran gibt Teilchen ab, wenn man es vom niedrigen Energieniveau unter Tage an die Erdoberfläche befördert). Die Sonne ist ein negativer – die Erde jedoch ein positiver Ladungsträger.

Elektrische Spannung entsteht zwischen zwei Körpern mit unterschiedlichen Potenzialen (elektrochemische Spannungsreihe). Während es konventionell beim elektrischen Strom um den Fluss von Elektronen in Leitern bzw. von Ionen in Flüssigkeiten und Gasen geht, bei dem sich Ladungsträger unter der Kraftwirkung eines elektrischen *Feldes bewegen (negative von – nach +, sowie positive von + nach –), gilt der Begriff „elektrisch" nach dem Universal-Prinzip für alle materiellen Körper.

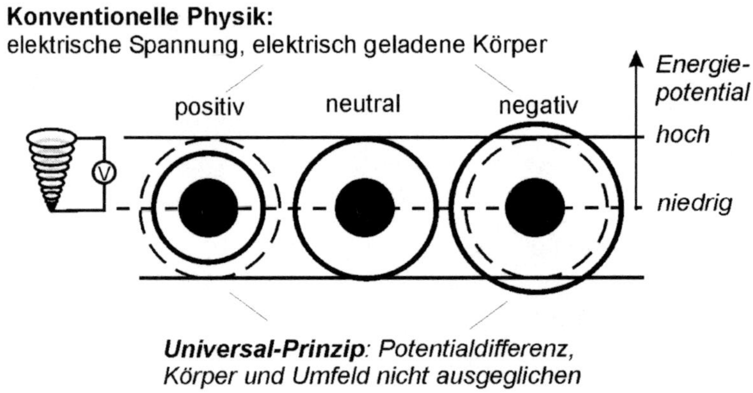

Bild 3.25 Elektrizität speziell nach der konventionellen Physik und allgemein nach dem Universal-Prinzip

Strom bezeichnet demnach nicht nur einen Fluss von Elektronen, sondern gilt auch für alle anderen Medien wie Wasser oder Wind. Nach dem Universal-Prinzip sind sowohl der langsamere äquatoriale als auch der schnellere polare Sonnenwind Teilchenströme. Während bei dem äquatorialen Sonnenwind die Materiekomponente überwiegt, dominiert beim polaren Sonnenwind die Kraftkomponente.

Mann und Frau können als elektrisch entgegengesetzt geladen betrachtet werden. Die Ladung von Körper (Kern) und Ausgleichsfeld ist nicht ausgeglichen. In den einzelnen Ebenen (Oktavbereichen) wechseln Ladungsdifferenzen ständig. Dadurch ergeben sich im praktischen Leben vielfältige ausgleichende Teilchenströme, die wir beispielsweise als nonverbale Zustimmung oder Ablehnung, als Sympathie oder Antipathie empfinden.

Ein elektrischer Stromfluss zwischen Körper und Umfeld erfolgt, wenn infolge Anregung Elektronen emittiert werden oder bei Nichtanregung Elektronen absorbiert werden.

- Beim konventionellen Begriff „magnetisch" steht die Kraft im Vordergrund. Diese wird stets von materiellen Körpern erzeugt, also von Magneten oder von bewegten elektrischen Ladungen (Teilchenstrom). Sind die Medienteilchen eines Körpers in Richtung Erdmagnetfeld gleich ausgerichtet, ergibt sich eine große resultierende Kraft (Bild 3.26 links), bei ungleich gerichteten Medienteilchen entsteht nur eine kleine resultierende Kraft (Bild 3.26 rechts).

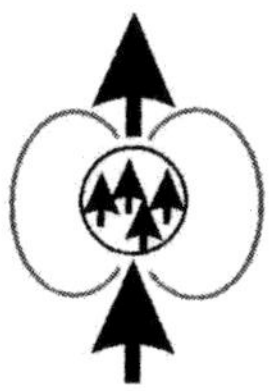

Körper mit gleich gerichteten Medienteilchen: große resultierende Kraft

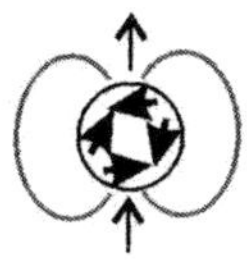

Körper mit ungleich gerichteten Medienteilchen: kleine resultierende Kraft

Bild 3.26 Magnetismus nach dem Universal-Prinzip

Mann und Frau können als magnetisch entgegengesetzt gepolt gesehen werden. Während sich beim Mann der Südpol im Scheitel am oberen Ende und der Nordpol am unteren Ende der Wirbelsäule befindet, ist dies bei der Frau genau entgegengesetzt. Männer nehmen Umfeldteilchen oben auf und geben diese nach Stoffwechsel unten ab, Frauen nehmen Umfeldteilchen von unten auf und geben diese nach oben ab. Daher ist bei himmels-orientierten Kulturen (geistiges Heilen, Priester) das Patriarchat vorherrschend, während in erd-orientierten Kulturen (schamanisches Heilen, Hexen) sich das Matriarchat verbreitete.

So lässt sich auch die schwindende Bindungsfähigkeit in den Industrienationen erklären: Indem Frauen mit männlichen Mitteln arbeiten, ihre männlichen Anlagen stärken, handeln sie gegen ihre Natur. Paarbildung und Kinderwunsch bleiben auf der Strecke, weil sich gleiche Pole abstoßen. Naturgemäß bilden Mann und Frau zusammen eine Einheit, entwickeln sich beide evolutionär hin zum mittleren Gleichgewichtszustand.

„Elektromagnetismus“ setzt sich gemäß Universal-Prinzip aus „elektrisch“ für „Materie“ und „magnetisch“ für „Kraft“ zusammen. Betrachtet man die elektromagnetische Beschreibung unter mechanischen Gesichtspunkten, bildet der Kern eines Körpers die Materie-Komponente der potenziellen (elektrischen) Energie, hingegen das Ausgleichsfeld die Kraft-Komponente der kinetischen (magnetischen) Energie.

Beim Heben eines Steines (in ein höheres Energieniveau) ist stets „elektrische“ Materie wie auch „magnetische“ Kraft beteiligt, analog dem Aufladen eines Akkumulators, dem Füllen des oberen Beckens eines Pumpspeicherwerkes oder bei der Entstehung von Hunger oder Durst. In allen vier Fällen wird eine Gravitationskraft erzeugt, die zum Ausgleich drängt, d. h. zur Wiederherstellung des Gleichgewichts im ursprünglichen Energieniveau oder zur Herstellung eines neuen Gleichgewichts durch Zustands- oder Stoffänderung in einem anderen Energieniveau.

Das gleiche Resultat wird mit umgekehrten Vorzeichen erzielt, wenn man Objekte in ein tieferes Energieniveau bringt. In diesem Fall entsteht eine Levitationskraft.

Durch das Universal-Prinzip wird somit deutlich, dass jeder Vorgang, bei dem Materie beteiligt ist, und das sind alle bekannten Vorgänge, stets mit einer Reaktion sowohl der elektrischen Materie- als auch der magnetischen Kraft-Komponente verbunden ist.

UNIVERSAL-PRINZIP TEIL 8

Jeder Vorgang ist **elektromagnetischer Natur**, weil sich Wechselwirkungen stets auf Teilchen und zugehörige Ausgleichsfelder auswirken. Teilchen sind sowohl Träger von konzentrierter **elektrischer** Kern-**Masse** als auch von ausgedehnter **magnetischer** Ausgleichsfeld-**Kraft**.

Kräfte und Verbindungen

Es gibt lösbare und unlösbare Verbindungen zwischen verschiedenen Objekten.

Bild 3.27 zeigt den grundsätzlichen Vorgang zu einer **lösbaren Verbindung**: Mann und Frau ziehen sich **magnetisch** an. Nach einer Anregung kommt es zur Ausbildung einer Resonanzwelle (es werden Informationen ausgetauscht) und eines Resonanzkanals. Dabei fließen **elektrische** Ladungsträger von der Frau zum Mann (z. B. Düfte). Durch die Verbindung wird die gegensätzliche Polarität der Partner ausgeglichen. Als Paar geben sie zwar einen Teil ihres Ausgleichsfeldes ab, da beide nun von einem gemeinsamen Ausgleichsfeld umhüllt werden (dies symbolisiert der Kurzschlusspfeil). Sie geben ein Stück Freiheit bzw. Einsamkeit ab, erhalten jedoch liebevolle Nähe und die Wärme der Geborgenheit. Beide Partner behalten ihre Individualität, die Verbindung entwickelt sich jedoch zu anderen gemeinsamen Eigenschaften. Die Verbindung ist lösbar.

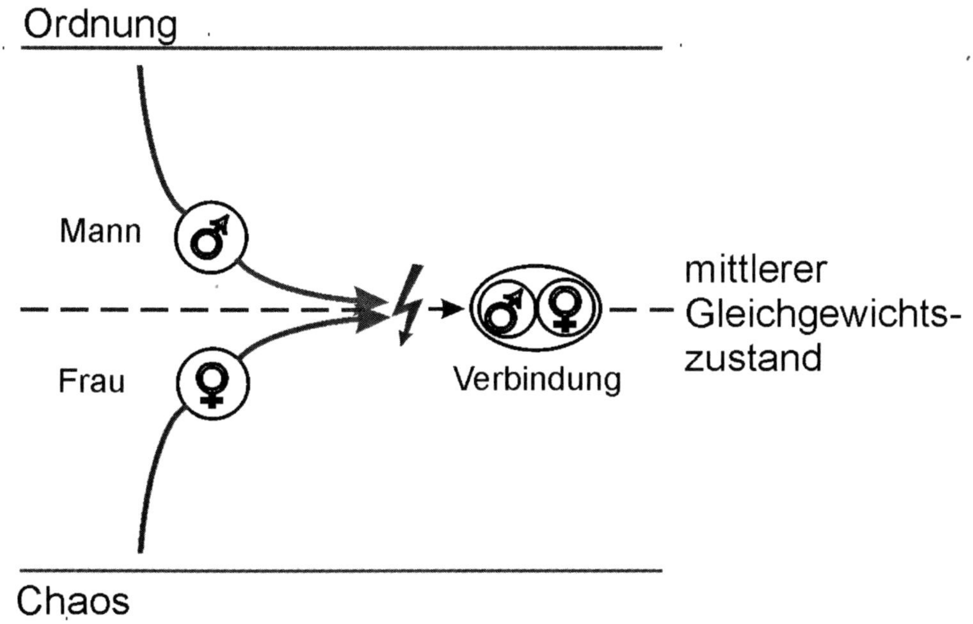

Bild 3.27 Mann und Frau verbinden sich zu einem Paar

Weitere Beispiele für lösbare Verbindungen folgen in Bild 3.28.

Bereich	Reaktionspartner	Verbindung
Erde	Sonnenwindteilchen Erdteilchen	Atmosphäreteilchen
Mensch, Tier	männlicher Partner weiblicher Partner	Hochzeitsbindung
Elementarteilchen, Atome und Verbindungen	Sauerstoff Eisen	Eisenoxid

Bild 3.28 Beispiele für lösbare Verbindungen in unterschiedlichen Entwicklungsbereichen

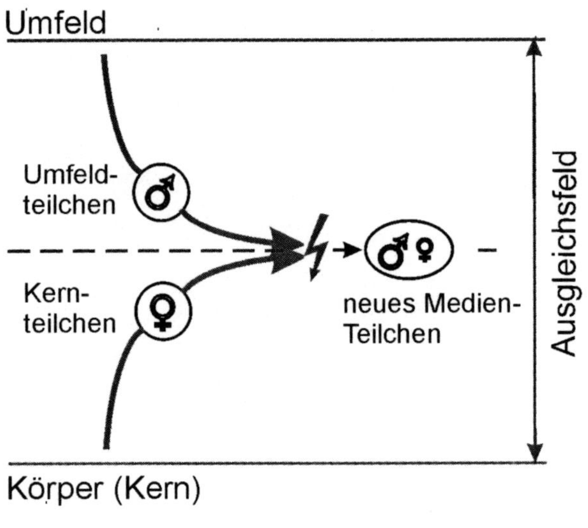

Bild 3.29 zeigt den grundsätzlichen Vorgang zu einer **unlösbaren Verbindung**: Mann und Frau pflanzen sich fort. Es kommt bei der Befruchtung zum Teilchenstrom innerhalb des Mutterleibes. Durch die Verbindung von Samen und Eizelle entsteht ein völlig neues Teilchen (Embryo), symbolisiert durch den Kurzschlusspfeil. Hier ist es ein Junge mit vorwiegend männlichen Anlagen. Diese Verbindung ist unlösbar.

Bild 3.29 Umfeldteilchen verbindet sich mit Körperteilchen zu einem neuen Ausgleichsfeld-Teilchen

Weitere Beispiele für unlösbare Verbindungen sind in Bild 3.30 dargestellt.

Bereich	Reaktionspartner	Verbindung
Mensch Tier	Samen Eizelle	Embryo
Pflanze	Samen Eizelle	Fruchtknoten

Bild 3.30 Beispiele für unlösbare Verbindungen in unterschiedlichen Entwicklungsbereichen

3.9 Das Geheimnis der Zeit

Man sollte annehmen, dass der Begriff „Zeit" in unserem Zeitalter zweifelsfrei geklärt ist. Dass dem nicht so ist, beweisen die kontroversen Diskussionen. So entwarf Albert Einstein ein relativ kompliziertes „Raum-Zeit-Gefüge". Das Universal-Prinzip bietet demgegenüber folgende Erklärung an: Der soeben verwendete Begriff „Zeitalter" erhellt den Begriff. Wir wissen, dass die Zeit ständig fortschreitet und nicht aufzuhalten ist. Und wir wissen, dass Materie im Laufe der Zeit altert. Es gibt Lebenszyklen.

Das Altern erlebt jeder Mensch. Dennoch tun wir uns schwer mit einer plausiblen Definition des Begriffes Zeit. Der Schlüssel zum Verständnis liegt in der Eigenfrequenz der Objekte, d. h. in ihrer individuellen Pulsations-Frequenz. Diese hängt von der Teilchengröße und von der Intensität der Anregung ab.

So liegt die mittlere Lebensdauer von Elementarteilchen in der Größenordnung von 10^{-10} Sekunden, eine Eintagsfliege lebt einen Tag und die Lebensdauer unseres Universums wird seit seiner Entstehung bis heute auf rund 14 Milliarden Jahre geschätzt. Wie lange es noch besteht, weiß niemand genau zu sagen.

„Dreifach ist der Schritt der Zeit: langsam kommt die Zukunft hergezogen – pfeilschnell ist das Jetzt entflogen – Ewig still ruht die Vergangenheit"
(aus: Sprüche des Confucius, Friedrich von Schiller)

Man sagt, der Mensch habe eine innere Uhr. Neuere Forschungen ergaben, es müsse sogar zwei geben. Nach dem Universal-Prinzip gibt es unzählige. Unser Organismus besteht aus Organen – diese aus Zellen, die aus Molekülen aufgebaut sind, welche aus Atomen bestehen und diese aus Elementarteilchen. Hinzu kommen noch die Ausgleichsfelder der Teilchen.

Während der physische Körper mit ca. 21 Jahren ausgewachsen ist, wachsen unsere Ausgleichsfeld ein Leben lang. Kurz und gut, wir richten uns nicht etwa nach der Zeit unserer Zellen, denn deren Lebensdauer beträgt nur ca. 6 Monate, sondern nach der Sonne. Das erscheint auch sinnvoll, weil der Mensch auf der Erde entstand und sich optimal an den Sonnenzyklus angepasste.

Weitere wichtige Zyklen sind Tag und Nacht, Woche, Monat, und die vier Jahreszeiten eines Erdjahres. Die Zyklen lassen sich in Form eines Kreises (Uhr) oder einer Welle darstellen (Bild 3.31).

Eigenfrequenz und Lebensdauer sind also eng miteinander verknüpft. Offensichtlich hängt die Lebensdauer von der Anzahl der Schwingungen ab, denn bei Stress läuft die Uhr schneller, in Ruhe dagegen langsamer. Das trifft auch auf die Frequenzen in unserem Organismus zu. Mathematisch ausgedrückt: Frequenz = Geschwindigkeit/Wellenlänge, wobei die Wellenlänge dem zweifachen Durchmesser entspricht.

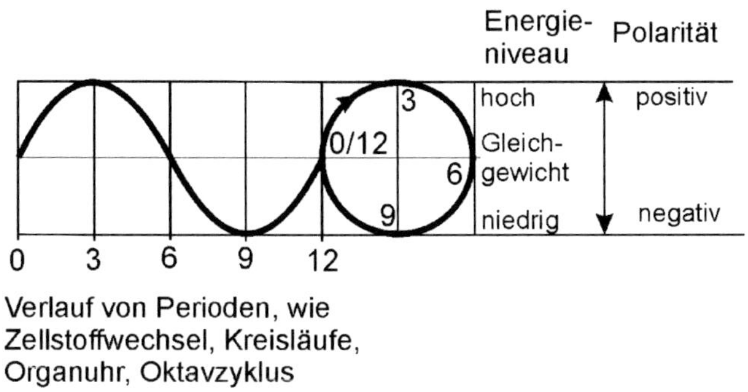

Bild 3.31 vom Kreis zur Welle

Zwischen Ausgleichsfeld und dessen Medienteilchen gibt es eine gegenläufige Entwicklung: während sich die Ausgleichsfelder im Verlauf des Lebens vergrößern, spalten sich deren Medienteilchen zu immer kleineren Größenordnungen auf. Daher steigt die Frequenz der Medienteilchen in dem Maße, wie die Frequenz der Ausgleichsfelder sinkt. Mit anderen Worten: Je ruhiger die Ausgleichsfelder pulsieren, desto rascher sind deren Medienteilchen, oder:

„In der Ruhe liegt die Kraft“

Die konventionelle Wissenschaft forscht ebenfalls nach dem Wesen der Zeit. Es geht um die Frage: Verändert sich die Natur kontinuierlich oder entwickelt sie sich in winzigen Schritten – wie ein Computer rechnet? Eine Theorie mit dem seltsamen Namen „Loop-Quantengravitation“ (loop engl. Schleife) besagt, dass Raum und Zeit aus diskreten Stücken bestehen solle.

Zeit kennt zwei Aspekte, „Cronos“ (griech.) den quantitativen Zeitablauf und „Cairos“ (griech.) den qualitativen Zeitinhalt. Nach dem Universal-Prinzip entsteht der Zeitablauf durch die Pulsation eines resonanzfähigen Objektes aufgrund einer Anregung, die Qualität der Zeit hingegen durch die Größe des pulsierenden Objektes. Durch beide werden Kreisläufe, Stoffwechsel und Lebensdauer des Objektes festgelegt.

So geben die Jahresringe der Bäume zugleich Aufschluss über den quantitativen Zeitablauf (Anzahl) und über den qualitativen Charakter der Zeit (Dicke, Festigkeit).

Cronos ist anregungsabhängig und individuell: Unter gleichen Bedingungen kann eine Person Stress haben, während eine zweite in Ruhe bleibt. Kairos ebenfalls: Unter gleichen Bedingungen kann eine Person eine qualitativ hervorragende Arbeit verrichten, während eine zweite nur ein unterdurchschnittliches Ergebnis erreicht.

3.10 Kraft und Energie

Die Begriffe „Kraft“ und „Energie“ sind eng miteinander verknüpft. Während bisher sehr oft von „Kraft“ die Rede war, wurde der Begriff „Energie“ selten verwendet. Das liegt daran, dass beide Begriffe von der konventionellen Physik bis heute offenbar nicht eindeutig definiert sind.

HISTORIE ZU KRAFT

Kraft, das altgerm. Wort mhd. ahd. kraft gehört zu der Wortgruppe der idg. Wurzel „drehen, winden, sich zusammenziehen, verkrampfen“. Für den Begriff „Kraft“ war demnach die Vorstellung des Anspannens von Muskeln bestimmend, nach [8].

Nach Aristoteles wurden 2.000 Jahre lang die beiden gegensätzlichen Kräfte **„Schwerkraft“** und **„Auftrieb“** gelehrt. Seit dem 18. Jh. wurde die Bedeutung des Begriffes „Kraft“ von Newton entscheidend verändert. Als Begründer der „Klassischen Mechanik“ ging er davon aus, die Gravitationskraft sei die einzig bestimmende Kraft im Universum. Alle Objekte würden durch Gravitationskräfte in ihrem Gleichgewicht gehalten. Er selbst hatte festgelegt, dass es zu jeder Kraft eine Gegenkraft geben müsse. Kraft und Gegenkraft sollen aber nicht im gleichen Körper angreifen, sondern in zwei Körpern (Gravitation der Erde und des Mondes).

Seit jener Zeit wurde der Auftrieb abweichend definiert und nicht mehr als Gegenkraft zur Gravitation angesehen. Newton suchte sein Leben lang vergeblich nach der Ursache der Gravitation. Und, er suchte – ebenfalls erfolglos – nach der anregenden Kraft im Universum. Daran hat sich bis heute in der konventionellen Physik nichts geändert.

Universal-Prinzip-Kommentar: Der Begriff „Kraft“ wurde in 3.1 ff etwas abweichend von der Erklärung der konventionellen Physik definiert. Danach sind Gravitation und Levitation zwei entgegengesetzt gerichtete Komponenten einer Kraft. Levitation wurde in 3.1 ff näher erklärt, die Ursache von Gravitation in 3.5 „Die Ursache von Gravitation und Levitation“.

Auftrieb kann als eine Form von Levitation angesehen werden. Nach der konventionellen Definition bedeutet Auftrieb:

„Taucht ein Körper in Wasser ein, sinkt er, wenn er schwerer ist, als das Gewicht des von ihm verdrängten Wassers. Ist er dagegen leichter, schwimmt er auf dem Wasser.“

Dies dokumentieren all die Schiffe, die aus Stahl gefertigt sind, welcher spezifisch viel schwerer ist als Wasser. Dabei darf man allerdings keinem Trugschluss unterliegen, denn exakter formuliert handelt es sich um einen Vergleich der spezifischen Gewichte von Schiff und Wasser. Denn auch bei einem oben offenen Schiff muss man zum spezifischen Gewicht des Schiffes das der darin befindlichen Luft (bis zur Wasserlinie) addieren.

Auftrieb gibt es jedoch nicht nur im Wasser, sondern in ausnahmslos allen Medien. So lautet die allgemeingültige Definition im Sinne des Universal-Prinzip:

„Ein Körper wird bei gleich großer Gravitation umso leichter, je dichter das Umfeldmedium ist, in welchem er sich befindet und umso schwerer, je dünner das Umfeldmedium ist.“

Aber Schwerelosigkeit im All stellt sich doch gerade bei extrem dünnen Umfeldmedien ein? Ja, denn in diesem Fall geht es um Körper, die sich in größerer Entfernung vom Gravitationszentrum in einem hohen Energieniveau befinden. Die Gravitation nimmt mit zunehmender Entfernung vom Gravitationskern ab.

Astronauten haben beim Aufenthalt im All ein geringeres Gewicht als auf der Erdoberfläche; ebenso wie Taucher im Wasser. Beide Fälle basieren zwar auf ganz unterschiedlichen Gründen, werden aber von Astronauten dazu genutzt, die Schwerelosigkeit unter Wasser zu trainieren.

Ausschlaggebend für das Gewicht eines Körpers ist demnach nicht nur die Größe der Gravitation, sondern die Dichte des Mediums, in welchem er sich befindet. Ein weiterer wesentlicher Aspekt ergibt sich aus dem Anregungszustand des entsprechenden Körpers. Ein anschauliches Beispiel bildet ein Heißluftballon. Durch die Anregung (Erhitzung) der Luft im Ballon dehnt sich diese ebenso aus wie Stahl und wird dadurch spezifisch leichter, wodurch sich die Potenzialdifferenz zum Umfeld erhöht.

Entscheidend für die energetische Beurteilung eines Körpers ist daher nicht sein Gewicht (das ist relativ), sondern seine Dichte. Und damit sind wir wieder am Ausgangspunkt angelangt: Die Ursache für die Spannung zwischen zwei Körpern bzw. einem Körper und seinem Umfeld gründet sich letztlich stets auf deren unterschiedliche Dichte. Nehmen wir noch die Anregungskraft hinzu, kommen wir zu unseren alten Bekannten, den beiden Antipoden Gravitation und Levitation.

Offenbar können alle vier der bisher als verschieden beschriebenen Kräfte „Gravitation“, „Elektromagnetismus“, die „starke“ sowie „schwache Kernkraft“

mit Hilfe des Universal-Prinzips zu einer einzigen Kraft mit den beiden inversen Komponenten „Gravitation“ und „Levitation“ reduziert werden.

Aristoteles und Newton betrachten die Bewegung eines Körper durch eine Kraft, ohne dass sich die Substanz des Körpers dabei zu verändert. Zustands- oder Masseränderungen sind nicht berücksichtigt. Das Universal-Prinzip ergänzt als wesentliche Größen das Gravitations- sowie das Levitations-Potenzial von dichter bzw. ausgedehnter Materie.

HISTORIE ZU ENERGIE

Energie ist die Fähigkeit, Arbeit zu verrichten, Physik: „Spannkraft“, „Tatkraft“: Das Substantiv wurde im 18.Jh. aus frz. „énergie entlehnt, das über spätlat. energia auf griech. en- érgeia „wirkende Kraft“ zurückgeht. Zugrunde liegt das von griech. ergon „Werk, Wirken“ abgeleitete Adjektiv griech. en- ergós „einwirkend“. Als Grundwort erscheint griech. érgon, das mit dt. „Werk“ urverwandt ist. nach [8].

Bill Gough von der „Foundation for Mind-Being“ dazu: „Energie ist zwar nicht endgültig definierbar, aber doch operationell definiert als die Fähigkeit, Arbeit zu verrichten – nicht als die Arbeit selbst. Daher beruht alles, was wir über die Energie wissen, auf unserem Vermögen, ihre Fähigkeit zu messen, Arbeit zu verrichten.“

Universal-Prinzip-Kommentar: Der Begriff „Energie“ wird abweichend von der Erklärung der konventionellen Physik definiert:

Potentielle und kinetische Energie erhalten nach dem Regulierungs-Mechanismus des Universal-Prinzips und nach der Vorstellung vom Universum als „Raum-Materie-Gefüge“ eine andere Bedeutung.

Das Raum-Materie-Gefüge gleicht einem unsichtbaren *holografischen Gewebe, das aus einer Folge von „Energieniveaus“ besteht, die sich verlaufsförmig und gleichzeitig abgestuft zwischen Orten unterschiedlicher Dichte ausbilden und Orte gleicher Dichte verbinden. Der Regulierungs-Mechanismus besteht darin, dass alle Objekte durch das Wirken von Gravitations- und Levitationskraft immer zu dem Energieniveau transportiert werden, das ihrer Dichte entspricht. In diesem Energieniveau befinden sich die Objekte in einem Gleichgewicht zwischen masse- und dichteabhängiger Gravitationskraft und anregungsabhängiger Levitationskraft.

Im Gleichgewichtszustand heben sich Gravitations- und Levitationskraft auf – das Objekt schwebt (siehe Abschnitt 3.5: „Das Raum-Materie-Gefüge“). Objekte, die nicht frei beweglich sind, passen sich dem gegebenen Niveau durch die Entwicklung von Ausgleichsfeldern an.

Zur Vorstellung eines Gewebes von Energieniveaus passt folgender Ausspruch von Max Planck:

„Es gibt keine Materie, sondern nur ein Gewebe von Energien, dem durch intelligenten Geist Form gegeben wird.“

Die beiden konventionell definierten Energiekomponenten sind im Sinne des Universal-Prinzips Potenziale von Gravitations- und Levitations-Kräften:

- Die „potentielle Energie der schweren Masse“ entspricht dem Potenzial an Levitations-Kraft, das die Masse freisetzt, wenn sie angeregt wird.
- Die „kinetische Energie der trägen Masse“ entspricht dem Potenzial an Gravitations-Kraft, das die Masse freisetzt, wenn die Anregung nachlässt oder ganz ausbleibt.

In Kapitel 3.6 Abschnitt „Die drei Zustände“ wurde beschrieben, dass Körper auf Anregung mit **Zustands-, und Stoffänderungen** reagieren. Werden Stoffe durch **Lageänderung** in ein anderes Energieniveau gebracht, beschleunigt dies die entsprechende Reaktion (Uran an der Erdoberfläche) oder verzögert diese (Atommüll im unterirdischen Endlager). Geringe Veränderungen des Energieniveaus wirken sich auf die Levitationskraft kaum aus, hier steht die freie Gravitationskraft im Vordergrund: Ein herabfallender Dachziegel setzt beim Aufschlagen die Kraft frei, die zu seinem Transport auf das Dach aufgewendet wurde.

Andere konventionell so genannte Energieformen sind Wärme-, elektrische, magnetische und Ruhe- oder Masseenergie. Diese gehören nach dem Universal-Prinzip mit Ausnahme der Masseenergie ebenfalls zu den Kräften.

Energie besitzt lediglich die Fähigkeit, Arbeit zu verrichten. Ob sie sich tatsächlich in Kraft umwandelt, die Arbeit verrichtet, hängt von der Anregungskraft ab. Eine Bombe explodiert nur, wenn sie gezündet wird und ein Mensch arbeitet nur, wenn er motiviert ist.

Beispiele für die technische Nutzung von Kraft aus Materie sind durch Zustandsänderung: Dampfmaschinen, durch Stoffänderung: Verbrennungsmotoren, Kernkraftwerke, durch Lageänderung: Wasserkraftwerke.

Durch Bewegung entsteht stets Reibung, gleichgültig ob sich ein Objekt selbst bewegt, ob es angestrahlt wird oder ob sich die Medienteilchen im Inneren eines Objektes (infolge Resonanz) bewegen. Sinnlich wahrnehmbare Wechselwirkungen entstehen immer durch Reaktionen von Teilchen angeregter Körper mit Umfeldteilchen.

Bild 3.32 zeigt ein Flugzeug mit Ausgleichsfeld-Oktavbereichen, die Ernst Mach seinerzeit sicher im Sinne von Feldlinien betrachtete. Ein stehendes Flugzeug hat konzentrische Ausgleichsfeld-Bereiche, beim Unterschallflug werden diese durch die Reibung als Reaktion auf die Antriebskraft („Fahrtwind") nur wenig verdrückt. Beim Erreichen der Schallmauer sind alle Ausgleichsfeld-Bereiche dezentriert und beim Überschallflug werden sie hinter das Flugzeug gedrückt. Durch den Widerstand der Luft ist ein Teil der kinetischen Kraft (konventionell Energie) im Flugzeug selbst gespeichert, ein weiterer Teil in dessen Ausgleichsfeld.

Würde dieses Flugzeug gegen ein Hindernis prallen, wäre die kinetische Kraft von Flugzeug und Ausgleichsfeld mit einem Mal frei, die Ausgleichsfeld-Bereiche würden nach vorn schnellen und die gespeicherte Kraft würde Verformungsarbeit verrichten.

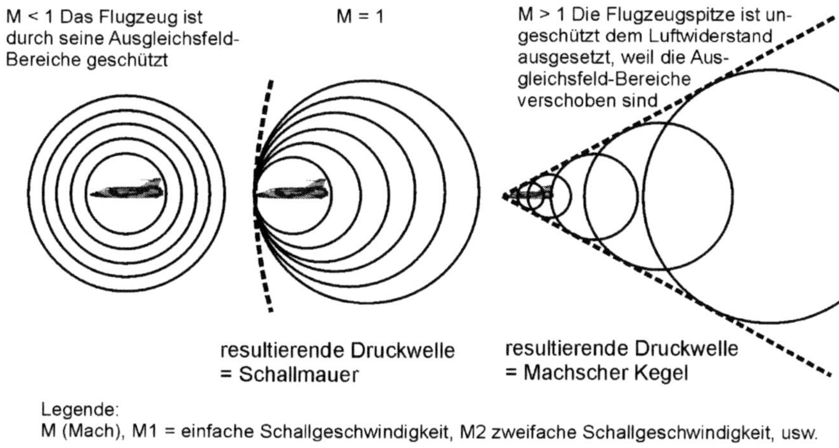

Bild 3.32 Machscher Kegel

Während des Überschallfluges erwärmt sich das Flugzeug, weil es nicht mehr durch seine Ausgleichsfelder geschützt wird. Es werden Medienteilchen abgerieben – diese reagieren mit Umfeldteilchen. Diese Wechselwirkungen nehmen wir als Schall, Wärme oder Licht wahr (Bild 3.33).

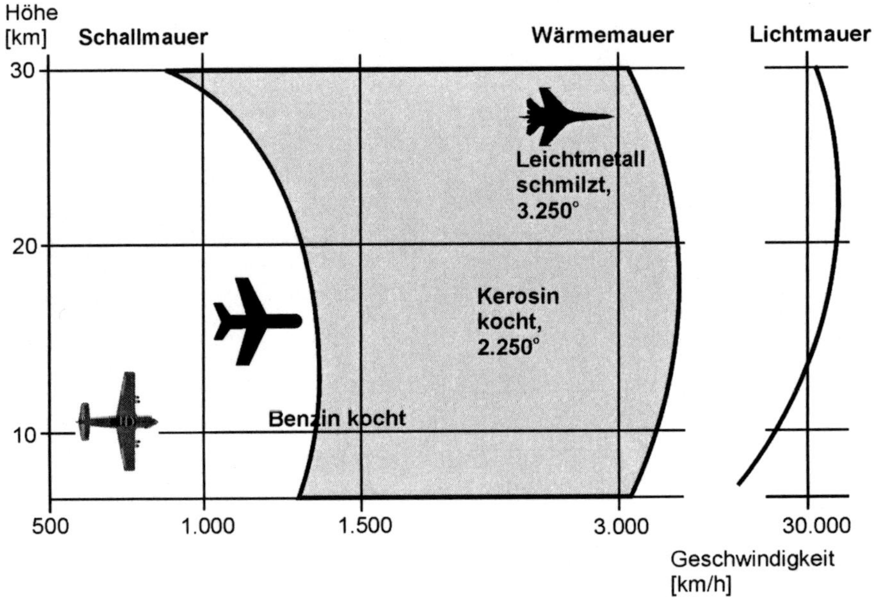

Bild 3.33 Schall-, Hitze- und Lichtmauer

Erhöht das Flugzeug seine Geschwindigkeit noch weiter, so folgen nach der Schallmauer die übrigen Ausgleichsfeld-Oktavbereiche der elektromagnetischen Wellen, die Wärmemauer und bei einer Geschwindigkeit von ca. 30.000 km/h die Lichtmauer. Schall, Wärme und Licht sind nach dem Universal-Prinzip die sinnlich wahrnehmbaren Effekte der Wechselwirkungen, welche durch entsprechende Anregung von Materie durch Reibung in bestimmten Ausgleichsfeld-Oktavbereichen erzeugt werden.

Weitere Beispiele sind Raketen oder Raumfähren mit aufwendigem Hitzeschutz, Meteoriten mit dem typischen Schweif oder der „Van Allen-Gürtel“ der Erde (Bild 4.14).

Kraft kann drahtlos durch Ausgleichsfeld- oder Umfeld-Wellen übertragen werden. Beispiele sind neben dem Funk auch alle intrazellulären und zwischenmolekularen Wechselwirkungen ohne Stoffaustausch, so die Nerven-Reizleitungen. Bei Induktion und Transformation werden ebenfalls Kräfte drahtlos übertragen. Die etablierte Wissenschaft hat das korrekt mit den Kraftwirkungen von Feldern erklärt. Das Universal-Prinzip ermöglicht darüber hinaus eine Darstellung der Ursache dieser Phänomene. Beim elektrischen Haushaltstrom handelt es sich um einen Teilchenfluss, der die Differenz an Dichte zwischen den beiden Spannungspotenzialen ausgleicht. Jedes der durch den Leitungsdraht fließenden Teilchen besitzt ein Ausgleichsfeld. Der Durchmesser der Ausgleichsfelder ist größer als der Leitungsquerschnitt.

Die mitfließenden Ausgleichsfelder bilden daher außerhalb des Leitungsdrahtes ein bewegtes Feld, welches Kraft auf Objekte außerhalb des Drahtes ausübt und diese mitführt. Der Effekt wird als „**Induktion**" bezeichnet und beispielsweise in Transformatoren genutzt (Bild 3.34).

Eine wesentliche Schlussfolgerung, die sich aus dem Universal-Prinzip ergibt, zeigt sich in der Bedeutung des zeitlichen Verlaufs beim Aufbau eines Ausgleichsfeldes.

Gravitation wird von der konventionellen Physik als schwächste Kraft bezeichnet. Das liegt daran, dass man in unserer Welt überwiegend auf Objekte trifft, die ihr Gleichgewicht durch den Aufbau von Ausgleichsfeldern hergestellt haben. So ist die Kraft, mit der ein Magnet ein Stück Eisen anzieht, wesentlich größer als die verbleibende Kraft zwischen Magnet mit anhaftendem Eisen und dem Umfeld. Desgleichen messen wir bei einem Akkumulator im geladenen Zustand eine maximale Spannung zwischen beiden Polen (Ausgleichsfeld zwischen Anode und Kathode sind maximal unausgeglichen). Nachdem der ausgleichende Teilchenfluss den Akku entladen hat, ist das Feld ausgeglichen und wir messen keine oder nur eine sehr geringe Spannung.

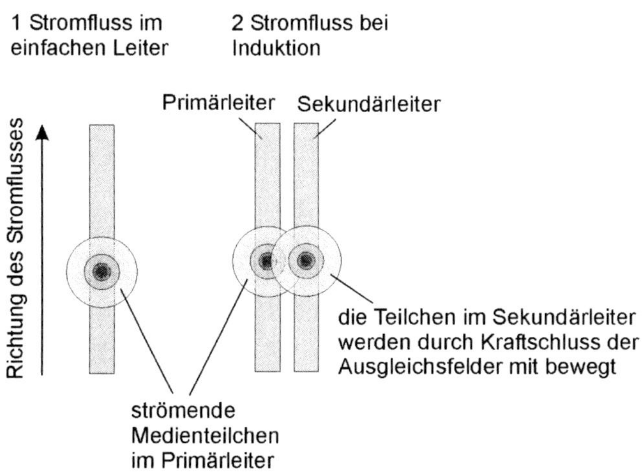

Bild 3.34 Induktion

Bei der Bewertung von Potenzialunterschieden muss nach dem Universal-Prinzip stets der Zustand des Ausgleichsfeldes berücksichtigt werden. Der Entwicklungsgrad des Ausgleichsfeldes bestimmt Größe und Dämpfungsverhalten eines Potenzials bei Anregungen.

Diese Erkenntnis bezieht sich auf die Ausgleichsfelder von Sonne und Planeten ebenso wie auf die Alterung von Baustoffen, den Verderb von Lebensmitteln oder auf die Wirkung von technisch hergestellten Umfeldschadstoffen.

Energie und Kraft (Magnetismus, Elektrizität, Elektromagnetismus) werden allein auf Wechselwirkungen zwischen dichter und ausgedehnter Materie zurückgeführt.

UNIVERSAL-PRINZIP TEIL 9

Materie, Energie und Kraft sind wie folgt miteinander verknüpft:

Materie stellt ein Energie-Potenzial dar, das seine Dichte bei Anregung durch Levitationskraft verringert. Umgekehrt vergrößert sich seine Dichte ohne Anregung durch Gravitationskraft.

Energie ist als Kraft-Potenzial in den Antipoden „dichte" und „ausgedehnte" Materie gespeichert. Mit zunehmender Dichte wächst das **Levitations-Potenzial**, mit wachsender Ausdehnung wiederum steigt das **Gravitations-Potenzial**. In der Summe ergänzen sich Levitations- und Gravitations-Potenzial stets zu 100%.

Kraft besitzt die entgegen gesetzten Komponenten Gravitation und Levitation, die den Universellen Kreisprozess antreiben.

Wir können demnach unterscheiden zwischen dem Energiespeicher Materie, und Kraftspeichern wie einem Akkumulator oder einem Pumpspeicherwerk.

3.11 Erkenntnisse anderer Forscher

Das Ausgleichsfeld bildet den Kern des Universal-Prinzips. Verschiedene Aspekte, die das Ausgleichsfeld betreffen, werden von Einzeldisziplinen der konventionellen Wissenschaft ähnlich beschrieben, jedoch unterschiedlich benannt und interpretiert (Kapitel 3.2 Abschnitt „Der Ausgleich"). Nachfolgend u.a. einige besonders interessante Beispiele für Ausgleichfelder mit anderen Bezeichnungen.

Die Heilige Geometrie

Die Heilige Geometrie liegt unserer Existenz zu Grunde und verweist auf eine göttliche Ordnung. Diese Ordnung lässt sich vom unsichtbaren Atom bis zu den unendlichen Sternen verfolgen. Sie geht auf Hermes Trismegistos zurück.

Die Blume des Lebens ist ein geometrisches Muster bzw. eine holografische Form. Auf diesem Muster ist alles im Universum aufgebaut (Bild 3.35).

Bild 3.35 Die Blume des Lebens [Melchizedek02] S. 29. Mit freundlicher Genehmigung des KOHA-Verlags, Burgrain

Dieses Muster wurde auf der ganzen Welt gefunden, in Tempeln und Pyramiden ebenso wie in heiligen Stätten. In der Blume des Lebens ist der Würfel des Metatrons enthalten, in diesem wiederum alle platonischen Körper.

In [38] (S. 366 f) beschreibt Drunvalo Melchizedek mit dem „torodialen Feld" eine bedeutende Analogie zum Ausgleichsfeld des Universal-Prinzips, die sich bis in die Anfänge der Menschheit zurückverfolgen lässt:

„Um jeden Körper entsteht ein Sternentedraeder, das von einer inneren Energiekugel umgeben ist, es folgt das Mer-Ka-Ba-Feld, das von einer äußeren Energiekugel sowie einem Dodekaeder mit Ikosaeder umgeben ist. Durch das Gebilde verläuft eine senkrechte Atemröhre. (Mer: bestimmte Art von Licht, Ka: der individuelle Geist, Ba: die Interpretation, die der Geist von einer ganz bestimmten Wirklichkeit hat).

Schließlich ist da noch ein torodiales Feld (Torusfeld) in Form eines Donut (amerikanische Backware mit einem Loch in der Mitte), das auf jeder Mer-Ka-Ba zentriert ist, die der beseelende Geist benutzt. Die Felder erstrecken sich noch über die eigentliche Mer-Ka-Ba hinaus und umschließen sie (Bild 3.35). Es können mehrere sein (wie die Schalen einer Zwiebel). So bekommt ihr zumindest ein besseres Bild und Verständnis von der Natur eures Lichtkörpers im erweiterten Sinne.

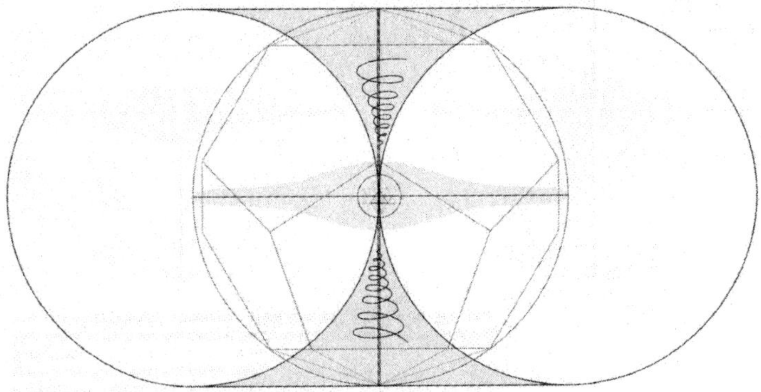

Bild 3.36 Torusfeld, Quelle: [Melchizedek02] S. 368. Mit freundlicher Genehmigung des KOHA-Verlags, Burgrain

Der vollständige Lichtkörper umgibt alle Formen von Leben – und alle Formen sind lebendig. Obwohl der vollständige Lichtkörper ein fast komplettes Bild des Energiefeldes um den Menschen liefert, sieht das, was sich in der Realität primär als die Mer-Ka-Ba oder den menschlichen Lichtkörper manifestiert, einer Galaxie oder einer ‚fliegenden Untertasse' ähnlich."

Bild 3.36 zeigt nach der Universal-Prinzip-Terminologie einen Körper (mittlerer großer Kreis), das Torusfeld entspricht dessen Ausgleichsfeld. Die Atemröhre stellt die magnetische Polachse dar, die Mer-Ka-Ba entspricht der Materieansammlung in der materiellen Äquatorebene. Um die Polachse sind Wirbel dargestellt, die den Beginn eines Resonanzkanales zeigen. Der Hinweis „Es können mehrere sein (wie die Schalen einer Zwiebel)", bezieht sich offensichtlich auf Ausgleichsfeld-Oktavbereiche.

Und, die Umfeld-Welle des Ausgleichsfeldes beschreibt Melchizedek in [38] (S. 290 f) folgendermaßen: „*Eine Sinuswelle geht über die Struktur, über sich selbst hinaus. Das Grundprinzip des Lebens ist ein Kreis oder eine Kugel. Geht man nach innen, kann man in jedem Kreis sieben weitere Kreise zeichnen (7:1), man kommt so zu einer unendlich fortsetzbaren Reihe. Diese bildet die Ausgangsbasis für die Frucht des Lebens. In der Blume des Lebens (Bild 3.35) ist die Frucht so versteckt, dass man alle unvollständigen Kreise um den Außenrand vollenden und dann eine weitere Wirbeldrehung darüber hinaus vollziehen muss. Diese geometrische Progression hat Ähnlichkeit mit dem goldenen Schnitt, sie kennt keinen Anfang und kein Ende, ist holographisch,.*

Der „Goldene Schnitt" drückt die Teilung einer Strecke durch einen auf ihr liegenden Punkt aus, durch die folgende Bedingung erfüllt ist: Der kleinere Abschnitt verhält sich zum größeren wie der größere zur ganzen Strecke.

Der „Phi-Quotient" ist die Verhältniszahl, die sich aus dem Goldenen Schnitt ergibt, die unendliche (fraktale) Zahl 1,61803 ..., die Leonardo Fibonacci (1.160 – 1.240) berechnete.

Der Phi-Quotient findet sich außerordentlich häufig in Strukturen von Pflanzen, Tieren und Menschen.

Ägyptische und griechische Bildhauer richteten sich bei den Proportionen von Lebewesen nach dem goldenen Schnitt. Während ihre Plastiken besonders natürlich aussahen, wirkten Standbilder späterer römischer Meister eher plump, da sie diese Teilung nicht kannten." nach [38] (S. 201 f)

Die Natur-Philosophie

In der Vorstellung der nördlichen Naturphilosophie ist die *Weltenesche *Yggdrasil ein Maßbaum, der das Universum stützt. Er besitzt die drei Hauptebenen:

- Asgard – Sitz der Götter, Überbewusstsein, Höheres Selbst = Atmosphäre, **Vater** – Himmel
- Midgard – Welt der Menschen, Wachbewusstsein, Selbst = Erdoberfläche, **Kind** – Pflanzen Tiere, Menschen
- Utgard, – Unterbewusstsein, Niederes Selbst = Erdkugel, **Mutter** – Erde

Nach dem Universal-Prinzip handelt es sich bei den drei Ebenen um Lebensbereiche, d. h. Felder unterschiedlicher Materiedichte. Der Maßbaum stellt die Polachse dar, die alle Bereiche miteinander verbindet.

Alles deutet darauf hin, dass **Gott** der Sonne entspricht, die alles Leben ermöglicht, die von Geist umgeben ist (Ausgleichsfeld der Sonne), in welchem sich alle Götter (die Planeten-Söhne und die Planeten-Tochter Venus) befinden und die den Sonnenwind als **Heiligen Geist** zu den Planeten schickt.

Es gibt fast keine Höhlenmalerei und kein Heiligtum von Naturreligionen, in denen Symbole von einem oder mehreren Kreisen um einen Mittelpunkt fehlen. Während ein einzelner Punkt einen Körper bzw. das „Ich" zu Beginn jeder Entwicklung darstellt, drückt ein Punkt mit konzentrischen Kreisen Wachstum aus. Im Sinne des Universal-Prinzips sind dies Körper (Kern) mit Ausgleichsfeld-Oktavbereichen.

Noch heute sind altsächsische Häuser erhalten (beispielsweise in Celle), die mit Sonnensymbolen und stehenden Umfeld-Wellen geschmückt wurden.

Der Pneu

Nach Professor Werner Nachtigall *„ist der „**Pneu**" **das** universale Konstruktionsprinzip der belebten Natur, das formgebende Bauelement von lebenden Organismen überhaupt – vom Wasserfloh bis zum Menschen. Er verkörpert das Bauprinzip der Natur. Alle Lebewesen, auch der Mensch, werden in einem Pneu geboren. Erst die fachübergreifende, interdisziplinäre Zusammenarbeit zwischen Biologen, Architekten und Ingenieuren führte zu der Erkenntnis, dass es nicht nur in der technischen, sondern auch in der lebenden Welt von Pneus unterschiedlichster Ausformung nur so wimmelt."* [50]

Eine ultraschwache Zellstrahlung

Professor Dr. Fritz-Albert Popp wies nach, dass lebende Zellen eine ultraschwache Zellstrahlung aussenden. Details dazu wurden im Zusammenhang mit der Diplomarbeit von Alexandra in Kapitel 4.2 behandelt.

Die *Helix in unseren Genen

Alexandra leitet in [Lène99] ab: *„Die Dichte des Molekülfeldes „Helix" ist durch den in der Mitte entstehenden Hohlraum geringer als jener bei einem planaren Kettenmolekül. Dadurch schafft diese Struktur nach dem Universal-Prinzip sozusagen ‚Raum' für den Aufbau von übergeordneten Feldern. Neben der elektrischen Komponente des Molekülfeldes, die durch den Durchmesser der „Schraube" gebildet wird, entsteht zusätzlich aus der Summe der*

Einzelwindungen eine übergeordnete magnetische Komponente, welche durch die Mitte der Helix-Schraube verläuft.“

„Die Helix-Struktrur erlaubt die Nutzung sowohl elektrischer als auch magnetischer Komponenten eines äußeren Feldes, da die Helix-Antenne zwischen Stabform (elektrischer Dipol) und Ringform (magnetischer Dipol) liegt.“ nach [Popp84] S.141. Es handelt sich um einen *Hohlraumresonator.

Bild 3.37 zeigt den Ausschnitt einer α-Helix mit dem ersten Ausgleichsfeld-Oktavbereich ihres Molekülfeldes. Es wird deutlich, dass durch die Form der *Helix-Schraube ein übergeordnetes Ausgleichsfeld gebildet wird, das eine bedeutend größere Abmessung besitzt als eine ungeordnete Ansammlung derselben Anzahl an Oktavbereichen. Je nach Größe der Potenzialdifferenz zwischen dem Molekülfeld „α-Helix“ und dem Umfeld „Zellmedium“, bilden sich als Ausgleich neben dem ersten Oktavbereich des übergeordneten Molekülfeldes weitere um die Helix aus, deren Durchmesser sich im harmonischen Verhältnis von 1:2 vergrößert.

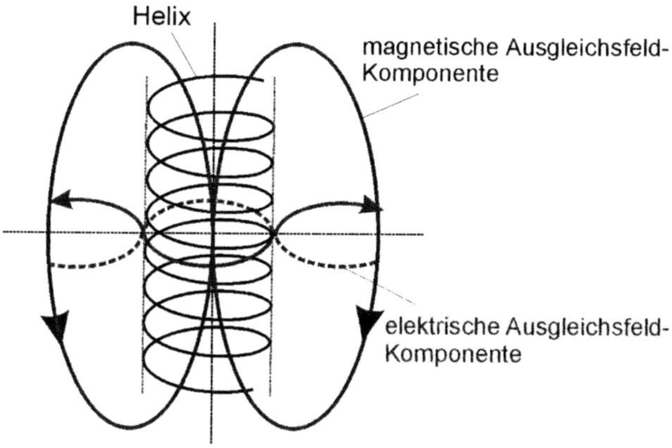

Bild 3.37 Elektromagnetisches Ausgleichsfeld einer α-Helix

Moleküle, die durch ihre Form übergeordnete Oktavbereiche ausbilden, sind durch die Absorption und Emission von Frequenzen unterschiedlichster Wellenlänge in der Lage, Anregungsänderungen besser auszubalancieren.

Die elektrische und magnetische Komponente jedes Ausgleichsfelds pflanzt sich in Form von Umfeld-Wellen solange im Zellmedium fort, bis ihre Amplitude durch Dämpfung den Wert Null erreicht hat. Die Umfeld-Welle fungiert als Trägerwelle, auf die sämtliche Frequenzen – auch der kleineren Felder, die sich innerhalb des größeren Molekülfeldes befinden – aufmoduliert sind. Diese vielfältigen Schwingungen werden als Frequenzspektrum bezeichnet.

Trifft eine Umfeld-Welle auf ein Gebilde, dessen Durchmesser der halben Wellenlänge ihrer oder einer der von ihr transportierten elektromagnetischen Wellen entspricht, treten beide Felder in Resonanz.

Da die magnetische Komponente der α-Helix durch die Summierung vieler einzelner Oktavbereiche entsteht, kann deren Umfeld-Welle aufgrund ihrer großen Wellenlänge und hohen Intensität eine sehr große Reichweite haben.

Die Form stabilisiert ein Molekül im Raum und ist ähnlich einer *Antenne in der Lage, über große Entfernungen zusätzlich neue Resonanzen zu erzeugen. Die Bedeutung der Form zeigt sich beispielsweise auch darin, dass ein Enzym im Organismus als Makromolekül von bis zu 100.000 relativen Molekülmassen vorliegt, obwohl für seine biochemische Aktivität nur wenige funktionelle Gruppen relevant sind.

Weitere Beispiele für die Hohlstrukturen sind:

- das äußerst stabile DNA-Molekül des Erbgutes aller Lebewesen.
- der Grashalm, der aus einer großen Anzahl zugfester Fasern aufgebaut ist und der bei enormer Stabilität ein Vielfaches seines Eigengewichtes tragen kann.
- die Wirbelsäule von Säugetieren (Vorläufer: chorda dorsalis) erreicht bei gleichzeitig geringem Gewicht eine hohe Stabilität und Flexibilität.

Die Struktur des Proteinmoleküls, das aus vielen miteinander verketteten Helix-Schrauben besteht, erhält dieses im jeweiligen Medium (Energieniveau) sehr stabil, so dass Proteine unter idealen Bedingungen ihre Aktivität über einen relativ langen Zeitraum hinweg aufrechterhalten können.

Auf Änderungen des Energieniveaus reagiert das Protein als hochkomplexes Molekül jedoch sehr empfindlich. Eine Änderung des Umfeldes, beispielsweise des pH-Wertes oder der Temperatur, führt zu einer veränderten Anregung der darin befindlichen Teilchen. Das Protein geht bei Veränderung der Anregung durch die Auflösung übergeordneter Felder in einen ungeordneten Zustand über. Das passiert beispielsweise bei Trennung von Untereinheiten, Lösen von kovalenten oder zwischenmolekularen Bindungen. Dieser Vorgang wird als Denaturierung bezeichnet. Wird das Protein durch Resonanzfälle bis auf seine Sekundärstruktur zerstört, so ist die Denaturierung reversibel, d. h. das ursprüngliche Proteingebilde kann sich im geeigneten Umfeld wieder aufbauen. Wird jedoch die Peptidkette (Primärstruktur) zerstört, so spricht man von irreversibler Denaturierung. Die Denaturierung von Enzymen entspricht einer Levitation.

Der Doppler-Effekt

Dieser Effekt, benannt nach dem österr. Physiker Christian Doppler, beschreibt die Erscheinung, dass bei jeder Art von Welle eine Frequenzänderung erfolgt, sobald sich Beobachter und Wellensender relativ zueinander bewegen. So erscheint ein Ton, z. B. die Pfeife eines sich nähernden Zuges, einem ruhenden Beobachter höher als bei einem stehenden Zug, und tiefer, wenn sich der pfeifende Zug entfernt.

Die Erklärung des „Doppler-Effektes" durch das Universal-Prinzip erscheint plausibler als das bisherige Deutungsmodell. Je schneller sich ein Objekt bewegt, desto spitzwinkliger wird der „Machsche Kegel", d. h. desto weiter werden die Ausgleichsfeld-Oktavbereiche nach hinten verlagert (Bild 3.32). Ein Beobachter hört bei einem sich nähernden Objekt (Quelle) zunächst nur die höhere Frequenz der Schallquelle bzw. des vorderen kleinen Ausgleichsfeld-Oktavbereiches. Wenn sich das Objekt auf gleicher Höhe mit dem Beobachter befindet, sinkt die Frequenz sprunghaft. Mit zunehmender Entfernung ist die tiefere Frequenz des hinteren großen Ausgleichsfeld-Oktavbereiches zu hören. Beim Überschallflug hört man die tiefere Frequenz erst dann, wenn sich das Objekt vom Beobachter entfernt.

Die Brownsche Molekularbewegung

Moleküle schwingen mit einer ihrer Masse entsprechenden Geschwindigkeit. Bei diesen Schwingungen handelt es sich nach dem Universal-Prinzip ebenfalls um eine Pulsation, welche in den Objekten einen Stoffwechsel bewirkt. Dies vollzieht sich prinzipiell im kleinen wie im großen Maßstab, unter anderem bei Kern- und Elektronenoszillation; Stoffwechsel von Pflanzen, Tieren und Menschen; bei Planeten, Sonnen und Galaxien.

Gravitationsbiologie

Ein neuer Wissenschaftszweig bestätigt die Feststellung von der Existenz einer zur Gravitation entgegen gesetzten gerichteten Kraft und von einem dynamischen Gleichgewicht zwischen beiden (Teile 1 und 2 des Universal-Prinzips) recht eindrucksvoll anhand der Biologie von Pflanzen.

Es ist zunächst eine banal erscheinende Tatsache: Wurzeln wachsen stets nach unten, Triebe immer nach oben. Dabei ist dieser Mechanismus lebenswichtig, denn mit den Wurzeln werden Wasser und Mineralien aus dem Boden aufgenommen und die Blätter betreiben die Photosynthese mit dem Sonnenlicht. Bereits Darwin stellte die Frage, woher Pflanzen wissen wo unten ist. *„Auch heute noch, etwa 150 Jahre später, rätseln Wissenschaftler über diese Sensoren und ihre Funktion, berichtet das Magazin ,'bild der wissenschaft' in seiner März-Ausgabe –obwohl mittlerweile schon einige ihrer Geheimnisse bekannt sind. So weiß man inzwischen, dass die Wurzelenden kleine Schweresteinchen enthalten, die sogenannten Statolithen. Sie ähneln jenen, die im Innenohr des Menschen den Gleichgewichtssinn regeln. (...) Solange diese Bläschen an ihrer Position bleiben, wachsen die Rhizoiden gleichmäßig nach unten. Das ändert sich jedoch sehr schnell, wenn man die Algen auf die Seite legt, wie der Gravitationsbiologe Markus Braun von der Universität Bonn beobachtet hat. Dann werden die Statolithen nämlich von der Schwerkraft in Richtung des jetzt nach unten zeigenden Teils der Zellmembran gezogen. (...) ,Die Statolithen werden unter Erdschwerkraft durch zwei entgegengesetzt gerichtete Kräfte im Gleichgewicht gehalten', erklärt Braun. ,Die Gravitation zieht sie nach unten und das Zellskelett wirkt dem entgegen'.*

Was geschieht, sobald die Schweresteinchen die Zellhülle berühren, stellt sich Braun so vor: Die Statolithen kommen in Kontakt mit Sensormolekülen, die in die Zellmembran eingelassen sind, und schalten diese ein. Dadurch verändert sich in der direkten Umgebung der Kontaktstelle der Kalzium-Haushalt, was wiederum den Einbau von Zellwandmaterial und damit das Wachstum im unteren Membranbereich blockiert. Da der obere Teil der Zellhülle normal weiter wächst, beginnt sich die gesamte Zelle zu krümmen – und zwar nach unten, in Richtung der Schwerkraft.

Gestützt wird diese Theorie von Experimenten während eines mehrtägigen Fluges im Space Shuttle und über 300 Parabelflügen, die Braun und seine Pflanzen - unter anderem Exemplare der bereits getesteten Armleuchteralgen, aber auch der Ackerschmalwand, der Gartenkresse und von Reis – bereits hinter sich haben. Auf solchen Flügen herrscht für etwa 20 Sekunden Schwerelosigkeit im Flugzeug. (...) Und noch etwas verrieten die schwerelosen Flüge dem Gravitationsbiologen Braun: Nicht nur die einfachen Algen, sondern auch die höheren, komplizierter aufgebauten Pflanzen nehmen die Schwerkraft dank Schweresteinchen und Kontaktsensoren wahr – allerdings nicht so schnell." [Spiegel0107]

4. Das Universal-Prinzip im Universum

In Kapitel 3 wurde festgestellt und begründet, dass die Natur *holografisch aufgebaut ist. Das bedeutet, dass beliebige Körper in den verschiedensten Ebenen nach dem gleichen Muster strukturiert sind, und dass ihre Lebenszyklen ebenfalls nach einem einheitlichen Muster verlaufen.

Manche Phänomene erkennen wir deutlicher in den gigantischen Weiten des Universums, andere erscheinen im Mikrokosmos verständlicher. Folgen Sie uns auf eine interessante Forschungsreise…

Alle Objekte befinden sich innerhalb eines übergeordneten Systems; Menschen auf der Erde, die Erde im Sonnensystem. Aus diesem Grund entwickeln sich die Objekte in die gleiche Richtung wie das übergeordnete System, in unserem Falle die Sonne: Sonne, fast alle Planeten und Monde unseres Sonnensystems befinden sich derzeit in einem „Levitations-Zyklus“. Die Entwicklungsrichtung heißt Ausdehnung der Ausgleichsfelder und Erhöhung der Energieniveaus – oder mit anderen Worten: „zurück zu Gott“

ZURÜCK ZU GOTT?

„Zurück zu Gott“ beinhaltet die Vorstellung, dass Menschen oder Seelen von Gott kommen und wieder zu ihm zurückkehren. Zu diesem Vorgang und zwischen den Gottesbegriffen gibt es in den verschiedenen Religionsphilosophien Unterschiede:

In den natürlichen religiösen Philosophien umfasst Gott das gesamte Universum, also sowohl die feinstofflichen, energiereichen intergalaktischen Bereiche als auch die grobstofflichen Bereiche planetarischer Materie. Der Mensch ist bestrebt, durch ein kreatives Leben mit der Natur evolutionär zu wachsen, damit seine Seele, wenn sich diese nach dem Tod vom Körper scheidet, in höhere Bereiche aufsteigen kann.

Von den Christen wird Gott mit dem feinstofflichen klaren Himmel assoziiert, der davon ausgegliederte Teil Teufel dagegen mit der glutheißen Hölle. Zurück zu Gott heißt hier, der Mensch solle ein gutes Leben führen, um nach dem Tod in den Himmel zu kommen und stets darauf bedacht sein, dass der Teufel die Seele nicht holt.

„Zurück zu Gott“ enthält in jedem Fall das Ziel, sich positiv zu entwickeln, wie eine Pflanze zum Licht zu streben, damit man entsprechend der Evolution eine qualitativ höhere Stufe erreicht. Für Atheisten ist vielleicht ein anderer Aspekt verständlicher: Die Erfahrungen eines Menschenlebens können mittels der Gene an die Nachkommen übermittelt werden, und verschafften diesen einen qualitativ höheren Entwicklungsstand im Sinne der Evolutionstheorie.

4.1 Makrokosmos: Galaxien, Sonnen, Planeten

Schauen wir zuerst in die gewaltigen Dimensionen des Universums, um einige der im Kapitel 3 theoretisch abgeleiteten grundlegenden Zusammenhänge praktisch zu erleben.

Sterne entstehen und vergehen

Im Universum wird der Levitations-Zyklus „von extrem dichter Materie zu extrem ausgedehnter Materie“ und der gegenläufige Gravitationszyklus „zurück zu extrem dichter Materie“ aufgrund der gigantischen Ausmaße besonders deutlich.

Seit langem diskutieren Experten darüber, ob das Universum endlich oder unendlich ist. Messungen ergaben, dass unser Universum expandiert – ein Problem für die Physiker, denn nach den geltenden Theorien müsste es sich aufgrund von Gravitation zusammenziehen. Bild 4.1 zeigt den „Lebens-Zyklus eines Riesensterns“ nach konventioneller Vorstellung. Links unten beginnend entsteht eine Sonne aus einem kosmischen Nebel. Gegen Ende ihrer Lebensphase bläht sie sich zu einem Roten Riesen auf und stirbt schließlich in einer Supernova. Bei ihrem Tod zeigt sich ein außerordentlich wichtiger Aspekt: die Supernova teilt sich in zwei Teile – einen kosmischen Nebel (links) und ein Schwarzes Loch bzw. in einen Neutronenstern (rechts).

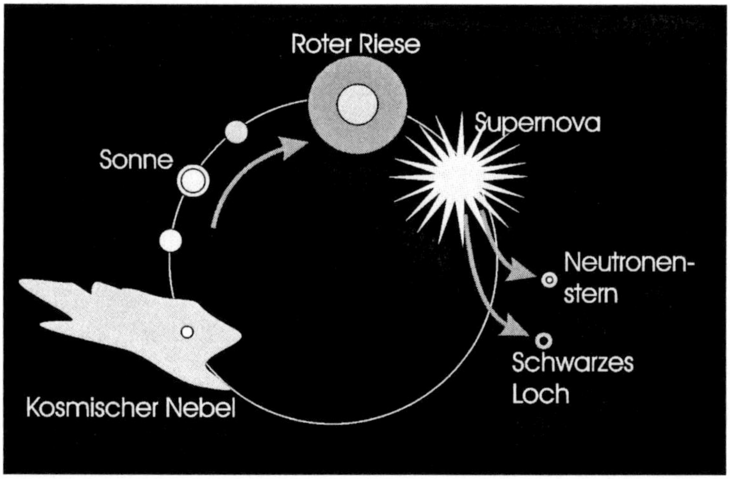

Bild 4.1 Lebens-Zyklus eines Riesensterns nach konventioneller Vorstellung

Im Zyklus von Bild 4.1 wird allerdings lediglich der kosmische Nebel (ausgedehnte Materie = Seele) einbezogen. Was aber geschieht mit dem sich verdichtenden Objekt Neutronen-Stern oder Schwarzes Loch (rechts unten)?

Diese Frage wird durch den Universellen Kreisprozess des Universal-Prinzips beantwortet. Dieser besteht aus zwei Zyklen – einem Levitations-Zyklus, in welchem sich Materie extrem ausdehnt und einem Gravitations-Zyklus mit extremer Verdichtung von Materie. Insofern werden sich Neutronenstern oder und Schwarzes Loch ebenfalls wieder ausdehnen.

LEBENSZYKLEN VON STERNEN, MENSCHEN UND ZELLEN ÄHNELN SICH

Lebenszyklen von Sternen entwickeln sich analog zu denen von Menschen. Im Moment des Todes trennen sich Seele (Ausgleichsfeld) und Körper (Kern). Dies trifft nach Professor Popp auch für Zellen zu, welche im Augenblick des Todes am hellsten strahlen [Popp84].

In Kapitel 3 sahen wir, wie diese Zyklen zwischen den Extremwerten von verdichteter und ausgedehnter Materie verlaufen. Außerdem wurde dargestellt, dass jeder Zyklus eine Anzahl aufeinander folgender Oktavbereiche durchläuft, die in je sieben Entwicklungsniveaus eingeteilt sind. Und es wurde erklärt, dass sich beide Zyklen gegenseitig analog eines elektromagnetischen *Schwingkreises auf- und entladen. Durch die „abgeriebene" Materie entstehen im Laufe der Zeit Objekte ganz unterschiedlicher Größe – Sonnen – Planeten – Monde. Diese schwingen nicht mehr zwischen den Extremen, sondern nur noch zwischen Entwicklungsniveaus bzw. Ausgleichsfeld-Oktavbereichen. Ständig wechseln sich expandierende und verdichtende Objekte in allen Größenordnungen ab, womit die konventionelle Theorie eines „fluktuierenden Universums" bestätigt wird.

Im Universum kann es keinen absolut leeren materielosen Raum geben. Die Temperatur im All beträgt 2,7 Kelvin. Dies ist ein Beweis für das Vorhandensein (wenn auch gering) angeregter winziger Medienteilchen. Außerdem können sich Umfeld-Wellen wie die des Lichtes nur in einem Medium ausbreiten, denn Medienteilchen sind zur Kraftübertragung unerlässlich. Der Abstand zwischen den Gestirnen ist durch deren Ausgleichsfelder ausgefüllt. In den Ausgleichsfeldern befinden sich Medien aus Teilchen bestimmter Dichte. Alle Objekte befinden sich im Ausgleichsfeld eines übergeordneten größeren Objektes. So leben wir in einem Ausgleichsfeld der Erde, die in einem Ausgleichsfeld der Sonne kreist.

Wechselwirkungen eines Objektes sind zunächst auf das angeregte Ausgleichsfeld begrenzt. Wegen des direkten Kontaktes zu den angrenzenden Ausgleichsfeldern können die Wechselwirkungen durch die mechanische Bewegung der Medienwellen auf diese, oder auch an weit entfernte resonanzfähige Objekte per Umfeld-Wellen übertragen werden.

Die geringste Dichte herrscht in den äußersten Ausgleichsfeldern der Galaxien. Deren Medien bestehen aus sehr dünnem Gas, dünner als jeder technisch erzeugte vakuumähnliche Zustand. Dennoch erzeugen die Medienteilchen nach dem Universal-Prinzip infolge der Anregung der zentralen Sonne unserer Galaxie eine Temperatur von 2,7 Kelvin. Konventionelle Astrophysiker gehen davon aus, dass es sich bei dem gemessenen Wert um die so genannte kosmische Hintergrundstrahlung handelt, die noch vom Urknall herrührt. Wenn dies zuträfe, müsste sich unser Universum mit zunehmender Abkühlung verdichten. Im Widerspruch dazu steht die gleichzeitige Feststellung, dass unser Universum expandiert. Aber schauen wir uns das Ganze in der Praxis an: Bild 4.2 a zeigt die leuchtenden Plasma- und Staubschweife des Kometen „West“.

Bild 4.2a Komet West

Wenn sich ein Komet der Sonne nähert, erhöht sich seine Geschwindigkeit und damit auch die Anregung (Reibung). Infolge dessen gibt er zunehmend Materie ab.

Bild 4.2 b zeigt das Verhalten eines Kometen bei verschiedenen Geschwindigkeiten schematisch. Bei einer Geschwindigkeit von ca. 50 km/s ist der Komet noch vereist und besitzt einen Ausgleichsfeld-Oktavbereich. Bei etwa 200 km/s schmilzt das Eis und bildet damit einen zweiten Oktavbereich. Bei ca. 350 km/s verdampft das Medium zu einem dritten Oktavbereich und bei etwa 500 km/s wird das Medium in einem vierten Oktavbereich ionisiert, wodurch sein Eigenlicht gezündet wird.

Dies ist ein Beispiel für Wechselwirkungen mit Zustands- und Stoffänderungen in den Medien der unterschiedlichen Ausgleichsfeld-Oktavbereiche. Materie zerstrahlt in kleinste Teilchen und wird stufenweise vom Kern über die Ausgleichsfelder ins Umfeld umverteilt.

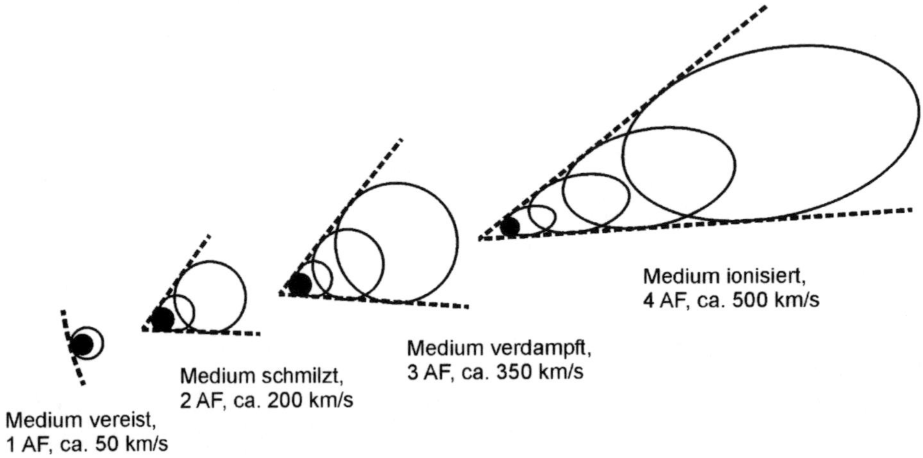

Bild 4.2b Verhalten eines Kometen bei verschiedenen Geschwindigkeiten

Alle Objekte im Universum sind in Systemen verschiedener Größenordnungen miteinander vernetzt. Planeten wie unsere Erde sind in ca. vier Milliarden Sonnensysteme eingebunden, und diese konzentrieren sich in ca. 100 Milliarden Galaxien. Dazu gehören u. a. die faszinierenden Spiralnebel, die wiederum mit riesigen Nebelhaufen verbunden sind, von denen ein jeder bis zu 1.000 Galaxien enthalten kann.

Bild 4.3 Materieauswürfe von Äquator- und Polreaktion nach NASA/JPL-Caltech

Wenn wir uns mit derartigen Größenordnungen beschäftigen sollten wir uns bewusst machen, dass alle Objekte aus kleinsten Teilchen zusammengesetzt sind. Eine Übereinstimmung zwischen Mikro- und Makrokosmos zeigt sich unter anderem darin, dass alle Objekte einen Äquator sowie einen Nord- und einen Südpol besitzen, verbunden durch eine Polachse.

Galaxien sind meist elliptische Riesensysteme, deren Gasmassen mit ca. 1.000 km/s vom Kern weg expandieren. Sie können jedoch auch spiralförmige Linsen bilden.

Neben den diskusähnlichen Scheiben werden „Jets" beobachtet, die aus dem Kern des Systems schießen und Materie aus den Polen auswerfen. Die Scheiben entsprechen nach dem Universal-Prinzip den Äquatorreaktionen (Bild 4.3), die senkrecht dazu austretenden Jets bilden die Resonanzkanäle der Polreaktion. Die gleichen Phänomene sind analog in Bild 4.4 oder beim elfjährigen Zyklus unserer Sonne sichtbar (Bilder 4.5 a und b).

Kaum vorstellbar: Der gigantische Rhythmus eines universellen Kreisprozesses, schwingend zwischen Schwarzem Loch und Supernova, entspricht im kleinen Maßstab dem Rhythmus unserer Ein- und Ausatmung samt Stoffwechsel.

Die Produkte des „Todes einer Supernova" bestehen aus einem Objekt extrem geringer Dichte (kosmischer Nebel) und einem Objekt extrem großer Dichte (Schwarzes Loch oder Neutronenstern). Während der Nebel in ein hohes Energieniveau aufsteigt, fällt das Schwarze Loch in ein niedrigeres Energieniveau. Beide Objekte beginnen in ihren neuen Ausgleichsfeld-Oktavbereichen einen neuen Lebens-Zyklus.

Kosmisches Einatmen

Im gleichen Maße, wie das Schwarze Loch an Masse zunimmt, wächst dessen Dichte durch Kernfusion. Durch die ungebremste Gravitationskraft zieht es schließlich wie ein Staubsauger alles an, was sich in Reichweite seines Gravitationsfeldes befindet. Raum verdichtet sich gleichsam zu Materie. Die angezogenen Objekte verdichten sich bereits im Anflug wie Hagelkörner. Zuerst regnet es Elementarteilchen, dann Atome und schließlich schlagen immer größere Objekte ein. Im Inneren des Schwarzen Loches ballt sich die Materie über Zwischenformen von Ionen und Isotopen zusammen zu immer schwereren Verbindungen und Elementen.

Objekte im Gravitations-Zyklus verdichten sich und wachsen von außen nach innen. Materie wird im rhythmischen Wechsel von Pol- und Oberflächenreaktion angelagert.

Durch die ständig zunehmende Masse und Dichte entsteht eine derart gewaltige Gravitationskraft, dass sich die angezogenen Objekte mit steigender Geschwindigkeit nähern. Infolge der Anregung durch den Druck der Einschläge und die zunehmende Dynamik der Verdichtung erhitzt sich der Kondensationskern rasch – Grund für eine Verzögerung des Gravitations-Zyklusses. Denn mit zunehmender Erwärmung steigt der Druck ebenfalls; und im Zentrum des Kerns baut sich nun eine nach außen gerichtete Levitationskraft auf.

Schwarze Löcher erhitzen sich im Inneren. Sie beziehen ihre Energie aus der Fusion von Materie, die durch Gravitationskraft verdichtet wird.

Das Wachstum eines Schwarzen Lochs wird mit zunehmender Verdichtung durch eine gegenläufige Entwicklung gebremst, denn mit wachsender Dichte erhöhen sich innerer Druck und Temperatur, wodurch die entgegen gesetzte Levitationskraft ansteigt.

In dem Moment, da die Levitationskraft die entgegengesetzt gerichtete Gravitationskraft übersteigt, explodiert das Schwarze Loch vom Ort der größten Dichte aus, also vom zentralen Kondensationskern. Dies liegt daran, dass die Gravitationskraft (konventionell: Bindungsenergie) der vorher durch Kernfusion verdichteten Materie sich vom Kern aus schlagartig bis nahe Null verringert, während sich die Levitationskraft im gleichen Maße erhöht. Hier setzt die Selbstregulation der Natur ein – der Gravitations-Zyklus kehrt sich um in einen Levitations-Zyklus.

Kosmisches Ausatmen

Bild 4.4 zeigt den gigantischen Ausbruch eines der massivsten Sterne unserer Galaxie. Deutlich sind die beiden keulenförmigen Raumblasen, der dazwischen befindliche scheibenförmige Auswurf dichterer Materie von der Äquatorregion und der helle Zentralstern zu erkennen. „Eta Carinae“ dient hier als ein besonderes Musterbeispiel für das Universal-Prinzip. Die beiden polaren Ausgleichsfeld-Keulen und die äquatoriale Ausgleichsfeld-Nebenkeule entsprechen genau der Strahlungscharakteristik einer normalen Richt-Antenne (Yagi). Eta Carinae kann ebenso wie ein angeregtes Elementarteilchen elektromagnetische Raumwellen sowohl senden als auch empfangen.

Ein derartiger Ausbruch verläuft nach dem Universal-Prinzip in drei Phasen:

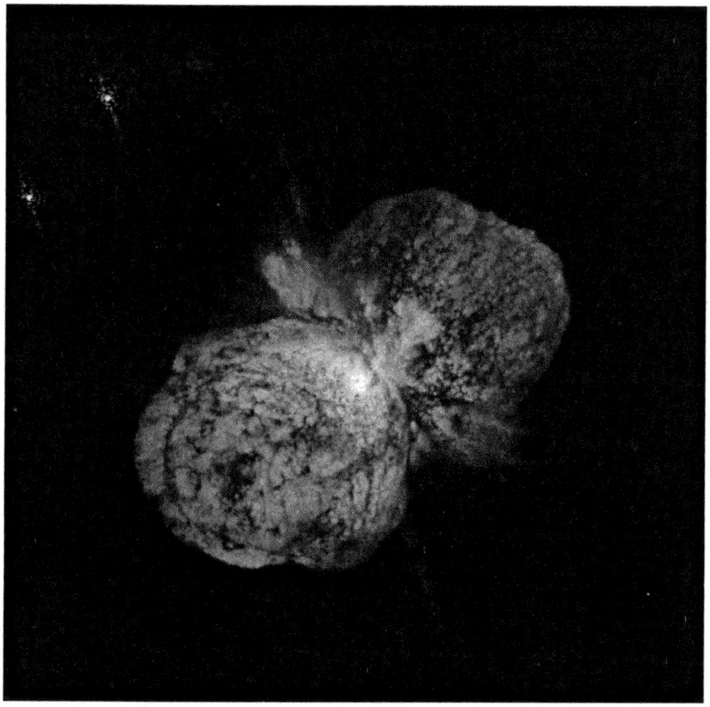

Bild 4.4 Der gigantische Ausbruch von Eta Carinae (NGC 3372) [Quelle Jon Morse, University of Colorado und NASA]

1. Das Plasma entlädt sich in einer ersten Reaktion durch zwei gigantische Jets, die aus den Polen jagen. Indem sich deren Teilchen mit Umfeldteilchen verbinden, entstehen intensive Raumblitze. Danach expandieren die Jets zu zwei gewaltigen Raumblasen (Bild 4.4). Bereits nach einem weiteren Sekundenbruchteil verlangsamt sich die Expansion der Ausgleichsfelder erheblich. Es folgt eine erste Phase von Verdichtung, da sich die spontan expandierte Materie an den Randschichten abgekühlt.
2. Wenn der Explosionsimpuls vom Kern aus die Oberfläche des Zentralsterns erreicht, werden in einer zweiten Reaktion große Teile von der Oberfläche im Bereich des Äquators abgesprengt und in den Raum ausgeworfen. Diese

elektrische Materie-Komponente expandiert wesentlich langsamer. Sie ordnet sich in Form eines Gürtels aus Materieobjekten unterschiedlicher Größe im Raum um den Äquator der Zentralsonne an. Der scheibenförmige Auswurf zwischen den Raumblasen ist in Bild 4.4 gut zu erkennen.

3. Die beiden polaren Blasen vereinigen sich und bilden gewaltige Ausgleichsfelder, in denen sich der dichtere Materie-Gürtel befindet. Aus der Scheibe entstehen später die Planeten. Diese Entwicklungsphase ist in Bild 4.4 nicht sichtbar.

Objekte im Levitations-Zyklus dehnen sich aus und lösen sich von innen nach außen auf. Materie wird im rhythmischen Wechsel von Pol- und Oberflächenreaktion abgegeben.

Die anfänglichen heftigen Schwankungen zwischen Ausdehnung und Verdichtung glätten sich, langsam ordnet sich das Chaos und eine stabile Pulsation entsteht. Wir sehen, wie nach einer spektakulären Supernova-Explosion die Zentralsonne relativ kontinuierlich brennt. Sie produziert Sonnenwind und Umfeld-Wellen, mit denen die Objekte in ihrem Materie-Gürtel zyklisch angeregt werden.

Sonnen brennen stets von innen nach außen. Sie beziehen ihre Energie aus der Spaltung von Materie, die durch Levitationskraft expandiert.

Die Kerntemperatur unserer Sonne beträgt 15 Mio. Kelvin, an der Oberfläche sind es noch immer 5.800 K, in der Chromosphäre etwa 5.000 Kelvin. In der äußeren, sich weit in den Raum erstreckenden Sonnenkorona betragen die Werte ca. 1 Mio. Kelvin.

Konventionelle Physiker glauben, Sonnen bezögen ihre Energie aus Kernfusion. Fusion bedeutet Verdichtung durch Gravitationskräfte, diese jedoch müssten das Feuer der Sonne zum Erlöschen bringen – die Ausgleichsfelder der Sonne würden schrumpfen.

Der Levitations-Zyklus von Sonnen

Während sich bei einer Supernova das Levitations-Potenzial eines schwarzen Loches zunächst spontan entlädt, verläuft die spätere Entwicklung des Systems analog einer gedämpften Schwingung. Die Dämpfung entsteht durch Wechselwirkungen infolge der Ausbildung von weiteren Ausgleichsfeldern auch kleinerer Systeme.

Spiralnebel entstehen sowohl in Gravitations- als auch in Levitations-Systemen, jedoch mit den folgenden Unterschieden:

- Im Zentrum eines Gravitationssystems bildet sich ein schwarzes Loch – im Zentrum eines Levitations-Systems hingegen eine gewaltige Sonne. Die Richtung von Rotation und Materiefluss sind entgegengesetzt.
- Während der Äquator einer scheibenförmigen Galaxie durch die elektrische Materiekonzentration sichtbar wird, bleibt die magnetische Kraftkomponente der Polachse unsichtbar. Diese Komponente zeigt sich nur bei extremen galaktischen Reaktionen in Form von Materieauswurf.

Die größeren Objekte des Materie-Gürtels der Galaxien zogen als Kondensationskerne kleinere Brocken und Staubnebel an. Je mehr sich die Staubnebel lichteten, desto stärker drangen die Umfeld-Wellen der galaktischen Sonne hindurch. Durch deren Anregung gingen die Kondensationskerne in einen Levitations-Zyklus über. Es entstanden kleinere Sonnen mit scheibenförmigen Planetenringen.

In einem dieser Sonnensysteme leben wir. Die Strahlungsintensität der Sonne (Levitationskraft) nimmt in Intervallen zu, da sich periodisch aus jeder durchgebrannten Kernschicht ein Ausgleichsfeld entwickelt. Durch diese Umverteilung von Materie wird einerseits der Kern ausgehöhlt, andererseits wachsen die Ausgleichsfelder der Sonne ständig. Immer dann, wenn eine Kernschicht durchgebrannt ist, verringert sich der Widerstand. Der Grund dafür liegt in der immer dünner werdenden Kugelschale, durch welche nun die Wärme ungehinderter nach außen dringen kann. Das führt periodisch zu einer Erhöhung der Durchbrenngeschwindigkeit. In der letzten Phase entstehen „flashs“ (Blitze) als Levitations-Maxima, welche eine Erhöhung der Strahlungsintensität bewirken.

Tatsächlich wurde festgestellt, dass sich Strahlungsintensität und -frequenz unserer Sonne permanent erhöhen. Die Sonne befindet sich ihrerseits in einem Ausgleichsfeld des galaktischen Zentrums und wird von diesem angeregt. Für einen Umlauf um das Milchstraßen-Zentrum benötigt unsere Sonne rund 250 Mio. Jahre nach [Spiegel102].

Die Umwandlung von longitudinalen Schallwellen (Ausgleichsfeld-Wellen) im Kern oder im Ausgleichsfeld in transversale elektromagnetische Schallwellen (Umfeld-Wellen) wird ohne Kenntnis des Universal-Prinzips kaum verständlich – jedoch aufgrund von Beobachtungen und Messungen im Sinne des Universal-Prinzips beschrieben [GEO98] S. 33: *„Die brodelnde Sonnenglut erzeugt reichlich*

Schallwellen, so dass der gesamte Gasball wie eine riesige Glocke vibriert. In jedem Moment schwingen manche Regionen nach innen, die übrigen nach außen. Während der Schall im Inneren der Sonne gefangen bleibt, drängen die Sonnenwinde permanent ins Weltall, ein Teil auch Richtung Erde."

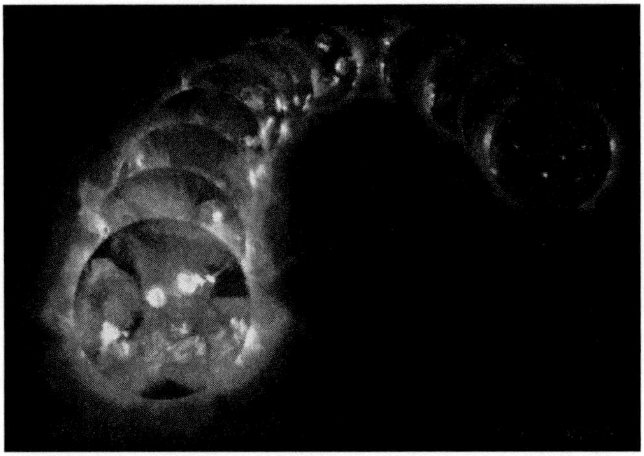

Diese Dynamik bewirkt den elfjährigen Zyklus der Sonne: Deutlich sind Oberflächenreaktion (Bild 4.5 a) und Polreaktion (Bild 4.5 b), die durch die Aufnahmen vom Yohkoh Projekt und vom Weltraumobservatorium „Soho/ Lasco" von der Sonne gut zu erkennen sind.

Bild 4.5 a Äquatorreaktion [G.L. Slater and G.A. Linford; S.L. Freeland; the Yohkoh Project]

In [GEO98] S. 18 - 41 heißt es dazu in „Stern ohne Grenzen": *„Inzwischen weiß man, dass es zwei Arten von Sonnenwinden gibt: Bei dem einen fliegen die Teilchen mit einer Geschwindigkeit von 400 km/s durchs All, bei dem anderen rasen sie doppelt so schnell dahin (...) der Wind mit den langsameren Teilchen aus Löchern am Äquator, der mit den schnelleren aus Löchern in der Nähe der Pole." Und an anderer Stelle: „Noch rascher sogar strömen die Teilchen von den Sonnenpolen. Wie aus feinen Düsen stieben hier die so genannten schnellen Winde mit fast drei Millionen Kilometer pro Stunde ins All".*

Außerdem wurde festgestellt, dass diese heftigen Polreaktionen der Sonne zeitabhängig auf jeweils ganz bestimmten Planeten gerichtet sind. Diese Aussagen über den Sonnenwind bestätigen die in Kapitel 3.4 „Resonanz" beschriebene Existenz von Resonanzkanälen. Ebenso wie Jupiters Monde (siehe folgender Abschnitt „Planeten entwickeln sich" mit Bild 4.6) sind wohl alle Planeten durch jene „Nabelschnur" mit der Sonne verbunden.

Und eine weitere äußerst treffende Beschreibung des Sonnen-Ausgleichsfeldes: *„Die Voyager-Sonden senden aus den Randbezirken des Sonnensystems noch immer brauchbare Daten zur Erde. Mit Hilfe der Raumvehikel wollen die Forscher die Heliopause studieren, die Außenhülle einer gigantischen vom Sonnenwind aufgeworfenen Blase (nach dem Universal-Prinzip das Ausgleichsfeld der Sonne). Voyager 1 rast mit 62.000 Stundenkilometern auf diese geheimnisvolle Grenze zu, die den Einflussbereich der Sonne vom interstellaren Raum trennt.“* [Spiegel202].

Bild 4.5 b Polreaktion [SOHO/Lasco, ESA und NASA]

Durch die Umverteilung von dichter Kernmaterie in ausgedehnte Umfeldmaterie verliert die Sonne ständig an Masse, während sich ihr Ausgleichsfeld in gleichem Maße vergrößert. Diese Entwicklung wird sich solange fortsetzen, bis die Sonne ausgebrannt ist. Kurz vor diesem Zeitpunkt erreicht die Materie des Sonnensystems seine geringste Dichte. Nach der Expansion zu einem „Roten Riesen“ entsteht durch Zündung der letzten Schicht die spontane Explosion einer „Supernova“. Durch diesen gewaltigen Impuls werden die äußeren leichten Planeten extrem angeregt und aus dem Ausgleichsfeld der Sonne katapultiert. Nun erleben wir die Geburt der „Sonnen-Kinder“. Indem sie den dichten schützenden Körper der Mutter Sonne verlassen, geraten sie plötzlich in das ausgedehnte Medium des sie umgebenden Raumes. Infolge dieser großen Potenzialdifferenz werden sich die Planeten spontan mit einem Objekt geringerer Dichte verbinden – und ihren eigenen Lebens-Zyklus beginnen…

So entwickeln sich Planeten

Schauen wir zurück, wie alles begann. Nachdem sich die planetaren Nebel gelichtet hatten, prallte der Sonnenwind mit voller Wucht auf die Planeten. Das bedeutet bei Geschwindigkeiten von 1.000 bis 3.000 km/s einen enormen Strahlungsdruck sowie einen ständigen Strom von Materiepartikeln. Als Reaktion auf diesen Beschuss entwickelten die Planeten Ausgleichsfelder als Gegenfelder. Von der Oberfläche wurde Materie abgetragen, es entstanden nacheinander Geröll, Kies, Staub. Verbindungen lösten sich, schwere Elemente zerfielen in leichtere.

Aufgrund der Anregung begannen die Planeten zu pulsieren. Dieser Vorgang wurde inzwischen durch Messungen bestätigt [Spiegel502]: *„Sonne und Erde verformen den Mond um bis zu zehn Zentimeter, wie Forscher mit Daten eines Laserexperiments errechnen konnten. Die felsige Kruste der Erde kann sich am Tag durch den Effekt von Mond und Sonne um etwa einen halben Meter bewegen. Die Resultate, die das Team auf der „Lunar and Planetary Science Conference" im US-Bundesstaat Texas 2002 präsentierte, decken sich mit Beobachtungen während den Apollo-Missionen. Damals war Forschern aufgefallen, dass Mondbebenwellen in einer Tiefe von tausend Kilometern Energie verloren. Dieses Phänomen lässt sich mit einer zumindest teilweise geschmolzenen Region im Innern des Mondes erklären."*

Mit der Auflösung jeweils einer Kernschicht bauten die Planeten je eine weitere Ausgleichsfeld-Schicht auf. Infolge der Verfeinerung der Materie werden die Planeten samt ihren Ausgleichsfeldern ebenfalls ständig leichter und steigen in höhere Energieniveaus auf. So entfernen sie sich zwar von der Sonne, können jedoch deren Energie auch immer vollkommener verwerten. Mit jedem neuen Ausgleichsfeld-Oktavbereich kann ein weiterer Frequenzbereich der Sonnenstrahlung absorbiert werden.

Konventionelle Berechnungen ergaben, dass sich die Erde in einem frühen Entwicklungsstadium in nur vier Stunden um die Sonne drehte. Dies lässt auf einen entsprechend geringeren Abstand schließen. Auch der Abstand des Mondes zur Erde betrug früher nur ein Drittel des heutigen Wertes. Entsprechende Ergebnisse liegen auch vom Pluto vor.

Bild 3.14 zeigt, wie durch die Pulsation ständig Teilchen in einem inneren Kreislauf umgewälzt und wie in einem äußeren Kreislauf schwerere Teilchen nach außen sowie leichtere Umfeldteilchen nach innen gepumpt werden. Dies führt zu einer permanenten Stoffänderung von schweren zu leichteren Verbindungen. Kernmaterie wird in leichtere Ausgleichsfeld-Materie umgewandelt und es können stufenweise weitere Ausgleichsfeld-Oktavbereiche mit geringerer Dichte entstehen. Der äußere Kreislauf verbindet Körper, die sich in Resonanz befinden, über den **„Resonanzkanal"**. Planeten sind über diese Nabelschnur mit der Sonne verbunden, Monde mit ihren Planeten.

Bild 4.6 zeigt Resonanzkanäle zwischen Jupiter und Monden, durch die Teilchenströme (Jetstreams) zwischen den Polen von Sender und Empfänger fließen. Anfang 2001 trafen sich die Raumsonden „Galileo" und „Cassini". Dies verschaffte den Astronomen einmalige Einblicke in die Magnetosphäre des Jupiters. 82 Planetenforscher präsentierten u. a. diese Zusammenhänge in sieben Studien auf Basis von Messergebnissen, an denen auch die Weltraumteleskope Hubble und Chandra beteiligt waren. nach [Spiegel802]

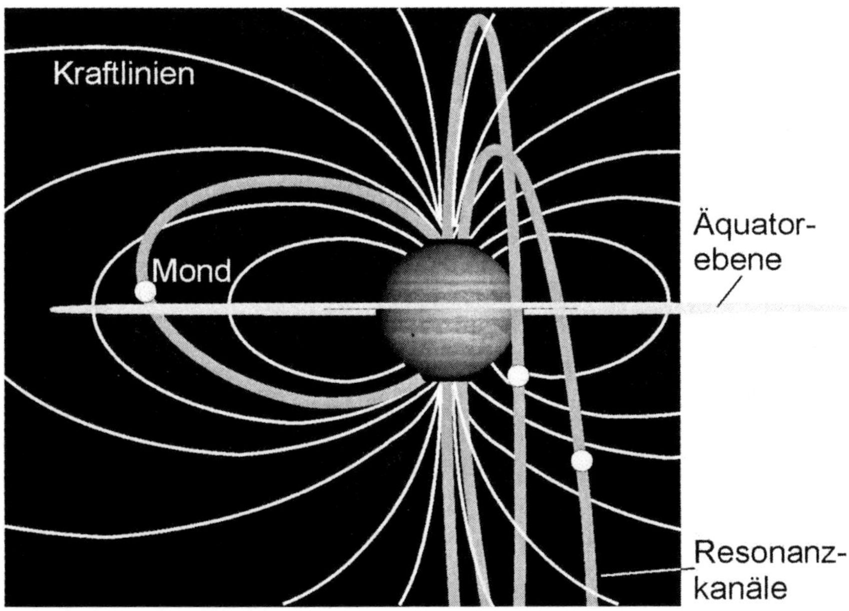

Bild 4.6 Resonanzkanäle (dick grau) verbinden Jupiter mit seinen Monden

Der Resonanzkanal verläuft im Ausgleichsfeld des Senders, in dem sich der Empfänger befindet, innerhalb des entsprechenden Energieniveaus. Ein weiteres Beispiel für dieses Phänomen schildert Prof. Nachtigall in [Nachtigall00]: *„Die aufgefingerten Flügel-Enden von Großvögeln erzeugen eine Wirbelspule, ein Ringwirbel läuft spiralförmig nach hinten. Wirbelzöpfchen schlingen sich* *umeinander und ergeben eine* ***Wirbelröhre.*** *"* Das Prinzip wurde auf Flugzeuge übertragen, deren Tragflächen seit einiger Zeit abgewinkelt sind.

Die übrigen Planeten unseres Sonnensystems bestehen je nach Energieniveau aus anderen Stoffen. Auf dem sonnennächsten Planeten Merkur sind diese wesentlich dichter als auf dem sonnenferneren Jupiter, der völlig aus Gas besteht.

In letzter Zeit häufen sich Meldungen, welche die durch das Universal-Prinzip vorhergesagten Prozesse bestätigen, wonach die Planeten infolge der Sonnenanregung spezifisch leichter werden und sich von der Sonne entfernen:

- *„Dramatischer Klimawandel Pluto-Atmosphäre verblüfft Astronomen" ...Der rätselhafte Pluto hat Astronomen wieder einmal überrascht. Die Gashülle des fernen Trabanten scheint sich weiter auszudehnen, obwohl sie eigentlich schrumpfen sollte. Seinen sonnennächsten Punkt erreichte Pluto, der Außenseiter im Planetensystem, vor 14 Jahren. Seither führt ihn seine elliptische Bahn wieder fort vom Zentralgestirn, tiefer hinein in die eisigen Außenbezirke. Eigentlich müsste sich damit auch seine Atmosphäre abkühlen und verdichten – doch sie tut, wie Forscher nun berichten, genau das Gegenteil."* [Spiegel103]
- *„Mollige Erde, der Planet wird fetter ...Das Ergebnis widersprach den Erwartungen: Wie die Daten der Wissenschaftler zeigen, wächst der Umfang etwa ab 1998 wieder an – der Planet wird platter, die Kürbisform ausgeprägter. Als Grund kommt, wie Cox und Chao schreiben, nur eine Umverteilung der Masse von hohen zu niedrigen Breiten in Frage. Worin aber diese Umverteilung besteht, ist noch unklar."* [Spiegel402]

Weshalb drückt eigentlich der Sonnenwind nicht alle Planeten an den äußersten Rand seiner Ausgleichsfelder?

Jeder Planet hat im Laufe der Zeit eigene Ausgleichsfelder ausgebildet und ein Energieniveau in einem Ausgleichsfeld der Sonne aufgesucht, welches seiner Dichte entspricht. In diesem Bereich besteht ein dynamisches Gleichgewicht zwischen der auf ihn wirkenden Gravitations- bzw. Levitationskraft.

Als „Mittler" versorgen uns die Medien in den Ausgleichsfeldern einerseits mit „Lebensenergie", indem sie die Gewalt des Sonnenwindes in für uns verträgliche Größenordnungen herunter transformieren, andererseits werden Sonneneruptionen und sonstige Anregungsspitzen aus dem Universum durch die Medien in den Ausgleichsfeldern aufgrund der beschriebenen Zustandsänderung abgepuffert. Spitzenwerte erleben wir lediglich als „Unwetter". Je mehr Ausgleichsfelder ein

Planet besitzt, desto stabiler kann er auf plötzliche Anregungsänderungen reagieren.

Allerdings wirkt der Mensch der natürlichen Entwicklung zunehmend entgegen. Zum einen führt die systematische Vernichtung des Pflanzen-Ausgleichsfeldes (Pflanzen sind die Haut der Erde) und der Artenvielfalt zur Verminderung der ausgleichenden Wirkung dieser wichtigen Ausgleichsfelder und zum anderen werden die Ausgleichsfeld-Medien durch Anreicherung mit schweren Abgasen in einen früheren Entwicklungszustand zurückversetzt. Außerdem werden Lebewesen und Objekte aller Art durch unkontrollierte technische Felder und Umfeldwellen beeinflusst.

Jupiter durch kosmische Nabelschnur mit Monden verbunden

Jede „Nabelschnur" verläuft durch die Pole von Jupiter und Mond. In ihr fließt ein Teilchenstrom. Die Nabelschnur entspricht dem vom Universal-Prinzip vorausgesagten Resonanzkanal. Dieser verläuft im Ausgleichsfeld des Senders, in dem sich der Empfänger befindet, innerhalb des Energieniveaus des Empfängers.

Die Spirale zur höheren Qualität

Die Sonne und jeder Planet in ihrem levitierenden System wandelt permanent dichte Materie in feinere um. Diese wird in Zyklen in höhere Energieniveaus umverteilt – zunächst im gleichen Sonnensystem und am Ende der Entwicklung der Sonne in einem anderen Sonnensystem mit noch höherem Energieniveau. Die Reste dichter Materie eines Systems gehen am Ende des Zyklusses hingegen in niedrigere Energieniveaus über – zunächst im gleichen Sonnensystem und am Ende der Entwicklung in einem anderen, welches sich in einem früheren, dichteren Entwicklungszustand befindet. Es handelt sich hierbei um Zyklen, die in Form einer räumlichen Spirale in höhere oder niedere Energieniveaus führen.

Evolution findet nicht nur auf der Erde statt, sondern ebenso in universalen Größenordnungen.

4.2 Mikrokosmos: Atome, Moleküle, Zellen

Setzen wir uns jetzt gedanklich an ein Mikroskop und schauen in die Welt der Zwerge. Atome und Moleküle wurden hinsichtlich ihres Verhaltens bei Anziehung und Abstoßung anderer Teilchen sowie beim Eingehen und Lösen von Verbindungen gut untersucht, es gibt aber auch hier noch Neuland.

Der Grund, weshalb wir an dieser Stelle näher darauf eingehen wollen besteht darin, dass sich wesentliche Gesichtspunkte auf Menschen übertragen lassen. Nach dem übergreifenden Universal-Prinzip reagieren Atome nach den gleichen Prinzipien und es handelt sich um die gleichen Kräfte. Mehr noch – das Verhalten einfacher Teilchen ist wesentlich besser zu verstehen, weil bei komplexen Organismen wie sie der Mensch repräsentiert, die grundlegenden Zusammenhänge durch zahlreiche andere Prozesse überlagert werden.

Zunächst eine Gegenüberstellung von drei Kernaussagen der konventionellen Physik und entsprechenden Vorstellungen des Universal-Prinzips, soweit dies für den Rahmen dieses Buches interessant erscheint. Eine detaillierte Betrachtung der Zusammenhänge enthält die Diplomarbeit von Alexandra [13].

Atome aus Sicht des Universal-Prinzips

Konventionelle Physik: Ein Atom besteht aus einem Kern positiv geladener Protonen und neutraler Neutronen sowie aus einer „Hülle“ negativ geladener Elektronen.

Universal-Prinzip-Kommentar: Ein Atom besteht aus Kern und Ausgleichsfeld. Die Begriffe „positive Kern- und negative Elektronenladung“ wurden von der konventionellen Physik willkürlich gewählt und beziehen sich nach dem Universal-Prinzip auf die Potenzialdifferenz zwischen dichten Kern-Teilchen (positiv), mitteldichten Elektronen im Ausgleichsfeld (negativ) und ausgedehntem Umfeld (negativ) (vgl. Bild 3.25).

Konventionelle Physik: Elektronen umkreisen den Kern, weil sie aufgrund der entgegen gesetzten Ladung vom Kern angezogen werden. Sie fallen aber nicht in den Kern, weil zu jeder Elektronen-Umlaufbahn ein bestimmtes Energieniveau gehört, das sich aus potentieller und der kinetischer Energie zusammensetzt. Ein Elektron befindet sich im Gleichgewicht, wenn es gerade soviel Energie (Zentrifugalkraft) besitzt, um sich gegen die (elektrostatische) Anziehung des Kerns auf der Umlaufbahn zu halten.

Universal-Prinzip-Kommentar: Elektronen werden durch ein Gleichgewicht zwischen anziehender Gravitationskraft (infolge Kernmasse) und abstoßender Levitationskraft (wegen äußerer Anregung) in ihrer Bahn gehalten. Die Umlaufbahnen liegen jeweils in Energieniveaus (Ausgleichsfeld-Oktavbereichen eines Ausgleichsfeldes), das ihrer Dichte entspricht.

Konventionelle Physik: Durch Energiezufuhr (Strahlungsquant) wird ein Elektron auf eine energiereichere (kernfernere) Bahn gehoben, beim Übergang auf eine energieärmere Bahn erfolgt Energieabgabe. Nils Bohr postulierte „strahlungsfreie Umlaufbahnen", da ein ständig zentral beschleunigtes Elektron infolge Reibung an Masse verlieren und schließlich in den Kern stürzen müsste. Erwin Schrödinger ersetzte die Bohrschen Umlaufbahnen in seinem wellenmechanischen Atommodell durch räumlich stehende Wellen (Bild 4.7 a).

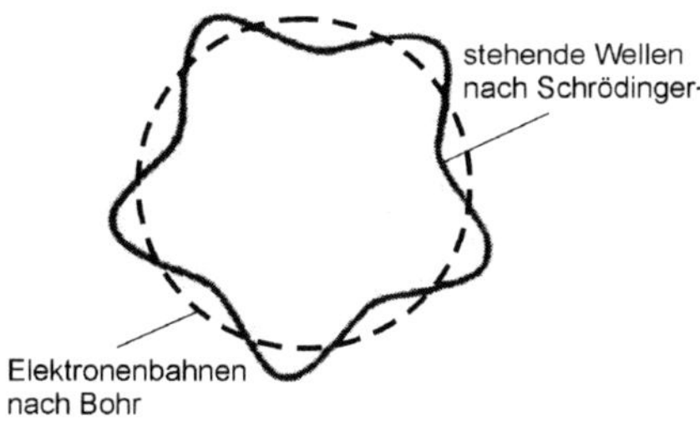

Bild 4.7 a Wellenmechanisches Atommodell mit Elektronenorbitalen nach Schrödinger

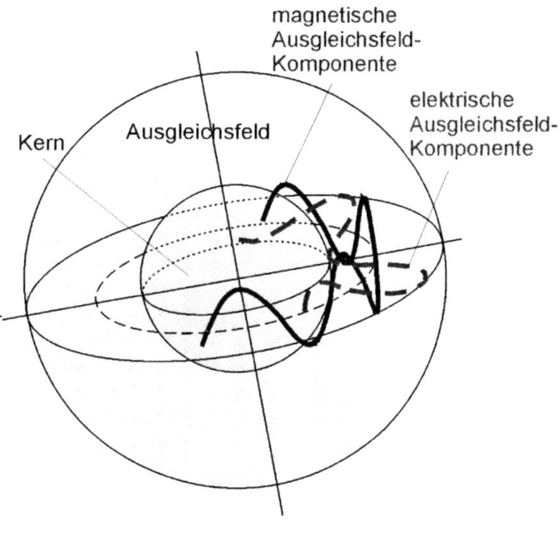

Bild 4.7 b Die Ausgleichsfeld-Welle vom Universal-Prinzip-Atommodell, gestrichelte Welle: elektrische Komponente durchgezogene Welle: magnetische Komponente [Lène99]

Universal-Prinzip-Kommentar: Der Begriff „Energie" als Kraft-Potenzial wird konkretisiert. Bei Wechselwirkungen ist nicht nur Kraft, sondern sind auch

Teilchen beteiligt. Ein Elektron kann nur durch eine Kraft angeregt werden. Schwankungen bei der Anregung können wie folgt ausgeglichen werden (siehe Kapitel 3.6):

- kleinere Schwankungen durch **Zustandsänderung** – dabei schwingt das Elektron im Ausgleichsfeld. Es steigt bei Ausdehnung infolge Levitationskraft in ein kernferneres höheres, oder fällt durch Verdichtung infolge Gravitationskraft in ein niederes Energieniveau.
- größere Schwankungen durch **Stoffänderung** – dabei springt das Elektron mittels Quantensprung in ein anderes Ausgleichsfeld-Oktavbereich. Bei Abgabe von Medienteilchen infolge Levitationskraft in einen kernferneren höheren Ausgleichsfeld-Oktavbereich, bei Aufnahme von Medienteilchen infolge Gravitationskraft in ein niederes. Die Elektronen bewegen sich in einem Medium aus kleineren Medienteilchen.

Diese Vorstellungen ähneln der stehenden Welle des wellenmechanischen Atommodells (Bild 4.7 a). Dieses berücksichtigt allerdings nur die elektrische Komponente der elektromagnetischen Ausgleichs-Welle. Nach dem Universal-Prinzip muss dieses Modell, wie in Bild 4.7 b dargestellt, durch eine magnetische Komponente ergänzt werden (siehe Kapitel 3.3).

Licht und Klang erfüllen die Leere

Als es Menschen gelang, in die winzigen Größenordnungen der Atome vorzudringen, entdeckten sie dort eine schier unglaubliche Leere. Elektronen umkreisen den Atomkern in riesigen Abständen ähnlich wie Planeten die Sonne – und was befindet sich dazwischen – nichts? Häuser, Bäume, Tiere und Menschen bestehen ja ebenfalls aus Atomen – und damit zu 99,9% aus Leere?

„Die ewige Stille dieser unendlichen Räume erschreckt mich", schrieb der französische Philosoph und Mathematiker Blaise Pascal.

Durch die Entdeckung der Ausgleichsfelder kommt nun allerdings im wahrsten Sinne Licht, Wärme und Klang in die Leere. Denn offenbar herrscht zwischen den winzigen Materiebausteinen nicht etwa trostlose dunkle Stille, sondern die Räume sind erfüllt von feinen irisierenden Farbspielen, begleitet von wundersamen Melodien. (In Kapitel 6 werden wir über Anwendungen dieser neuen Erkenntnis näher eingehen.)

Aber wie kommt es dazu?

Licht bildet eine der faszinierendsten Erscheinungen. Alexandra ging im Rahmen ihrer Diplomarbeit unter anderem der Frage nach, wie und in welchen Bereichen der Ausgleichsfelder Licht entsteht. Unsere Erkenntnisse weichen hier ebenfalls von den Vorstellungen der konventionellen Physik ab. Nach deren Ansicht nehmen angeregte Elektronen periodisch Energiequanten auf, die dann in kernfernere Bahnen aufsteigen, wieder herabfallen und dabei die Anregungsenergie in Form von Energiequanten (Photonen) abgeben. Diese Photonen sollen Licht darstellen.

Klar ist, dass Licht aufgrund inneratomarer beziehungsweise molekularer Zustandsänderungen außerhalb des Kerns im Bereich der Elektronen erzeugt wird. Jedoch gerade dieser Bereich ist offiziell nicht genau definiert. Man spricht hier, und das ist wenig zufrieden stellend, von Ladungswolken, von Orbitalen oder von Aufenthaltswahrscheinlichkeiten der Elektronen.

Alexandra verglich die Größenordnungen von elektromagnetischen **Wellen** mit denen der **Atome** nach der Universal-Prinzip-Formel $d \underset{\cdot}{=} \lambda/2$ (der Durchmesser eines Körpers entspricht der halben Wellenlänge der von ihm emittierten Welle). Dieser Zusammenhang von Durchmesser und Wellenlänge eines Körpers wird in [Hering89] S. 519 bestätigt.

TÖNE, WÄRME UND LICHT ENTSTEHEN IN AUSGLEICHSFELDERN

Ausgleichsfelder bilden jene Räume, in welchen durch Wechselwirkungen angeregter Körper mit ihrem Umfeld sinnlich wahrnehmbare Effekte wie Töne, Wärme und Licht entstehen.

Wellen gleichen sich in ihrer Form. Der Unterschied zwischen Röntgenstrahlen, sichtbarem Licht oder Wärmestrahlen besteht lediglich in Wellenlänge und Frequenz.

Körper bestehen ohne Ausnahme aus den gleichen Bausteinen. Unterschiedlich sind lediglich Größe und Form. **Atome** sind im „*Periodensystem der Elemente" tabellarisch nach zwei Merkmalen geordnet. Die Elemente einer Periode (waagerechte Zeilen) sind nach steigenden Elektronenzahlen angeordnet. Die Elemente einer Gruppe (senkrechte Spalten) haben ähnliche Eigenschaften.

Eine ebensolche Ordnung ist in der Musik als „Oktavgesetz“ bekannt. Der achte Ton der Tonleiter schwingt jeweils mit der doppelten Frequenz des Grundtones. Beide Töne verschmelzen nahezu völlig und werden als identisch wahrgenommen. Das Schwingungsverhältnis der Oktave beträgt 1:2.

In Bild 4.8 a sind außer den 7 Tönen die 7 Farben enthalten, welche sich ebenfalls in dieses Schema einordnen lassen. In Kapitel 5 wird gezeigt, dass sich menschliche Empfindungen, Gefühle oder Gedanken ebenso verschiedenen Oktavbereichen zuordnen lassen.

Töne, Wärme und Farben pro Oktavbereich

rot	orange	gelb	grün	hellblau	dunkelblau	violett
...	...	...	...	...	...	...
warm						kalt
...	...	...	...	...	...	...
c''	...	...	...	...	...	...
c'	d'	e'	f'	g'	a'	h'
c	d	e	f	g	a	h

Bild 4.8 a sinnlich wahrnehmbare Effekte in Oktavbereichen

Bild 4.8 b zeigt, dass sich verschieden große Objekte mit wachsenden Ausgleichsfeldern auf die gleiche Weise darstellen lassen – Objekte eines Oktavbereiches mit steigendem Füllungsgrad (von links nach rechts) und nach Anzahl der Oktavbereiche von oben nach unten. Untereinander sind **gleiche Töne und entsprechende Farben**, vom tiefen bis zum hohen „c“ und nebeneinander die sieben **verschiedenen Töne** von „c“ bis zum „h“ **und entsprechende Farben** angeordnet. Zwei Voraussetzungen müssen in jedem Fall erfüllt sein, bevor die einzelnen Farben oder Töne entstehen können: Der Oktavbereich muss sich entwickelt haben und mit Medienteilchen gefüllt sein, und er muss angeregt werden.

In Kapitel 3.6 Abschnitt „Kontinuierlich und zugleich sprunghaft?“ hatten wir bereits abgeleitet, dass sich nicht nur chemische Elemente, sondern auch Töne, Farben sowie Ausgleichsfelder einem „**Universellen Periodensystem**“ zuordnen lassen.

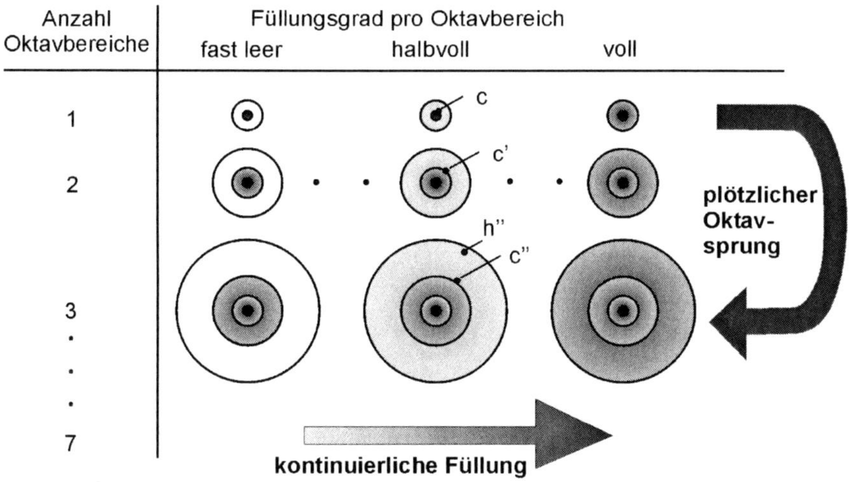

Bild 4.8 b Anordnung von Objekten. Kerne (schwarz) Ausgleichsfelder (grau)

Am Beispiel von Wasserstoff berechnete Alexandra, dass dessen **Wellenspektrum** im Bereich von 10^{-8} bis 10^{-6} m erzeugt wird. Da der **Durchmesser eines Atoms** in der Literatur jedoch wesentlich kleiner, (zwischen 10^{-11} und $10^{-10)}$ angegeben wird, muss es kernfernere Bereiche geben, die keine Elektronen enthalten.

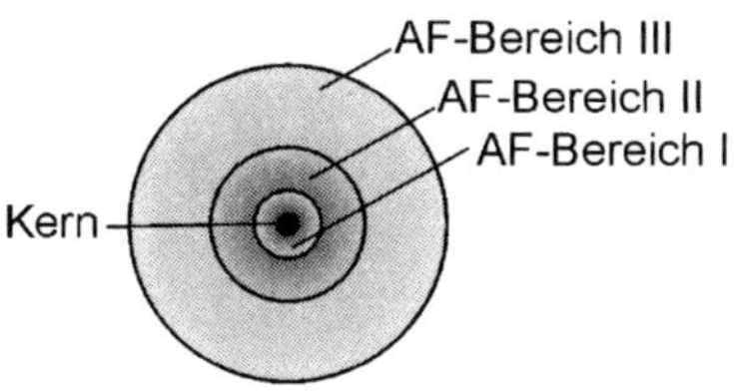

Nach weiteren Berechnungen konnte sie das gesamte Ausgleichsfeld eines Atoms in drei Ausgleichsfeld-Bereiche einteilen (Bild 4.8 c). Und da der **Durchmesser eines Atomkerns** in der Größenordnung von 10^{-15} bis 10^{-13} m liegt ergibt sich, dass der kernnahe Ausgleichsfeld-Bereich ebenfalls keine Elektronen enthält.

Bild 4.8 c Die drei Ausgleichsfeld-Bereiche eines Atoms, [Lène99]

Als Bestätigung der Berechnung entstand die gleiche asymptotische Funktion wie für die „Gravitationsfeldstärke g" Bild 4.8 d nach [Kuchling] S. 140 und es ergeben sich sieben Oktavbereiche im Ausgleichsfeld-Bereich II. Dies stimmt genau mit der tatsächlichen Anzahl der Elektronenschalen (K- bis Q-Schale) im Periodensystem der Elemente überein.

In den drei Bereichen des Ausgleichsfeldes spielt sich bei Anregung Folgendes ab:

- **Bereich I** beinhaltet kleine Medienteilchen
- **Bereich II** enthält die Elektronen, hier entsteht **Röntgenlicht**
- **Bereich III** ist mit kleinsten Medienteilchen (Photonen) und größeren Ausgleichsfeldern gefüllt, diese erzeugen **sichtbares Licht**

Die kleinsten vorstellbaren Teilchen können nur eine Schwingung ganz bestimmter Frequenz, d. h. einen Ton oder eine Farbe aussenden oder empfangen. Objekte sind aus einer Vielzahl von Teilchen zusammengesetzt und können Schwingungen verschiedener Frequenzen senden oder empfangen.

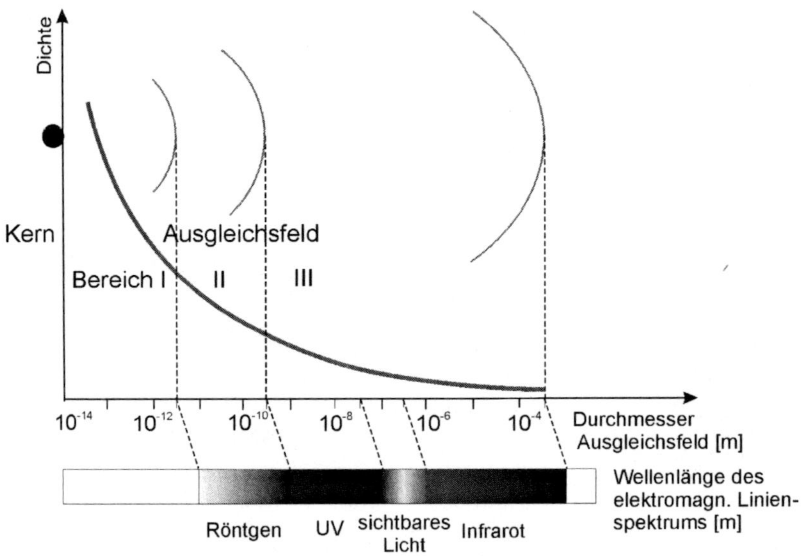

Bild 4.8 d Zuordnung Lichtspektrum zu Durchmesser und Dichte der drei Ausgleichsfeld-Bereiche eines Atoms [Lène99]

Die Einfachheit der Röntgenspektren laut folgender Aussage in [Schpolski85] S.122 erklärt sich aus den stabilen Umlaufbahnen der Elektronen in Bereich II, die nur geringe Bewegungen um ihren Gleichgewichtszustand ausführen können:

„(...) enthüllt die besondere Einfachheit und Einheitlichkeit der Röntgenspektren. Während die optischen Spektren meist recht kompliziert sind und manchmal aus Hunderten, ja aus Tausenden von Linien bestehen (...), ist für die Röntgenspektren eine geringe Anzahl von Linien charakteristisch." Die optischen Spektren werden durch Wechselwirkungen von zahllosen Medienteilchen mit größeren Freiheitsgraden in Bereich III erzeugt.

Durch die völlig neue Interpretation der Entstehung von Linienspektren mit Hilfe des Ausgleichsfeldes ergibt sich auch die Ursache der konventionell gemessenen **Differenz zwischen der Wellenlänge eines Atoms (die meist um Größenordnungen tiefer liegt) und der von ihm transportierten Umfeld-Welle**. Außerdem löst sich durch das neue Verständnis von elektromagnetischer Strahlung auch das Problem des so genannten **Welle / Teilchen-Dualismus:**

Im Ausgleichsfeld-Bereich III eines Atoms entsteht durch Wechselwirkungen angeregter Photonen eine Ausgleichsfeld-Welle, die sich an der Grenzschicht in eine Umfeld-Welle umwandelt. Diese pflanzt sich im Umfeld fort und kann in einem weiten Umkreis mit sämtlichen resonanzfähigen Objekten in **„langreichweitige Wechselwirkungen"** treten. Derart „instantane Informationsübertragung" wurde mehrfach nachgewiesen [clark33], [Paton61], [Fröhlich80], [König75], fanden in wissenschaftlichen Kreisen in letzter Zeit viel Beachtung. Ein allgemein anerkanntes Konzept wurde jedoch offiziell bisher nicht gefunden.

Im Empfänger (z. B. Rezeptoren des menschlichen Auges, Messgerät) kommt es zu ebensolchen Wechselwirkungen von Photonen wie im Sender. Es ist wie der Wettlauf zwischen dem Hasen und dem Igel – das vom Messinstrument registrierte Photon ist ein Medienteilchen, die gemessene Wellenlänge dagegen die vom Ausgleichsfeld-Bereich III empfangene Welle. Alexandra stellte weiter fest:

- Die so genannte Korpuskularstrahlung, die den Teilchencharakter des Lichtes erzeugt (z. B. beim Fotoeffekt), entsteht durch aus dem Ausgleichsfeld-Bereich III emittierte Medienteilchen.
- Die Wellenstrahlung, die eine Wellennatur des Lichtes bewirkt, entspricht der Ausgleichsfeld-Welle, die beim Empfänger aus der anregenden Umfeld-Welle wieder entsteht.

Bild 5.12 zeigt eine Gegenüberstellung des gesamten Spektrums elektromagnetischer Wellen zu den jeweils resonanzfähigen Objekten. Aus dieser kann man z. B. entnehmen, auf welche Bereiche des Körpers Handy-Wellen oder sonstiger Elektrosmog wirkt.

Hinsichtlich der Verbindung von Atomen, auf die es uns letzten Endes ankommt, lassen sich die Bereiche wie folgt beschreiben:

- **Ausgleichsfeld-Bereich I** stabilisiert den Abstand zwischen Kern und Elektronen.
- **Ausgleichsfeld-Bereich II** enthält die Elektronen. Durch Wechselwirkungen in diesem Bereich entsteht die Vielzahl **chemischer Verbindungen.**
- **Ausgleichsfeld-Bereich III** ist den **physikalischen Wechselwirkungen** vorbehalten, die weit über den Durchmesser der Elektronenschalen hinaus reichen (z. B. van der Waals-Kräfte).

Bindungen zwischen Atomen: Freundschaft, Hochzeit, Trennung

Die uns umgebende Welt in ihrer Vielfalt besteht aus einer Unmenge chemischer Verbindungen. Wachstum, Fortbewegung, Reizaufnahme und -weiterleitung sowie Fortpflanzung sind nur durch die Bildung und Lösung von chemischen Verbindungen möglich. Die allgemein anerkannten Bindungstheorien beschreiben die Gründe, welche zur Entstehung von Molekülen führen, aus chemischer Sicht. Das Universal-Prinzip kann die ursächlichen Phänomene auch physikalisch erklären.

Bereits vor der Verbindung kommt es zu physikalischen Vorgängen zwischen den Atomen. Atombindungen werden also nicht, wie von der Lehrmeinung postuliert, **durch zufällige Stöße geeigneter Reaktionspartner bewirkt**, sondern basieren auf den klaren Gesetzmäßigkeiten des Universal-Prinzips.

Betrachten wir genauer, wie sich Atome in dieser Situation verhalten: Atome besitzen pro Ausgleichsfeld-Oktavbereiches jeweils eine gleiche Anzahl von möglichen Elektronenbahnen. Die Ausgleichsfelder sind aber bei den leichten Atomen nur teilweise durch Elektronen gefüllt. Die Anzahl der Elektronen steigt jedoch im Verlauf der Oktave gemeinsam mit der Anzahl der Kernbausteine an. Ein Atom mit voll besetzten Elektronenschalen befindet sich in der stabilen Edelgaskonfiguration. Die übrigen Atome streben diese **Stabilität** ebenfalls an. Dazu können sie sich mit einem anderen schweren oder leichten Atom zu einem Molekül **verbinden**, je nachdem, ob sie die nächste Edelgaskonfiguration im gleichen oder einem anderen Ausgleichsfeld-Oktavbereich erreichen wollen.

Möglich sind verschiedene Arten von Bindung. Bei der „kovalenten Atombindung“ nutzen die Bindungspartner ein oder mehrere ihrer ursprünglichen Elektronen gemeinsam. Ein Beispiel für dieses gemeinsame Nutzungsprinzip können wir uns auch bei der Ehe zwischen zwei Menschen oder bei der

Anbahnung einer Beziehung vorstellen, die beileibe nicht zufällig geschieht. Lange, bevor die Atome im Ausgleichsfeld-Bereich II unter die gemeinsame Decke ihrer Elektronen schlüpfen, müssen sie sich ja erst einmal kennen lernen. Und dies geschieht wieder per Funk, d. h. über Umfeld-Wellen und Resonanz.

Beobachten wir einmal, wie sich zwei Wasserstoffatome kennenlernen (Bild 4.9 a). Zunächst begegnen sich die Umfeld-Wellen, die beide aussenden. Entsteht Resonanz, nehmen sie sich wahr. Überschreitet die Anregung eine bestimmte Amplitude (zu stürmisch), entstehen abstoßende Kräfte. Um in Kontakt zu kommen, flirten sie – nähern sich einander an. Es kommt zu einem ersten Austausch. Besteht Übereinstimmung, werden sie vertrauter, unternehmen Gemeinsames – eine lockere Verbindung entsteht, ein erstes gemeinsames Feld von Medienteilchen im Bereich III. Da es in den Medienwellen keinen resultierenden Spin (Rotation) gibt und sich die Energieniveaus der äußersten Ausgleichsfelder in diesem einfachen Beispiel gleichen, geschieht die Überlappung hier vollständig.

Und weil beide Partner die stabile Edelgaskonfiguration anstreben, beschließen sie die Gründung eines gemeinsamen Hausstandes – es entsteht eine feste Verbindung im Bereich II. Dabei umhüllen sie sich gemeinsam mit ihren Elektronen. Sie haben nun die stabile Edelgaskonfiguration erreicht, wie sie Helium als einzelnes Atom besitzt.

Das Resultat ist ein Mehr an Sicherheit und Stabilität unter Aufgabe eines Teils an persönlicher Freiheit. Ein weiterer Vorteil besteht darin, dass ihr gemeinsames Feld eine größere *Antenne darstellt, womit beide in einem neuen Bereich senden und empfangen können.

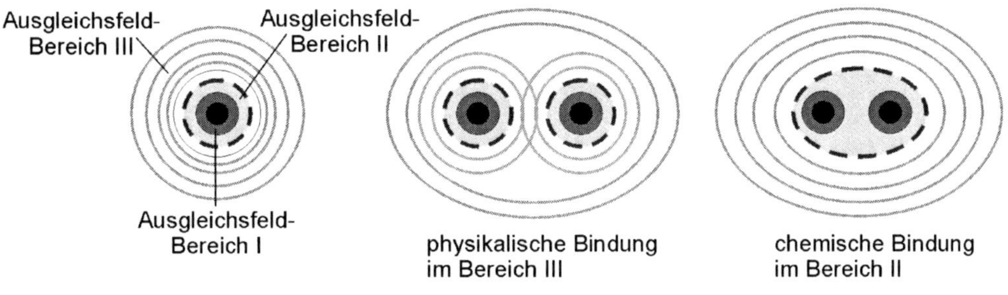

Bild 4.9 a Entstehung einer Atombindung [Lène99]

Die Einteilung in drei Bereiche wird wie folgt bestätigt [Schpolski85] S. 123: *„Die Röntgenspektren sind eine rein atomare Eigenschaft und ändern sich in erster Näherung nicht, wenn das Atom eine chemische Verbindung eingeht."* und *S.104: „Bemerkenswert ist, dass jedes Element sein spezifisches Spektrum besitzt, ganz gleich, ob es in freiem Zustand oder in einer chemischen Verbindung zur Röntgenstrahlung angeregt wird. Darin unterscheiden sich die Röntgenstrahlen wesentlich von der Lichtstrahlung, denn bekanntlich liefert ein Element in den verschiedenen Zuständen als Atom oder Molekül unterschiedliche optische Spektren."*

Weshalb sind Atome gleichzeitig abstoßend und anziehend?

Nach der konventionellen Physik werden die Kernbausteine (Protonen und Neutronen) durch Kernkräfte zusammengehalten, welche größer sind als die abstoßend wirkende elektrostatische Kraft zwischen den Protonen. Kernspaltung erfordert Kraft zur Überwindung der anziehenden Kernkräfte. Bei einer Kernfusion muss diese Kernbindungsenergie freiwerden. Ursachen für die starken und schwachen Kernkräfte sind offiziell nach wie vor ungeklärt.

Das Universal-Prinzip erkennt die **„stark anziehenden Kernkräfte"** eindeutig als Gravitationskraft der Kernbausteine und die **„schwächeren Abstoßungskräfte"** als Levitationskraft, welche die Abstände zwischen den Kernbausteinen sichert.

Der Atomkern ist nach dem Universal-Prinzip ebenso schalenartig aufgebaut wie Ausgleichsfeld-Oktavbereiche (analog dem Schalenmodell der Physiker H. D. Jensen und M. Goeppert-Mayer, Nobelpreis 1963). Aufgrund des höheren Energieniveaus bilden die Neutronen die äußerste Schale des Kerns, während sich die Protonen im Zentrum befinden (Bild 4.9 b).

Angeregte Kernbausteine pulsieren, wodurch ständig kleinere Medienteilchen den Kern verlassen und im Rhythmus der Anregung innerhalb der Ausgleichsfelder auf- und absteigen. Die Ausgleichsfeld-Welle wirkt als Pumpe, die kleine Teilchen in kernfernere Ausgleichsfeld und größere Teilchen in den Kern zurücktransportiert. [bdW97] S. 110f): *„Man muss sich vorstellen, dass jedes Proton von einer Wolke aus verschiedensten Partikeln umgeben ist, die ständig von dem Proton emittiert oder absorbiert werden – Partikel, die für die Wechselwirkungen verantwortlich sind."*

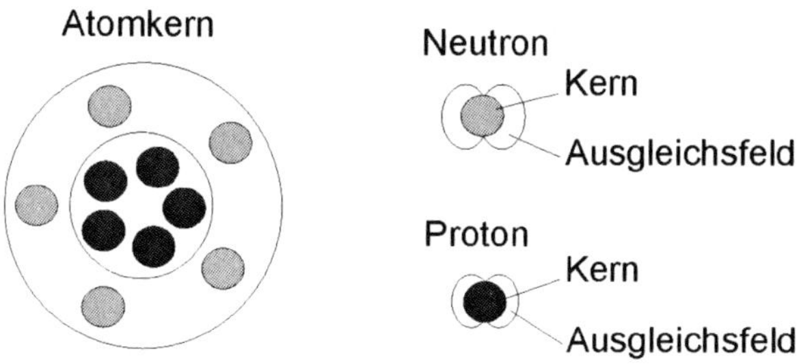

Bild 4.9 b Universal-Prinzip-Modell eines Atomkerns, links Atomkern, rechts Kernbausteine mit Ausgleichsfeld [Lène99]

Haben Atome ein Bewusstsein?

Bereits in den 20iger Jahren machte der Schweizer Physik-Nobelpreisträger **Wolfgang Pauli** die als „Pauli-Prinzip" bekannt gewordene Aussage:

„Die Atome wissen und behalten"

Der Franzose Jean E. Charon und eine ständig wachsende Gruppe von Physikern, insbesondere auch in den USA (Pasadena und Princtown) sind davon überzeugt, dass Elektronen und Photonen Impulse auslösen können. Es gelang nachzuweisen, dass Elektronen ein Bewusstsein haben. Sie zeigten intelligentes Verhalten bei der Besetzung von Löchern in Gitterstrukturen.

„Angeregte Atome speichern Informationen"

Einen Speicher hoher Schreibdichte entwickelten Wissenschaftler der Universität Oregon. Die Informationen werden dabei nicht, wie bei konventionellen Speichern direkt als Folge von Bits abgelegt, sondern als Muster unterschiedlich angeregter Atome. Mehrere Laser strahlen mit geringfügig unterschiedlichen Wellenlängen und versetzen dadurch Thulium-Atome, die einem Kristall eingebunden sind, in verschiedene Energieniveaus. Auf diese Weise lassen sich nach Angaben des „American Institute of Physics" Speicherdichten von zwölf Megabyte pro mm^2 erreichen. Bisher musste der Kristall auf minus 250 ^{0}C gekühlt werden.

Atome haben also nicht nur ein in vielen Ebenen wandelbares Potenzial und sind Träger von Informationen, sondern besitzen auch ein **Bewusstsein!** Strukturen bzw. Formen bilden die Antennen als Grundlage der Kommunikation sowie als Speicher für Information.

Nach dem Universal-Prinzip bilden anregende Umfeld-Wellen und die zugehörigen Umfeldteilchen stets den primären Aspekt. Durch deren Kraft und Informationen wird die Materie des angeregten Objektes geformt und „zum Leben erweckt“ (Pulsation). Materie stellt mit ihrem Levitations-Potenzial und den in der Form gespeicherten Informationen den sekundären Aspekt dar.

Bindungen zwischen Molekülen

Nach der konventionellen Physik treten zwischen Molekülen ebenfalls Anziehungs- und Abstoßungskräfte auf, allerdings mit bedeutend geringerer Intensität. Diese werden Molekularkräfte genannt, ihre Größe ist u. a. ausschlaggebend für den Aggregatzustand (Bild 4.10). Bei Festkörpern und Flüssigkeiten bestimmen die Molekularkräfte das Volumen. Da jede Volumenänderung das Wirken einer äußeren Kraft voraussetzt, müssen die Moleküle **ohne Krafteinwirkung** einen bestimmten Abstand voneinander haben, bei dem sie im **Gleichgewicht** sind (R_0).

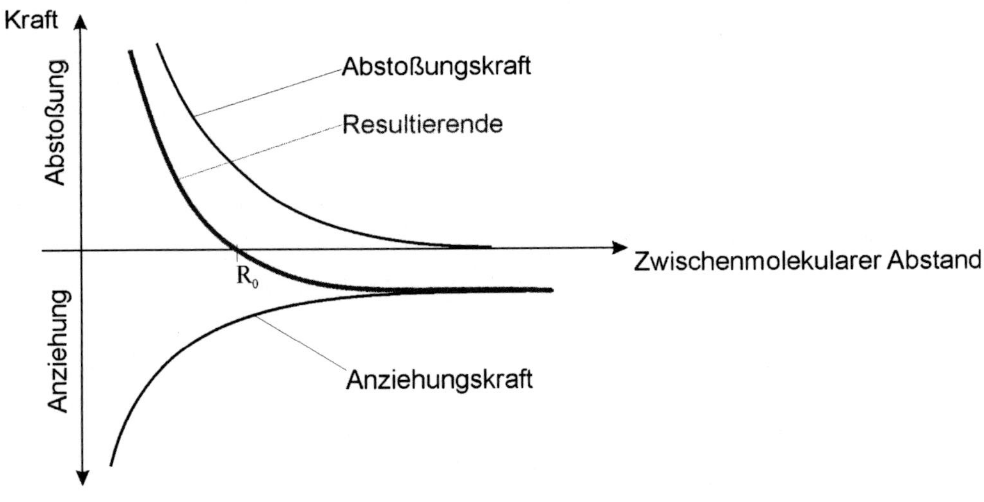

Bild 4.10 Molekularkräfte konventionell nach [Kuchling] S. 167

Bei kleinerem als dem Normalabstand sind die Molekularkräfte **abstoßend**, bei größerem dagegen **anziehend**. Die abstoßende Kraft nimmt mit der Entfernung stärker ab als die anziehende Kraft. Die so genannte Wirkungssphäre ist eine Kugel mit dem Radius von der Größenordnung 10 Nanometer (10^{-8}m).

Nach dem Universal-Prinzip beruht die oben genannte Vorstellung: (...) „müssen Moleküle ohne Krafteinwirkung einen bestimmten Abstand voneinander haben,“(...) auf einem Irrtum, weil **die „normale“, d. h. irdische Anregungskraft von Sonne, Mond und Gestirnen ignoriert** wurde. Ganz ohne äußere Krafteinwirkung käme es mit Sicherheit zur Fusion beider Moleküle.

Bild 4.11 zeigt die Resultierende aus Anziehungs- und Abstoßungskraft in Abhängigkeit verschieden großer Anregungskräfte im Sinne des Universal-Prinzips. Der Abstand zwischen beiden Partnern (R_{01} $R_{02,}$ R_{03}) ergibt sich aus der Größe der äußeren Anregungskraft und beruht auf einem **Gleichgewicht** zwischen Gravitations- und Levitationskraft. Bei schwacher Anregung überwiegt die Anziehung (Gravitation), wodurch sich beide Moleküle annähern. Bei starker Anregung überwiegt Abstoßung (Levitation). Die Kurve für die mittlere Anregung entspricht der in Bild 4.10 dargestellten Resultierenden aus Anziehungs- und Abstoßungskraft.

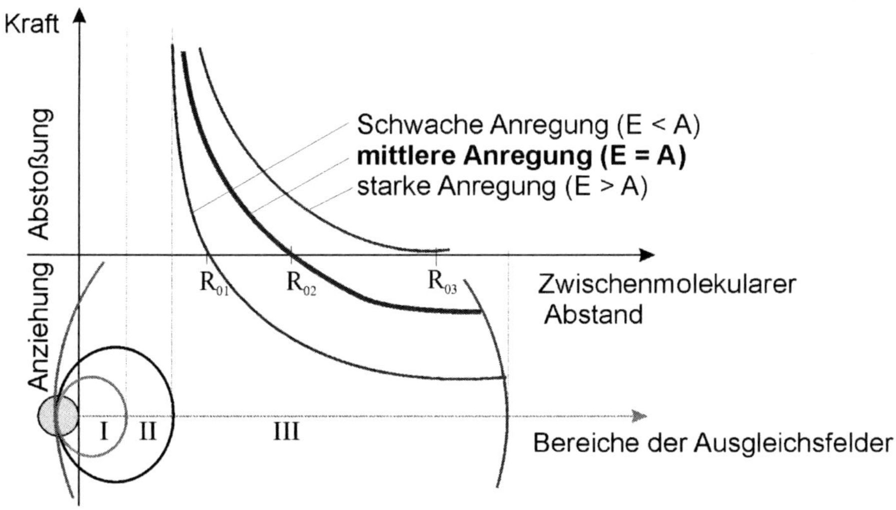

Bild 4.11 Resultierende Molekularkräfte nach dem Universal-Prinzip (E: Emission, A: Absorption) [Lène99]

Für unseren Stoffwechsel sind **Enzyme** sehr wichtig. Verschiedene Reaktionen kannte man und nutzt diese auch technisch. Man wusste aber nicht, weshalb die Enzyme so und nicht anders reagieren. Alexandra erkannte aufgrund des Universal-Prinzips, dass bei **Enzym-Substrat-Reaktionen** neben biochemischen Reaktionen ebenfalls wieder physikalische Wechselwirkungen eine wichtige Rolle spielen: Enzyme senden Umfeld-Wellen durch das Zellmedium. Durch diese werden Substrate angeregt und bewegen sich in die höheren Energieniveaus im aktiven Zentrum des Enzyms. Dort werden sie schließlich gebunden und chemisch umgesetzt.

Mit Hilfe des Universal-Prinzips können die hohen Umsatzgeschwindigkeiten eines Enzyms und die treffsichere Auswahl zwischen Rezeptor und Wirkmolekül sowie die große Anpassungsfähigkeit der Zelle aus einer erweiterten Sicht begründet werden. Auch die Regulation des Stoffwechselgeschehens, beispielsweise die Frage, warum ein Molekül in einem Stoffgemisch einen ganz bestimmten Partner wieder erkennt und sich gerade mit diesem verknüpft, kann mit diesem Modell tiefgehender erklärt werden, als es die konventionelle Biophysik bisher vermochte.

Unsere Zellen leuchten

Bei Lebewesen spielt *Kohärenz eine außerordentlich große Rolle. Bei einem technischen Laser werden beispielsweise intensive, stark gerichtete, monochromatische (einfarbige) und kohärente Lichtstrahlen durch Verstärkung von elektromagnetische Wellen erzeugt.

Die Natur kann dies auch. Alexandra konnte bei ihrem Praktikum im „Institut für Biophysikalische Zellforschung“ bei Professor Popp verschiedene Untersuchungen zur ultraschwachen Photonenemission (Zellstrahlung) von lebenden Organismen durchführen. In ihrer Praktikumsarbeit stellte sie folgende Zusammenhänge dar:

- Photonenemission ist eine extrem schwache Lichtstrahlung. Zu ihrer Entstehung liegen mehrere Erklärungsmodelle vor. Die wichtigsten sind das biophysikalische Konzept und die chemische Erklärung. Bei der **chemischen Erklärung** geht man davon aus, dass die Photonenemission von Elektronen stammt, die nach Anregung auf eine kernnähere Umlaufbahn zurückgekehrt sind. Diese Emission wird jedoch als unbedeutendes Beiprodukt der vielfältigen Stoffwechselvorgänge gewertet.

- Das **biophysikalische Konzept** von Prof. Popp weist den elektromagnetischen Feldern die Regulationsfunktionen in lebenden Organismen zu. Die DNA (Träger der Erbanlagen) wird als Hauptquelle der biologischen Photonenemission angesehen. In der DNA können Photonen für längere Zeit gespeichert und bei Bedarf abgegeben werden. Dieses Konzept erklärt auch das Paradoxon, dass nur etwa 10% der DNA abgelesen werden, nämlich die Baupläne für den Organismus. Den restlichen 90% schreibt Prof. Popp die Laserfunktion zu. Deren biologisch erzeugtes Licht bildet durch seine hohe Kohärenz ein Photonenfeld, welches den gesamten Organismus umfasst und eine so genannte „**Supermolekulare dynamische Ordnung**“ in das lebende System bringt. Dadurch wird eine enge Wechselwirkung zwischen Materie und Kraftfeldern ermöglicht.

Die Essenz des biophysikalischen Erklärungsmodells liefert ein völlig neues Bild des Lebens: **Nicht die Biochemie ist Ursache der Stoffwechselvorgänge, sondern es sind physikalische Prozesse.** Elektromagnetische Anregungen steuern primär alle Lebensvorgänge wie biochemische Reaktivität, Nervenreizleitungen, Zellreparatur, Immunstimulation, Wachstumsregulation, aktiver Transport sowie biologische Rhythmen (Bild 4.12).

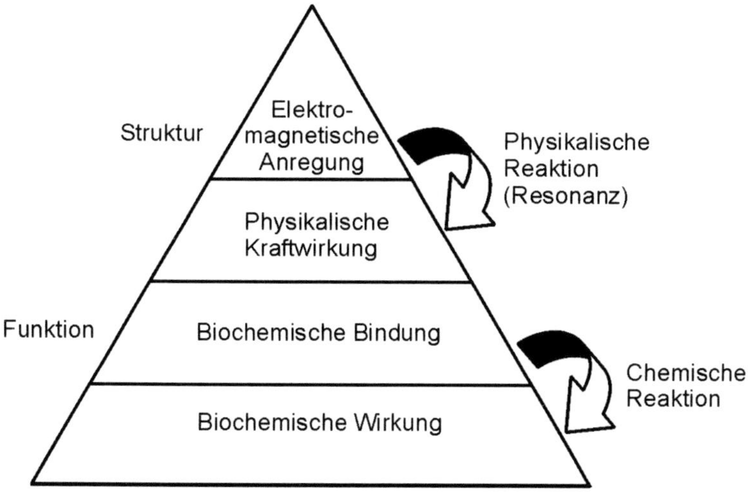

Bild 4.12 Reihenfolge bei der Anregung von Zellen [Lène99]

Alle Lebewesen strahlen Licht ab. Dessen Intensität ist allerdings sehr gering und wird nur von besonders sensitiven Menschen wahrgenommen. Die ultraschwache Lichtstrahlung kann technisch durch Photonenmultiplier verstärkt werden. Alexandra kam bei ihren Untersuchungen zur Photonenemission von lebenden Organismen unter anderem zu folgenden Ergebnissen:

- „Photonenemission tritt bei allen tierischen und pflanzlichen Organismen auf. Bei einigen niedrig entwickelten Lebewesen wie Einzellern oder Algen liegt diese jedoch unter der bisherigen Nachweisgrenze.
- Lebende Zellen haben die Fähigkeit, Photonen aufzunehmen und für einen Zeitraum von bis zu mehreren Stunden in der DNS zu speichern (im Ausgleichsfeld-Medium).
- Das Licht wird nahezu verlustlos durch das Zellgewebe geleitet – ähnlich der Lichtübertragung bei einem Laser.
- Zellen strahlen vor der Zellteilung und während des Wachstums intensiver als voll ausgewachsene Zellen. Bei diesen pendelt sich nach der chaotischen Wachstumsphase eine höhere Ordnung ein – ein weiteres Ausgleichsfeld entsteht.
- Wenn eine Zelle stirbt, steigt die Photonenemission drastisch an, um nach dem Tod zu erlöschen. (ebenso wie bei einer Supernova oder einem Nahtoderlebnis).
- Biologisch wirksame chemische Substanzen beeinflussen die Photonenemission. Dazu gehören einerseits Nahrungsmittel und andererseits Medikamente und Schadstoffe. Die Photonenemission verändert sich stets nach Zugabe einer Substanz, die in den Stoffwechsel des Lebewesens eingreift.
- Photonenemission hängt von den genetischen Eigenschaften des betrachteten Systems ab, Keimzellen strahlen beispielsweise stärker als Muskelzellen.
- wenn man von einfachen zu höher entwickelten Organismen übergeht, kommt der Photonenemission eine zunehmende Bedeutung im Zellgeschehen zu. Je komplexer ein Organismus, desto mehr Photonen sind erforderlich, um die immer vielfältigeren Zellabläufe zu steuern.“

Soweit zu dieser Arbeit. Die Photonenemission lebender Organismen entsteht nach dem Universal-Prinzip in den Ausgleichsfeld-Oktavbereichen, die über den Bereich des physischen Körpers bzw. Kerns hinausreichen (z. B. Zelle, Organ,

Körper). Ausgleichsfelder werden also nicht durch die Photonenemission gebildet, sondern sind das Produkt der Wechselwirkungen zwischen Anregung und Materie in den Ausgleichsfeldern. Die Photonenemission ist ein Indikator für die Vitalität von Lebewesen. So wurde festgestellt, dass Eier von Freilandhühnern mehr als doppelt so viel Licht abstrahlen wie Eier von Batterielegehühnern.

Bei Professor Popp wird die elektromagnetische Zellstrahlung im Bereich des Lichtes gemessen. Darüber hinaus werden weitere elektromagnetische Wellen eines breiten Frequenzspektrums abgestrahlt.

4.3 Unsere Erde

*„'Die Erde war rund und von tiefem Meer umgeben.' Die Erde dachte sich wenigstens *Snorri rund, er sagte: ‚dise Welt ist sinwel und umbeflozzen mit dem Wendelmeer, darin swebt die Erde als daz tutter in dem wizen des eiies ist'. Diese schöpfung des himmels und der erde aus den theilen des eies wird Kalewala rune 1 dichterisch geschildert.)"* [Grimm03] Bd. 1, S. 464.

Es überrascht, wie zutreffend die Mythen, die als Basis der natürlichen Religionen gelten, die tatsächlichen Verhältnisse im Weltall beschreiben und wie gut diese mit unseren Vorstellungen übereinstimmen.

Universal-Prinzip-Kommentar: Die Erde ist wie ein Dotter im Eiweiß, das im Wendelmeer schwebt. Dieser treffende Vergleich Snorris lässt sich auf das Universal-Prinzip übertragen: Die Erde als Kern gleicht einem Eidotter, das Eiweiß bildet das Ausgleichsfeld und beide schweben im Weltall.

„Fassen wir alle diese Beschreibungen zusammen, so fällt vorerst ins Auge, dass eigentlich nur Menschen und Zwerge als erschaffen, Riesen und Götter hingegen als von selbst aus dem Chaos hervorgegangen galten." [Grimm03] Bd. 1, S. 465.

Universal-Prinzip-Kommentar: Die Planeten bestehen aus einer gut sichtbaren dichten steinernen Kugel (Kern), die wohl als Riese galt und einer weniger gut sichtbaren dünnen gasförmigen Atmosphäre (Ausgleichsfeld), die zur höheren Hierarchie der Götter gerechnet wurde. Im Verlauf der Entwicklung ordnet sich das Chaos und es entstanden durch Wechselwirkungen zwischen der anregenden Sonne und dem Planeten Midgard, der Platz zwischen Himmel und Erde. Midgard wurde später von Pflanzen, Tieren und Menschen besiedelt.

Zuerst war Chaos

In einer frühen Phase der Erde, als ihre Gravitationskraft noch nicht durch Ausgleichsfelder ausgeglichen war, zog sie alles an, was sich in Reichweite ihres Gravitationsfeldes befand. Meteore stürzten hernieder und lösten gigantische Reaktionen mit starker Hitzeentwicklung aus. Produkte dieser ungestümen Geburtswehen waren Gase, welche erste noch instabile Ausgleichsfelder bildeten. Durch diesen Ausgleich verringerte sich die Gravitationskraft der Erde und es wurden nur noch kleinere Meteore angezogen, die durch das Ausgleichsfeld-Medium bereits im Anflug weiter zerkleinert wurden. Zug um Zug beruhigte sich die Erde und ihre Oberfläche erkaltete langsam.

Die Welt versteinerte

Bald war eine Kruste aus festem Gestein ähnlich der Mondoberfläche entstanden. Es war kalt und die kahle Oberfläche wurde vom Licht der Sonne und der übrigen Gestirne bestrahlt. Unentwegt prasselte der Sonnenwind wie ein feines Sandstrahlgebläse nahezu ungebremst auf die Erdoberfläche, denn es gab noch kein stabiles, schützendes Ausgleichsfeld. Die feste Oberfläche reflektierte zu dieser Zeit allerdings noch den größten Teil der Umfeld-Wellen der Sonne. Jedoch, steter Tropfen höhlt den Stein. Mit der Zeit wurden immer mehr Partikel aus der Erdoberfläche geschlagen, Felsen zerbrachen, es entstand Geröll, schließlich Staub und noch feinere Partikel. Diese Partikel verbanden sich mit Sonnenwind-Teilchen und bildeten aufgrund ihrer geringeren Dichte weitere Schichten des Erd-Ausgleichsfeldes, wodurch wiederum mehr Sonnenstrahlen absorbiert werden konnten.

Das Herausschlagen von Materieteilchen durch elektromagnetische Wellen ist aus anderen Bereichen bekannt und wird beispielsweise in der Photochemie und in der Biologie untersucht. Lichteinwirkung auf Metalle bewirkt den *Photoeffekt. Bei Pflanzen wird dadurch die Photosynthese ausgelöst (Bild 4.13). Technische Anwendungen hierfür finden sich bei Photozellen und Solarzellen. Für die Entstehung des Photoeffektes gibt es verschiedene Theorien. Der Mechanismus der Energieübertragung bei der Photosynthese ist bisher nur teilweise bekannt. Wir gehen davon aus, dass die Wechselwirkungen bei der Umwandlung von elektromagnetischen Transversalwellen in Longitudinalwellen im Ausgleichsfeld mit Hilfe des Universal-Prinzips plausibler beschrieben werden (Kapitel 3.3).

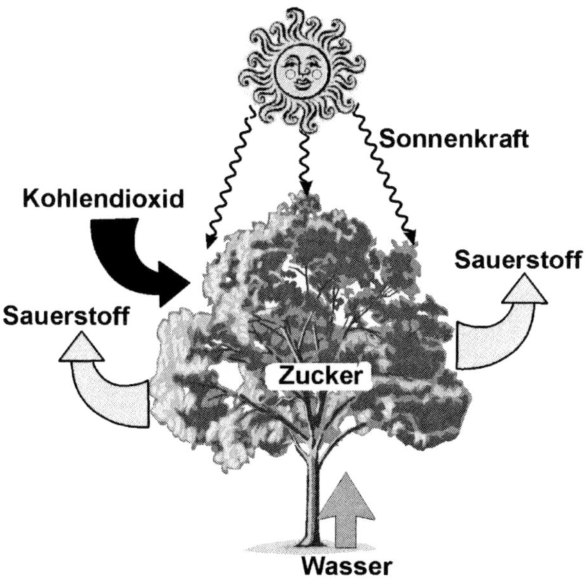

Bild 4.13 Photosynthese

Die Entstehung der Atmosphäre

Eine Atmosphäre kann sich erst dann entwickeln, wenn ein Element so stark angeregt wurde, dass es in einen stabilen gasförmigen Zustand gelangt. In unserer Atmosphäre sind dies Sauerstoff, Wasserstoff oder Stickstoff. Eine Verflüssigung allein durch Komprimierung ist nun nicht mehr möglich. Schwereres Wasser hingegen lässt sich durch Druck verflüssigen. Und gerade diesem Umstand verdanken wir den auf der Erde ablaufenden reversiblen Wasserkreislauf.

Auch die Medienteilchen selbst bauten zarte Ausgleichsfelder auf, wobei die ersten Elemente in den flüssigen und gasförmigen Aggregatzustand übergingen. Nun konnten Anregungsschwankungen durch unterschiedliche Sonnenaktivitäten durch Zustandsänderung (Pulsation) des Atmosphäre-Ausgleichsfeldes ausgeglichen werden. Parallel dazu ergaben sich auch Stoffänderungen, wodurch sich schwere Elemente in leichtere umwandelten. Erste Verbindungen entstanden und bildeten das Medium für weitere Ausgleichsfeld-Oktavbereiche.

Am Anfang war das Wort ...

Mit jedem Ausgleichsfeld-Oktavbereich, das die Erde neu entwickelte, konnte eine weitere Oktave des Sonnen-Spektrums empfangen werden. Umfeld-Wellen sind nicht wahrnehmbar, wohl aber die „Effekte“ der Wechselwirkungen in den Ausgleichsfeldern.

So entstanden auf der Erde nacheinander der hörbare Schall aus den unhörbaren Wellen – „Am Anfang war das Wort“ –, die fühlbare Wärme aus den kalten Infrarotwellen. Später bildete sich ein Ausgleichsfeld-Medium, das ähnlich unserer heutigen Atmosphäre Wasser enthielt. Algen produzierten den Sauerstoff, aus dem die Atmosphäre entstand. Damit konnte auf der Erde das ihr eigene Licht entstehen – ***„Dann kam das Licht“***.

Während die von der Sonne ausgestrahlten Umfeld-Wellen unsichtbar bleiben, ist von der Erde aus das Eigenlicht der Sonnenscheibe zu sehen (Wechselwirkungen im Sonnen-Ausgleichsfeld). Die irdische Helligkeitsfülle jedoch entsteht durch die Wechselwirkungen im entsprechenden Erd-Ausgleichsfeld in großer Höhe. Es wird am Äquator gezündet, wo die Umfeld-Wellen der Sonne senkrecht in die Erde eindringen und dadurch nahezu vollständig absorbiert werden. Die Medienteilchen, die sich im gleichen Energieniveau befinden, regen sich gegenseitig zum irdischen Resonanzlicht an.

Im All ist es dunkel und bitter kalt, an der Erdoberfläche hingegen hell und angenehm warm (siehe Bild 3.16). Unser Körper gerät durch Sonnenstrahlen ebenfalls in Resonanz, denn wir spüren auch dann angenehme Wärme, wenn wir bei Minusgraden in der Sonne stehen. In Ergänzung des Bibelwortes könnte zwischen Wort und Licht noch die Entwicklung der für uns lebenswichtigen Wärme hinzugefügt werden. Und für die Ursache aller Effekte von Wechselwirkungen steht das Goethewort ***„Im Anfang war die Kraft“*** (Faust 1. Teil).

Bild 4.14 zeigt den „van Allen-Gürtel“ der Erde, der 1984 durch Satellitendaten entdeckt wurde. Deutlich ist der Aufbau des Erd-Ausgleichsfeldes aus mehreren sich überlagernden Ausgleichsfeld-Oktavbereichen in Form der Dichteverteilung zu erkennen. Die im Bild dargestellten Vielfachen der Erdradien entsprechen jeweils dem Wert von $\lambda/4$, bestätigen somit ebenfalls diese Universal-Prinzip-Beziehung. Die Zahlen geben die pro Sekunde gezählten Teilchen an. Die Teilchen stammen aus dem Sonnen- und dem kosmischen Wind. Diese nehmen von 10.000 im Bereich von drei bis vier Erdradien nach außen hin bis zehn im Bereich von sechs bis sieben Erdradien deutlich ab.

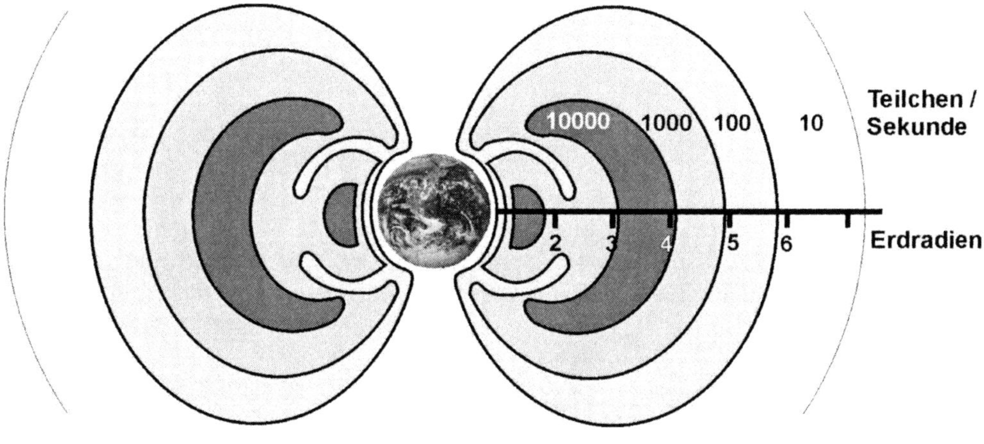

Bild 4.14 Der van Allen-Gürtel der Erde

Wir gehen von derzeit mehr als sieben Oktavbereichen aus, wodurch ein Spektrum von kosmischen Höhenstrahlen über Gamma-, Röntgen-, UV-, Licht, Infrarot-, Mikro-, Radio- bis hin zu Schallwellen empfangen und in entsprechende Wechselwirkungs-Effekte wie Licht, Wärme usw. umgewandelt werden kann. nach [Lexikon96], [Bertels98]

Levitation überwiegt, die Erde steigt auf

Die Sonne mit ihrer Levitationskraft strahlt unaufhörlich Umfeld-Wellen und verströmt Sonnenwind-Teilchen bis in den hintersten Winkel ihres Ausgleichsfelds – sie versetzt damit alles in lebendige Bewegung.

Konventionelle Astrophysiker zeigen Unsicherheiten bei der Beurteilung der Magnetfelder von Sonne und Erde: Das Magnetfeld der Sonne sei überraschend schwach, so dass es noch bis vor wenigen Jahren zweifelhaft war, ob ein solches überhaupt existiert. Nach neueren Forschungen dürfte es aber doch vorhanden sein, seine Stärke beträgt aber nur etwa ein Gauß und ist offenbar veränderlich.

Man fragt sich, ob die Magnetfelder, die mit den Sonnenflecken verknüpft sind, nur lokale Verstärkungen dieses allgemeinen Magnetfeldes sind; ob vielleicht die unterschiedlichen Rotationsgeschwindigkeiten eine Rolle spielen oder ob örtliche Schwankungen in der Geschwindigkeit der Sonnenrotation die Ursache der Magnetfelder seien. Aufgrund ihrer Annahmen befürchten die Astrophysiker, dass die Atmosphäre eines Planeten durch eine Verminderung des Magnetfeldes und Verstärkung des Sonnenwindes in den Weltraum entweichen könnte.

Durch das Universal-Prinzip ergibt sich ein völlig anderes Bild: Das Atmosphären-Ausgleichsfeld entsteht als Gegenfeld, welches die Planeten der Sonnen-Anregung entgegensetzen (Druck erzeugt Gegendruck). Tatsächlich wird seit einiger Zeit eine Verminderung des Erdmagnetfeldes gemessen. Die Ursache des Irrtums besteht wohl darin, dass stets nur die freie Kraft gemessen wird, da man von der im Erd-Ausgleichsfeld gebundenen Kraft keine Kenntnis hat. In der Realität wird ständig dichte Kernmaterie in leichtere Ausgleichsfeld-Materie umgewandelt. Damit gleicht das Erd-Ausgleichsfeld einem Heißluft-Ballon, der stetig aufgeblasen wird. Die Erde samt ihrem Ausgleichsfeld wird spezifisch leichter und – die freie Gravitationskraft des Erdmagnetfeldes verringert sich, weil zunehmend Kraft im Ausgleichsfeld gebunden wird. Diese Entwicklung können wir an den Planeten unseres Sonnensystems beobachten, deren Dichte nach außen hin abnimmt [Spiegel302], [Spiegel103].

Es gibt Theorien, die einen festen Eisenkern vermuten, der von einer Schicht flüssigen Eisens umgeben ist. Andere nehmen an, der Kern bestünde aus einer an Wasserstoff und Helium stark verarmten Sonnenmaterie. Auch gehen einige Wissenschaftler davon aus, dass die Erdwärme noch von den Anfängen der Erd-

Entstehung herrühre, und diese sich nun langsam immer mehr abkühlen würde. Nach dem Universal-Prinzip jedoch wird der Erdkern mit der Zeit immer stärker angeregt. Mit jeder neuen Schicht, die von der Erdoberfläche abgelöst wird, entsteht ein weiterer Ausgleichsfeld-Oktavbereich. Daraufhin gerät eine weitere Kernschicht in Resonanz. So wanderte die Anregung jeweils eine Schicht tiefer, denn in den Schichten des Erdkerns gibt es ebenfalls Ausgleichsfeld-Wellen. Das Erdkernfeld ist ebenfalls aus verschiedenen Schalen aufgebaut.

Dazu heißt es in [bdW196], S. 31-34: *„Unter dem Erdmantel in 2.900 km Tiefe ändert sich die Chemie so drastisch wie zwischen Erdkruste und Atmosphäre." Und als weitere Bestätigung: „Die Gesteine des Mantels verhalten sich kurzfristig betrachtet wie starr, in langen Zeiträumen werden sie aber plastisch wie Wachs. In dem zähen Kreislauf der Plattentektonik steigt heißes Mantelgestein auf, quillt an dem mittelozeanischen Rücken hervor und drückt die Kruste auseinander. Alte Platten werden an so genannten Subduktionszonen (z. B. bei Japan) verschluckt, und tauchen vermutlich bis zum Boden des Mantels ab. Bevor das Material erneut erhitzt wird und aufsteigt, findet es vorläufig Ruhe in einer 200 km breiten Übergangszone zwischen Kern und Mantel. Darunter, in 2.900 km Tiefe, ändert sich die Chemie so drastisch wie zwischen Erdkruste und Atmosphäre (...) beim Erstarren stößt das Eisen den Sauerstoff ab, der sich an der Grenze zum inneren Kern sammelt. Die Kern-Flüssigkeit dort wird dadurch leichter und steigt auf, ähnlich wie Wasserdampf-Blasen vom Boden eines heißen Kessels. Die Rotation der Erde lenkt die aufquellende Eisenschmelze seitlich ab. Gewaltige Walzen von teils 200 km Durchmesser entstehen. Sie ähneln Hoch- und Tiefdruckgebieten in der Atmosphäre."* Außerdem wurde festgestellt, dass auch in 900 km Tiefe Sauerstoff entsteht.

Durch die in das Erdinnere eindringenden Wellen und Teilchen des Sonnenwindes wird Kraft induziert, die ein Gegenfeld und einen Gegenstrom ausgelöst. So wird ein pulsierender Teilchenstrom aus dem Erdinneren gepumpt und durch Levitationskräfte in Form eines gigantischen Stoffwechsels zu einer Kaskade immer kleinerer Teilchen aufgespaltet. Schwere Elemente in den Kernschichten zerfallen über Zwischenstufen von Ionen und Isotope sowie Verbindungen zu immer leichteren Elementen, schließlich zu Elementarteilchen. Zerfallsformen zeigen sich als Oxidation, Korrosion, Erosion sowie radioaktiver Kernzerfall.

Auch diese Ausgleichsfeld-Aussage konnte kürzlich durch eine ungewöhnliche Entdeckung bestätigt werden: *„Was Physiker nur mit großen Aufwand hinbekommen, schaffte die Natur vor zwei Milliarden Jahren ganz allein: In Afrika arbeiteten natürliche Kernreaktoren über 150.000 Jahre lang ohne Zwischenfall.*

Die Kernspaltung gelang 1938 den Physikern Hahn und Straßmann am Berliner Kaiser-Wilhelm-Institut erstmals experimentell, wenige Jahre später produzierten die ersten Reaktoren Strom.

Doch die Natur praktizierte dies schon vor Milliarden Jahren, wie Wissenschaftler herausfanden. So überraschend die Entdeckung war, umso rätselhafter erschien der Mechanismus, mit dem der Naturreaktor arbeitete. Nur mit größtem Aufwand an Technik und Elektronik gelingt es in modernen Kraftwerken, die Kettenreaktion so zu steuern, dass sie einerseits in Gang bleibt und andererseits nicht Überhand nimmt wie in einer Atombombe.

Ein Forscherteam konnte das Rätsel des Naturreaktors nun lösen. Eine zentrale Rolle spielte dabei Wasser, das in den Ritzen im Uranerz stand. Der Naturreaktor arbeitete offenbar wie ein Geysir. 30 Minuten lang wurden Uranatome gespaltet - danach legte der Reaktor jeweils zweieinhalb Stunden Pause ein.

Das System arbeite nicht nur stabil, sondern bewahre auch den Abfall sicher auf. „Die Natur ist viel schlauer als wir. Wir haben alle möglichen Probleme mit unseren hochmodernen Kraftwerken. Dieser Reaktor arbeitet unabhängig und ohne Elektronik." Möglicherweise könne man sich die Technik abschauen, sagte Meshik, um radioaktive Gase in Reaktoren aufzufangen." [Spiegel304]

Innerhalb jeder Erd-Kernschicht sowie in den kernnahen Ausgleichsfeld-Schichten sind jeweils bestimmte Elemente stabil, analog den sieben Perioden des *Periodensystems der Elemente. In unserem Atmosphären-Ausgleichsfeld oberhalb der Erdoberfläche sind es die Elemente der L-Schale wie z. B. Sauerstoff, Stickstoff oder Neon. In der nächsten kernferneren Schicht trifft dies für die Elemente der K-Schale – Wasserstoff und Helium – zu.

Stoffe mit höherer Dichte, welche aus einem tiefer liegenden Energieniveau auf die Erdoberfläche gelangt sind, müssen sich an das hier herrschende Energieniveau anpassen, indem sie Verbindungen mit spezifisch leichteren Stoffen eingehen. Dieser Vorgang wird als Korrosion bezeichnet. Hand in Hand damit geht die mechanische Verkleinerung der Teilchengröße durch Erosion. Schwerere Stoffe aus dem Erdmantel verbinden sich mit leichteren, so z. B. Eisen mit Sauerstoff zu Eisenoxid ($Fe_2 O_3$) und bilden dadurch weitere Ausgleichsfelder. Die Geschwindigkeit, mit der die Anpassung verläuft, ist abhängig von der Differenz der Dichte des jeweiligen Stoffes zum Umfeld.

Urane zerfallen zu leichteren Elementen, Berge festen Gesteins erodieren zu Geröll, Kies und Sand. Erste Pflanzen wachsen, bilden die Lebensgrundlage für

Tiere und Menschen. Und – mit dem heutigen Menschen ist die Entwicklung keineswegs abgeschlossen. So vollziehen sich zyklische Entwicklungen sowohl im Kleinen als auch im Großen in kürzeren als auch unvorstellbar langen Zeiträumen.

Mit der Entstehung jeder neuen Ausgleichsfeld-Schicht verringert sich die Dichte der Erde insgesamt; infolge dessen steigt sie Stufe um Stufe in höhere Energieniveaus auf. Einerseits entfernt sie sich dadurch von der Sonne, kann aber andererseits jeweils eine weitere Oktave des Sonnen-Spektrums absorbieren.

Dramatisch kann es immer dann werden, wenn die Erde einen „Quantensprung" in eine fernere Ausgleichsfeld-Schicht der Sonne vollzieht. Dabei muss sie jedes Mal eine Chaosphase überwinden, wird tüchtig durchgeschüttelt und stabilisiert sich danach wieder in einer anschließenden Ordnungsphase. Die in den Mythen beschriebenen Weltuntergänge oder Apokalypsen sind wahrscheinlich auf derartige „Quantensprünge" zurückzuführen. Erhöhte Aktivitäten der Sonne oder anderer Gestirne führen zu stärkeren Resonanzen auf der Erde. Diese können ganz unterschiedliche Auswirkungen haben, je nachdem, welche Ausgleichsfeld- oder Kernschicht in welchem Gebiet angeregt wird. Die Spanne reicht von Einflüssen auf das Wetter, auf den Pflanzenwuchs oder auf das Befinden von Tieren und Menschen bis hin zu Vulkanausbrüchen, Erdbeben oder Hurrikans.

Mit jedem weiteren Ausgleichsfeld-Oktavbereich gelingt es der Erde jedoch, ihr Gleichgewicht schneller einzupendeln. Diese Entwicklung ist mit einer gedämpften Sinusschwingung vergleichbar, so dass dramatische Chaoszustände immer seltener werden, wenn das Gleichgewicht nicht durch künstliche Anregungen oder Veränderungen der Medienteilchen gestört wird.

Dies verdeutlicht das ausgeglichene Klima in mediterranen Gebieten, wo das Wasser als dünneres Medium die jahreszeitlichen Schwankungen der Anregung weitaus besser abdämpft, als es im Inneren eines Kontinents möglich ist. Die gleiche stabilisierende Wirkung ermöglicht die Vegetation, da Pflanzen zum größten Teil aus Wasser bestehen. Die derzeit unübersehbaren Extremwetterlagen resultieren einerseits daraus, dass die Ausgleichsfeld-Medien künstlich verdichtet werden und andererseits daraus, dass sich ein neuer Polsprung andeutet.

Heute befindet sich die Erde im achten Oktavbereich der Sonne und besitzt selbst inzwischen mehr als sieben Oktavbereiche. Diese Zahlen des Makrokosmos finden sich nicht nur in überlieferten Mythen, sondern auch im Periodensystem der Elemente sowie in unseren Zyklen wieder. Eine Entsprechung im Mikrokosmos zeigt sich in den Atomen auf der Erde, die außer dem Atomkern ebenfalls bis zu sieben „Schalen" besitzen, in denen Elektronen kreisen. Außerdem kennen wir die sieben Farben des Regenbogens und die sieben Töne der klassischen Oktav-Tonleiter.

Vielfalt entsteht aus Einfalt

Die Welt war anfangs „ein-tönig“ – es gab nur den Ton des Kernes. Jedoch war in dieser „Ein-falt“ bereits die „Viel-falt“ „eingefaltet“. Dies sind die verschiedene Elementarteilchen, Atome, Moleküle und Verbindungen gemeint, die sich aus dem einstigen Kern zu der mannigfaltigen Flora, Fauna und dem Menschen „entfalteten“.

Mit der Belebung der Erde erweiterte sich das Spektrum der Resonatoren. Eine sich entwickelnde Vielfalt erweiterte in gleichem Maße auch die Menge an Informationen, die empfangen und abgegeben werden konnten.

WIE ENTSTEHEN FORMEN UND STRUKTUREN?

Die Strukturierung der Organe lebender Organismen wird als Morphogenese bezeichnet. Darauf begründete der englische Biologe Professor **Sheldrake** seine Theorie der **„Morphogenetischen Felder“**. Die Kernaussage besteht darin, dass jeder biologische Keim bereits ein immaterielles Strahlungsfeld besitzt, in welches der entsprechende Organismus hineinwächst.

Professor **Saxon Burr** von der Yale-Universität wies ebenfalls nach, dass lebende Organismen von elektromagnetischen *Feldern umgeben sind. Es gelang ihm darzustellen, dass um ein Samenkorn bereits das Feld der ausgewachsenen Pflanze vorhanden ist, und dass um ein Frosch-Ei bereits das Feld eines ausgewachsenen Frosches existiert.

Der deutsche Physiker Professor **Köhler** entwickelte eine Methode zur Sichtbarmachung der beim Wachstum von Pflanzen wirkenden „**Bildekräfte**“. Er legte Samen oder Teile von Pflanzen auf eine gelierende Base und es entwickelten sich Strukturen, die der ausgewachsenen Pflanze genau dieser Art entsprechen. **Rudolf Steiner**, der Begründer der Anthroposophie, nannte dieses Feld „**Bildekräfteleib**“.

Die Herausbildung von Formen

Raumwellen transportieren nicht nur Kraft, sondern sind auch Träger von Informationen („in Form bringen“). Die Umfeld-Wellen, die unsere Erde anregen, werden durch die Umlaufzyklen und die Eigenrotation der Himmelskörper, und zum anderen durch die mannigfaltigen Interferenzen (Überlagerungen) beeinflusst, die durch die abgestufte Dichte und Größe der Ausgleichsfeld- und Kernschichten entstehen. So ergeben sich neben Reflexion, Transmission, Absorption und Emission auch Brechung, Beugung sowie Interferenz.

Auf diese Weise bildet sich ein *holografisch vernetztes System von Schwingungsfiguren und Umfeld-Wellen-Interferenzmustern aus, welche die Strukturen bestimmen, nach denen sich Teilchen zu komplexeren Gebilden anordnen. So entstand die Vielfalt an Formen und Farben, an Mustern und Größen auf unserem Planeten (Bild 3.35).

Die Struktur von Materie bestimmt deren Form. Wir freuen uns über die schönen geometrischen Schnee- und Edelsteinkristalle, über Form, Farbe und Muster von Blumen, Blättern und Bäumen, über die Gestalt von Fischen, Libellen, Fröschen, Vögeln, Pferden, Hunden und Katzen, über das Aussehen interessanter Menschen.

Prof. Popp wies anhand der Messung und Darstellung der „ultraschwachen Zellstrahlung“ eine räumliche und eine zeitliche Strukturierung nach:

- Nach der **räumliche Strukturierung** sind selbst einzelne Zellen holografisch auf das Licht zugeschnitten. Die Strahlen der weit entfernten Sonne werden so empfangen, dass deren Energieinformation erhalten bleibt. Die kleinste Fläche auf der Erde ist mit 10^{-6} cm^2 die einer Zelle. Dies entspricht genau der Wellenlänge kohärenter Sonnenstrahlen und betrifft auch die Abstände im Chromatin, das unsere Erbinformation speichert. Die materiellen Strukturen sind so aufgebaut, dass die Sonneninformation vollständig aufgenommen werden kann. So können wir nur deshalb sehen, weil sich das Auge an die Sonne angepasst hat. Dazu ein Goethe-Zitat:

  „Und wär’ das Aug’ nicht sonnenhaft,
  die Sonne könnt es nie erblicken.“

- Die **zeitliche Strukturierung** besagt, dass sich alle Lebewesen entsprechend diesen Gegebenheiten der Strahlen entwickelten und hauptsächlich durch die Sonne informatorisch getriggert werden (Bezeichnung für das auslösende Signal). Die Hirnanhangdrüse (Epiphyse) wird beispielsweise vom Erdmagnetfeld beeinflusst und produziert nachts das Hormon Melatonin, einen Neuromodulator.

Nach dem Universal-Prinzip entspricht die räumliche Strukturierung den materiellen Formen (Antennen), die zeitliche Strukturierung den anregenden Wellen, welche zur lebendigen Pulsation aller Objekte – vom Elementarteilchen über Zellen, Organe und Körper bis hin zu Planeten und Galaxien – führen. Dazu gehören die hohen Frequenzen des Lichtes ebenso wie die Zyklen von Tag/Nacht, Vollmond/Neumond, Frühling/Sommer/Herbst/Winter. Wir werden demnach angeregt bzw. beeinflusst von holografisch vernetzten Umfeld-Wellen aus dem All, sowie Ausgleichsfeld-Wellen aus dem Atmosphären-Ausgleichsfeld und geomagnetischen Ausgleichsfeld-Wellen aus dem Erdinneren.

Wellen können aufmodulierte Informationen transportieren, was in der Nachrichtentechnik genutzt wird. Auf den langwelligen Umfeld-Wellen der Ausgleichsfelder und Kerne von Gestirnen sind die kurzwelligen Umfeld-Wellen von deren Medienteilchen aufmoduliert. (Die Medienteilchen des Atmosphären-Ausgleichsfeld sind die Luftmoleküle und -atome.)

In bestimmten Stadt- und Industriegegenden sind regelmäßig Schnee- und Eiskristalle verstümmelt. Dies zeigt, dass sowohl die räumliche als auch die zeitliche Strukturierung in diesen Gebieten *denaturiert sind. Als Folge entstehen leider auch Verstümmlungen bei Lebewesen.

Was sind Klangfiguren?

Wir kennen alle die Wellenrippel, die von Wasserwellen in den Sand von Seen oder Meeren geformt werden oder auch Sandrippel, die der Wind in Dünen erzeugt.

Auch Schallwellen können Formen bilden. Bekannt sind die „Klangfiguren" von Ernst Chladni (* 1756). Er erzeugte Schwingungsmuster, indem er eine dünne schwingungsfähige Platte (Membrane) mit feinem Sand oder Puder bestreute und diese mit einer schwingenden Stimmgabel berührte. Die Form der Klangfiguren ist von der Art des Tones abhängig. Die Lautstärke entspricht der Amplitude, die Tonhöhe der Frequenz (Anzahl der Schwingungen pro Zeiteinheit) und die Klangfarbe der Schwingungsform. Die anregenden Schwingungen können auch mit einem Geigenbogen oder einem elektrischen Schwinger, beispielsweise einem Rasierapparat, erzeugt werden. Je höher der Ton, desto vielgestaltiger wird die Klangfigur, da nach der Universal-Prinzip-Beziehung $d = \lambda/2$ dann kleinere Medienteilchen in größerer Anzahl angeregt werden, und ein feineres Raster mit höherer Auflösung entsteht.

Nach dem gleichen Prinzip funktioniert das „Eidophon" einer walisischen Musiklehrerin. Es handelt sich um einen geschlossener Behälter, in dem sich eine Membran befindet, die mit feinen Partikeln oder Lösungen bedeckt ist. Durch Hineinsingen erzeugte die Lehrerin im Jahre 1904 unter anderem erstaunlich schöne Gänseblümchen-, Stiefmütterchen-, Weizen- und Baummuster.

Die gesprochenen Vokale „I“ und „O“ erzeugen übrigens identische Klangfiguren in der Form dieser Buchstaben, und das *Mantra „OM“ ließ das komplizierte „OM-*Mandala“ entstehen – ein Zeichen dafür, dass hier Sprache und Form übereinstimmen. Aus diesen Beispielen erkennen wir, dass es außerordentlich wichtig ist, Worte entsprechend ihrem wahren Sinn und Bedeutung zu verwenden. Modeworte werden teilweise in entgegen gesetztem Sinn gebraucht, so dass die innere Verarbeitung zu Verwirrung führen kann.

Die vielfältigen Formen und Muster von Kristallen entstehen analog. Geometrische Grundfiguren spielen auch in der Spährenharmonik eine wesentliche Rolle, denn deren Winkelverhältnisse entsprechen den Ton-Intervallen.

Vor einigen Jahren hatten wir ein besonders schönes Erlebnis. Eines Morgens, wir waren zum Skilauf auf die „Seiser Alm“ gefahren, fielen uns große Eiskristalle im Schnee auf. Beim näheren Hinsehen erkannten wir, dass sich eine perfekte Wiese aus Eis und Schnee geformt hatte. Die aus Firn bestehenden „Blätter“ besaßen Rippen und sogar seitliche feine Härchen. Offensichtlich hatten anregende Umfeld-Wellen von oben sowie die von den unter der Schneedecke befindlichen Samen über Nacht dieses Wunder vollbracht. Neben dem Universal-Prinzip bestätigt dies auch Aussagen von Steiner, Köhler, Sheldrake und Burr.

Kommunikation auf Basis der Form: Jedes Objekt, ob einfaches Elementarteilchen oder komplexer Mensch, besitzt individuelle Merkmale, die ihn von Objekten der gleichen Art unterscheiden. Verdichtet sich Materie, so bildet sie zumeist ebenfalls individuelle Varianten in Form, Struktur, Größe oder Oberflächenbeschaffenheit. Dadurch sind Kommunikationsmöglichkeiten vorgegeben, die sich bei Anregung beispielsweise als bestimmter Ton, Klang, Geruch, Geschmack, Wärme, Licht oder Farbe ergeben können.

Lebewesen nutzen diese Variationen der Materie, indem sie über die Nahrungskette ausgewählte Erde, Pflanzen, Tiere aufnehmen. Indem diese durch den Stoffwechsel aufbereitet zum Aufbau ihrer komplexeren Körper verwertet werden, entwickeln sich sehr viel differenziertere Kommunikationsmöglichkeiten.

Schmetterlinge können beispielsweise einzelne Duftmoleküle ihrer Artgenossen oft schon über mehrere Kilometer Entfernung wahrnehmen. Dazu [Popp84] S.128: *„Nach der Auffassung des amerikanischen Biologie- Professors Callahan vom US- Department of Agricultur in Gainesville kann man dies jedoch nicht, wie* *bisher vermutet, auf das zufällige Zusammentreffen des vom Wind verwehten Duftstoffmoleküls mit einem Rezeptor im Riechorgan des Schmetterlings zurückführen.*

Die Windrichtung beeinflusst das erstaunliche Geruchsvermögen des Falters im Übrigen nicht. Mit einem extrem empfindlichen Spektroskop konnte der Wissenschaftler kohärente elektromagnetische Infrarotphotonen in bestimmten, von den jeweiligen Duftstoffen abhängigen Resonanzbereichen ausfindig machen. Inzwischen fand er laserähnliche Emissionslinien auch bei anderen Systemen, so kürzlich eine klare Infrarot-Emission der menschlichen Haut bei 40 µm.“

Durch die elektromagnetische Umfeld-Welle wird die Information zwischen den Artgenossen über große Entfernungen transportiert. Die Infrarotphotonen entsprechen den Medienteilchen, die bei Resonanz innerhalb der Ausgleichsfeld-Welle des Empfängers (elektromagnetischer Rezeptor des Riechorgans oder Messgerät) freigesetzt werden.

Die überlebenswichtige Freund-Feind-Erkennung

Bei einem Versuch im Biolabor befand sich in einem Aquarium ein Pantoffeltierchen – ein Tier, das nur aus einer einzigen Zelle besteht. Es hat also keine der uns bekannten fünf Sinne, weder Augen noch Ohren, keine Nase, keinen Mund. Als ein Tropfen einer für das Tier unverträglichen Flüssigkeit an weit entfernter Stelle in das Wasser gegeben wurde, begann sich das Pantoffeltierchen mit seinen Flimmerhärchen schnellstmöglich in die entgegen gesetzte Richtung zu bewegen. Diese Fluchtbewegung ist das Ergebnis einer einfachen, aber wirkungsvollen Kommunikation, ohne die sich Leben nicht hätte entwickeln können. Lange bevor die unverträgliche Flüssigkeit dem physischen Körper des Pantoffeltierchens schaden konnte, hatten deren Umfeld-Wellen das Ausgleichsfeld des kleinen Tierchens erreicht und die Gefahr signalisiert.

Mit seinem Ausgleichsfeld besitzt das Pantoffeltierchen unsichtbare Fühler (Antennen), mit denen es feinste Anregungen wahrnehmen kann. So können wir feststellen, dass verträgliche Objekte eine anziehende Gravitationskraft erzeugen, unverträgliche hingegen wirken abstoßend.

Die Freund-Feind-Erkennung (FFE) ist ein Frühwarnsystem mittels Ausgleichsfeld, das bereits Elementarteilchen als Vorform höher differenzierter Sinnesorgane besitzen. Nach dem gleichen Prinzip funktionieren die „IFF-Anlagen“ moderner Kampfjets. Damit werden blitzschnell entgegenkommende Objekte wie Flugzeuge, Panzer oder Kriegsschiffe beurteilt. IFF signalisiert dem Piloten „grün =

Freund“, oder „rot = Feind“ – d. h. sofort Feuer eröffnen. Prof. Langreder entwickelte auf dieser Grundlage seine „Mikro-Magnetische-Medizin“ (MMM).

Als Alexandra etwa 10 Jahre alt war, brachte Renate an einem Novembertag ein Igelkind mit nach Hause. Der Winter stand vor der Tür und das kleine Tier hätte aufgrund seines geringen Gewichts nicht überlebt. Zur großen Freude Alexandras beschlossen wir, ihm Asyl zu gewähren. Otto, wie wir ihn nannten, lebte in einem Aquarium und bekam täglich Ausgang in Alexandras Zimmer. Wenn wir ihn aus dem Aquarium nahmen, legte er seine Stacheln so an, dass wir ihn problemlos herausheben konnten. Trugen wir ihn hingegen zurück, stellte er seine Stacheln so auf, dass wir ihn nur mit einem Tuch verletzungsfrei transportieren konnten. Einmal hatte er sich unter Alexandras Bett versteckt. Was nun? Ich begann, ihn mit einem Leckerbissen zu locken. Neugierig kam er sehr vorsichtig hervor, aber genau in dem Augenblick, als ich daran dachte, ihn zu packen – wutsch, verschwand er blitzschnell wieder unterm Bett.

Wohlgemerkt, ich hatte mich noch nicht bewegt, er hat meinen Gedanken gespürt, zumindest aber das Anspannen der Muskeln vor meiner Bewegung. Auch das ist FFE. Nachdem wir Otto im Frühjahr wieder in die Freiheit entlassen hatten, sahen wir ihn noch einige Male – zuletzt in trauter Zweisamkeit mit einem weiblichen Igelwesen. Der oft vor dem Gartenhäuschen stehende Napf mit dünner Milch hatte sicher zur „Reviertreue“ beigetragen. Und ganz sicher war unser Otto eine gute Partie – so wohlgenährt und frei von Flöhen!

Ein weiteres Beispiel für FFE über Umfeld-Wellen: Britische Forscher haben einen neuartigen Kommunikationsweg von Mikrobe zu Mikrobe entdeckt. In [Spiegel205] heißt es: *„Auch Bakterien kommunizieren per Luftpost: Bei einer Antibiotika-Attacke können sich Bakterien offenbar über größere Entfernung verständigen: Wie britische Forscher entdeckt haben, übermitteln die Mikroben Warnsignale auf dem Luftweg.“*

Die Vielfalt des Lebens

Nachdem wir eine Vorstellung für die Ursachen der Entstehung von Formen erhalten haben, gehen wir in Gedanken noch einmal zurück in die Frühzeit.

Die Ursubstanz aller Sterne und Planeten besteht aus den gleichen Quarks und Gluonen (Elementarteilchen, Bestandteile der Atome), aus denen unsere Erde entstand sowie alles, was sich danach auf ihr entwickelte – die Pflanzen, Tiere und schließlich auch wir Menschen. Wenn wir uns diese Erkenntnis verinnerlichen, bedeutet dies, dass wir alle damals beim Urknall dabei waren – allerdings in einer anderen Form, nämlich als einzelne Grund-Bestandteile des Universums.

Die Natur vollbrachte die gigantische Leistung, aus winzigsten Bausteinen unsere wunderschöne Welt und schließlich uns, die Menschen zu schaffen. Und nun sind wir es, die die Welt verändern, allerdings nicht immer im positiven Sinne. Angesichts des gewaltigen Schöpfungsaktes der Natur wäre es klüger, in Zukunft wieder mehr von der Natur lernen.

Lebewesen, also lebende Materie, entsteht und entwickelt sich ständig weiter unter fortwährender Anpassung an die sich ebenfalls wandelnden Umfeldbedingungen. So entwickeln sich aus einer Grundform stets verschiedene Varianten. Aus einigen entstehen komplexere Systeme, und auch diese werden wieder variiert.

Ein Aspekt der Entwicklung wird als Mutation (sprunghafte Veränderung) bezeichnet, ein anderer als Selektion (Lebewesen leben miteinander und voneinander und halten sich selbst in Proportion, entstehende Nischen werden umgehend wieder belebt). Biologische Nischen können durch einen Wandel der Lebensbedingungen im kleinen wie im großen Maßstab entstehen. So verändert sich z. B. die Erdoberfläche durch Vulkanismus, Plattenverschiebungen, Kontinentaldrift, Erosion oder Klimaänderung. Die gewaltige Nische, die durch das Sauriersterben entstand, bot den Säugetieren ihre Entwicklungschance.

Im Zusammenwirken verschiedener Aspekte vollzieht sich die Evolution nach einem göttlichen Prinzip.

Ein entscheidendes Merkmal der Entwicklung ist, dass bei der stetigen Herausbildung höherer Formen immer die bewährten Grundformen beibehalten werden, d. h. Neuerungen werden zum Bewährten hinzugefügt. Die Medienteilchen der äußeren Ausgleichsfelder entstanden so aus Verbindungen von Kern- und Umfeldteilchen. Mutationen (sprunghafte Veränderungen) treten offenbar bevorzugt bei Oktavsprüngen auf.

Ein weiteres grundlegendes Merkmal allen Lebens ist, dass alle Gebilde infolge der ständigen Anregung pulsieren. Dadurch sind diese einerseits durch kommunizierende Resonanzwellen und -kanäle miteinander verbunden, andererseits wird ein mehrstufiger Stoffwechsel in Gang gesetzt, Materie umverteilt und verfeinert. Beispielsweise gelangen durch unser Einatmen Umfeldteilchen (Luftsauerstoff O_2) in das niedrigere Energieniveau des Körpers.

Zur Anpassung an das dichtere Körperinnere verbinden sie sich mit Medienteilchen größerer Dichte (Kohlenstoff C). Nach dieser Stoffänderung wird die entstandene Verbindung (Kohlendioxid CO_2) durch den Stoffwechsel wieder an das Umfeld abgegeben und ausgeatmet. Im höheren Energieniveau des Umfeldes (Luft) löst sich die Verbindung wieder durch die Photosynthese der Pflanzen bei ihrer Assimilation.

Die Zivilisation des Technikzeitalters stört die Kreisprozesse massiv. Einerseits wird immer mehr CO_2 produziert, andererseits immer mehr Pflanzen vernichtet. Das überfordert die Natur, so reichern sich immer mehr schwere Gase an. Diese bilden künstliche Ausgleichsfeld-Grenzschichten und bewirken den Treibhauseffekt. Das Ergebnis ist eine globale Erwärmung, da die Erdwärme nicht mehr wie früher entweichen kann. Während die natürliche Zunahme der Sonnenaktivität zur Ausbildung weiterer Ausgleichsfeld-Schichten führt, behindert der menschliche Eingriff die Umverteilung der Kernmaterie. Die stärkere Erwärmung dichterer Medien bedeutet Rückentwicklung in einen früheren Entwicklungsabschnitt – Ursache für Degenerations- und Dekadenz-Erscheinungen auch in der menschlichen Gesellschaft.

Auch Pflanzen haben Hormone

Der osmotische Druck, mit dem der Baum seinen Saft aus dem Boden holt, lässt sich durch das Universal-Prinzip auf andere Weise erklären: Ein Baum wächst entgegen der Schwerkraft. Stamm, Äste und Zweige sind dichter als das luftige Umfeld, erwärmen sich daher bei Sonnenanregung schneller. Aus diesem Potenzialgefälle entsteht die Kraft zum Transport von Wasser und Nährstoffen. So steigt der Saft aus den Wurzeln in höhere Energieniveaus bis in die Spitzen selbst weit entfernter Blätter. Hormone des Baumes werden durch die Anregungszyklen von Tag und Nacht und der vier Jahreszeiten produziert und steuern die Lebensprozesse auf chemischer Ebene.

Die feinsten Teilchen der Blüten und Blätter geraten bei Sonnenschein ebenfalls in Resonanz, wodurch Duftpartikel emittiert werden. Unterirdisch verästelt sich das Holz ausgehend vom Stamm zu den Wurzeln, überirdisch zu den Zweigen, Blättern und Blüten immer feiner, wodurch eine wohl abgestimmte Kraftverteilung zum Nährstofftransport entsteht. Das gleiche Prinzip gilt für die Organfunktionen beim Menschen – z. B. Herzschlag transportiert ins verästelte Adernetz, Atemfrequenz ins verästelte Lungensystem.

Zu Beginn dieses Kapitels ging es um Ausgleichsfelder von Galaxien, der Sonne und der Planeten. Bei Pflanzen werden diese ebenfalls sichtbar und erfahrbar: Blumen sind kurz nach dem Erblühen die strahlenden Nordpole unserer Pflanzen, die durch Farben auffallen und Duft verströmen. Beim Halbieren einer Frucht, beispielsweise eines Apfels, erkennen wir deutlich Kern und die Formen der Ausgleichsfelder an Kerngehäuse und Fruchtfleisch. Die Durchmesser von Kerngehäuse und Fruchtfleisch erscheinen im Verhältnis 1:2. Der Stiel eines Apfels entspricht dem Südpol, die Blüte dem Nordpol.

Alles lebt

Alles lebt, sowohl auf der Erde als auch im Universum und Weltall. Der Grund hierfür ist, dass auch die kleinsten Elementarteilchen Ausgleichsfelder besitzen. Die gängige Definition für Leben gilt lediglich für höher entwickelte Formen der Materie – für Pflanzen, Tiere und Menschen.

Wenn wir uns dies vor Augen führen wird verständlich, dass unser Leben und die Entfaltung unserer Anlagen durch die Umfeld-Wellen und Zyklen der Himmelskörper samt deren mannigfaltigen Überlagerungen beeinflusst werden. Insofern können Astrologie, Numerologie oder Kiologie durchaus Hinweise für eine bewusste Lebensführung vermitteln. Mit ihrer Hilfe können wir universelle Gegebenheiten nutzen und unsere Kraft auf die Erfüllung unseres individuellen Lebenszieles konzentrieren.

Wir erleben eine Göttliche Evolution

Mit Hilfe des Universal-Prinzips können wir durch eine Synthese zwischen den gegensätzlich interpretierten Vorstellungen von „Schöpfung" und „Evolution" Wesensmerkmale einer „göttlichen Evolution" herleiten:

Die Evolutionstheorie Darwins besagt, dass die heutige Artenvielfalt im Verlauf der erdgeschichtlichen Entwicklung aus einfacher organisierten Vorfahren entstand. In langen Zeiträumen vollzog sich ein Artenwandel, wobei Mutationen, Rekombination, natürliche Auslese und Isolation als wichtige Evolutionsfaktoren gelten. Demgegenüber gehen die Schöpfungsmythen, darunter die Bibel, von der Erschaffung fertiger Tiere und Menschen aus.

Das Universal-Prinzip vereint beide Grundansätze. Durch Universelle Kreisprozesse entstehen die Bedingungen, die zur Entwicklung der Lebensformen führen. Die entscheidende Grundlage für die stetige Höherentwicklung bildet das Prinzip. Dieses geniale Prinzip sehen wir als göttlich, die Entwicklung, die sich danach vollzieht, als evolutionär. Daher sprechen wir von „Göttlicher Evolution".

In Punkt 4.2 „Mikrokosmos“ beschrieben wir das „Universelle Periodensystem“, in welchem sich chemische Elemente, Töne und Farben einordnen lassen, und nach welchem sich die Ausgleichsfelder entwickeln. Sowohl die Erdzeitalter als auch die Entwicklung der Pflanzen- und Tierarten verlaufen eine Zeit lang kontinuierlich, um danach einen Quantensprung in einen höheren Oktavbereich zu vollziehen.

Stellen wir uns die Entwicklung auf der Erde als Stammbaum vor, so zieht sich die Menschwerdung durch die stärksten Äste der verschiedenen Entwicklungsetappen materieller Erscheinungsformen.

Vieles spricht dafür, dass sich die ersten Organismen im dichteren Medium Wasser entwickelten, weil das Potenzialgefälle zwischen ihrem Körper und Wasser geringer ist als unmittelbar zur Atmosphäre. Pflanzen, vor allem Bäume, bildeten danach ein weiteres Ausgleichsfeld der Erde, das zur Verfeinerung der Atmosphäre beitrug und die Voraussetzungen und Bedingungen für die Weiterentwicklung zu Tieren schuf, denn mit dem Ausgleichsfeld der Pflanzen konnte ein weiterer Frequenzbereich an Umfeld-Wellen der Sonne absorbiert werden. Lurche erleben noch heute ihre erste Lebensphase im Schutz des Wassers.

Pflanzen bilden die Haut der Erde. Wir sollten sie vor Verletzungen behüten, so wie wir es mit unserer Haut tun.

Einst schützte ein Panzer oder eine dicke Haut (Außenskelett) das höhere Energieniveau im Inneren der noch groben und unspezifizierten Lebewesen vor dem äußeren Druck einer damals dichteren Atmosphäre. Weniger entwickelte sonnennähere Planeten besitzen auch heute eine dichtere Atmosphäre als unsere irdische (die der Venus ist z. B. 100-mal dichter). Dadurch konnten die energiereichen Anteile der Sonnenstrahlen nicht aufgenommen werden, sondern wurden reflektiert. Im Laufe der Evolution bildete die Erde schrittweise weitere Atmosphären-Ausgleichsfelder aus, die Außenskelette verlagerten sich infolge der abnehmenden Dichte der Atmosphäre nach innen. Hochentwickelte Lebewesen besitzen heute sehr komplexe Medienteilchen (Enzyme, Hormone, Organe) und können im Laufe ihrer Individualentwicklung entsprechend mehr und feinere Ausgleichsfelder nach außen aufbauen. Jedoch erfolgt die erste Lebensphase noch immer in einem schützenden Umfeld – bei Vögeln im Ei, bei Säugetieren im Mutterleib.

Jeder weitere Ausgleichsfeld-Oktavbereich, der die Erde aufbaut, eröffnet einen neuen Bereich für die Entwicklung von Lebewesen.

Pflanzen besitzen eine Besonderheit. Sie verbinden Himmel und Erde. Insbesondere Bäume können ein großes Spektrum an elektromagnetischen Wellen empfangen und senden, denn mit ihrem Stamm, den Ästen, Blättern, Blattrippen oder Nadeln und den Wurzeln verfügen sie über verschiedenste *Antennenformen und -größen.

Bäume produzieren durch Assimilation Sauerstoff. Aus diesem Grunde ist unter einem Baum, in dessen Ausgleichsfeld, stets mehr Sauerstoff vorhanden als im sonstigen Umfeld. Zudem ist die Luftfeuchte unter Bäumen höher und die Temperatur ausgeglichen. Wenn Tau oder Reif gefallen ist, bleibt der Bereich eines Baum-Ausgleichsfeldes in der Regel frei von Reif. Im Winter wird es im Wald nie so kalt wie in baumlosen Gebieten, und im Sommer schätzen wir die ausgewogene Kühle eines Baumschattens. Sauerstoff, Luftfeuchte und Temperatur bilden für jedermann erfahrbare, aber unsichtbare Ausgleichsfelder. Heute ist kaum noch bekannt, welch ausgleichende Heilkräfte Bäumen innewohnen. So leitet sich das Wort „lindern" beispielsweise von der Linde ab, unter die man in früheren Zeiten kranke Kinder setzte.

Durch das Universal-Prinzip wird deutlich, dass wir in der schattigen *Aura eines Baumes die Energie einsparen, die wir bei direkter Sonneneinstrahlung zur Kühlung benötigen würden. Da das Ausgleichsfeld von Bäumen mehr bietet, als nur Wärme- und Feuchtigkeitsregulation, können Gesunde und Kranke ihren Nutzen daraus ziehen. Von einem Waldspaziergang kehrt man erfrischt zurück, ein Stadtbummel ermüdet zumeist.

Unsere Lebensgrundlagen sind Licht, Wärme, Luft, Wasser und Erde. Wir profitieren von Pflanzen und Tieren, die unsere Nahrungskette bilden. Diese bereiten Materie so auf, dass unser Körper alle an der Erdoberfläche vorkommenden Stoffe aufnehmen kann. Einige dieser Stoffe benötigen wir nur in sehr geringen Mengen in Form als Spurenelemente. Die Vielfalt bildet die Grundlage dafür, dass wir im Laufe unseres Lebens bis zu sieben Ausgleichsfeld-Oktavbereiche mit einem äußerst diffizilen System von miteinander vernetzten, verschiedenen Antennen entwickeln können.

Der siebente Oktavbereich ist unser empfindlichstes Organ mit den feinsten Antennenstrukturen. Der Ausgleichsfeld-Oktavbereich selbst besitzt die größte, die Medienteilchen darin die kürzeste Wellenlänge. Mit diesem Wunderwerk der Kommunikation können wir auch ganz feine Anregungen, beispielsweise die des Mondes oder die der weiter entfernter Gestirne aufnehmen. So enthält das äußerste Ausgleichsfeld die feinsinnigen, höheren Qualitäten unseres Bewusstseins, welche nach der Wissenschaft unlokalisiert und unerklärbar bleiben, obwohl das Bewusstsein ja ohne Zweifel vorhanden ist. Auch Ursachen paranormaler Erscheinungen können zumeist mit Hilfe des Universal-Prinzips auf einfache Grundlagen zurückgeführt werden (Bild 6.11).

Wir können unsere Anlagen weit entwickeln, uns ein Maximum an Informationen, Wissen und *Weisheit zugänglich machen. Mit der vollen Entfaltung der subtilen Strukturen unseres siebenten Ausgleichsfeld-Oktavbereiches sind allerdings die Grenzen menschlichen Wissens und Erkenntnisdranges erreicht. Unsere individuellen Möglichkeiten drücken sich aus durch Interesse, Neugier, Wünsche, Träume und Sehnsüchte. Dinge, für die wir keine Ausgleichsfeld-Strukturen besitzen, interessieren uns nicht, wir können diese auch nicht verstehen. Hierin liegen die Gründe für die besondere Beziehung zwischen Bewohnern einer bestimmten Landschaft oder Angehörigen einer Volksgruppe.

GÖTTLICHE EVOLUTION

Durch die Dynamik Universeller Kreisprozesse entstehen regelmäßig anziehende und abstoßende Kräfte. Die göttliche Evolution nutzt das Spannungsfeld zwischen entgegen gesetzten Polen zum Aufbau von Ausgleichsfeldern. Auf diese Weise werden die Zyklen von Chaos, Gleichgewicht und Ordnung zur Quelle einer höheren Qualität. Es erfolgen Quantensprünge – der Mensch wird zum Schöpfer.

Dies bedeutet eine Synthese aus Schöpfung und Evolution. Das Prinzip ist göttlich, die Entwicklung evolutionär.

Die Zyklen der Welten

Wir sind zahlreichen Zyklen ausgesetzt, die unsere Entwicklung beeinflussen. Zeitliche Abläufe wie eine Rotation lassen sich zu Welle oder zu Translation (Hin-und-Her-Bewegung) umformen (Bild 4.15). Aus diesen drei Bewegungsformen ergeben sich auch Varianten der beiden Antipoden Yin und Yang.

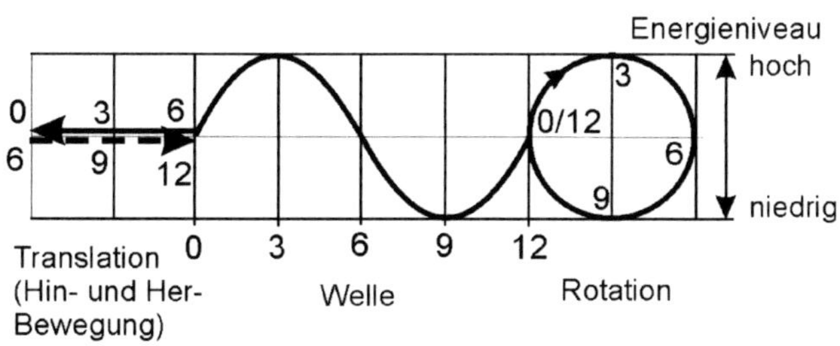

Bild 4.15 Umwandlung der Bewegungsformen Rotation, Welle und Translation

Sternbilder und Sternzeichen

In grauer Vorzeit wurden die ersten Kalender erstellt. Es war die Zeit, in der sich die nomadisierenden Jägern und Sammler des Nordens aufgrund der Ausbreitung von Wäldern infolge Klimawandel zu sesshaften Ackerbauern und Viehzüchtern wandelten. Nun war es wichtig, die günstigsten Zeiten für Saat und Ernte zu kennen.

Zur Beobachtung der zyklischen Bewegungen der Gestirne baute man Sonnen-Observatorien zunächst in Form von Holz- oder Steinkreisanlagen (Bilder 5.14 bis 5.16). Die daran angebrachten Markierungen verwiesen auf die wichtigsten Zeitpunkte im Jahr – den längsten und kürzesten Tag sowie die Frühjahres- und die Herbst-Tag- und Nachtgleiche.

Bald erkannten unsere Vorfahren die energetische Wirkung der Kreisanlagen, die diese als Antennen zum Empfangen und Senden bestimmter Frequenzen elektromagnetischer Strahlung und von Medienteilchen besitzen. Man nutzte die energetische Wirkung, welche man bereits von besonderen Energieorten und Bäumen kannte, um in höhere (meditative) Bewusstseinszustände zu gelangen. Das diente dazu, wichtige Entscheidungen oder Urteile aus einer höheren Warte fällen zu können, günstige Zeiten für Unternehmungen zu finden oder um mit höheren Geist- und Seelenfeldern (Ahnen, Helden, Heroen und Göttern) zu kommunizieren.

„So entstand die Zeitrechnung, die Zeit einer Sonnenumrundung durch die Erde als ein Jahr, die Zeit einer Mondumrundung um die Erde entsprach ursprünglich einem Monat. Bald erkannte man auch den Einfluss der Sternbilder auf die Entwicklung der Erde und benannte die 12 wichtigsten mit Widder bis Fisch.

Später teilte man das Jahr in jene 12 Bereiche der Sternzeichen, die nach den 12 Sternbildern benannt wurden, die im Zeitraum von 2.370 bis 210 Jahren v. Chr. hinter den Sternzeichen am Himmel sichtbar waren. So stand im Weltzeitalter „Widder“ das Sternbild Widder hinter dem Sternzeichen Widder. Die Zahl 12 ist ein Symbol für die Ganzheit (männliche 3 x weibliche 4 = 12, 12 griechische Götter, 12 christliche Apostel).

Sternbilder sind die sichtbaren Sternenkonstellationen, die eine jeweils unterschiedliche Größe haben. Sternbilder bilden den siderischen Tierkreis (lat. sidus: Stern).

Sternzeichen bilden 12 gleiche Abschnitte von 30 Grad des Jahreskreises, die der astrologischen Einteilung entsprechen. Sternzeichen bilden den tropischen Tierkreis (griech. tropai: Sonnenwende).“ nach [Banzhaf05]

Welt-Zeitalter

„Weltzeitalter entsprechen dem astronomischen Sternbild, in welchem die Sonne steht, wenn sie zur Frühjahrs-Tag- und Nachtgleiche im astrologischen Sternzeichen Widder aufgeht.

Wir befinden uns zurzeit im Übergang vom Fische- zum Wassermannzeitalter. Während viele Fachleute den Beginn an den Anfang des 20. Jahrhunderts gelegt haben, halten andere die außerordentliche Ballung aller sieben klassischen Planeten im Zeichen Wassermann Anfang Februar 1962 für den himmlischen Auftakt dieses neuen Äons. Noch andere gehen viel weiter zurück. Sie sehen bereits im erwachenden Humanismus der Renaissance die wassermännischen Ideen zum Durchbruch kommen. Akribische Rechner jedoch betrachten die Himmelsbewegungen und kommen zu dem Schluss, dass die Sonne in unserer Zeit am Tag der Frühlings-Tag- und Nachtgleiche immer noch in den letzten Graden des Sternbilds Fische steht und deshalb vor dem Jahre 2.500 vom Wassermannzeitalter keine Rede sein kann.“ nach [Banzhaf05]

Einen genauen Zeitpunkt für den Wechsel der Weltzeitalter kann es wohl nicht geben. Dies kann man sich analog zu den festliegenden Tagen für den Beginn der Jahreszeiten vorstellen, die ebenfalls nur tendenziell gelten, weil das Wetter ebenfalls Übergangszeiten benötigt.

Die Auseinandersetzungen zwischen Astronomen und Astrologen könnten beigelegt werden, weil es sich um zwei unterschiedliche Bezugssysteme handelt: Während sich der siderische Tierkreis der Astronomen auf die Stellung der unterschiedlich großen Sternbilder bezieht, richtet sich der tropische Tierkreis der Astrologen nach der Stellung der Sonne, d. h. ihren stets gleich langen Umlaufabschnitten.

Sternbilder und ihre Abfolge sowie die **Weltzeitalter** kennt man mindestens seit dem Stierzeitalter (das südöstliche Tor des Observatoriums in Goseck liegt in jener Richtung, in der vor 6.800 Jahren der „Kopf“ aus dem Tierkreiszeichen „Stier“ am Nachthimmel erschien, außerdem waren die Palisaden mit Stierköpfe versehen.). Die astrologischen **Sternzeichen** wurden im Widder-Zeitalter entwickelt. Man hatte erkannt, dass die zyklischen Anregungen der Gestirne im Jahreslauf nicht nur Wetterbedingungen, sondern auch günstige oder ungünstige Zeitpunkte für

Unternehmungen aufzeigen. Im Jahre 410 sollen babylonische Astronomen das erste *Horoskop errechnet haben. Um diese Zeit wurde aus den babylonischen Astrallehren die chaldäische Astrologie entwickelt, aus der später die hellenistische entstand.

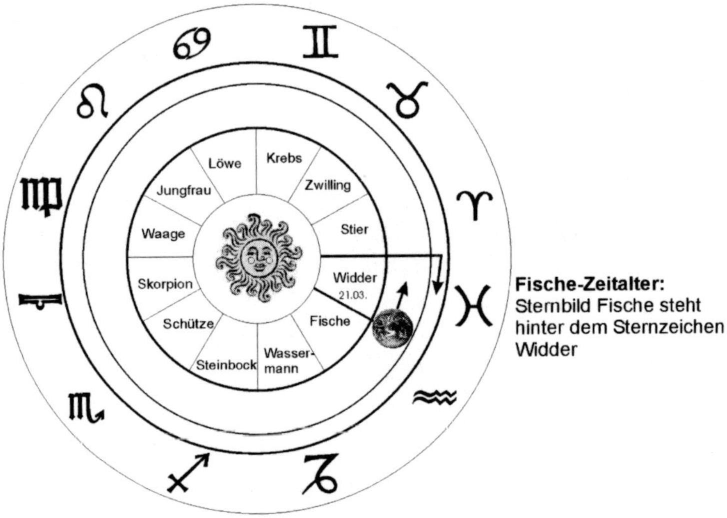

„Seit einiger Zeit gibt es eine zunehmende Verwirrung zwischen Astronomen und Astrologen, weil Sternbilder und Sternzeichen seit dem Widderzeitalter auseinander laufen. Zu dieser Thematik sind zwei Gesichtspunkte zu beachten:

Bild 4.16 Welt-Zeitalter Widder

- *Seit dem Widder-Zeitalter hat sich die Bahn der Erde infolge der Kreiselbewegung der Erdachse (Präzession) in Bezug auf den Sternhimmel verschoben. In ca. 2.160 Jahren addieren sich diese Verschiebungen um jeweils 30 Grad. So stand zwar im Widderzeitalter das Sternbild Widder hinter dem Sternzeichen Widder (Bild 4.16), aber im Fischezeitalter war es das Sternbild Fische (Bild 4.17) und im Wassermannzeitalter ist es das Sternbild Wassermann. Eine vollständige präzessionsbedingte Umrundung dauert 12 mal 2.160 Jahre. Das ergibt die 25.920 Jahre des ‚Platonischen Jahres'.*

- *Während der astrologische tropische Tierkreis mit den stets um 30 Grad gleich langen Sternzeichen rechnet, sind die Sternbilder des astronomischen siderischen Tierkreises in ihrer Ausdehnung völlig verschieden. Das größte dieser Sternbilder ist fast dreimal so lang wie die kleinsten. Auch gibt es – angesichts ihrer Zwischenräume – bislang auch zu wenig Erfahrungswerte, wo die „Wirkung" des einen Sternbilds denn nun genau aufhört, und die des nächsten beginnt. Insofern waren Sternzeichen und Sternbilder nie identisch, auch im Widderzeitalter nicht.“* nach [Banzhaf05]

Es war unklug, die Sternzeichen mit gleichen Namen wie die Sternbilder zu benennen, denn die beiden beziehen sich auf unterschiedliche Systeme.

Bei den Abbildungen wurde nicht das bei Astrologen verwendete geozentrische, sondern das reale heliozentrische Weltbild gewählt.

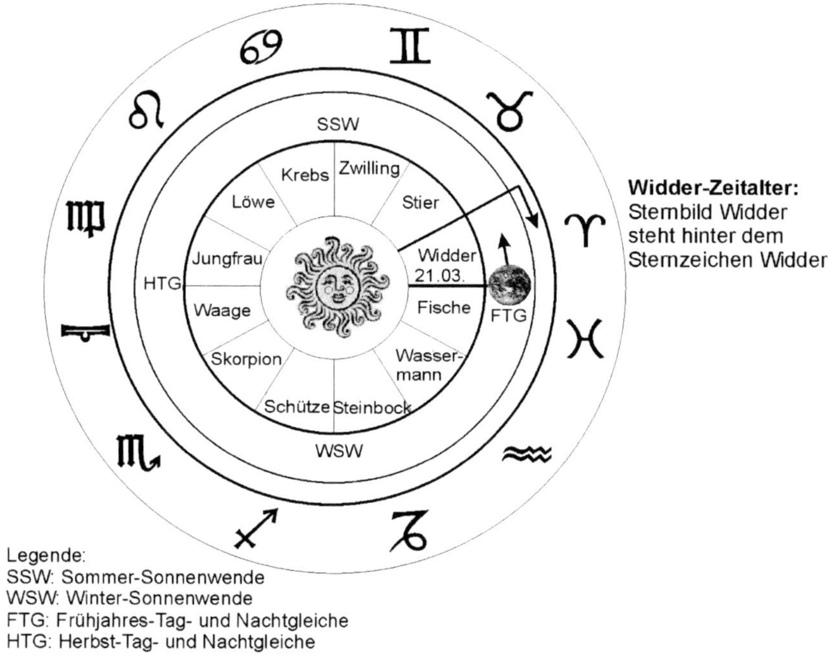

Bild 4.17 Welt-Zeitalter Fische

„Höchst interessante Analogien schaffen eine überzeugende Verbindung zwischen dem archetypischen Hintergrund eines Sternbildes, das ein Weltzeitalter regiert und dem jeweiligen Zeitgeist.“ nach [Banzhaf05]

Einflüsse von Sternzeichen und Sternbildern

Die Abfolge der **Sternzeichen** ist unveränderlich. Der für das Leben auf der Erde entscheidende Einfluss der Sonne ist unstrittig. Die Sonne wird von allen natürlichen Religionen als wichtigste Gottheit verehrt (Germanen: Sunna, Ägypter: Re, Griechen: Helios, Römer: Sol). Am jährlichen Umlauf der Sonne hat sich in den vergangenen Jahrtausenden nichts geändert. Stets zur gleichen Zeit erscheinen Jahr für Jahr die Sonnenwenden und die Tag- und Nachtgleichen. Und am Tag der Frühjahrs-Tag- und -Nachtgleiche beginnt sie ihre Umlaufbahn, dessen erste 30 Grad die Astrologen als Sternzeichen Widder bezeichnen.

Während die Anregung durch die **Sternbilder** vorwiegend in der „sonnenlosen" Nachtzeit auf unser Unterbewusstsein wirkt, gibt uns die elementare Anregung der Sonne die Kraft zur körperlichen Aktivität des Tages. Mit Hilfe dieser Kraft verwirklichen wir unser individuelles Programm, das maßgeblich zur Nachtzeit erstellt wird.

Die Traumforschung konnte nachweisen, dass Träume zwar im REM-Schlaf stattfinden, aber nicht auf das einfache archetypische Stammhirn begrenzt sind, sondern dass das evolutionär zuletzt entwickelte menschliche Großhirn entscheidend am Traumgeschehen beteiligt ist. Es findet sozusagen eine Transformation archetypischer Muster in die moderne Zeit statt. Die Aufgaben des individuellen Lebensplanes werden in den Bereich des Alltagsbewusstseins der Ziele und Wünsche geleitet, welcher hinter der Stirn sitzt.

Zur Umsetzung dieser Ziele und Wünsche bedarf es der Tat im täglichen Leben. Die dabei gesammelten Erfahrungen bilden das Medium eines höheren Ausgleichsfeldes (einer höheren Bewusststeinsebene) und ermöglichen damit den Zugang zu einem weiteren Frequenzbereich der Sonnenanregung und der *Akasha-Chronik.

Der Tiefenpsychologe C.G. Jung wies immer wieder darauf hin, wie sehr der Antrieb zur Veränderung und Erneuerung aus dem eigenen Unterbewussten erfolgt. Das Gehirn nimmt Informationen der Sinnesorgane auf, koordiniert diese und berechnet die motorischen Antworten an die Muskulatur. In der REM-Schlafphase ist die Muskulatur blockiert. Das Bewusstsein befindet sich im höchsten Ausgleichsfeld. In dieser Situation können mit dem siebten Sinn besonders hochfrequente elektromagnetische Wellen empfangen werden, Anregungen der Gestirne und Informationen der Akasha-Chronik.

Von einer besonders subtilen Kommunikation wurde in einer am 14.12.05 ausgestrahlten, von Wolf von Lojewski moderierten Sendung berichtet: Eine Frau erkennt im Schlaf ihren Bruder, der des Nachts zu Pferde eine eilige Botschaft zu überbringen hat. Sie nimmt wahr, wie ihrem Bruder eine Pferdekutsche entgegenkommt, die er durch eine Wegbiegung noch nicht erkennen kann. Sie versucht vergeblich, ihn vor dem drohenden Zusammenstoss zu warnen und wacht just in jenem Moment auf, als sich der Zusammenstoss ereignet.

Die Umlaufzeit unserer Sonne um das galaktische Zentrum beträgt etwa 200 Mio. Jahre, sie rotiert in 25 - 27 Tagen einmal um sich selbst und durchläuft einen etwa 22-jährigen Aktivitätszyklus. Bei dem 11 Jahre währenden Wellenberg wird ein Maximum an Sonnenwind abgestrahlt, der beträchtliche Auswirkungen auf die Erde hat (Satelliten stürzen ab, Störungen bei Funkverkehr und Stromversorgung, Unwetter usw.). Das letzte Maximum löste Ende 1968 wahrscheinlich den „Prager Frühling“ aus.

Sowohl Germanen, Ägypter, Tibeter, Cherokee-, Hopi- als auch die Maya-Indianer bezogen ihre Kalender auf den 2.600-jährigen Zyklus. Das mit 7.000 Jahren weltweit älteste Observatorium in Goseck ist mit Stierköpfen ausgestattet. Dies verdeutlicht, dass die Erbauer ebenfalls den 2.600-jährigen Zyklus der Weltzeitalter kannten. Zeugnisse der Maya-Kultur reichen 5.000 Jahre zurück. Ihr heiliger Kalender, der „Tzolkin“, enthält zwei Zeitrechnungen. Die kurze hatte 13 Monate zu jeweils 28 Tagen (Mondzyklus), der überzählige Tag wurde ignoriert. Die lange Zeitrechnung war für große Zeiträume gedacht und beschreibt einen großen Zyklus von 5.125 Jahren. Dieser begann im Jahre -3.113 und endet am 21. Dezember (Wintersonnenwende) des Jahres 2.012. Was jedoch erwartet uns nun im Jahre 2012? An jenem Tag wird unser gesamtes Sonnensystem den galaktischen Äquator überqueren.

Wir orientieren uns nach dem gregorianischen Kalender, der 1582 von Papst Gregor XIII eingeführt wurde. Daneben existiert der islamischen Kalender. In diesem entspricht das Jahr 2.000 dem Jahr 1.420, nach dem jüdischen Kalender dem Jahr 5.760, nach dem buddhistischen Kalender ist dies das Jahr 2.541.

Es gibt Vermutungen, wonach die Sphinx von Gise mit geschätzten 11.000 bis 13.000 Jahren viel älter als die Pyramiden ist und ursprünglich einen Löwenleib mit Löwenkopf hatte, denn sie blickt zum aufgehenden Sternbild des Löwen. (Bei dem proportional viel zu kleinen Kopf wird die Abbildung des Pharao Chephren vermutet. Als die Pyramiden etwa um 2.620 v. u. Z. gebaut wurden, stieg das Sternbild „Orion“ auf. Diese Bauten entsprechen den Proportionen des Sternbilds Orion und bilden somit eine riesige Antenne zur Kommunikation zwischen Erde und Orion.

Zyklen der Welt-Zeitalter in Jahren (Ausschnitt)

große	mittlere	kleine	Tierkreise	Beginn ca.	Geburt bekannter Meister bzw. Propheten
Maha Yuga 4.320.000 Jahre	Kali Yuga Schwarzes Zeitalter 432.000 Jahre	Treta Yuga Silbernes Zeitalter 4.320	Löwe	- 11.010	
			Krebs	- 8.850	
		Dwapara Yuga Bronzenes Zeitalter 4.320	Zwilling	- 6.690	
			Stier	- 4.530	Hermes Trismegistos Krishna
		Kali Yuga Schwarzes Zeitalter 4.320	Widder	- 2.370	Abraham (-1900) Zarathustra (-1768) Gautama Buddha (-557)
			Fisch	- 210	Jesus Christus (- 6) Mohamed (570)
		Kriya Yuga Goldenes Zeitalter 4.320	Wassermann.	1.950	Maytrea, Messias
			Steinbock		

Bild 4.18 Zyklen der Welt-Zeitalter

Aus jener Zeit des **Stier-Zeitalters** sind viele Stiersymbole erhalten geblieben. Damals lebten Hermes Trismegistos und Krishna. Aus dem nachfolgenden **Widder-Zeitalter** wurden zahlreiche Widder-Symbole gefunden. In diesem Zeitalter lebten Abraham, Zarathustra und Gautama Buddha. Im **Fische-Zeitalter** folgten Jesus und Mohamed. Bild 4.18 zeigt die Zyklen der Welt-Zeitalter.

Zurzeit befinden wir uns im Übergang vom kleinen Kali Yuga zum kleinen Kriya Yuga, welches zugleich den Wechsel vom Fische- zum **Wassermann-Zeitalter** einleitet. Es werden nun neue Meister erwartet, die der Menschheit helfen sollen, die neue universelle energetische Qualität in der Welt zu manifestieren. Die Vorhersagen u. a. von Nostradamus deuten an, dass es nur noch einen Papst geben wird. Nach eigenen Aussagen wird der Dalai Lama nur noch ein- oder zweimal inkarnieren. Im Wassermann-Zeitalter erwarten die Buddhisten den Buddha Maitrea. *Asatru sagt für Mittel- und Nordeuropa die Wiederkehr des Lichtgottes Baldur voraus. Die Juden warten seit langem auf ihren Messias, da sie Jesus Christus nicht als solchen anerkennen. Christen und Moslems beharren auf ihren Propheten aus der Vergangenheit. Während die natürlichen Religionen eine lebendige Weiterentwicklung leben, zeigen die monotheistischen Religionen eine Bindung an alte Konzepte.

Die Menschheit des vergehenden Fische-Zeitalters benötigte Mittler oder Führer für den Zugang zu höheren Ebenen (Energieniveaus). Dazu waren Eigenschaften wie Glaube, Hingabe und Abhängigkeit notwendig, und es bestand ein Hang zum Dunklen (Yin), denn man befand sich in einem großen und zugleich in einem kleinen Kali Yuga. Wie die Geschichte zeigte, folgten die Massen auch negativen Führern Auf dem Tiefpunkt (Wellental) dieser Zeitepoche überwogen Missionierung, Habgier und die vielen Grausamkeiten des Mittelalters.

Die Menschen des Wassermann-Zeitalters werden keine Mittler mehr brauchen, sondern lediglich Begleiter. Sie werden ihren Weg in eigener Verantwortung gehen, denn sie erhalten Zugang zu höheren Ebenen. Der Glaube wird durch das eigene Wissen, die eigene Erkenntnis ersetzt.

Dem Wassermann entspricht das Symbol „Welle“ – und das Universal-Prinzip beinhaltet die Umwandlung von Wellen. Vielleicht kann eine neue Epoche in Wissenschaft und Gesellschaft eingeleitet werden. Den Menschen wird wieder zunehmend bewusst, dass sie über Ausgleichsfelder und Wellen mannigfach mit der umgebenden Natur, den Göttern und Gott vernetzt sind. Man wird weltweit nicht mehr lange mit der Führung materiell orientierter Menschen zufrieden sein.

Ein erster Ausdruck der Kraft des neuen Zeitalters – des neuen Bewusstseins – war der Zusammenbruch des Kommunismus im Ostblock. Jedoch auch im Westen wird es sicherlich zu größeren Umwälzungen kommen. Das Wassermann-Zeitalter ist in mehrere Phasen unterteilt. Wir befinden uns in der Anfangsphase. Wie beim Übergang von Winter zum Frühling ist nach den ersten warmen Tagen noch einige Zeit mit der Rückkehr von Frost zu rechnen, Eisgang der Flüsse und Überschwemmungen können Schäden anrichten. Starrheit, Isolation, Polarität aus dem vergangenen Zeitalter werden erst allmählich ersetzt durch Flexibilität, Annäherung, Wärme und Toleranz. Während sich die Evolution entsprechend den Wellen natürlicher Zyklen entwickelt, setzen Wirtschaft, Technik und Wissenschaft in Unkenntnis dieser Zusammenhänge und von kommerziellen Erwägungen getrieben noch auf den vermehrten Einsatz künstlicher Wellen. Es entwickelt sich ein Pseudo-Fortschritt, der unsere Entwicklung und die der Erde massiv stört.

1. Phase Wellenberg	Polytheistische Religionen mit einem Hauptgott Levitation, Freiheit, aber Begrenzung durch Leben mit rohen Naturgewalten. Fruchtbare Weiterentwicklung durch mystische Verwobenheit mit Erde und Himmel und Ausnutzung natürlicher Hilfsmittel zum Erreichen höherer Bewusstseinszustände.	reales heliozentrisches Weltbild
2. Phase Wellental	Monotheistische Religionen Gravitation, Enge, Abgrenzung. Trennung der Verbindung zu Erde und Himmel, Gott wurde in unerklärbare Ferne entrückt. Anstelle natürlicher Hilfsmittel wurden „Vertreter Gottes“ (Papst, Kaiser von Gottes Gnaden, Fürstbischöfe) eingesetzt, die ihre Mittlerrolle zu Geld machten (Kirchenzehnt, Ablasshandel, Kreuzzüge, Missionierung) und aufgrund eines ungehemmten Besitz- und Machtstrebens die Gesellschaft dominierten. Kunst und Wissenschaft werden erst von der Religion, später in der dekadenten Phase von der Wirtschaft beherrscht.	unreales geozentrische Weltbild unreales egozentrisches Weltbild
3. Phase Wellenberg	Polytheistische Religionen mit einem Hauptgott Levitation, Freiheit durch höheres Wissen (Erfahrungen und Lehren aus den Errungenschaften und Fehlern der Vergangenheit) und Vernetzung sowie Kommunikation mit allem, was uns umgibt, Ausnutzung natürlicher Hilfsmittel zur Erreichung höherer Bewusstseinszustände, dadurch fruchtbare Weiterentwicklung.	reales universelles Weltbild

Bild 4.19 Entwicklung der Weltbilder

Durch das Streben nach Geld und Macht wurde im Mittelalter viel Wissen vernichtet, jedoch gehen wir erneut einer hohen Zeit, der Entfaltung eines neuen Ausgleichsfeldes der Erde, entgegen. Viele Menschen haben den Kontakt zu höher entwickelten Wesen verloren. Und so scheint das Schiff der menschlichen Entwicklung in die Isolation zu treiben. Der Kampf gegen die Natur zum Ende des zweiten Jahrtausends wird in Unkenntnis der umfassenden Zusammenhänge und Verblendung durch materielles Besitzstreben nunmehr global geführt. Der noch vorherrschende Monotheismus vermag dieser Entwicklung nichts entgegenzusetzen. Die 10 Gebote der Christen sagen nichts über den Respekt gegenüber der Natur aus und bei der heiligen „Dreieinigkeit" wurde unsere Mutter Erde ausgegliedert.

Es schaut so aus, als wenn die monotheistischen Religionen einzelne Stufen aus der universellen hierarchischen Stufenleiter zum natürlichen Gott entfernt hätten. Niemand kann auf einer Leiter emporsteigen, wenn Sprossen fehlen. So wird es den Menschen erschwert, sich im Sinne natürlicher Gegebenheiten zu entfalten, was die Geschichte der letzten 2.000 Jahre beweist.

Es vollzog sich eine Entwicklung vom **heliozentrischen Weltbild** der Naturreligionen über das **geozentrische** des Mittelalters bis zum **egozentrischen Weltbild** des Technikzeitalters, in Bild 4.19 in drei Phasen dargestellt.

Kreisläufe von Tag und Nacht, Monaten und Jahren

Infolge der fehlenden Sonnenanregung überwiegen nachts Gravitationskräfte, die den Saft der Pflanzen nach innen und in die Wurzeln ziehen. Durch die Energie bei Vollmond verbleibt jedoch auch nachts eine minimale Anregung, wodurch die Levitationskräfte den Saft oberhalb eines Minimums halten, welches sich bei Neumond einstellt. Pflanzen wachsen bei zunehmendem Mond überwiegend über der Erde, bei abnehmendem Mond hingegen hauptsächlich unter der Erde. Die Beachtung der Zyklen ist für den jeweiligen Verwendungszweck wichtig. Daher wird empfohlen, über dem Boden wachsende Fruchtkörper bei zunehmendem, Wurzelgemüse jedoch bei abnehmendem Mond zu ernten.

Bekannt ist die periodisch wirkende Anziehungskraft des Mondes auch beim Phänomen der Gezeiten Ebbe und Flut. Bei Voll- und Neumond addieren sich die Wirkungen von Sonne und Mond (Springflut), bei Halbmond heben sie sich zum Teil auf (Nippflut). Während dem Mond zuweilen eine Atmosphäre abgesprochen wird, ergaben Beobachtungen, dass der Druck des Sonnenwindes zu Entgasungsprozessen führt. Der Mond baut also eine Atmosphäre auf.

Kürzlich wurde entdeckt, dass die Kraft von Sonne und Mond größere Auswirkungen hat als bisher angenommen: *„Besonders starke Gezeiten können nicht nur zu Überschwemmungen führen, sondern auch weitaus gravierendere Folgen haben: Die Kraft der Wassermassen wird so groß, dass sie Erdbeben auslösen können. Bisher konnten Geologen keinen direkten Zusammenhang zwischen Erdbeben und anderen Kräften im Universum herstellen. Doch nun fand man heraus, dass starke Gezeiten einen so hohen Druck auf Erdspalten unter dem Meeresgrund ausüben können, dass die Erde zu beben beginnt. In Zonen, in denen sich eine Erdplatte relativ nah an der Oberfläche unter eine andere schiebt, sind die Auswirkungen von Ebbe und Flut besonders stark. Diese Störzonen sind dem doppelten Druck der Gezeiten ausgesetzt – zum einen durch das Gewicht der heranrollenden Wellen, zum anderen zerrt die Anziehungskraft von Sonne und Mond nicht nur an den Wassermassen, sondern an der gesamten Erde." [Spiegel404]*

Im Frühjahr treiben Levitationskräfte den Saft der Pflanzen in die Höhe – Blätter, Blüten und Früchte wachsen. In der kalten Jahreszeit reicht die Sonnenanregung nicht mehr zum Transport des Saftes (Medienteilchen) und die Gravitationskräfte überwiegen. Der Baum zieht den Saft in den wärmeren Wurzelbereich zurück, die Blätter werden nicht mehr angeregt, Pulsation und Stoffwechsel kommen zum Erliegen. Die Blätter schrumpfen, erstarren, lösen sich schließlich an der Sollbruchstelle (materialisierter Resonanzkanal – Nabelschnur) und fallen ab.

Der 11-jährige Sonnen-Zyklus

Außer dem Rhythmus der Jahreszeiten kennen wir die Einflüsse von Schwankungen bei der Intensität der Sonneneinstrahlung. Die Sonne unterliegt einem 11-jährigen Zyklus, der durch eine regelmäßige Zunahme von Sonnenflecken-Aktivitäten und durch einen Polwechsel gekennzeichnet ist. Nach dem Universal-Prinzip wird dieser Zyklus durch den im Kapitel 3.5 beschriebenen Universellen *Schwingkreis gesteuert.

Das Atmosphären-Ausgleichsfeld der Erde besteht aus verschiedenen Schichten, welche mit Buchstaben bezeichnet werden. Die bei „Flares" (Sonnen-Eruptionen) erzeugten Röntgenstrahlen verstärken die so genannte D-Schicht in etwa 80 km Höhe. Die F-Schicht löst sich oft für viele Stunden ganz auf. Außerdem können Teilchenströme in 70 bis 1.000 km Höhe zu Polarlichtern führen (Eigenleuchten durch Ionisation von Medienteilchen). Mit den Polarlichtern gekoppelt treten starke Störungen des Erdmagnetfeldes auf, die als magnetische Stürme bekannt sind und *Erdströme hervorrufen. Diese Unruhe macht sich oft in einem Zittern von Kompassnadeln, d. h. einer Schwankung der Deklination um einige Grad bemerkbar. Auch die Längstwellen (Wellenlänge > 1.000 m) werden oft verstärkt, machen sich in der Funktechnik bemerkbar.

Während die Sonnenanregung nach dem Universal-Prinzip Hauptquelle der Anregungen der Erde ist und wie beschrieben das Wetter und die Wärme im Erdinneren bewirkt, steht die Lehrmeinung derartigen Gedanken oft skeptisch gegenüber. Einflüsse auf die tiefsten Schichten der Erdatmosphäre und damit auf das Wetter seien fragwürdig.

In letzter Zeit versucht man jedoch, gewisse Strömungsverhältnisse, die sich in der Stratosphäre zeigen, mit dem 11-jährigen Sonnenzyklus in Verbindung zu bringen und von dort einen Steuerungsmechanismus auf das Wetter in der Troposphäre abzuleiten. Weiter vermutete Zusammenhänge betreffen das Baumwachstum. Die Dicke der Baumringe soll im Sonnenfleckenmaximum größer sein als im Minimum. Außerdem wurden Verbindungen zwischen Sonnenfleckenaktivitäten und akuten Stadien bestimmter Krankheiten (z. B. Embolien) beobachtet. Statistische Nachweise seien aber nicht ganz überzeugend, ganz zu schweigen vom Verständnis der physikalischen und biologischen Hintergründe.

Auf die Erde bezogen räumt man ein, dass die Hauptquelle des erdmagnetischen Feldes zwar durch elektrische Ströme im Erdinneren begründet sei, zum geringeren Teil aber auch durch Ströme in der Ionosphäre. Da deren Zustand von der Sonnenaktivität abhinge, bestünde auch ein enger Zusammenhang zu den erdmagnetischen Aktivitäten.

Die Probleme der konventionellen Wissenschaft mit der Deutung kosmischer Anregung zeigt folgendes Zitat aus dem „Reformhauskurier" Februar 2004, S. 5: *„Wissenschaftler der Ruhr-Universität Bochum und der Hebrew Universität Jerusalem haben Beweise gefunden, dass die kosmische Strahlung die Hauptursache für die Erwärmung und Abkühlung der Erde sein könnte. Bei ihrem Auftreffen auf die Erdatmosphäre beeinflusst die Strahlung die Wolkenbildung und dadurch den Wasserkreislauf der Erde. Es wurden übereinstimmende Regelmäßigkeiten zwischen der Intensität der kosmischen Strahlung und den Klimaschwankungen der letzten 600 Mio. Jahre entdeckt. Diese neuen Funde stellen die Annahme, Kohlendioxid sei die treibende Kraft der Erderwärmung, in Frage. Der Bochumer Forscher Jan Veizer meint aber dennoch, dass Kohlendioxid ein verstärkender Faktor des Treibhauseffektes sein könne."*

Man muss sich fragen: Wovon soll unser Wetter sonst abhängen, als von den Wechselwirkungen zwischen Sonnenanregung und Erdreaktion? Natürlich sind die

Medien in den Oktavbereichen des Erd-Ausgleichsfeldes von größter Bedeutung für den Verlauf dieser Wechselwirkungen.

Im großen Maßstab unseres Wetters bauen sich Spannungen auf zwischen Hoch- und Tiefdruckgebieten, chaotische Phasen wechseln mit ordnenden. Wir modernen Menschen haben den Bezug zu manchen Zyklen verloren. Natürlich schlafen wir nachts und kleiden uns entsprechend den Jahreszeiten. Wegen der Annehmlichkeiten der Technik (Licht und Wärme) sind uns die Einflüsse, die solche Zyklen auf unsere Entwicklung haben, jedoch teilweise fremd geworden (Im Winter: Einkehr, Besinnung, Erfahrung verarbeiten, im Sommer: Aktivität, Tat...).

Auch der Sinn der großen Zyklen, die ein Menschenalter teilweise weit überdauern, wurde vergessen. Alle Mythen berichten von Sintfluten oder Apokalypsen und nur wenige Wissenschaftler versuchen sich in Deutungen. Im Grunde lassen sich die Auswirkungen der Zyklen relativ einfach erklären: Sowohl Pulsation als auch Eigenrotation und Umläufe von Objekten lassen sich als Sinuswellen darstellen. Bei der Kurve des Jahreskreislaufes erkennen wir Wellenberge mit maximaler Anregung (z. B. Erde im sonnennächsten Punkt = Sommersonnenwende) und Wellentäler (Erde im sonnenfernsten Punkt = Wintersonnenwende), sowie Schnittpunkte mit der Abszisse (Erde mit einer durchschnittlichen Anregung = Tag- und -Nachtgleiche). Im Maximum absorbiert die Erde wesentlich mehr Sonnenenergie als in anderen Jahreszeiten.

Jeder Wellenberg entwickelt eine nach außen gerichtete Levitation, jedes Wellental eine nach innen gerichtete Gravitation. Aufgrund dieser Pulsation funktionieren beispielsweise auch unsere Atmung und unser Herzrhythmus. Klar erscheint, dass uns Abweichungen beeinflussen. Wer beispielsweise in einer Phase der Gravitation Kraft entfalten will, arbeitet gegen die Zyklen und schafft mit großer Anstrengung nur wenig. Wer sich in einer Levitationsphase ausruhen will, wird trotz Tabletten keine Ruhe finden.

So entstanden Erd-Zeitalter

Erdzeitalter zeigen die geologische Einteilung von Erd-Entwicklungsabschnitten, die mit dem Quartär beginnt. Im Sinne des Universal-Prinzips entstehen die für die Erdzeitalter charakteristischen geologischen Veränderungen aber primär durch die energetischen Einflüsse der Weltzeitalter.

5. Universal-Prinzip und Mensch

Im Kapitel 5 ging es um Makro- und Mikrokosmos aus Sicht des Universal-Prinzips. Nachfolgend konzentrieren wir uns auf den dazwischen befindlichen Bereich, in welchem sich unser Leben abspielt. Es ergeben sich völlig neue Erkenntnisse über Wesen und Entwicklung von Leben. Wir werden sehen, wie Abläufe im Makro- und Mikrokosmos den Zyklus eines Menschenlebens beeinflussen.

Während in der Physik elektrische und magnetische Kraftfelder, Atmosphäre- oder Heliosphäre-Hüllen geläufig sind, spielen Felder in der Biologie kaum und in der Medizin keine Rolle. Dabei kann jeder zumindest das Wärmefeld eines Menschen spüren, wenn er seine Handfläche einem lebenden Wesen nähert, ohne es zu berühren. Die konventionelle Wissenschaft weiß nicht, wo sich Gedanken und Gefühle befinden und kann lediglich deren Wirkungen lokalisieren.

Es gibt hier erheblichen Nachholbedarf, denn nach dem Universal-Prinzip ist das Ausgleichsfeld, auch *Aura oder Seele genannt, der Sitz von Gedanken und Gefühlen. Die Zelle ist das Ausgleichsfeld des Zellkerns und natürlich besitzen auch Organe und der Mensch selbst Ausgleichsfelder. Außerdem knüpfen wir Beziehungen zur Weisheit alter Hochkulturen, zur fernöstlichen Medizin, zur Philosophie und zur Politik des westlichen Abendlandes.

5.1 Die Zeit bis zur Geburt

Neues Leben beginnt mit Liebe, mit einem Liebesakt. Dabei hat es die Natur so eingerichtet, dass Befruchtung und erste Lebensphase in einem Bereich stattfindet, der vor der offenen, hellen und lauten Atmosphäre schützt. Lurche leben zunächst im Wasser, Kriechtiere und Vögel im Ei, Säugetiere und Menschen im Körper der Mutter und damit im Schutz ihres Ausgleichsfelds. Bild 5.1 zeigt den Verlauf der Befruchtung, welche prinzipiell bei allen Lebensformen gilt, weil sie sich bewährt hat:

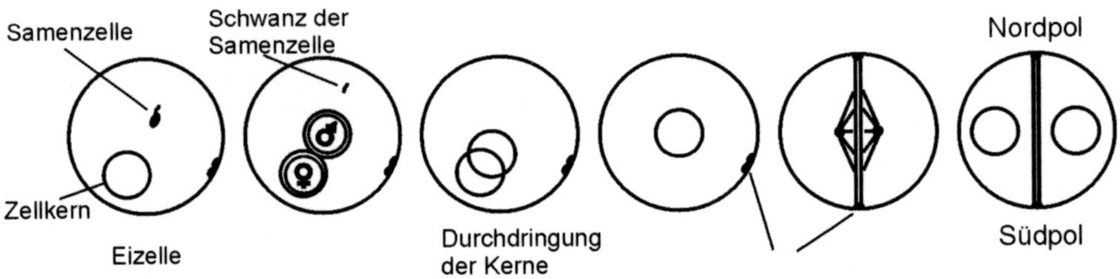

Bild 5.1 Befruchtung

Ebenso, wie wir bereits bei Atomen oder Galaxien gesehen haben, besteht die Eizelle aus einem **Kern** und einem **Ausgleichsfeld**. Zunächst aber dringt eine Samenzelle in die Eizelle ein. Im neuen Umfeld der Eizelle füllt die Samenzelle ihr Ausgleichsfeld mit Medienteilchen an und wächst genau auf die gleiche Größe an wie der bisher weibliche Kern der Eizelle. Nur bei identischen Größen beider Kerne ist eine Befruchtung möglich, da die Annäherung von Samen- und Eizelle wie bei Atomen und Molekülen aufgrund von Resonanz geschieht. Sowohl der weibliche als auch der männliche Kern enthalten 22 + 1 Chromosomen, die Hälfte, die zur Entwicklung eines Menschen benötigt wird. Anzahl und Art der Erbanlagen unterscheiden sich übrigens bei den verschiedenen Lebewesen. Nun überlagern sich beide Zellkerne und verschmelzen zu einem einzigen. Damit ist die erste Zelle eines neuen menschlichen Körpers mit 44 + 2 Chromosomen entstanden. Jetzt beginnt die Zellteilung. Zunächst wandern die Polarkörperchen zu den Polen der Zelle und es entsteht eine **Polachse**. Dann teilen sich die Chromosomen und es entstehen zwei Zellen mit je 44 + 2 Chromosomen. Auf die gleiche Weise setzt sich die Zellteilung fort.

In den ersten Wochen nach der Befruchtung bilden sich bei allen Lebewesen ein äußeres und ein inneres Keimblatt aus. Zwischen beide schiebt sich später, ähnlich dem Vorgang bei Pflanzen, ein mittleres Keimblatt. Vor Ausbildung des mittleren Keimblattes wird analog zu Vögeln ein Dottersack angelegt. Bis zur vierten Woche gibt es kaum Unterschiede bei den äußeren Körperformen zwischen Embryonen von Menschen und höheren Säugetieren. Im zweiten Monat bilden sich sowohl die Schwimmhäute zwischen den Fingern, welche ebenso wie die Kiemenanlagen auf Fische hindeuten, als auch das schwanzartige Körperende, das an Reptilien erinnert, zurück.

Es wird deutlich, dass stets die evolutionäre Entwicklung im Schnelldurchgang durchlaufen wird – beginnend bei der Pflanze über das Tier bis hin zum Menschen. Die Natur lässt nie etwas komplett Neues entstehen, sondern baut immer auf Bewährtem auf. Bei der Embryonalentwicklung werden zunächst Vorformen angelegt, die sich später bis zu der Entwicklungsstufe ausbilden, welche wir heute erreicht haben.

Aber wir wollen uns nicht auf den körperlichen Bereich dichter sichtbarer Materie beschränken. Die einzelnen Organe und der physische Körper selbst können wir als Kerne ansehen, zu denen untrennbar Ausgleichsfelder gehören. Und – die Beschäftigung mit den Ausgleichsfeldern verspricht interessant zu werden, da diese einerseits unsichtbar, andererseits jedoch wirksam und durchaus spürbar sind.

Das Ausgleichsfeld bildet als Bindeglied zwischen Organen und Körper sowie zwischen Körper und Umfeld die Voraussetzung für dessen Entwicklung. Auch unsere Ausgleichsfelder wachsen im Laufe des Lebens Oktavbereich für Oktavbereich. Jeder weitere Ausgleichsfeld-Oktavbereich enthält feinere Medienteilchen und bildet neue Antennen zur Kommunikation mit Umfeld-Wellen höherer Frequenz. Darin liegt das Geheimnis für die immer perfektere Anpassung an die Umfeldbedingungen bei gleichzeitiger Erhöhung von Leistungsfähigkeit und Stabilität des Organismusses, sichtbar an komplizierten Organ- und Sinnesausformungen.

So entsteht aus den oberen Ur-Segmenten bei jedem Embryo zuerst eine Vorniere, die nie eine Funktion erhält. Deren Ausführungsgang jedoch wird von der danach aufgebauten Ur-Niere übernommen, die anschließend durch unsere heutige hoch entwickelte Niere ersetzt wird.

Der menschliche Organismus benötigte den gewaltigen Zeitraum von 600 Millionen Jahren, um sich bis zum heutigen Stand zu entwickeln. Dabei wurden durch die Vielfalt von Ausgleichsfeldern und Medienteilchen Regulierungsmöglichkeiten aufgebaut, die alle Angriffe auf seine Identität abwehren konnten.

Phantastisch ist, dass die Natur jede Herausforderung zur Quelle einer höheren Qualität nutzt. So sind Menschen gegenüber Umfeldgiften resistenter als die meisten Pflanzen und Tiere. Im Verlaufe der Entwicklung wurden beispielsweise 100 Trillionen Antikörper entwickelt, die über ein deutungsfähiges Freund-Feind-Gedächtnis verfügen. Es wurden Begegnungen mit fremden Systemen gespeichert, mit denen der heutige Mensch in seinem Leben nie Kontakt hatte. So besitzen wir ein riesiges erbliches Potenzial an Erfahrungen. Überdies verfügen wir noch über genügend Speicherfähigkeit für künftige Erfahrungen, die uns bei der Weiterentwicklung der Erde noch bevorstehen.

Mit der Entwicklung des physischen Embryo-Körpers geht die Ausbildung von Ausgleichsfeldern einher. Die Zelle bildet das Ausgleichsfeld des Zellkerns. Und ebenso wie ein Atom besitzt wiederum auch jede Zelle ein Ausgleichsfeld, das ihre Individualität sichert. Als Zellkomplex baut jedes Organ ein eigenes Organ-Ausgleichsfeld auf. Und der Gesamtkörper, der alle Organe umfasst, entwickelt ein übergeordnetes Gesamtkörper-Ausgleichsfeld, welches ein so hohes Energieniveau besitzt, dass es für uns nicht mehr sichtbar ist.

Bis zum Beginn der Kiemenentwicklung ist nur das erste Gesamtkörper-Ausgleichsfeld, das „Energetische Ausgleichsfeld“, vollendet. Mit der Entwicklung der Organe entsteht als weiteres das „Emotionale Ausgleichsfeld“. Im dritten Schwangerschaftsmonat sind mit den Sinnesorganen und dem Nervensystem die wichtigsten Organe mit eigenen Ausgleichsfeldern angelegt. Jetzt wird als drittes Gesamtkörper-Ausgleichsfeld das „Mentale Ausgleichsfeld“ ausgebildet. Manche Mütter spüren diesen Impuls als leichtes Ziehen. Dies ist sowohl aus tibetischen Erfahrungen als auch aus der Tradition australischer Ureinwohner bekannt, die den Namen des Kindes davon ableiten, an welchem Ort sich die Mutter gerade befand, als sie dieses Zeichen bemerkte.

In den folgenden sechs Monaten wachsen sowohl der physische Körper als auch das Ausgleichsfeld. Die Nabelschnur ist in Form einer *Doppelhelix ausgebildet. So können Medienteilchen in zwei entgegen gesetzte Richtungen befördert werden; und zwar Nahrungsmittelpartikel und Sauerstoff von der Mutter zum Embryo sowie Ausscheidungsprodukte und Kohlendioxid zurück zur Mutter. Die Doppelhelix entspricht nach dem Universal-Prinzip einem materialisierten Resonanzkanal zwischen Mutter und Kind.

Wenn die Entwicklung des Embryos im Mutterleib vollendet ist, wird die Geburt durch den Druck des zum Säugling gereiften Embryos mit seinen Ausgleichsfeld ausgelöst, indem Hormone produziert werden, die zur Anregung der peristaltischrhythmischen Pulsation der Gebärmutter führen. Wichtig dabei erscheint, dass der werdende Mensch den Zeitpunkt seiner Geburt selbst bestimmt. Die Umstände vor und während der Geburt können in gewisser Weise prägend für den ganzen Lebens-Zyklus sein.

Bevor wir uns eingehender damit beschäftigen, wollen wir zunächst die Bedeutung der Begriffe „Körper", „Seele" und „Geist" klären. Das Universal-Prinzip ermöglicht erstmals eine klare Definition dieser Begriffe im Sinne unserer heutigen technisch geprägten Sichtweise.

Was bedeuten Körper, Seele und Geist?

Während die Begriffe Körper, Seele und Geist aus allen Traditionen bekannt sind, vermochte die technikdominierte Wissenschaft des 20. Jahrhunderts wenig damit anzufangen. Deren Ziele reduzierten sich auf die Erscheinungen der Dinge (Symptome), also auf die sichtbaren Manifestationen der Gedanken, nicht aber auf die Gedanken und Gefühle selbst oder gar deren Ursachen.

Beschäftigen wir uns mit den subtileren Bereichen des Seins, müssen wir berücksichtigen, dass der Verstand nicht unser klügster Ratgeber ist. Er ist eher vergleichbar mit einem Steuergerät für unseren materiellen Körper. Wir verfügen über feinere Anlagen, in welchen über Strategie und Taktik der Steuerung entschieden wird. Dies bemerken wir beispielsweise beim Versuch, anderen unsere Gedanken, Gefühle oder Empfindungen mit Worten mitzuteilen. Wir wissen, dass wir mit unseren Sinnen nur einen kleinen Teil der Welt erfassen können, weil unsere Welt sowohl aus sichtbarer als auch aus unsichtbarer Materie besteht.

Unser physischer Körper stellt einen Kern dar, dessen Ausgleichsfeld bildet mit den darin enthaltenen Medien den Mittler zwischen Körper und Umfeld. Jede Anregung von außen und jede Reaktion von innen durchdringt daher stets unsere seelischen und geistigen Ausgleichsfeld-Oktavbereiche. So bilden diese unser „individuelles Wesen".

„So wie unsere Seele, die Luft ist, die den Körper zusammenhält, so umschließen Wind und Wetter die ganze Welt," wusste bereits der griechische Philosoph Anaximenes von Milet.

Die ersten drei Ausgleichsfeld-Oktavbereiche entsprechen den körperlich-seelischen Oktavbereichen, das vierte, „transzendente" verbindet die „Seele" mit den übrigen drei seelisch-geistigen Oktavbereichen. Die zuweilen verwendete

Bezeichnung „Geist“ für die „geistigen“ Oktavbereiche ist nicht korrekt. Geist ist gleichbedeutend mit dem Umfeld, in dem wir uns befinden, mit der Erdatmosphäre. Alle individuellen Seelen entwickeln sich im Laufe des Lebens zwischen Körper und Geist.

„Die Vorstellung von der Wiedergeburt besteht in vielen Religionen und Kulturen. Schon Pythagoras und Plato sprachen von der Wiedergeburt als einer selbstverständlichen Angelegenheit, und in Jesus von Nazareth wurde eine Wiedergeburt von Elias vermutet“. nach [Kuby94] S. 289. Dies entspricht dem in Kapitel 3.5 beschriebenen Universellen Kreisprozess.

Uralt mag die Vorstellung von einer Seelenevolution sein, wie der Sufi-Dichter Rumi sie formulierte:

„Ich starb als Stein und wurde eine Pflanze, ich starb als Tier und ward ein Mensch.“

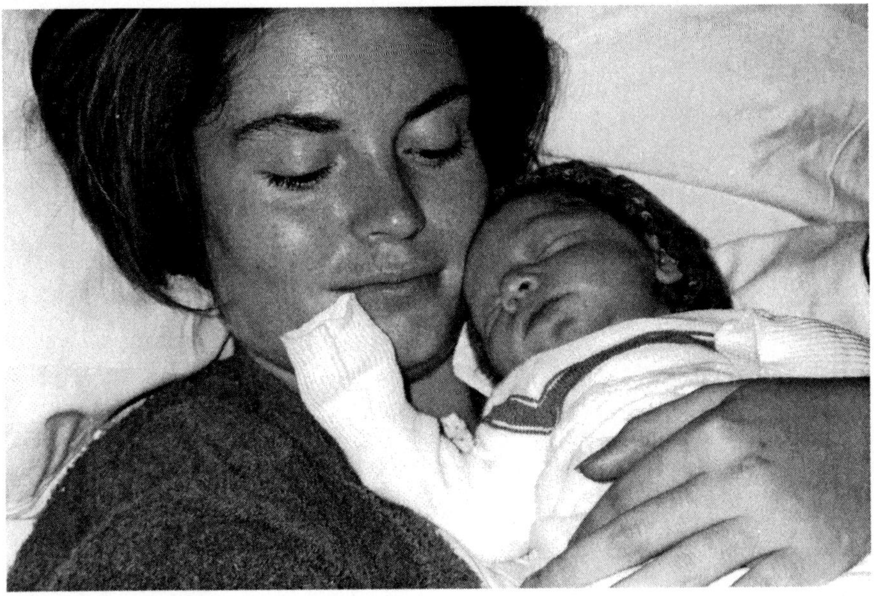

Bild 5.2 „Glück“

Die Geburt

Bei der Geburt vollzieht sich ein Riesenschritt. Ein kleiner Mensch kommt ans Licht der Welt und ist nun, da er den schützenden Mutterleib mit seinem ersten kleinen Ausgleichsfeld-Oktavbereich verlassen hat, plötzlich und unmittelbar der „harten“ Umfeld-Anregung selbst ausgesetzt. Es ist hell und kalt, deshalb kommt jetzt der erste Schrei, worauf die aktive Atmung einsetzt.

Der Säugling unterliegt einem kurzen, aber heftigen Anpassungsprozeß, bei dem spontan Medienteilchen freigesetzt werden. Diese bilden das transzendente Ausgleichsfeld, das als „Klebstoff“ für das geistige Feld dient, mit dem sich das Baby im Moment der Geburt verbindet. Das geistige Feld bietet gleichermaßen Schutz wie Entwicklungsmöglichkeiten und bildet die Voraussetzung dafür, dass das Neugeborene in dem höheren Energieniveau des Atmosphäre-Umfeldes ins Gleichgewicht kommt.

Dieses Ausgleichsfeld ist eine Reaktion auf die spezifische Anregung des Umfelds, trägt also ein ganzes Leben lang die einzigartige Prägung der Planeten- und Sonnenkonstellation zum Zeitpunkt der Geburt.

Doch woher kommt so schnell ein passendes geistiges Feld? Bereits während der Schwangerschaft hatte solch ein geistiges Feld Resonanz zum Embryo aufgenommen. Eine Parallele fanden wir bei der Verbindung von Atomen und Molekülen (Kapitel 4). Aufgrund der plötzlich starken Umfeld-Anregung bei der Geburt verbinden sich Kind samt kleinem Ausgleichsfeld mit dem geistigen Feld. Das geistige Feld ist nichts anderes als eine „alte Seele“, die wieder inkarniert.

Die alte Seele geriet nur deshalb mit diesem Embryo in Resonanz, weil sie genau in diesem Körper die körperlichen Anlagen findet, die sie zu ihrer Weiterentwicklung benötigt. Die körperlichen Anlagen allerdings stammen von den Genen der Eltern. Die alte Seele hat in vorherigen Leben bereits Erfahrungen gesammelt, also ein hohes Energieniveau erreicht. So stellt sie für das Kind fortan sein „Hohes Selbst“ dar. Der Raum zwischen Körper und höherem Selbst ist anfangs noch weitgehend leer. Indem die Seele im Verlauf des Lebens wächst, lernt der Mensch immer besser mit seinem hohen Selbst zu kommunizieren. Insofern hat jeder Mensch körperliche und geistige Eltern. Das erklärt, weshalb körperliche Eltern später oft Züge und Verhaltensweisen an ihren Kindern entdecken, die ihnen fremd sind.

Die geistigen Oktavbereiche sind genau nach dem Stand der anregenden Gestirne zum Zeitpunkt der Geburt strukturiert – damit ist der Charakter geformt. Die

Ausgleichsfelder bilden ein System von *Antennen, die das Resonanzverhalten des Menschen für sein weiteres Leben festlegen. Künftig werden seine Anlagen nur dann angeregt, wenn diese durch eine entsprechende Konstellation der Gestirne in Resonanz versetzt werden. Nicht vorhandene Anlagen können nicht angeregt werden. Ein Vergleich mit Stimmgabeln zeigt: Durch verschiedene Töne werden nur die resonanzfähigen Stimmgabeln zum Schwingen angeregt. Stimmgabeln, die nicht vorhanden sind, können nicht angeregt werden. Ebenso wenig kann der einzelne Mensch in Gebieten, für die er keine Anlagen besitzt, besondere Leistungen vollbringen.

Damit bietet das Universal-Prinzip erstmals eine Erklärung für tiefere Ursachen evolutionärer Entwicklungen. Störig bestätigt dies in gewisser Weise mit einem Zitat von Klages zur Natur des Geistes: *„Der Geist ist also eine dem Leben fremde, ja außerraumzeitliche Macht, die in das Leben einbricht.“* [Störig93] S. 573. Und in einem Zitat von Keyserling heißt es: *„Aber er bekämpft nicht den Geist, sondern will Geist und Seele zu einer neuen Einheit verbinden und so einen Weg der Vollendung zeigen. In diesem Sinn will er mehr geben als Philosophie, nämlich „*Weisheit“, „Leben in Form des Wissens.“* [Störig93] S. 574.

In der Zeit nach der Geburt ist die unmittelbare Nähe der Mutter besonders wichtig. Diese sensible Phase wird auch als „Bonding“ (Bindung) bezeichnet. Neben der Mutter sollten auch die Verwandten kommen, um das Kind „zu sehen“. Im Sinne des „Familien-*Karmas“ bzw. des „kollektiven Unbewussten“ sind sie an dem Netz von Resonanzen beteiligt, die für die Entwicklung des Kindes wichtig sind.

Es gibt eine Reihe von Missverständnissen beim Thema Seele und Geist. Im Sinne des Universal-Prinzips entspricht der „**Geist**“ dem Umfeld, in welchem wir leben, dem Atmosphäre-Ausgleichsfeld der Erde mit seinen regionalen Ausprägungen. Der Geist besteht aus einer riesigen Anzahl alter Seelen. Die „**Seele**“ wächst im Verlauf eines Lebens zwischen Körper und Geist. Dabei entstehen vor der Geburt körperbezogene Anteile und im Moment der Geburt der geistige Anteil des „Hohen Selbst“. Dazwischen entwickeln sich im Verlauf des Lebens durch Erfahrungen die restlichen Seelen-Oktavbereiche. So kann der Körper immer besser mit seinem Hohen Selbst kommunizieren.

5.2 Unser Energiesystem

Den Begriff „Energie“ verbinden wir zunächst mit technischen Begriffen, mit Energieerzeugung und -verbrauch, mit Elektrizität, Kernenergie, Wärmeenergie. Aber wir haben auch eine Vorstellung von unserem persönlichen Energiepotenzial. Manchmal sprühen wir vor Energie und könnten Bäume ausreißen, ein anderes Mal fühlen wir uns matt und kraftlos.

Albert Einstein erklärte am 4.11.1915 mit seiner „Allgemeinen Relativitätstheorie“, dass es außer Energie nichts im Universum gibt. Materie bezeichnete er als verdichtete Energie bzw. als „gefrorenes Licht“. Aus Sicht des Universal-Prinzip ergänzen wir: verdichtete Materie ist ein Extrem, das dazu entgegen gesetzte Extrem stellt sich durch ausgedehnte Materie dar, und behaupten: Licht entsteht durch Wechselwirkungen zwischen Kraft und Materie, wie Leben auch.

Es genügt eine vergleichsweise geringe Anregungskraft, um Materie in Bewegung zu versetzen, Grundlage dafür, dass die in ihr gespeicherte Energie in Form von Kraft freigesetzt wird. Klingt das kompliziert? Stellen Sie sich vor, Sie wandern auf einem Höhenweg. Mit geringem Kraftaufwand können mit dem Fuß einen Stein über die Wegkante schieben, so dass er in die Tiefe fällt. Leicht vorstellbar, dass der Stein einen Steinschlag auslösen oder sonstige Schäden im Tal anrichten kann. Das liegt daran, dass Sie mit der geringen Anregungskraft Ihres Fußes jene Kraft freisetzten, welche im Stein aufgrund der Höhenlage gespeichert war. Stoßen Sie hingegen einen Stein an, der im Tal liegt, passiert nichts.

Dieses Phänomen „Kleine Ursache – große Wirkung“ bestimmt unser Leben, denken Sie an Werbung, die uns in den Supermarkt lockt; an einen Flirt, der unser ganzes Leben bestimmen kann; an den Zigarettenstummel, der einen Wald entzünden kann, an Motivation, die zu Aufständen und Kriegen führen kann…

Entscheidend ist, dass jene Anregungskraft zum richtigen Zeitpunkt und in geeigneter Weise und Intensität wirkt. Ist der Wald durchnässt, richtet der Zigarettenstummel keinen Schaden an.

Aus Materie bestehen unser Körper sowie Atemluft, Getränke und die festen Nahrungsmittel. Da dies alles ohne Bewegung leblos ist, wollen wir uns vornehmlich mit Wellen als den Transporteuren der Anregungskraft beschäftigen. Dies versetzt Materie in Pulsation, macht sie lebendig, setzt die Kreisläufe in Bewegung und es beginnt der Stoffwechsel – „Aufnehmen, Verarbeiten und Abgeben“.

Ständige Veränderung, Entwicklung und Erhöhung der Resonanzfähigkeit sind Merkmale des Lebens. Für jede Aktivität, Arbeiten, Fühlen und Denken wird Kraft verbraucht, die dem Organismus in Form von Materie zugeführt werden muss. welche ein möglichst großes Energiepotenzial besitzt.

Wir wissen, welche Rolle die Ernährung für uns spielt, kennen jedoch auch den Spruch: „Und sie lebten von Luft und Liebe". Uns ist oft noch nicht bewusst, dass wir tatsächlich nicht nur durch das Essen satt werden, sondern die dazu erforderliche Kraft zum größten Teil von Umfeld-Wellen, hauptsächlich denen der Sonne, beziehen. Dies zeigt eindrucksvoll die folgende Übersicht. Außerdem wird bestätigt, dass wir Energie abstrahlen, hauptsächlich in Form von Wärme. Die Maßeinheit „kJ" in der Übersicht heißt, „Kilo Joule". *Joule ist die SI-Einheit der Energie, Arbeit und Wärmemenge, 1000J = 1kJ.

Die Energiebilanz des Menschen bei einer Kerntemperatur von 37 °C		
Energieaufnahme		Energieabgabe
Strahlungsenergie: 21.000 – 29.000 kJ	Stofflicher Energiebedarf für Grundumsatz: 5.900 – 6.900 kJ	Strahlungsenergie: 26.900 – 35.900 kJ

Während materielle feste, flüssige Nahrung sowie gasförmige Atemluft auch für Aufbau und laufende Erneuerung des grobstofflichen Körpers benötigt werden (ca. ¼ des gesamten Energiebedarfs), benutzen wir die Kraft der Wellen als Triebkraft für die großen und kleinen „Pumpen", die grobstofflichen Organe wie Herz und Lunge, und für das Ausgleichsfeld.

Umfeld-Wellen regen in den Sinneszellen unserer Sinnesorgane Resonanz-Schwingungen an. Nach Umwandlung in wahrnehmungsfähige Ausgleichsfeld-Wellen werden die Reize als Informationen per Nervenimpuls über Nervenzellen, die als äußeres Nervensystem unseren Körper netzartig durchziehen, zum inneren Zentralnervensystem geleitet. Dort werden sie in Empfindungen umgewandelt. Aus den Empfindungen entstehen unter Einbeziehung gespeicherter Erfahrungen und Denkprozesse bewusste Wahrnehmungen.

Allerdings nehmen wir nur einen Teil der Anregungen oder Reize aus dem Umfeld bewusst auf. Ein weiterer Teil der Reize liegt außerhalb des Aufnahmebereichs der Sinnesorgane und wirkt deshalb unbewusst auf uns ein. Wir spüren lediglich die

Wirkung sehr starker Reize, wie z. B. radioaktiver Strahlung, oder schwächerer wie beispielsweise die durch den Mond verursachten.

Aber auf welche Weise wirken derartige Einflüsse auf uns ein? Liegt es daran, dass der Mond eine besondere Gravitationskraft auf Wasser ausübt und wir zu 70 bis 80 Prozent aus Wasser bestehen? Schauen wir uns das Leben doch einmal aus einer ganz anderen Perspektive an.

Der Mensch ist ein elektromagnetisches Wesen. Wir bestehen aus Atomen und Molekülen. Im kleinen Maßstab fließen ausgleichende Elektronenströme, im großen Maßstab fließt Blut. Bekannt ist, dass alle lebenden Zellen elektrische Eigenschaften zeigen. Sinnes- und Nervenzellen können diese verändern und zur Aufnahme, Verarbeitung und Weiterleitung von Informationen nutzen. Nach dem Universal-Prinzip sind alle Zellen, Organe sowie der gesamte Körper Empfänger und Sender elektromagnetischer Wellen – unser gesamter Organismus ist anregungsgesteuert.

Die Aura in uns und um uns

Der physische Körper eines Menschen bildet ein besonders dichtes Energiefeld. Wir können ihn mit unseren fünf Sinnen bewusst wahrnehmen und er wurde von den konventionellen Wissenschaften gut erforscht. Jedoch gelang es bisher nicht nachzuweisen, wie unser Denken und das Gedächtnis funktioniert, wie unsere Gefühle zustande kommen oder wo unser Bewusstsein angelegt ist. Gedanken und Gefühle können wir bekanntlich weder sehen noch riechen und auch nicht ertasten, sondern wir entwickeln und erleben sie. So können auch Psychologen als berufsmäßige Seelenkundler nicht erklären, was die Seele ist und wo sie sich befindet.

Im Sinne des Universal-Prinzips ist die **Seele** identisch mit dem Gesamtkörper-Ausgleichsfeld, das traditionell als ***Aura** bezeichnet wird. Sowohl der Gesamtkörper als auch die Organe können bis zu sieben Ausgleichsfeld-Oktavbereiche entwickeln. Neben den klassischen Organen wie Herz, Lunge oder Leber gehören dazu auch kleinere wie Sinnesorgane oder Hormondrüsen.

In den seelischen und *geistigen Ausgleichsfeldern der Organe werden in entsprechenden Oktavbereichen prinzipiell die gleichen Funktionen angelegt, wie in den körperlichen. Während im Magen stoffliche Nahrung verdaut wird, sind es in höheren Ausgleichsfeld-Bereichen Gefühle und Gedanken.

Mit jedem weiteren Organ-Ausgleichsfeld-Bereich steigt das Energieniveau und damit der Grad der Differenzierung (Verfeinerung) der Funktionen. Die physischen Organe sind im Gesamtkörper vereint und entsprechen unserer Person (lat. Hülle), das Gesamtkörper-Ausgleichsfeld bildet unser Wesen (Bild 5.3).

Einerseits können wir digital denken, entscheiden und handeln – man sagt „mit dem Kopf" – und unsere Gedanken anderen Menschen beschreiben. Andererseits können wir unsere Welt auch intuitiv erfassen, Entscheidungen und Handlungen darauf aufbauen – man sagt „aus dem Bauch". Dies ist weniger gut in Worte zu fassen, denn unser Wortschatz reicht dafür oft nicht aus.

Wissenschaftler können beim Denken und Fühlen Veränderungen der Herz- und Atemfrequenz, Durchblutung und der elektromagnetischen Summenkurven von Hirnströmen (mittels *EEG) sowie Lichterscheinungen in den dafür zuständigen Hirnregionen feststellen, oft verbunden mit bestimmten Hormonausschüttungen. Dabei handelt es sich jedoch stets nur um Wirkungen.

Den Schlüssel zum Verständnis von Denken und Fühlen, Wissen und *Gewissen bilden elektromagnetische Aktivitäten. Die konventionelle Wissenschaft versucht diese nur aus Vorgängen im physischen Körper abzuleiten.

All unsere bewussten Aktivitäten beginnen mit Gedanken und Ideen. Selbst wenn wir unsere Hand heben wollen, fassen wir zuvor diesen Entschluss. Jede Kommunikation von außen (Umfeld) nach innen (Körper) oder umgekehrt verläuft durch die dazwischen liegenden Ausgleichsfelder.

Die Ursache (Gedanke) befindet sich bei bewussten Handlungen stets in einer höheren Ebene (Ausgleichsfeld-Oktavbereich) als die Wirkung (Körper). Würden wir jedoch die Ausgleichsfelder (Ursachen-Ebenen) außer Acht lassen, könnten wir die Vorgänge in unserem Organismus nicht vollständig verstehen.

Darstellungen von Ausgleichsfeldern sind aus allen Kulturen überliefert. Wir denken an die Heiligenscheine von Jesus und seinen Aposteln oder von Buddha-Darstellungen. Die genauesten Unterlagen darüber stammen aus der „vedischen Tradition", geschrieben in Sanskrit, der indogermanischen Gelehrtensprache (analog dem Latein in Europa).

Bild 5.3 enthält die überlieferten Bezeichnungen vom Körper und seinen sieben Ausgleichsfeld-Oktavbereichen in der Reihenfolge von der größten (1) bis zur geringsten Dichte (7).

Reihenfolge	Beschaffenheit (Dichte)	Aurafelder (Gesamtkörper Ausgleichsfeld-Oktavbereiche)	
		Deutsch/Latein	Sanskrit
7	*Geistig	Weisheits-Bereich	Atma
6	Geistig	Präkognitives, Voraussichts-Bereich	Budhi
5	Geistig	Intuitives, Vernunfts-Bereich (Intelligenz)	Manas
4	feinstofflich / geistig	Transzendentes, Allgemeinliebe-Bereich	Antakarana
3	Feinstofflich	Mentales, Verstandes–Bereich (Intellekt)	*Karma Manas
2	Feinstofflich	Emotionales-Bereich (Empfindungen)	Linga Sharia
1	Feinstofflich	Energetisches, Ätherisches-Bereich	Prana Sharia
.	Grobstofflich	Physischer Körper (Kern)	Stula Sharia

Bild 5.3 Zuordnung Aurafelder (Ausgleichsfeld) und Chakras (Ausgleichsfeld-Pole)

Die geistigen Ausgleichsfeld-Oktavbereiche werden auch als spirituell oder kausal bezeichnet. Kausal (ursächlich) deshalb, weil jeweils das höherfrequente Feld die Funktion aller folgenden, niederfrequenteren Felder steuert. Mit diesen können wir auch die feinen Anregungen der Gestirne empfangen –

„Geist formt Materie"

Bei Tieren wie bei Menschen bildet die Aura etwa im Durchmesser von 2,5 m eine „Sicherheitszone". Nach dem Prinzip der Freund-Feind-Erkennung (FFE) handelt es sich um eine sensible Steuerung durch anziehende oder abstoßende Kräfte. Bei verschiedenen Tieren (z. B. Affen, Hunde, Haie) stellte man in Forschungsprojekten folgende identische Verhaltensweisen fest: Nähert man sich im angespannten Zustand (Absicht zu töten, fangen oder Angst), reagieren Tiere mit Drohgebärden bzw. greifen an. Gelang es hingegen, das Vertrauen der Tiere zu gewinnen, ließen sie sich anfassen und auf einen spielerischen Umgang mit den Menschen ein.

Die Botschaft ist folgende: Angespannte Wesen gelten als gefährlich, dabei wird nicht zwischen Angriffshaltung und Angst unterschieden. Entspannte Wesen werden als friedlich erkannt.

In Kapitel 4 beschrieben wir, wie durch die Entdeckung der Ausgleichsfelder im wahrsten Sinne des Wortes Licht, Wärme und Klang in die Leere gebracht wurden. Ja, offenbar herrscht zwischen den winzigen Materiebausteinen nicht etwa trostlose dunkle Stille, sondern die Räume sind erfüllt von feinen irisierenden Farbspielen, die von wundersamen Melodien begleitet werden.

DIE SEELE IST ERFÜLLT VON KLÄNGEN UND FARBEN

Unsere *Aura, das Ausgleichsfeld „Seele" gleicht einem riesigen Klangraum – einem Konzertsaal, in dem ganz unterschiedliche Stücke gespielt werden: vom beschwingten Liebeswalzer bis zum Trauerspiel. Vom dumpfen Trommeln bis zu sphärischen Klängen. Auch ist der Saal erfüllt von phantastischen Lichtspielen.

Realität oder Phantasie? Folgende Information erreichte uns, als wir mit der Fertigstellung dieses Kapitels beschäftigt waren: *„Mediziner haben bei Untersuchungen eine Entdeckung gemacht: Einzelne Zellen können dumpf murmeln, sphärische Lieder singen und nervenzerfetzenden Lärm schlagen. Krankheiten, hoffen die Forscher, könnten so eines Tages hörbar werden.*

Hefezellen schaffen gewöhnlich, woran schon so manche Opernkarriere gescheitert ist: das hohe C. Sind sie aber tot, hört man nur noch ein tiefes Murmeln. Unter dem Einfluss von Alkohol fangen sie an, in höchsten Tönen zu „schreien". Krebszellen dagegen produzieren vor allem eines: Lärm. Eines Tages könnten Ärzte dem Singsang der Zellen lauschen und Krankheiten erkennen, bevor sie ausbrechen. Das jedenfalls hoffen Chemie-Professor James Gimzewski und sein Doktorand Andrew Pelling von der University of California in Los Angeles.

Die Idee, Zellen zu belauschen, kam dem 52-Jährigen, nachdem ihm ein Mediziner erzählt hatte, dass Herzzellen – solange sie mit den erforderlichen Nährstoffen in eine Petrischale gelegt werden – weiterhin kräftig pulsieren. Sollte es möglich sein, fragte er sich, dass auch andere Zellen vibrieren? Und wenn ja, würden sie Geräusche erzeugen und könnte man sie mit dem menschlichen Ohr hören?

Die beiden Ton-Forscher benutzen das Mikroskop etwas anders, mehr wie einen Plattenspieler: Sie halten die Spitze wie eine Schallplattennadel in einer festen Position und berühren damit leicht die Zelle. Die Vibrationen der Zelle werden so messbar.

Das erzeugte Geräusch ist zu leise, um direkt hörbar zu sein. Doch, so Gimzewski, man könne die Lautstärke per Computer verstärken, ohne den Charakter des

Geräuschs zu verändern: „Wir berühren vorsichtig eine Zelle, eine lebende Zelle, und hören zu. Sie produziert so etwas wie Musik. Pelling ergänzt: Wir hören, was das Mikroskop erfühlt, es ist absolut faszinierend.“

Wenn es aber tatsächlich die Zellen sind, dann stehen wir vor einer revolutionären und unglaublich wichtigen Entdeckung.“ Alle bis jetzt durchgeführten Kontrollexperimente, freut sich Pelling, bestätigen die Theorie der singenden Zellen.“ [Spiegel504]

Die Chakras

Jedes der sieben Oktavbereiche des Menschen ist über eine magnetische Polkomponente mit dem Umfeld verbunden. Diese Pole werden in alten Überlieferungen als „**Chakras**“ beschrieben.

Wie die physischen Organe besitzen auch die Organ-Ausgleichsfelder einen Eingang und einen Ausgang. Dies sind die Pole der Ausgleichsfelder, die durch eine Polachse verbunden sind.

Neben den Organen sind im Organismus weitere kleine spezialisierte Felder angelegt, beispielsweise Hormondrüsen oder Sinnesorgane. Interessant dabei erscheint, dass man in der Anthropologie traditionell den Umfang der Augen mit Äquator bezeichnet und eine Polachse zuordnet. Im Sinne des Universal-Prinzips sind beispielsweise die Augen Kerne und die Pupille ist der Nordpol der Augen. Die Ausgleichsfelder der Augen ermöglichen das Wahrnehmen verschiedener Frequenzbereiche bis hin zum Aurasehen. Jedem Organ ist eine Hormondrüse „vorgeschaltet“.

In Kapitel 3 wurde dargestellt, dass infolge der Ausgleichsfeld-Pulsation durch die Pole Medienteilchen aus dem Umfeld eingesaugt und Medienteilchen aus dem Ausgleichsfeld ausgestoßen werden. Aurasichtige beschreiben das Aussehen von Chakras als Blumen bzw. „*Mandalas„. Nach dem Universal-Prinzip kann dies bestätigt werden, denn dieser Eindruck entsteht durch die pulsierend ein- oder ausströmenden Medienteilchen, die im Licht-Oktavbereich verschiedene Farben hervorbringen. Die Randschichten sind wegen der dort dichteren Medienteilchen stets etwas dunkler. Je höher die Frequenz des Chakras, desto feiner sind die Medienteilchen, was der steigenden Anzahl der „Blütenblätter“ entspricht. Je höher die Frequenz des Chakras, desto mehr Energieniveaus zeigt der Pol in der Draufsicht. Dies entspricht der steigenden Anzahl der „Blütenblätter“. Die feinstofflichen Medienteilchen heißen im Griechischen Äonen und im Sanskrit Lokas.

Es gibt sieben Haupt-Chakras, dies entspricht wiederum einer Oktave, den sieben Spektralfarben und den sieben Tönen der klassischen Tonleiter. Daneben besitzen wir ungefähr einundzwanzig Neben-Chakras, darunter die Hand-Chakras, die eine wichtige Rolle beim Heilen spielen.

Die Verbindung zwischen den Chakras und den „Verbrauchern" wird durch ein Netzwerk von Kanälen hergestellt, die auch „*Nadis„ genannt werden. In den Nadis fließen ausgleichende Ströme von Medienteilchen. Diesen entsprechen in materieller Form die Gedärme, Adern und Nerven. Auch Blut bildet einen Strom von Medienteilchen, mit dem das Umfeldmedium Luft zu den Verbrauchern geleitet wird. Bild 5.4 zeigt die Bezeichnungen der sieben Chakras in der Reihenfolge von der größten (1) bis zur geringsten Dichte (7).

Rei-hen-folge	**Lage der Chakras**	**Zugehörige Hormon-drüsen**	**Zugehörige Organe**	**Bezeichnung der Chakras bzw. Energiezentren**	
				Deutsch/ Latein	**Sanskrit**
7	Scheitel	Zirbeldrüse, Epiphyse	Großhirn	Scheitel- oder Kronen-Zentrum	Sahasrara Chakra
6	Stirn	Hirnanhangdrü se Hypophyse	Zwischen- und Kleinhirn	Stirn-Zentrum oder Drittes Auge	Ajna Chakra
5	Kehle	Schilddrüse	Lunge, Dickdarm	Hals- oder Kehl-Zentrum	Vishuddha Chakra
4	Herz	Thymusdrüse	Herz, Dünndarm	Herz- Zentrum	Anahata Chakra
3	Ober-bauch	Bauchspeichel - drüse, Pankreas	Magen, Milz, Leber, Galle	Solarus Plexus- oder Nabel-Zentrum	Manipura Chakra
2	Unter-bauch	Keimdrüsen	Nieren, Blase	Sakral- Zentrum	Savad histhana Chakra
1	Steiß	Nebennieren	Dreifacher Erwärmer (Antrieb), Knochen, Fleisch	Wurzel- oder Basis- Zentrum	Muladhara Chakra

Bild 5.4 Zuordnung von Hormondrüsen zu Chakras (Pole von Hormondrüsen und deren Ausgleichsfeld)

Das erste und das siebte Chakra bilden gleichzeitig die Chakras (Pole) für alle Oktavbereiche des Gesamtkörper-Ausgleichsfeldes. Während das Scheitel-Chakra zuerst nur 12 „Blütenblätter“ besitzt, „erblüht“ es nach der vollständigen Entwicklung aller sieben Ausgleichsfeld mit 960 Blütenblättern. Diese Erweiterung wird traditionell auch als „Erleuchtung“ bezeichnet und entsteht nach Aktivierung der Schlangenkraft „Kundalini“, die solange zusammengerollt am unteren Ende der Wirbelsäule wartet, bis sie erlöst wird:

„... dann wird der tausendblättrige Lotus erblühen ...“

Nach dem Universal-Prinzip emittieren die sieben Chakras der voll aktivierten Ausgleichsfelder das komplette Spektrum, z. B. in einem Oktavbereich die sieben Farben in satten Tönen, die sich zu reinem Weiß ergänzen. Es ist dies der Moment der vollkommenen Erleuchtung, denn:

„Erleuchtung ist das Ziel menschlicher Entwicklung.“

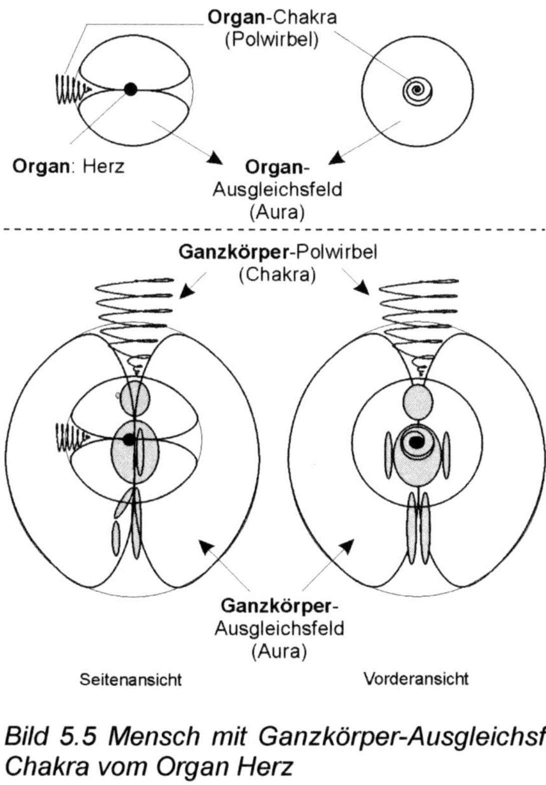

Den Zusammenhang zwischen Aura und Chakras zeigt Bild 5.5. Dargestellt sind jeweils ein Ausgleichsfeld-Oktavbereich des Gesamtkörpers sowie das Herz-Ausgleichsfeld jeweils mit Chakra. Wir sehen, dass die Polachse des Gesamtkörper-Ausgleichsfeld senkrecht verläuft, während die Polachsen der Organ-Ausgleichsfelder waagerecht ausgerichtet sind.

Die trichterförmigen Gebilde stellen die Pole der Ausgleichsfelder dar, an denen sich die Wirbel des Resonanzkanals ausbilden. Diese trichterförmigen Polwirbel sind die eigentlichen Chakras. In der Vorderansicht (rechts) wurde nur ein einfacher Wirbel eingezeichnet. In der Realität sind es mehrere.

Bild 5.5 Mensch mit Ganzkörper-Ausgleichsfeld (Aura) sowie Ausgleichsfeld und Chakra vom Organ Herz

Sie gleichen dann wegen der pulsierend ein- oder ausströmenden Medienteilchen tatsächlich einem Rad, einem *Mandala oder einer Blume. Beim Herz-Chakra erscheint diese rosafarben mit grünem Rand.

Das Herz wird durch das Hormon Thyroxin der Thymusdrüse, die dem Herz-Chakra vorgeschaltet ist, in einen resonanzfähigen Zustand gebracht und wird nun von der Sonne angeregt.

Zusammenhänge zwischen Seele Aura und Chakras

Die traditionell bekannten Phänomene „Seele" und „Aura" entsprechen allgemein den Ausgleichsfeldern im Sinne des Universal-Prinzips. Die Pole der Ausgleichsfelder sind gleichbedeutend mit den Chakras. In den *Nadis fließen ausgleichende Ströme von Medienteilchen. Die Verbindung zwischen den Chakras und den „Verbrauchern" wird durch ein Netzwerk von Kanälen hergestellt, die auch „Nadis" oder „Meridiane" genannt werden. Diesen entsprechen in materieller Form die Gedärme, Adern und Nerven. Auch Blut bildet einen Strom von Medienteilchen, mit dem das Umfeldmedium Luft zu den Verbrauchern geleitet wird.

Polachse und göttlicher Kern

Ebenso wie Aura, Chakras und Nadis ist ein **„senkrechter Hauptkraftstrom"** aus alten Aufzeichnungen überliefert. Dieser entspricht der Polachse sowohl des physischen Körpers als auch des Gesamtkörper-Ausgleichsfeldes (Aura). Diese Haupt-Polachse ist mit den Polachsen aller Hormondrüsen und deren Organ-Ausgleichsfeld verbunden. Analog münden im physischen Körper sämtliche Nervenstränge des vegetativen (autonomen) Nervensystems (Sympatikus und Parasympatikus) in die Haupt-Polachse. Es zeigt sich, dass auch Menschen Nord- und Südpol besitzen, die durch eine Polachse verbunden sind (analog dem Elementarteilchen, Atom, DNA, Planet, Sonne, Galaxie). Im Unterschied zu Tieren besitzt der Mensch durch den aufrechten Gang eine senkrechte Haupt-Polachse.

Das vierte Chakra befindet sich in der Mitte der Organ-Chakras. Die Stelle, an der das Herz-Chakra in die Polachse des Gesamtkörper-Ausgleichsfeldes mündet, bildet unser Zentrum. Es ist der „**göttliche Kern**", an dem durch die höchste Anregung die feinsten Medienteilchen entstehen. Ist ein Mensch erleuchtet, sind diese identisch mit den Medienteilchen des siebten Ausgleichsfeldes. Die Levitation des

Herzens nennen wir Liebe, weil es sich neutral in der Mitte der sieben Organe befindet.

Um die Haupt-Polachse „*Shushuma“ winden sich die beiden Nebenkanäle „*Ida„ und „Pingala“. In diesen Polachsen fliesen Medienteilchen in Yin-Qualität (anziehend, nach innen gerichtet) und Yang-Qualität (abstoßend, nach außen gerichtet). Der Hauptkanal vereint „Yin und Yang“. Wir erkennen hier die bereits mehrfach beschriebenen Gesetzmäßigkeiten des Strahl- und Saugpoles (Nord- und Südpol), die wir bei Mann und Frau in entgegen gesetzter Richtung an Kopf und Steiß finden. Und – wenn wir Haupt-Kraftstrom hören, denken wir sicher auch an die Polachsen der Atome und der Galaxien.

Nach dem Universal-Prinzip entspricht Yang der Levitationskraft und Yin der Gravitationskraft. (mehr dazu in Kapitel 6.2)

In der chinesischen Tradition heißen die Energiekanäle „Meridiane“. Diese sind vergleichbar mit den Nadis. Die Meridiane sind von der chinesischen „Akupunktur“ bekannt. Dabei werden bestimmte Punkte im Verlauf der Meridiane mit Nadeln und wenn nötig mit Wärme stimuliert. Heute wird dieses System zur Beseitigung von „Energieblockaden“ und zur Aktivierung des Energieflusses teilweise durch elektrischen Strom, Lichtfarben oder Massage ergänzt. Die Haut-Kontaktpunkte sind kleinere Ein- oder Ausgänge, also Neben-Chakras.

Im Unterschied zu den Chakras werden die Akupunkturpunkte, weniger die Meridiane, inzwischen von den etablierten Wissenschaftlern akzeptiert. Dies liegt wohl daran, dass die Punkte durch Messung des Hautwiderstandes mit Instrumenten nachweisbar sind. Den französischen Wissenschaftlern Dr. Jean-Claude Darras und Professor Dr. de Vernejoul ist es bereits vor ca. 20 Jahren gelungen, das Netz der Meridiane mit Hilfe von drei radioaktiven Isotopen als Kontrastmittel sichtbar zu machen. Das Kontrastmittel bewegte sich in den Meridianen mit einer Geschwindigkeit von drei bis fünf cm pro Minute. Diese Größenordnung sowie die Lage der Meridiane stimmten mit den jahrtausende- alten chinesischen Überlieferungen und Zeichnungen überein. Es konnte ebenfalls nachgewiesen werden, dass die radioaktiven Isotope nicht in den Blutkreislauf oder ins Lymphsystem eindrangen, wohingegen sie mühelos eine Binde durchdrangen, mit der die Adern abgebunden und damit blockiert waren. Das Kontrastmittel bewegte sich nur dann auf das Zielorgan zu, wenn es an einem Akupunkturpunkt im Verlauf eines Meridians eingespritzt wurde. Die Geschwindigkeit des Kontrastmittels erhöhte sich bei Stimulierung des Akupunkturpunktes.

Während wir mit den „grobstofflichen Chakras“ Mund oder Nase Luft ein- und ausatmen, können wir mit den sieben feinstofflichen und geistigen Chakras wesentlich feinere Medienteilchen aufnehmen und abgeben. Benötigt ein Verbraucher, wie z. B. ein Muskel Kraft, entspricht dies einem Potenzialgefälle (Dichtedifferenz). Eine Spannung entsteht, die einen Sog durch die entsprechenden Nadis zum jeweiligen Chakra aufbaut. Dieser Sog ist nichts anderes als Gravitationskraft, die durch einen Teilchenstrom ausgeglichen werden muss.

Auf diese Weise stellen sich beispielsweise Durst- oder Hungergefühl im niederfrequenten Bereich oder die Sehnsucht nach Liebe in höherfrequenten Bereichen ein. Indem wir atmen, essen, trinken oder einen andersgeschlechtlichen Menschen umarmen, entsteht der erwünschte ausgleichende Strom von Medienteilchen (z. B. Nahrung oder Elementarteilchen), der die Ausgleichsfelder wieder füllt. Hier zeigt sich, dass mit dem Universal-Prinzip alle Lebensvorgänge alternativ und übergreifend beschrieben werden können.

Der Drang etwas aufzunehmen, wie z. B. Einatemluft; Nahrung; Lohn für geleistete Arbeit; Erfüllung von Interessen, Wünschen oder Sehnsüchten; Liebe von anderen, entsteht nach dem Universal-Prinzip stets aufgrund von Gravitationskräften. Dieser Drang kann nur durch entsprechende Aufnahme ausgeglichen werden.

Der Drang etwas abzugeben, wie z. B. Ausatemluft; Ausscheidungen; Produkte geleisteter Arbeit; Erfüllung der Wünsche, Geschenke für andere; Liebe für andere entsteht nach dem Universal-Prinzip stets aufgrund von Levitationskräften. Dies kann nur durch entsprechende Abgabe ausgeglichen werden.

Natürlich sind auch Ersatzbefriedigungen möglich (Fiat statt Mercedes).

Ständig werden Umfeld-Wellen (Kraft und Informationen) und Medienteilchen (Stoffe) ausgetauscht. Wenn resonant angeregte Ausgleichsfelder pulsieren, entsteht in den Resonanzkanälen ein ausgleichender Strom von Medienteilchen, der an den Chakras je nach Richtung Wirbel mit jeweils unterschiedlichem Drehsinn hervorruft. Durch Rechtsdrehung (Uhrzeigersinn) werden Medienteilchen ausgestoßen (abstoßende Levitationskraft, Yang-Aspekt), durch Linksderhung werden Medienteilchen aufgenommen (anziehende Gravitationskraft, Yin-Aspekt). Hierin liegt auch der Grund für die Anziehungskraft zwischen beiden Geschlechtern. Die überwiegend resultierende Drehrichtung wechselt in der Reihenfolge der Chakras und ist bei Männern und Frauen entgegengesetzt, so dass eine „ineinander greifende“ differenzierte Ergänzung möglich wird – eines der Erfolgsgeheimnisse der Evolution.

„Ungleiches zieht sich an“

Während es sich bei der Anziehungskraft zwischen unterschiedlichen Geschlechtern nach dem Universal-Prinzip um Gravitationskraft handelt, beruht die Abstoßungskraft zwischen gleichen Geschlechtern auf Levitationskraft.

Eine andere Erklärung gibt es für Menschen, die sich „durch Zufall“ wegen gleicher Interessen treffen.

„Gleich und Gleich gesellt sich gern“

Menschen mit gleichen Interessen (auch jeweils eines Geschlechtes) finden sich nach dem Universal-Prinzip in entsprechenden gleichen Energieniveaus zusammen. Eine Gruppe Gleichgesinnter kann andere zur Resonanz anregen, die durch Gravitationskräfte aus höheren oder durch Levitationskräfte aus tieferen Energieniveaus angezogen werden. Ein Beispiel für dieses Prinzip erkennen wir in der Werbung. Es werden nur solche Interessenten gewonnen, bei denen durch die Botschaft eine Resonanz entsteht.

5.3 Wachsen und Reifen

Augen, Gliedmaßen und Zeugungsorgane sind körperliche Anlagen, welche erst nach einigen Wochen, Monaten oder Jahren voll funktionsfähig werden. Das gleiche trifft ebenfalls für die seelischen und geistigen Anlagen zu, die als kompakter Verband von Medienteilchen (*Clustern) in den Ausgleichsfeldern strukturiert sind.

Im Verlauf des Lebens werden die seelischen und geistigen Anlagen in mannigfaltiger Weise angeregt (Gestirne, Arbeit, Partner, Umfeld). Die Anlagen drücken sich in Form von Interessen aus. Jeder Mensch ist bestrebt, seine Stärken im Leben zum Ausdruck zu bringen. Indem praktische Erfahrungen gesammelt werden, lösen sich kompakte Cluster in einzelne Medienteilchen auf und gelangen durch Quantensprünge in Energieniveaus höherer Oktavbereiche. Dort vernetzen sie sich *holografisch mit bereits vorhandenen Fähigkeiten und Fertigkeiten und es entstehen feinere Strukturen von Erkenntnissen und Erfahrungen.

Biologische neuronale Netzwerke sind künstlichen weit überlegen. In [Spiegel204] wird von einer Art Miniaturgehirn berichtet, welches aus Hirnzellen eines Rattenembryos gezüchtet worden war. Es war über ein Netz von Goldkontakten in der Lage, die Funktion eines Autopiloten für Flugzeuge zu übernehmen. Das Zellhäufchen kontrollierte den Flug eines F-22-Kampfjets, in einem Flugsimulator. Nach einer anfänglichen Trainingsphase waren die Nervenzellen in der Lage, elementare Flugdaten zu analysieren (Flugzeug fliegt gerade aus, kippt zur Seite) und bei Abweichungen zu reagieren. Ein Stuhl konnte problemlos von einer Lampe unterschieden werden. Computer scheiterten an derartigen, einfach erscheinenden Aufgaben zur Mustererkennung jedoch immer wieder. *„Wenn wir den Mechanismus verstehen, wie neuronale Netze beispielsweise Muster erkennen, könnte man ganz neue Computer entwickeln.“*

„Es ist noch kein Meister vom Himmel gefallen“, jeder Lernprozess besteht zunächst aus groben Details, die sich zunehmend verfeinern. Wenn wir Radfahren lernen, kommt es auf die Koordination von Pedalbewegung, Lenken und Balance an. Zuerst fallen wir meist auf die Nase, mit zunehmender Praxis steigen die Fertigkeiten – schließlich fahren wir freihändig! Einige steigern sich sogar zur Perfektion des Kunstradfahrens. Neue Erfahrungen vernetzen sich mit passenden, bereits vorhandenen Erfahrungen auch anderer Ausgleichsfelder (z. B. über Oktaven). Grobe Zusammenhänge (dichte Medienteilchen) werden in tieferen Energieniveaus kernnaher Ausgleichsfeld-Bereiche, differenziertere Zusammenhänge (feinere Medienteilchen) dagegen in höheren Energieniveaus kernfernerer

Ausgleichsfeld-Oktavbereiche gespeichert. Mit jeder Erfahrung wandelt sich ein wenig dichte Materie in ausgedehnte um. Das Volumen, der persönliche Freiraum wächst. Im Verlauf unseres Lebens können sich so auch die höheren Ausgleichsfeld-Bereiche, die unsere Wünsche und Sehnsüchte enthalten, (er-) füllen.

Während *Lebensplan und -ziel zum Zeitpunkt der Geburt in Form von geistigen Anlagen vorgegeben sind, müssen wir den Weg dahin selbst finden. Wird der Inhalt des Lebensplanes in die sieben Oktavbereiche herunter transformiert, ergeben sich Etappenziele. Es gibt verschiedene Wege, zum Lebensziel zu gelangen. Allgemein gilt:

Förderndes nutzen und Hemmendes überwinden.

Erfolge sind meist mit dem Ansporn zu neuen Taten verbunden. Die Möglichkeiten und zugleich die Grenzen individueller Erkenntnisfähigkeit werden durch Neugier bzw. Interesse gesetzt. Beide Eigenschaften sind Wegweiser durch das Leben, denn jeder zeigt nur für diejenigen Bereiche Neugier und Interesse, die in ihm angelegt sind. So entwickeln wir unsere Anlagen zur Reife: Im Verlaufe eines erfüllten Lebens entsteht ein immer komplizierteres Netzwerk in den sieben Ebenen der hierarchisch aufgebauten Ausgleichsfeld-Oktavbereiche.

Bild 5.6 Ein erfülltes Leben - Albert Schweitzer

Sind alle Ausgleichsfeld-Bereiche gefüllt, ist der Lebensplan vollendet. Albert Schweitzer gab ein Beispiel für ein erfülltes Leben (Bild 5.6).

Der Alptraum des „Alterns“ sollte durch die Freude am „Reifen“ abgelöst werden, denn mit jedem neuen Ausgleichsfeld-Bereich wachsen die Tiefe des Verstehens und das Erfassen größerer Zusammenhänge. So werden erworbene Erfahrungen zur Quelle von *Weisheit. Mit jedem neuen Ausgleichsfeld-Bereich gewinnen wir eine weitere *Antenne, können Umfeld-Wellen höherer Frequenzen empfangen. Bei jedem „Quantensprung“ wird Materie ausgedehnt. Dies wird als Zunahme persönlicher Freiheit und Leichtigkeit empfunden, einengende Bindekräfte werden auf seelisch-geistigem Gebiet frei. Das gleichzeitig die Leistungsfähigkeit körperlicher Funktionen nachlässt, ist normal. Dies lässt sich in universalen Größenordnungen beobachten.

Im Übrigen sind wir wesentlich größer, als wir meinen! Unser Gesamtkörper-Ausgleichsfeld (*Aura) kann bis zu 250 m anwachsen, denn nach außen hin nimmt die Größe der sieben Ausgleichsfeld-Bereiche im harmonischen Verhältnis 1:2 zu. Entsprechend sinkt deren Frequenz. So strahlen entwickelte Menschen oft eine gelassene Ruhe aus. Die Größe der Medienteilchen in den äußeren Bereichen nimmt ab, wohingegen sich deren Frequenz erhöht. Dies zeigt sich in der höheren Leistungsfähigkeit entwickelter Menschen. Unser Antennensystem (Atome, Zellen, Organe, Körper und deren Ausgleichsfeld) umfasst nach der Beziehung des Universal-Prinzips $d = \lambda/2$ ein Resonanz-Spektrum für elektromagnetische Wellen mit einer Wellenlänge von 10^{-7} bis ca. 250 m.

Mit unseren Körperrhythmen verfügen wir über eine weitere „übersinnliche" Kommunikationsmöglichkeit, mit der wir noch höhere Werte erreichen können. Ein Beispiel dafür sind die Hirnwellen, die mit dem *EEG messbar werden. Während die *EEG-Frequenz im entspannten Wachzustand 8-12 Hz (Alphawellen) und im aktiven Wachzustand 16-30 Hz (Betawellen) beträgt, kann sie bei hoher Belastung (Stress) 30 bis 60 Hz erreichen (Betawellen – Infarktnähe). Andererseits können Geübte in tiefer Meditation oder während entsprechender Schlafphasen ihre Hirnstromfrequenz auf 3 - 0,5 Hz (Deltawellen – Scheintodnähe) absenken. Das entspricht nach $d = \lambda/2$ mit 300.000 km Durchmesser einem Energieniveau im vierten Ausgleichsfeld-Bereich der Erde! Dieser Bereich wird auch als *Akasha-Chronik bezeichnet und erschließt uns gigantische Möglichkeiten von Inspiration und Intuition, die bis hin zur Erleuchtung reichen. Das bedeutet, wir können einen Resonanzkanal zu derart großen Feldern herstellen, die es uns ermöglichen, mit dem höchsten Wissen der Menschheit zu kommunizieren.

Bezüglich lebender Organismen heißt es in [Popp84] S.63: *„Es existiert ein regulierendes Trägerfeld, das ständig wie ein leitendes Plasma den gesamten Organismus umfasst. Dieses wird entsprechend der Benennung durch den russischen Strahlenbiologen V. Inyuschin als ‚Bioplasma' bezeichnet."* Weiter (S.131): *„Resonanzen aufgrund von elektromagnetischer Strahlung im weiten Bereich von einigen *Hertz bis zu 1.015 Hertz finden sich auch in lebenden Systemen. In diesem Bereich findet man allgemeine artspezifische und vermutlich auch individuelle „biologische" Resonanzlinien. Das sind empfindliche Reaktionen der Organismen auf die Behandlung mit elektromagnetischen Wellen ganz bestimmter Frequenzen. Dabei sind längere Wellen über größere Distanzen (z. B. Organe) und* *kürzere Wellen über entsprechend geringere Entfernungen (z. B. Zellen) wirksam." Und in [Haken96] S. 297: „Nun erzeugen, wie wir aus der klassischen Physik wissen, nicht nur oszillierende Dipole Strahlungsfelder, sondern auch andere oszillierende Ladungs- oder auch Stromverteilungen."*

Das Rad des bewussten Lebens beginnt sich mit der Geburt zu drehen. Es wird maßgeblich durch die Entwicklung der Anlagen beeinflusst, die durch entsprechende Zyklen der Gestirne angeregt werden. Unser Schicksal ist von der Entwicklung unserer Anlagen abhängig. Lebensumstände, die sich fördernd oder hindernd ergeben, stellen jene Aufgaben dar, die zu meistern sind.

Die Entwicklung der Ausgleichsfelder vollzieht sich nach dem Sonnenzyklus der vier Jahreszeiten (Bild 5.8). Gleich einem Baumring entfaltet sich auch bei Menschen in jedem Jahr ein weiterer Organ-Ausgleichsfeld-Oktavbereich. Im Verlauf von sieben Jahren entsteht aus sieben Organ-Ausgleichsfeld-Bereichen jeweils ein Gesamtkörper-Ausgleichsfeld-Oktavbereich. Die Größe (Füllungsgrad) der Ausgleichsfeld-Bereiche hängt dabei von den in diesem Jahr erworbenen Erfahrungen ab (Dicke der Baumringe). Danach setzt sich der Zyklus im nächst-höheren Oktavbereich fort. Während die Oktav-Zyklen (Bild 5.7) für alle gleichermaßen zutreffen, wird der Inhalt der Ausgleichsfelder von den individuellen Anlagen bestimmt, deren Entwicklung durch die Zyklen der Gestirne beeinflusst werden. Die Einflüsse aus den für einen Menschen in Frage kommenden Gestirnskonstellationen können nur aus einem individuellen *Horoskop abgeleitet werden.

Den Einfluss der Gestirne auf unser Schicksal kann man sich folgendermaßen vorstellen: Bei einer bestimmten (geometrischen) Gestirnskonstellation wird eine entsprechende Struktur unseres geistigen Ausgleichsfeld-Bereiches zu Resonanzschwingungen angeregt. Dieses aktiviert identische Strukturen in entsprechenden seelischen Oktavbereichen. Wir nehmen diesen Vorgang bewusst wahr, und zwar in Form von Interesse, Lust, Wunsch, Neugier, Sehnsucht, Pflichtgefühl, etwas Bestimmtes zu tun. Und das ist mit Sicherheit eine Aufgabe, zu deren Lösung wir entsprechende Anlagen besitzen. Indem wir dieser „Aufforderung" folgen, bewegen wir uns genau in Richtung auf unser Lebensziel. Ignorieren wir das oder stecken wir gerade in anderen Zwängen, werden wir bei der jeweils nächsten Konstellation erinnert. Haben wir die Aufgabe gemeistert, werden wir uns gut fühlen. Dieser Zusammenhang ist von außerordentlicher Bedeutung. Wenn man so will, werden wir über unser „Hohes Selbst" von Sonne und Planeten angeregt und handeln mit ihrer Unterstützung. Schließlich hängt deren Entwicklung von der unseren ab, denn wir sind gewissermaßen Medienteilchen im Organismus der Erde bzw. der Sonne.

Der Oktav-Zyklus

Bild 5.7 b zeigt den Oktav-Zyklus bis zum 57. Lebensjahr. Bereits mit 49 Jahren könnten wir theoretisch weise sein, weil wir dann alle 7 Organ Ausgleichsfeld-Oktavbereiche sieben Mal „durchlebt" und damit alle 49 Oktavbereiche „erfüllt" haben könnten. Auf jeden Fall haben wir dann einen schönen Überblick über das Leben, Erleuchtung jedoch wird in der Regel erst nach mehreren Lebenszyklen möglich.

In [Spiegel104] wird von einer Studie berichtet, mit welcher Stephen Dewhurst und Claire Robinson von der Universität in Lancaster nachgewiesen haben, dass sich Kinder unter acht Jahren vorzugsweise klangverwandte Wörter merken, während es bei älteren Kindern genau wie bei Erwachsene sinnverwandte Wörter sind. Damit werden gleich zwei Aussagen des Universal-Prinzips bestätigt:

- Erfahrungen entwickeln sich in zeitlicher Reihenfolge zunächst stetig innerhalb eines bestimmten Oktavbereiches, und nachdem dieses gefüllt ist, sprunghaft im folgenden Oktavbereich.
- Erfahrungen ordnen sich systematisch an – und zwar axial in Energieniveaus und radial in Oktavbereichen. Sinnverwandte Erfahrungen werden innerhalb eines kontinuierlichen Spektrums, klangverwandte in aufeinander folgenden Oktavbereichen gespeichert.

Die Entwicklung der Ausgleichsfeld-Oktavbereiche zeigt sich in den Übergangsphasen aller sieben Jahre an deutlichen Veränderungen von Verhaltensweisen und Interessenlagen. In der ersten Phase des Lebens (bis zur Entwicklung des mentalen Oktavbereiches) wächst der Mensch durch Gravitation, sammelt Materie an. Die Entwicklung vollzieht sich nach dem „Universellen Periodensystem" innerhalb eines Oktavbereiches kontinuierlich und von Bereich zu Bereich erfolgt ein „Oktavsprung" (Bild 5.7 a). Traditionell wurde diese natürliche Entwicklung unterstützt, mit 7 Jahren wurde eingeschult, mit 14 begann die Lehre oder höhere Schulbildung, mit 21 Jahren das Erwachsenenalter.

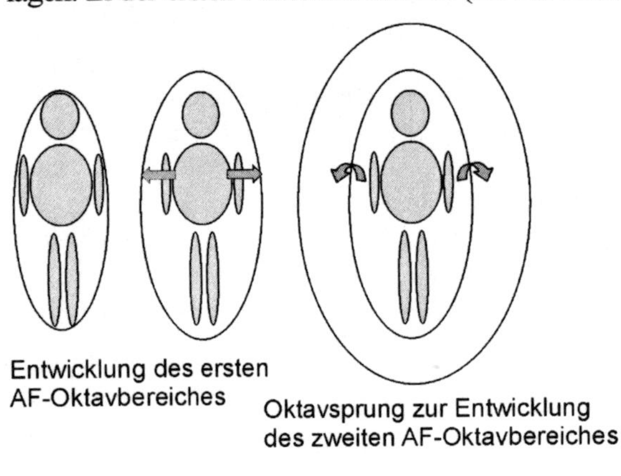

Bild 5.7 a kontinuierliche Entwicklung und Oktav-Sprung

Lebens-jahre	Organe und deren Ausgleichsfelder	Pole der Hormondrüsen (Chakras)	Oktavbereiche (OB) vom Gesamtkörper-Ausgleichsfeld (Aura)
50 – 57	alle sieben Organ-Ausgleichsfelder, wie oben	alle sieben Chakras, wie unten	1. Energetisches OB (2. Periode)
43 – 49	alle sieben Organ-Ausgleichsfelder, wie oben	alle sieben Chakras, wie unten	7. Weisheits OB
36 – 42	alle sieben Organ-Ausgleichsfelder, wie oben	alle sieben Chakras, wie unten	6. Präkognitives OB
29 – 35	alle sieben Organ-Ausgleichsfelder, wie oben	alle sieben Chakras, wie unten	5. Intuitives OB
22 – 28	alle sieben Organ-Ausgleichsfelder, wie oben	alle sieben Chakras, wie unten	4. Astrales OB
15 – 21	alle sieben Organ-Ausgleichsfelder, wie oben	alle sieben Chakras, wie unten	3. Mentales OB
8 – 14	alle sieben Organ-Ausgleichsfelder, wie oben	alle sieben Chakras, wie unten	2. Emotionales OB
7	Großhirn	Scheitel-Chakra	1. Energetisches OB
6	Zwischenhirn, Nervensystem, Kleinhirn	Stirn-Chakra	
5	Lunge, Dickdarm	Kehl-Chakra	
4	Herz, Dünndarm	Herz-Chakra	
3	Magen, Milz, Leber, Galle	Solarus Plexus-Chakra	
2	Nieren, Blase	Sakral-Chakra	
1	Knochen, Fleisch, Dreifacher Erwärmer	Wurzel-Chakra	

Bild 5.7 b Der Oktav-Zyklus

Entwicklungssprünge von Babys und Kindern können von vorübergehenden Schreiattacken oder Orientierungslosigkeit begleitet sein. Dies zeigt jeweils die Chaosphase beim Sprung in einen neuen Ausgleichsfeld-Oktavbereich an, nachdem der alte gefüllt wurde. In jedem neuen Oktavbereich liegen anfangs nur wenige Medienteilchen-*Cluster im unteren Bereich (Schwelle). Erst wenn mehr davon vorhanden und aufgelöst wurden, kann der mittlere Gleichgewichtszustand erreicht werden. So wird durch zunehmende Entwicklung ein angemessenes Reagieren auch auf heftige Anregungen möglich und ein Kind in derartigen Phasen wird Einsicht zeigen und ausgeglichen reagieren.

Die Phase von 21 bis 28 Jahre ist günstig zur Gründung einer Familie mit Kindern und zur Einrichtung einer Wohnung. Indem wir weitere Erfahrungen machen und vorhandene ordnen und ergänzen, erfüllen wir höhere Ausgleichsfeld-Oktavbereiche. Begleitend werden bei der Kindererziehung Erfahrungen weitergegeben. Danach kann eine Konsolidierung erfolgen. Bis zur Entwicklung des Weisheits-Oktavbereiches (bis 49 Jahre) reifen unsere Anlagen durch die vielfältigen Lebensaktivitäten.

Ein Ausgleich von Polaritäten ist allerdings stets erst dann möglich, wenn das gesamte Ausgleichsfeld mit Medienteilchen angefüllt ist. Erst dann gibt es gewissermaßen alle Farben, erst dann können sich diese zum Weiß ergänzen, stellt sich Weisheit ein. Die Wahrheit liegt stets in der Mitte. Problematisch kann eine Anhaftung an bestimmte Lebensabschnitte sein. In unserer Zeit gilt es als erstrebenswert, nicht nur ewig jung auszusehen, sondern sich auch jugendlich zu geben, zu tun, was „in“ ist.

Jede Phase der Reifung kennt jedoch andere Erlebensbereiche. Wer sich auf Dinge konzentriert, die zu einer früheren Lebensperiode gehören, dreht sich im Kreis, bewegt sich im gleichen Oktavbereich, nutzt die Zyklen nicht, um höhere Bereiche aufzubauen. Entwicklung heißt, die Dinge tiefer, in mehreren Ebenen zu verstehen, denn jedes Ding hat mindestens zwei Seiten.

Sobald wir Hemmungen bei bestimmten Verhaltensweisen oder Lebensumständen verspüren, die uns hindern, sollten wir deren Ursache suchen. Meist lösen sich diese Blockaden, wenn wir wissen, wodurch sie entstanden sind (Details in 6.4).

Nach dem 49. Lebensjahr beginnt ein neuer Zyklus, der vertiefend wirken kann. Nun beginnt auch das Genießen der Früchte des Lebens – im höheren Alter erfolgt dann die Vorbereitung auf den Übergang (Tod).

Unser Körper verliert mit zunehmender Entwicklung an Materie, wie ein Kern, der seine Teilchen an das Ausgleichsfeld abgibt. Dies ist sichtbar an unseren Falten, an Alterung und Abnutzung. Jedoch unser Bewusstsein verlagert sich mit zunehmender Entwicklung, oder besser gesagt Reifung, auf feinere geistige Oktavbereiche. Das Altern stellt sich so als eine natürliche und begrüßenswerte Erscheinung dar. Der Körper nimmt im Alter vielleicht an Schönheit und Vitalität ab, jedoch gewinnen Erfahrung und Weisheit immer mehr an Bedeutung.

Die Natur belohnt alles, was wir richtig machen, mit angenehmen Gefühlen. Das reicht vom angenehmen Sättigungsgefühl bis zum inneren Glücksgefühl, welches sich einstellt, wenn unsere äußeren Taten mit unseren inneren Einstellungen übereinstimmen. Mediziner stellen dann eine Ausschüttung von Endorphinen fest.

Unangenehme Gefühle und fehlendes inneres Glück zeigen uns Blockaden an. Die Entwicklung ist gehemmt, dichte Materie kann sich in bestimmten Bereichen nicht lösen, der Stoffwechsel ist gestört, wir müssen etwas ändern. Wichtig ist es, derartige Wegzeichen zu erkennen und zu berücksichtigen. Nur wenn wir rechtzeitig und richtig reagieren, bleiben wir gesund und erfüllen unseren Lebensplan. Ist die Berufung beispielsweise im Hauptberuf nicht erfüllbar, hilft der Umweg über das Hobby. Finden wir unsere Beziehung nicht optimal, können wir dies als Aufgabe zur Verbesserung nutzen.

Außer dem Oktavzyklus erleben wir weitere zyklische Anregungen, die für Gesundheit und Entwicklung wichtig sind, durch den Jahreskreis und die Organuhr.

Der Jahreskreis

Nutzt man die unterschiedlichen Anregungen durch die spezifische Energieverteilung im Jahreskreis (Bild 5.8), lassen sich Vorhaben energiesparend umsetzen. Es empfiehlt sich folgende Vorgehensweise: zur Winter-Sonnenwende einen Aktionsplan für das Folgejahr beschließen, zur Frühjahres-Tag- und -Nachtgleiche mit unserem Vorhaben starten, zur Sommer-Sonnenwende den beschrittenen Weg überdenken, zur Herbst-Tag- und -Nachtgleiche letzte Korrekturen vornehmen. An Samhain (Halloween) sollte dann alles fertig sein, bis zur Winter-Sonnenwende ist ein letzter Feinschliff möglich. Die Natur, zu der auch wir gehören, macht es uns Jahr für Jahr vor.

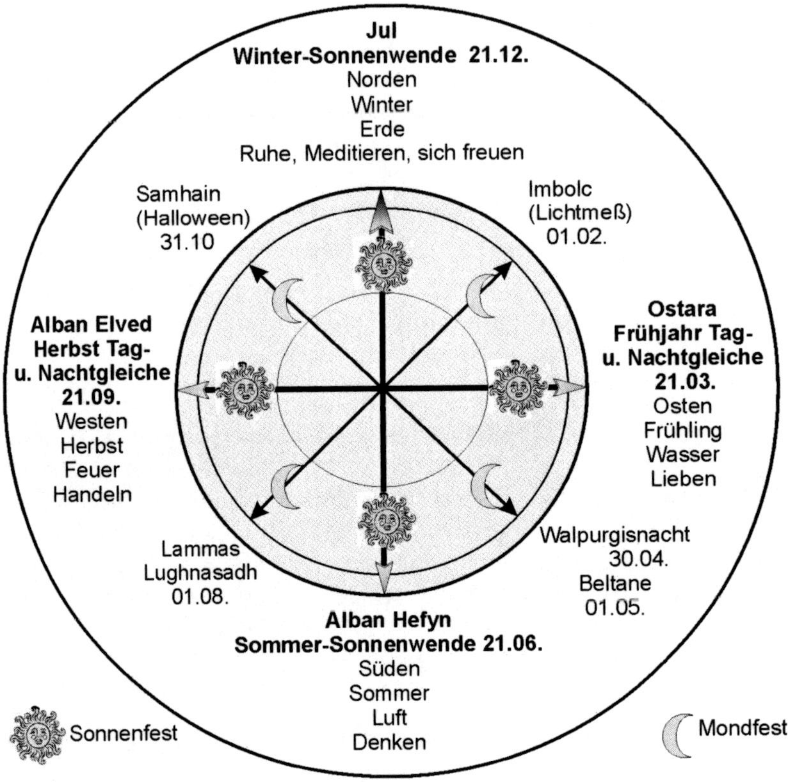

Bild 5.8 Der Jahreskreis

Den vier Hauptjahreskreisfesten sind jeweils die entsprechenden Himmelsrichtungen, Elemente und Hauptaktivitäten zugeordnet.

Die Organuhr

Unser Organismus wird hauptsächlich von der Sonne angeregt und gesteuert. Es hat sich ein Biorhythmus entwickelt, nach dem die Organe auf den 24-Stunden-Rhythmus von Tag und Nacht eingestellt sind. Dieser Zyklus wird durch die chinesische Organuhr beschrieben (Bild 5.9 a). Jedes Organ hat eine aktive Phase von zwei Stunden, und genau 12 Stunden später (gegenüberliegend) eine Ruhephase.

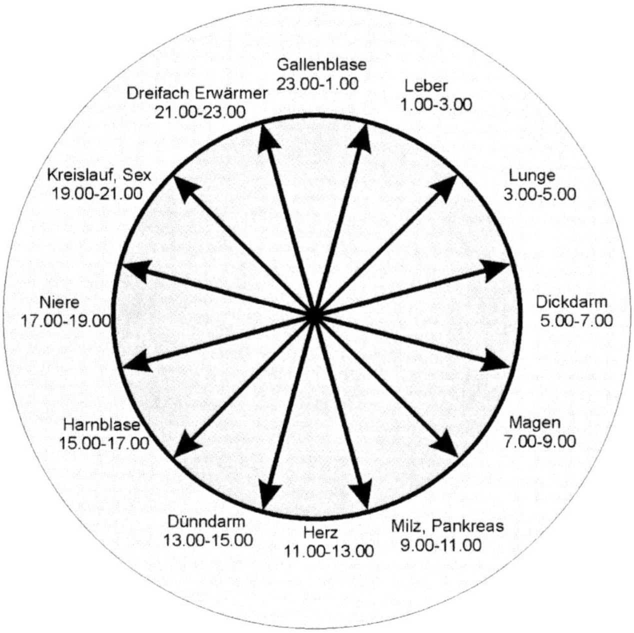

Jede Hormondrüse hat eine bestimmte Eigenfrequenz, die genau der Gestirnfrequenz einer zweistündigen Phase des 24-stündigen Tag- und Nachtzyklusses entspricht. So wird aller zwei Stunden eine andere Hormondrüse anregt. Deren Hormon wird mit dem Blutkreislauf im Organismus verteilt. Durch das Hormon wird die Dichte des zugeordneten Organs so verändert, dass dieses direkt durch die Umfeld-Wellen der Gestirne in Resonanz versetzt wird. In der Technik wird das gleiche Prinzip beim „*Datenbus“ angewendet.

Bild 5.9 a Die chinesische Organuhr

An jedem Morgen, wenn der erste Silberstreif am Horizont erscheint, wird die Schilddrüse angeregt und produziert das Hormon Thyroxin. Dieses wiederum regt die Lunge an – wir atmen schneller, der Kreislauf wird aktiviert und wir erwachen. Zwei Stunden später werden die Nebennieren angeregt und produzieren Adrenalin. Dieses setzt die Peristaltik des Dickdarmes in Gang und – wir spüren den Drang zur Toilette. Die Sonne steigt höher und durch die geringere Reflexion verändern sich die Wellenlängen der Sonnenstrahlen. Infolge dessen wird die nächste Hormondrüse angeregt, die das nächste Organ auf die entsprechende Wellenlänge der Sonnenstrahlung einstellt. Der Mensch ist somit ein perfektes Solarkraftwerk.

In Bild 5.9 b wird als Beispiel links die maximale und minimale Aktivität des Dickdarmes dargestellt und rechts der zeitliche Verlauf der Dickdarmaktivität nach dem Universal-Prinzip. Deutlich zu erkennen sind die Zeiten maximaler Aktivität, z. B. morgendlicher Stuhlgang und der Ruhe.

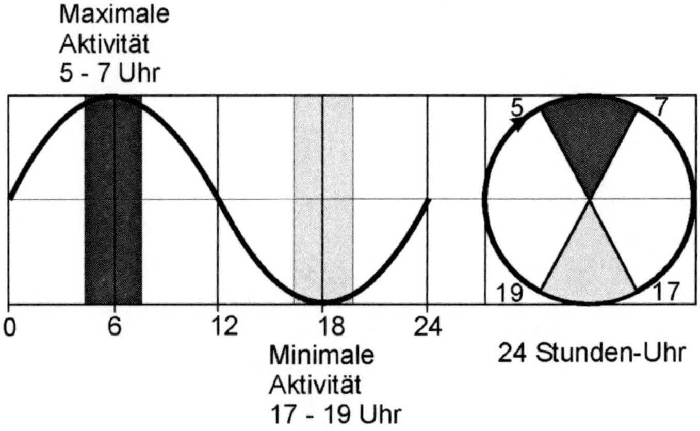

Bild 5.9 b Dickdarmaktivität nach der Organuhr

Abends, wenn die Sonnenanregung abklingt, produziert das Scheitel-Chakra (Epiphyse oder Zirbeldrüse) das Hormon Melatonin. Dieses aktiviert den Parasympatikus. Unsere Körperrhythmen verlangsamen sich, der Körper kommt zur Ruhe, – und wir schlafen ein.

Mit den durch die Organuhr bewirkten Aktivitäts- und Passivitäts-Phasen sind die aus der Überlieferung empfohlenen Abfolgen der Mahlzeiten gut nachvollziehbar:

„Iß morgens wie ein Kaiser,

mittags wie ein Edelmann

und abends wie ein Bettelmann."

Im Technikzeitalter haben wir uns von den natürlichen Zyklen entfernt, verlängern den Tag mit künstlichem Licht. Dennoch ist es sinnvoll, den Lebensablauf „in etwa" nach der Sonne auszurichten, denn nur dadurch funktioniert unser Organismus effizient. Ignorieren wir dies, gerät der Stoffwechsel durcheinander, die Organe unter Stress und wir behindern unsere Entwicklung selbst.

Organ	Polarität	
	negativ	positiv
Lunge	Gram	Würde
Herz	Ungeduld, Grausamkeit	Respekt, Freude
Leber	Wut	Freundlichkeit
Magen	Sorge	Aufrichtigkeit, Ausgeglichenheit
Nieren	Furcht	Sanftmut

Bild 5.10 Polare Eigenschaften der Organe und deren Ausgleichsfelder

Die Organe zeigen ihre seelischen Entsprechungen mit ihren Oktavbereichen: Empfindungen, Gefühlen, Gedanken und den höheren Bewusstseinsstufen. In Bild 5.10 sind polare Eigenschaften einiger Organ-Oktavbereiche dargestellt. Dazwischen liegt natürlich ein ganzes Spektrum und in der Mitte jeweils der Gleichgewichtzustand.

Bei einem Kleinkind wechseln zuweilen unmittelbar Lachen und Weinen, weil die differenzierten Ausprägungen zwischen den polaren Eigenschaften noch nicht ausgebildet sind.

Durch die Kraft der Anregung entsteht regelmäßig eine verstärkte Pulsation und die Leistungsfähigkeit im entsprechenden Bereich steigt. Zugleich entsteht durch den turbulenten Stoffwechsel Chaos. Nach dem „Verdauen“ in der anschließenden Ruhephase ordnen sich die Medienteilchen auf einem höheren Energieniveau, denn wir lernen in der Regel nach jeder Aktion. In jede Aufgabe oder in jede neue Situation müssen wir uns jedoch erst „einleben“, bevor wir gelernt haben, damit umzugehen. So gelingt es uns im Laufe des Lebens durch Erfahrung, nach Anregungen immer schneller zurück ins Gleichgewicht zu kommen.

Bewusstsein, Schlaf und Meditation

Die Rolle des Bewusstseins sowie die Vorgänge in Schlaf und Meditation stellen sich nach dem Universal-Prinzip wie folgt dar:

Ein ruhender Körper kann wie tot erscheinen. Sobald dieser aber durch eine Anregungskraft zum Schwingen gebracht wird, beginnt er zu pulsieren. Es entsteht ein Stoffwechsel und es werden Wellen und Teilchen abgegeben, wodurch ein Ausgleichsfeld entsteht. Die Gesamtheit dieser Wechselwirkungen macht das

Bewusstsein eines lebendigen Körpers aus. Je nach Komplexität existiert eine Steuerungszentrale, in der alle Informationen zusammenlaufen. Das sind Gehirn, Herz und Bauch – bei einer Zelle der Zellkern, bei einem Elementarteilchen der Kern. Durch den Kern verläuft die Polachse, wodurch auch die Wechselwirkungen in den Ausgleichsfeldern durch das Zentrum laufen und bewusst werden. Dazu gehört die überlebenswichtige Freund-Feind-Erkennung (siehe Kapitel 4.3).

Der Mensch als komplexes Wesen kann sein Bewusstsein sowohl auf einen kleinen Bereich konzentrieren (fühlen, denken, handeln), als auch auf einen großen Raum ausdehnen (intuitiv planen). Im Wachzustand können wir das Bewusstsein lenken. Während sich dieses bei schöpferischer Arbeit in geistigen Ausgleichsfeld-Oktavbereichen befindet, wechselt es bei gedanklicher Konzentration in den „Mental-Bereich". Lassen wir die Seele baumeln, befindet es sich im emotionalen Bereich und bei körperlicher Anstrengung im energetischen Bereich.

Den physischen Körper spüren wir relativ selten bewusst, z. B. bei Berührung oder Schmerz. Nachts verlangsamen sich unsere Körperrhythmen. In den einzelnen Schlafphasen verlagert sich das Bewusstsein in die geistigen Oktavbereiche, die durch die schwächeren Umfeld-Wellen der Nachtgestirne angeregt werden. In Kapitel 5.3 wurde beschrieben, dass wir mit sehr großen externen Feldern in Resonanz treten können. Auf diese Weise erhalten wir Zugang zur *Akasha-Chronik, dem „Weltenbewusstsein" oder der „Weltenseele" - jener Hyperintelligenz, die aus der Vernetzung des Wissens aller Erdbewohner besteht. C.G. Jung sprach vom „kollektiven Unterbewusstsein".

MYTHOS WELTENSEELE

Das Ausgleichsfeld Erd-Atmosphäre besteht aus unendlich vielen Medienteilchen. Das Erd-Ausgleichsfeld wird, ebenso wie die Ausgleichsfelder seiner Bewohner und natürlich auch der übrigen Planeten, von der Sonne zyklisch angeregt. Das Ausgleichsfeld der Erde stellt jene Hyperintelligenz dar, die aus der mannigfaltigen Vernetzung des Wissens aller Erdbewohner und der Kommunikation mit den Planeten und der Sonne entstand. Das Erd-Ausgleichsfeld Erde ist jene legendäre Weltenseele von der seit Menschengedenken gesprochen wird.

Die Fähigkeit zur Kommunikation über große Entfernungen ist auch Tieren möglich: Das Buch „The Hundredth Monkey" beschreibt ein Forschungsprojekt, mit welchem über 30 Jahre lang das Verhalten der japanischen Affen „Macaca fuscata" untersucht wurde. Wild lebende Affen auf der Insel Koshuma wurden mit Süßkartoffeln gefüttert. Ein Affenkind begann eines Tages die Kartoffeln zu waschen. Offenbar schmeckten sie dann besser, denn andere, insbesondere junge Affen, ahmten dies nach. Nach sechs Jahren wuschen ca. 100 Affen dieser Gruppe ihre Kartoffeln. Und jetzt ereignete sich ein Quantensprung – sprunghaft wuschen von da ab nicht nur die Affenhorde auf der Insel, sondern auch auf den Nachbarinseln und auf dem Festland ihre Kartoffeln.

Das individuell erreichbare Energieniveau ist vom Durchmesser der Gesamtkörper-Ausgleichsfelder (Aura) bzw. von den Körperrhythmen abhängig (z. B. Herz- oder Hirnstromfrequenz).

Träume dienen der Verarbeitung unserer Erlebnisse, indem diese mit dem individuellen Lebensplan abgeglichen werden. Die eigene Intelligenz beurteilt, ob wir durch unsere Handlungen unserem Lebensziel näher gekommen sind. Wenn das der Fall ist, empfinden wir eine innere Übereinstimmung und ein gutes *Gewissen, wenn nicht, sind wir unzufrieden. Der nächtliche Abgleich hilft uns zugleich, Probleme zu bearbeiten. „Am Morgen ist man klüger als am Abend."

Bei einer Meditation gelangt unser Bewusstsein ebenso wie im Schlaf in höhere geistige Bereiche. Worin besteht der Unterschied?

Wenn wir morgens aufwachen, können wir uns zuweilen an besonders wichtige Trauminhalte erinnern, meist sind es jedoch nur unverständliche Bruchstücke. Unser Bewusstsein befindet sich während der verschiedenen Schlafphasen in unterschiedlichen Ausgleichsfeld-Oktavbereichen. Höheres Wissen ist analog gespeichert. Daher bereitet die Übertragung von Informationen aus den verschiedenen Oktavbereichen (Ebenen) in die digitalen Bereiche unseres Verstandes Schwierigkeiten. Für höhere Zusammenhänge reicht die Kapazität unseres physischen Verstandes oft nicht aus.

Während sich das Bewusstsein in den einzelnen Schlafphasen jeweils nur in einem Oktavbereich befindet, gelingt es bei der Meditation, das Bewusstsein gleichzeitig in mehrere Oktavbereich zu lenken und zugleich im Körper zu halten. So dehnen wir unser Gewahrsam im Halb-Wachzustand auf Bereiche aus, die uns im Normalfall nicht zugänglich sind. Sachverhalte offenbaren sich *holografisch. Wissen aus verschiedenen Ebenen wird zur gleichen Zeit dargestellt und kann sich schneller vernetzen. Das Ergebnis ist ein sehr hoher Grad an Wahrheit. Wie alles bedarf dies der Übung.

Durch Meditation lernen wir, unsere innere Stimme deutlicher wahrzunehmen. Jeder entscheidet ständig (mehr oder weniger bewusst), was für ihn verträglich ist. Vor jeder Entscheidung steht eine Bewertung. Diese entspricht dem uralten

Prinzip der Freund-Feind-Erkennung. Es handelt sich um eine Steuerung durch anziehende oder abstoßende Kräfte. Diese gelangt auf unterschiedliche Weise in unser Bewusstsein, beispielsweise im energetischen Oktavbereich als Tatkraft oder Hemmung, im emotionalen Oktavbereich als angenehmes oder unangenehmes Gefühl, im mentalen Oktavbereich als logisch erstrebenswerte oder unlogische Gedanken (Intellekt), im transzendenten Oktavbereich als uneigennütziger Antrieb (Mitgefühl) oder im höheren geistigen Oktavbereich als erstrebenswerte langfristige positive Ziele (Intelligenz). Während die ersten drei Oktavbereiche persönliche Interessen signalisieren, dehnt sich der „Horizont" bei den größeren Feldern aus, erreicht über die Fürsorge für Familie, Gemeinde, Land und Nation schließlich eine Dimension, die unsere gesamte Erde mit allem, was sich darauf befindet, einbezieht. Unsere Entscheidungen werden von der Größe der Oktavbereiche, die wir entwickelt haben, geprägt. Höhere Intelligenz macht uns Inspiration und Intuition zugänglich, ist der beste Lebensberater.

Nach dem vierzehnten Dalai Lama gibt es zwei Arten von Meditation: „Es kann um Konzentration, geistige Ruhe gehen oder es kann um die tiefe Einsicht in die Dinge gehen. Nach der Meditation gilt es, das während der Meditation gewonnene Verständnis zu vertiefen. Dadurch können wir Tugenden wie Mitgefühl, Wohltätigkeit und das Achten der guten Eigenschaften anderer entwickeln.

Während der Meditation versuchen wir unsere Seele umzuwandeln aber die Wirkung zeigt sich erst in der Praxis nach der Meditation. Unsere Fortschritte sollten wir in unserem Lebensalltag aufrechterhalten.

Wir stellen uns vor, dass das positive Potenzial, welches wir während der Sitzung angesammelt haben, nicht auf unseren persönlichen Vorteil, sondern allein auf das Wohl aller empfindenden Wesen ausgerichtet ist. Dadurch bewirken wir, dass alle Erfahrungen, die ja kein abhängiges Wesen haben, für alle von Nutzen sind (Akasha-Chronik).

Meditation ist wie das Aufladen unserer Batterie. Wenn wir unser Leben auf diese Weise führen, werden wir die ganzen 24 Stunden des Tages heilsam und bedeutungsvoll gestalten. Dann werden auch die Wochen und Monate und Jahre sich mit Sinn füllen."

Weisheit wird nur durch eigene Erfahrung erreicht. Selbst Meditationskurse oder geistiges Heilen sind nur Handwerkszeug auf diesem Weg, den wir selbst gehen müssen. Von Lao Tse stammt der Spruch: „Alles nur mit dem Verstand erfassen wollen, wird die Weisheit vertreiben."

5.4 Gesundheit und Krankheit

Wir teilen die Auffassung von Sigmund Freud, dass Krankheiten zum Leben gehören wie der Tod. Längerfristige Gesundheit hängt in erster Linie von der Erfüllung der individuellen Anlagen ab. Die beste Ernährung, Sport oder teure Kuren können dies nicht ausgleichen, auch Geld macht bekanntlich nicht glücklich.

Verläuft unsere Entwicklung nicht entsprechend des *Lebensplanes, weil wir unsere Anlagen nur ungenügend entwickeln, werden die Oktavbereiche nicht hinreichend mit Erfahrungen gefüllt. Es entstehen Spannungen, Ungleichgewichte und Blockaden. Pulsation und Stoffwechsel werden behindert und die Übereinstimmung zwischen äußeren Handlungen und innerer Einstellung ist gestört. Entweder ermüden wir rasch und geraten bereits bei kleinen Anregungen aus dem Gleichgewicht, oder wir reagieren hyperaktiv.

Krankheiten zeigen sich in Ungleichgewichten der sensiblen äußeren Oktavbereiche, noch lange bevor körperliche Symptome vorliegen. Dies äußert sich u. a. in nachlassender Lebensfreude. Wir bemerken, dass irgendetwas nicht stimmt. Mediziner können mit ihren Mitteln noch keine „organischen" Abweichungen feststellen, Psychologen versuchen sich oft mit Gesprächstherapien und ähnlichen verstandesmäßig orientierten Mitteln. Erfolgt keine Veränderung der Lebensweise, greifen die Störungen auf dichtere seelische Oktavbereiche über, die Beschwerden verstärken sich und manifestieren sich schließlich im Körper. Zunächst werden einzelne Zellen erfasst, dann Organe, schließlich der ganze Körper.

Erst jetzt findet der Mediziner Symptome, die er mit seinen Mitteln behandeln kann. Er arbeitet auf der Ebene der dichten Kernmaterie, weiß nichts von der Existenz der Oktavbereiche, in denen die Ursachen der Krankheit zu suchen sind. So setzt er oft materielle Mittel (Medikamente) ein, die nicht selten erhebliche Nebenwirkungen verursachen. Gelingt es nicht, die Selbstheilungskräfte zu stärken, oder werden diese zusätzlich belastet, muss der Körper in weiteren Organen die Energie reduzieren. Ist die Krankheit weit fortgeschritten, wird meist operiert. Dabei werden inzwischen wahre Wunder vollbracht, aber die materielle Behandlung am Ende der Krankheits-Kausalkette erfolgt meist völlig ohne Kenntnis der Ursachen in den vernetzten Steuerungsebenen der Oktavbereiche. Krankheiten auch gleicher Art sind wegen der komplex vernetzten Regelkreise des Organismus meist nicht auf eine Ursache zurückzuführen. Sind jedoch die Ursachen nicht behoben, kann die Krankheit an gleicher oder anderer Stelle erneut ausbrechen.

Steckenbleiben in Chaos oder Ordnung

Alle Oktavbereiche besitzen im niedrigsten Energieniveau chaotische und im höchsten Niveau geordnete, kristalline Zonen, die sie gegenüber den anderen Feldern abgrenzen. Das Pendeln zwischen Chaos und Ordnung ist natürlich und gesund. Alles Neue, jede Aktivität sowie die Reaktionen der Umwelt führen zunächst zu einem Ungleichgewicht. Nach einem chaotischen Übergang folgt eine Ordnungsphase und schließlich pendelt sich ein Gleichgewicht ein.

Bild 5.11 zeigt schematisch, wie so verschiedene Perioden wie Zellstoffwechsel, Kreislauffrequenzen, Organuhr oder der Oktavzyklus der Ausgleichsfelder ablaufen.

Durch bestimmte Lebensumstände und Veranlagungen neigen wir zuweilen dazu, in einer der beiden extremen Verhaltensweisen Chaos oder Ordnung stecken zu bleiben und wir erreichen den mittleren Gleichgewichtszustand dann nicht mehr. Dies geschieht meist nach einseitiger Überbeanspruchung. Bleiben Muskeln angespannt, wird viel Kraft verbraucht und der Kreislauf behindert. Es kommt zu Verkrampfung und Schmerzen. Dies kann sich in seelischen Bereichen fortsetzen. Betroffene sind eingeschränkt, reagieren chaotisch, hyperaktiv oder blockieren sich durch stolzes Zurückziehen in eine starre Überordnung.

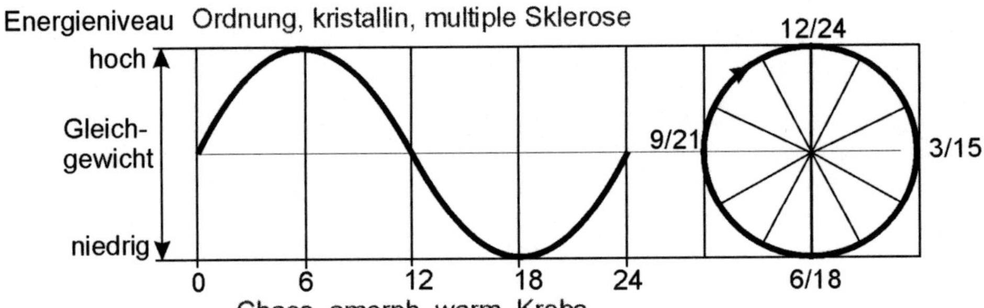

Bild 5.11 Schwingung zwischen Ordnung und Chaos um das mittlere Gleichgewicht

Freies Schwingen ermöglicht eine lockere flexible Lebensweise, man verbindet Neues mit eigenen Erfahrungen, setzt seine Kraft effizient ein, ist ausgeglichen und kerngesund. Das Verharren in Grenzbereichen kann dagegen zu typischen Krankheitsbildern führen:

- Kristallin (Eis statt Wasser), man ist unflexibel, neue Anregungen werden ungern aufgenommen, wegen der Anspannung bleibt wenig Kraft - dies führt zu Stagnation und im Extremfall zu Multipler Sklerose.
- Chaotisch (Schlamm statt Erde und Wasser), man agiert ziellos, benötigt viel Kraft für wenig Leistung, das Krankheitsbild ist Krebs.

Gründe für derartige Krankheiten liegen in einer Unterentwicklung des Ausgleichsfelds (zu wenig eigene Erfahrung), Über- oder Unterschätzung der eigenen Leistungsfähigkeit. Damit ist nur ein geringer Teil der freien Kräfte gebunden. Die freien Kräfte überwiegen, man ist „dünnhäutig" und bereits bei geringer Belastung bricht das Ausgleichsfeld zusammen (gravitiert). Diese Menschen handeln spontan, unüberlegt und explosiv.

Eine nun entstehende Krankheit verhilft nicht selten zu einem Quantensprung in ein höheres Oktavbereich, den man vorher nicht schaffte. Und das in einer Phase persönlicher Schwäche. Lange Zeit habe ich über dieses Phänomen nachgedacht, weil ich ja selbst betroffen war. Der Grund besteht darin, dass Quantensprünge in aller Regel nur aus dem mittleren Gleichgewichtszustand heraus gelingen. Diese Chance eröffnet sich demnach nicht durch willentlichen Druck oder aus einem Extrem heraus. Die Schwäche eines Kranken kann deshalb zur Spontanheilung führen, weil er aufgrund der Schwäche Dinge loslässt, sich also entspannt.

Je höher der Wohlstand, desto schwieriger gelingt offenbar Entspannung. Dies zeigt die Statistik: *„Fast die Hälfte der Deutschen kehrt krank, gestresst und genervt aus dem Urlaub zurück."* (Quelle: WDR, „Rundum gesund" Urlaub – Entspannung oder Stress? Do, 24.06.04,)

Achtsame Menschen können erste feine Signale von Ungleichgewichten bereits im Vorfeld erkennen und entsprechend gegensteuern. Es sind die Wegzeichen unserer Entwicklung. Durch eine materielle Ausrichtung der Lebensweise werden jedoch die schwachen Hinweise zum Lebensplan meist überhört und das Leben oft vertan, ohne die eigenen Fähigkeiten überhaupt kennen gelernt bzw. entwickelt zu haben. Mannigfache Einflüsse wie Elektrosmog (disharmonische Anregung), Umfeldschadstoffe (schädliche Medien) überlagern sich vielfach, so dass der Zusammenhang zwischen Ursache und Wirkung oft nicht mehr erkennbar ist. Das gilt insbesondere auch deshalb, weil Mediziner die Auswirkungen der o.g. Einflüsse selten kennen. Kaum ein Arzt wird als Ursache der organischen Krankheit eines Kindes

z. B. eine häufige Handybenutzung feststellen. Im Gegenteil – Embryos werden ohne Bedenken und in den meisten Fällen ohne zwingenden Grund bereits im Mutterleib durch Ultraschall oder gar Doppler-Ultraschall geschockt. Und dies, obwohl selbst bei festgestellten Problemen in diesem Stadium kaum etwas bewirkt werden kann. Im späteren Leben müht sich möglicherweise ein Therapeut, den Verhaltensstörungen auf den Grund zu kommen, die dadurch entstanden sind.

Ein Weg zu einem gesunden Leben könnte darin bestehen, die drei buddhistischen Untugenden Unwissenheit, Gier und Hass zu überwinden und die drei Tugenden Wissen, Gelassenheit und Allgemeinliebe zu entwickeln. Wenn es gelingt, die richtigen Erfahrungen aus der Auseinandersetzung mit der Umwelt zu ziehen, werden wir nach dem Oktav-Zyklus (Bild 7a) kontinuierlich je einen Oktavbereich entwickeln und anschließend den Sprung in den nächsten schaffen. So intensivieren wir den Kontakt mit unseren geistigen Anlagen, erkennen intuitiv das Wesentliche und finden unseren Weg (*Dharma).

Wir sollten versuchen, die Lebens-Ziele durch Nutzen-Nutzen Aktionen zu erreichen, d. h. Eigennutz zu meiden, welcher anderen schadet (Nutzen-Schaden-Aktionen). Beide Aktionen gleichen sich in der Zukunft nach dem Prinzip von Ursache und Wirkung aus (*Karma). Karma erstreckt sich auf die gesamte Natur. So ist es besser, einen Baum zu pflegen, als abzusägen; eine Fläche zu kultivieren, als zu betonieren oder sich per Muskelkraft zu bewegen, anstatt Schadstoffe zu produzieren.

Schlechtes Karma führt nach dem Universal-Prinzip zu Gravitation – es belastet. Dies bedeutet Rückentwicklung, Medienteilchen verdichten sich wieder und das Energieniveau sinkt. Gutes Karma dagegen bewirkt Levitation, es erleichtert und entspricht dem Wirkprinzip unseres Sonnensystems.

„Wer gegen die Natur arbeitet, wird scheitern – früher oder später.“

Karma kann eine Person, eine Familie, einen Volksstamm oder ein Volk betreffen. So belasten uns Deutsche immer noch die Geschehnisse in der Zeit zwischen 1933 und 1945. Ein weiteres Beispiel sind die manche Familien plagenden Erbkrankheiten. Schlechtes Karma kann durch gutes Karma ausgeglichen werden. Dafür taugt aber nur echter Einsatz – es ist ein großer Unterschied, ob ein Reicher oder ein Armer z. B. einen gleichen Betrag Geldes für einen guten Zweck spendet.

Wir spüren das Gefühl von Erleichterung, wenn wir eine lange fällige Schuld beglichen oder eine Prüfung bestanden haben, eine Sorge sich als unbegründet erwies oder andere Belastungen abgegeben wurden. „Jetzt ist mir ein Stein vom

Herzen gefallen.“ Wir spürten deutliche Erleichterung, aber kein Vertreter der konventionellen Wissenschaften könnte eine Reduzierung unseres Gewichtes nachweisen. Nach dem Universal-Prinzip erfolgte die Auflösung eines kompakten Clusters innerhalb eines Oktavbereiches. Es wurde eine winzige Verdichtung von Materie in Raum umgewandelt, man kann auch sagen befreit. Jedes Kind hat das Potenzial, eigenes Karma und damit einen Teil des Familienkarmas auszugleichen. So vererben sich auch Schicksale, d. h. der Mensch erhält die Gelegenheit, ähnliche Konstellationen, an denen frühere Familienmitglieder scheiterten, harmonisch aufzulösen.

Ungleichgewichte durch Materie oder Wellen

Materie nehmen wir in den verschiedensten Formen durch unseren siebenfach gestaffelten Stoffwechsel auf und geben sie umgewandelt wieder ab. Dazu gehören die feste und flüssige Nahrung ebenso wie die Atemluft. Medienteilchen bilden Baustoffe, aus denen unser Körper und sein Ausgleichsfeld bestehen. Durch Levitation infolge Anregung erwächst uns Kraft. Sinnvollerweise sollten wir natürlich gewachsene Nahrung aus der näheren Umgebung zu uns nehmen, da deren Ausgleichsfeld an das regionale Energieniveau angepasst ist. Künstlich behandelte Lebensmittel sowie Nahrung aus fernen Ländern werden wesentlich schlechter verdaut, da zusätzlich eine größere Energiedichtedifferenz ausgeglichen werden muss bzw. die Medienteilchen anders zusammengesetzt sind. Auch ist es günstiger Nahrung „handwerklich“ und „mit Liebe“ zuzubereiten. Maschinelle Zubereitung wie etwa mit Schlagmühlen zerstört die Ausgleichsfelder.

Wellen machen uns durch ihre Anregungen lebendig, denn sie setzen die Pulsation des Organismus in Gang. Die Kraftwirkungen elektromagnetischer Wellen durchdringen unseren Körper ganz oder teilweise. Natürliche Wellen wie Licht und Wärme der Sonne sorgen für optimale Steuerung der Hirnströme, der Hormonproduktion und des Zellstoffwechsels (chinesische Organuhr).

Technisch erzeugte Wellen „funken dazwischen“, stören die harmonischen Abläufe. Zellen und Organe werden zu anderen Zeiten und Intensitäten zu Resonanzschwingungen (Pulsation) angeregt. Dies führt zu Störungen von Wärmehaushalt (**thermische Wirkungen**), Hirnströmen, Hormonproduktion und Zellstoffwechsel (**biologische Wirkungen**). Hormondrüsen produzieren planlos Hormone – Organe werden auch in Ruhephasen angeregt – der Organismus versucht nun, das Chaos auszugleichen. Dabei wird Kraft vergeudet, körperliche, seelische und geistige Kreisläufe gestört. Natürliche Interferenzmuster werden verzerrt, es entstehen krankhafte Formen. Die Freund-Feind-Erkennung funktioniert nicht mehr, Krankheitserreger vermehren sich. Schließlich kommt es zur Autoimmunkrankheit (Allergie), der Körper vernichtet selbst körpereigene Zellen. Auf diese Weise entstehen Organ-Stresszustände, die zu Blockaden führen. Dadurch werden Pulsation und Stoffwechsel behindert, *Cluster nicht aufgelöst, Schlacken nicht ausgeschieden – die natürliche Entwicklung wird gehemmt. Kurz, unser gesamter Organismus wird überlastet und gerät aus dem Gleichgewicht. Die Liste der Symptome reicht von **A** (Alzheimer) über **K** (Kopfschmerzen, Konzentrationsstörungen, Krebs) bis **Z** (Zellstoffwechselstörungen).

Die konventionelle Wissenschaft trennt in **thermische und biologische Wirkungen**. Nach dem Universal-Prinzip lösen Anregungen in Körper und Ausgleichsfeld zunächst allgemein „thermische Wirkungen" aus. Im Bereich der Infrarotfrequenzen empfinden wir diese als Wärme. In den übrigen Bereichen elektromagnetischer Wellen nehmen wir diese Effekte als Vibration, Schall usw. wahr.

Die planlose Anregung durch technisch erzeugte Wellen wirkt insbesondere dann schädlich, wenn es sich um persönliche Schwachstellen handelt und generell nachts. Während tagsüber die relativ starke Sonneneinstrahlung unseren Körper und die dichteren (körpernahen) seelischen Ausgleichsfeld-Bereiche anregt, wirken nachts die schwächeren Einflüsse des Mondes und der übrigen Gestirne auf unsere feinstofflichen (körperferneren) geistigen Ausgleichsfeld-Bereiche. Daher wirken sich technische Wellen nachts schädlicher aus als am Tag.

Außerdem werden Medienteilchen in den Ausgleichsfeldern verändert – die Natur entwickelt das sauerstoffreiche Ausgleichsfeld eines Baumes – die Technik die ionisierte Luft im Ausgleichsfeld einer Hochspannungsleitung. Schädliche Einflüsse durch Strahlung werden durch die konventionelle Wissenschaft oft nicht erkannt, weil unser Organismus diese lange Zeit ausgleichen kann. Dies kostet allerdings Kraft und unsere Leistungsfähigkeit sinkt. Erkranken wir schließlich, wird oft kein Zusammenhang zur Schwächung durch elektromagnetische Wellen hergestellt.

Das Ministerium für Umwelt und Verkehr Baden Württemberg brachte im September 2000 die Broschüre „**Mobilfunk**" heraus. Neben der Darstellung von Nutzen, Funktion und Grenzwerten räumt der Minister ein: *„Obwohl Handys heute selbstverständlich benutzt werden, ist häufig unbekannt, wie die für ihren Betrieb erforderlichen Mobilfunksysteme aufgebaut sind und funktionieren, welche Stärke die gesendeten elektromagnetischen Felder haben und wie diese auf den Menschen wirken." „Offen angesprochen werden muss, dass nicht alle Fragen zu* *möglichen Beeinträchtigungen der Gesundheit durch den Mobilfunk abschließend beantwortet sind. Zahlreiche Untersuchungen werden noch durchgeführt."*

Mit anderen Worten: Wir alle befinden uns in einem riesigen Versuchslabor. Es werden Techniken massenhaft verbreitet, deren Wirkungen noch weitgehend unbekannt sind, weil man das Wirk-Prinzip offiziell nicht kennt. Der Elektromagnetismus ist eine der vier bislang ungelösten Fragen der Physik. Die Grenzwerte orientieren sich allein an thermischen Wirkungen, biologische Folgen werden bislang ignoriert.

Fakt ist: Handys schaden ihren Benutzern und den übrigen Personen im Umkreis von einigen Metern, und das nicht nur bei Gesprächen, sondern solange die Geräte auf Empfang geschaltet sind. Abschalten ist jederzeit möglich. Mobilfunksender können wir nicht abschalten, sie bestrahlen ununterbrochen unser Land.

Britische Forscher prüfen derzeit ein Mindestalter für Handy-Benutzer sowie Empfehlungen für die Gesprächslänge, denn eine britische Studie ergab ein erhöhtes Krebsrisiko bei Kindern. Kinder sind aufgrund ihrer Körpergröße besonders gute Funksignal-Leiter und wegen des noch nicht voll entwickelten Immunsystems immens anfällig für Strahlenschäden. Untersuchungen des Instituts für Medizinische Informatik, Biometrie und Epidemiologie der Universität Essen bekräftigten den Zusammenhang zwischen Augenkrebs und Mobiltelefonieren. Die Strahlung schädigt die „Uvea", jene Schicht, die die Iris und die Basis der Retina bildet.

Eine EU-Studie ergab Folgendes: „'Handystrahlung schädigt Erbgut', Was die Mobilfunkbetreiber bisher versucht haben, ‚unter dem Tisch' zu halten, ist jetzt bewiesen: Hochfrequenzfelder, wie sie z. B. beim Telefonieren mit einem Handy entstehen, können das Erbgut (DNA) schädigen. Über vier Jahre haben zwölf Forschergruppen aus sieben EU-Ländern die Wirkung sog. nieder- und hochfrequenter elektromagnetischer Felder auf Zellkulturen (in vitro) untersucht und sind zu diesem Schluss gekommen. DNA-Strangbrüche und Veränderungen an den Chromosomen, wie sie bei den Versuchen nach der Bestrahlung mit elektromagnetischen Feldern auftraten, werden von der seriösen Wissenschaft heute als krebsauslösend angesehen, wenn sie im menschlichen Körper auftreten. Besonders gefährdet sind Kinder und Heranwachsende. Das Forschungsprogramm REFLEX (Risk Evaluation of Potenzial Environmental Hazards from Low Energy Eletctromagnetic Field Exposure Using Sensitive in vitro Methods) wurde zu zwei Dritteln von der EU finanziert. Laut einem Bericht der FR warnte der Koordinator des Projektes, Dr. Franz Adlkofer, zwar vor voreiligen Schlüssen, machte jedoch deutlich, dass die Lehrmeinung, nach der Handystrahlen keine Auswirkungen auf das Erbgut hätten, widerlegt wurde.

Adlkofer sieht sich nach dem Bericht Lobbyisten gegenüber, die versuchten, Mobilfunkinteressen zu schützen. Zitat aus der FR: ‚Industrievertreter haben kein Interesse daran, dass diese Ergebnisse ernst genommen werden. Also wird ignoriert, kritisiert, diffamiert.' Obwohl bisher nicht selten der Schutz von finanziellen Industrieinteressen durch Politik scheinbar vor der Volksgesundheit rangierte, äußerte sich das Bundesumweltministerium dahingehend, dass bei einer Bestätigung der Ankündigungen aus der Studie ‚man (endlich??) ein Ergebnis hätte, das nicht von der Hand zu weisen wäre." [Reform04]

Bezeichnend ist in diesem Zusammenhang die Tatsache, dass kein Versicherer bereit ist, dieses Risiko zu decken.

Was können wir tun? Möglichst oft das Festnetz nutzen, ca. 5m Abstand zu Handy-Anrufern einhalten und insbesondere Kinder schützen.

Handybenutzer sollten auch daran denken, dass sie nicht nur sich selbst, sondern auch das Umfeld beeinflussen. Bereits im „Stand-by" wird das Gerät alle 20 Sekunden bis 2 Minuten aktiv. Neuerdings treibt die Industrie im Verbund mit der Wissenschaft und gefördert durch die Politik eine nicht abschirmbare Informationsübertragung durch die Atmosphäre voran. Die Konsumenten verlangen lückenlose Bestrahlung, nicht wissend, dass sie an dem Ast sägen, auf dem wir alle sitzen.

Weiterhin ist es gesünder, auch im Bereich der Unterhaltungselektronik auf kabellose Übertragung zu verzichten.

In Bild 5.12 sind Zusammenhänge zwischen der Wellenlänge anregender Wellen und den Bereichen im Körper (Organe, Zellen), die dadurch angeregt werden, dargestellt. Hier erschließt sich ein wichtiges Forschungsgebiet zur Untersuchung der Einflüsse auf die seelischen und geistigen Ausgleichsfeld-Oktavbereiche, die unsere individuellen Entwicklungspotenziale bergen.

Allgemein sollten wir möglichst selten elektrische und elektronische Geräte benutzen und uns im Bereich ihrer Ausgleichsfelder nur solange wie nötig aufhalten. Derartige Geräte sollten möglichst weit von unseren Wohn-, Arbeits- und insbesondere Schlafplatz entfernt sein. Metall in unmittelbarer Nähe der Schlafstelle sollte vermieden werden, denn es stellt besonders wirkungsvolle Antennen dar. Denken Sie auch an Metallbrillen und Schmuck. Derartige „Antennen" geraten beispielsweise durch Elektrosmog im Mikrowellenbereich

(Mobilfunk) in Resonanz und versetzen die entsprechenden Bereiche von Körper und Ausgleichsfeld in Stress, weil diese Bereiche versuchen, die Anregung durch Beschleunigung des Stoffwechsels zu kompensieren. Eine derartige Dauerbelastung führt jedoch zu vorzeitiger Alterung und Krankheit. So bleibt der Appell, Nutzen und Schaden von technischen Geräten sorgfältig gegeneinander abzuwägen und sich sooft wie möglich in natürlichen Bereichen aufzuhalten.

Der Körper Der Stuttgarter Physiker und Psychologe Günter Haffelder stellte mit der weiterentwickelten *EEG-Spektralanalyse fest, dass Musik hoher Frequenz mit sich ständig wiederholenden Rhythmus (z. B. Techno) die Hirnwellen „einebnet", wodurch die individuelle Kreativität gedämpft wird.

Krankheitsursachen wie **disharmonische Anregungen von Wellen** oder **die Wirkung schädliche Materie** überlagern sich oft. Hinzu kommt ein ungesunder Lebenswandel. Beispiele hierfür:

- Wir haben unser Kraftpotenzial restlos ausgeschöpft durch zuviel oder einseitige Arbeit, zu wenig Pausen oder Ausgleich, durch zu geringe oder zu hohe Energiezufuhr, Stress durch künstliche Felder, die vielleicht gerade unsere körperlichen Schwachstellen anregen.
- Unser Stoffwechsel im körperlichen, seelischen oder geistigen Bereich ist blockiert. Daraus ergaben sich einerseits ein Stau und andererseits ein Mangel. 80% aller Krankheitsursachen liegen in Stoffwechselstörungen begründet (70% davon sind ernährungsbedingt).

Das Universal-Prinzip bietet ein alternative Erklärung derartige Einflüsse auf die Entstehung von Krankheiten: Wegen unzureichend entwickelter Ausgleichsfelder sind Organe oder Zellen ungeschützt oder werden nicht ausreichend ernährt. Wir kennen dieses Gefühl „die Nerven liegen bloß" vielleicht von einer offenen Wunde (Ausgleichsfeld beschädigt) oder einer Zahnbehandlung. Ungeschützte oder unterernährte Organe erkranken bzw. altern durch die direkte Umfeldanregung vorzeitig.

Durch Kommunikationsstörungen zwischen den körperlichen, seelischen und geistigen Ausgleichsfeld-Oktavbereichen können Orientierungslosigkeit und Depressionen entstehen. Fehlerfrei kann die Übertragung von Informationen zwischen Körper, Ausgleichsfeld und Umfeld nur funktionieren, wenn alle dazwischen liegenden Oktavbereiche ausreichend mit Medienteilchen gefüllt sind.

Viele Menschen halten sich für gesund, da ihr Körper keine deutlichen Krankheitssymptome zeigt. Gesundheit bezieht jedoch auch seelische und geistige Bereiche mit ein. Unsere Ausgleichsfelder benötigen ebenso wie der Körper

Nahrung und Pflege. Nur wenn die Ausgleichsfelder gesund sind, ist auch eine ganzheitlich gesunde Entwicklung möglich, denn:

„Mens sana in corpore sano“ im Sinne des römischen Dichters Juvenal: es ist wünschenswert: „ein gesunder Geist in einem gesunden Körper.“

Was wird wodurch angeregt?

In Bild 5.12 wurde das Spektrum elektromagnetischer Umfeld-Wellen den Rhythmen künstlicher Sender, natürlichen Empfänger und menschlichen Körperrhythmen gegenübergestellt.

Wie erwähnt nimmt die Größe der Ausgleichsfeld-Oktavbereiche nach außen im Verhältnis von 1:2 zu, die Größe der in ihnen befindlichen Medienteilchen hingegen nimmt ab. So gibt es zu jedem Objekt bzw. dessen Ausgleichsfeld zwei Bereiche von Raumwellen, die für eine Anregung in Frage kommen.

Aus der Universal-Prinzip-Beziehung $d = \lambda/2$ können folgende Schlussfolgerungen abgeleitet werden:

- Aus der Größe eines Objektes, z. B. unseres Körpers und dessen Ausgleichsfeldes, können annähernd die Wellenlängen ermittelt werden, welche das Objekt aufnehmen (Resonanzbereich) bzw. senden kann.
- Der Mensch kann alle Frequenzen des Spektrums elektromagnetischer Wellen absorbieren und emittieren, die im Bereich der Erde und ihrer kernnahen Ausgleichsfeld-Oktavbereiche natürlich vorkommen. Auf Basis der *EEG-Summenkurven erkennen wir, dass der entwickelte Mensch in der Lage ist, mit Hilfe seiner Ausgleichsfelder Rhythmen zu entwickeln, die einem Felddurchmesser von bis zu 300.000 km entsprechen. Legen wir die Biorhythmen zugrunde, erreichen wir noch größere Felder.
- Durch die Gegenüberstellung natürlicher und künstlicher Strahler können wir die Bereiche erkennen, in denen wir durch technische Wellen belastet werden.

Die Anregung unserer Felder ist durch Sonne und übrige Himmelskörper gegeben. Die Evolution hat sich darauf eingerichtet. Bei den Weltraum-Missionen wurde festgestellt, dass die beiden Frequenzbereiche „*Schumannwellen“ und „*Geomagnetwellen“ ganz besonders wichtig für unsere Lebensprozesse sind. Beide Frequenzen werden heute bei bemannten Weltraumflügen durch Generatoren erzeugt. Ihre Anregung ist lebenswichtig und stabilisiert u. a. das vegetative Nervensystem. Dabei ist ein ausgewogenes Verhältnis beider Frequenzen von Bedeutung.

Bezeichnung von Umfeld-Wellen	Objekt-Rhythmen Umfeld	Wellenlänge λ [m]	Frequenz f [Hz, s^{-1}]	Objektdurchmesser $d = \lambda/2$, (Dipollänge) von Kern, AF	Körperrhythmen Mensch
Kosmische Höhenstrahlen		10^{-17}	10^{25}	Elementarteilchen	
		10^{-15}	10^{23}	Elektron, Atomkern	
Gammastrahlen	Materialprüfung	10^{-12}	10^{20}		
Röntgenstrahlen	Röntgen-Diagnostik	10^{-10}	10^{18}	Atom	
Lichtstrahlen	Beleuchtung	10^{-7}	10^{15}	Atom, Ausgleichsfeld, Molekül, Zelle	
Infrarotstrahlen	Heizstrahler, Laser, Feuer	10^{-5}	10^{13}		
		10^{-4}	10^{12}		Enzymaktion, Nerventätigkeit
Mikrowellen	Mikrowellenherd	10^{-3}	10^{11}		
	Radar, Satellit	10^{-2}	10^{10}	Organ	
	Handy	10^{-1}	10^{9}		
Ultrakurzwellen	Fernsehen	1	10^{8}	Mensch, Baum	
Kurzwellen	Rundfunk, Richtfunk, Navigation	10	10^{7}		
Mittelwellen		10^{2}	10^{6}		
Langwellen,		10^{3}	10^{5}		Zellreaktionen
	Induktive Heizung	10^{4}	10^{4}		
ELF-Wellen	Telefon	10^{5}	10^{3}		Zellstoffwechsel

Bezeichnung von Umfeld-Wellen	Objekt-Rhythmen Umfeld	Wellenlänge λ [m]	Frequenz f [Hz, s^{-1}]	Objektdurchmesser d = $\lambda/2$, (Dipollänge) von Kern, AF	Körperrhythmen Mensch
ELF-Wellen	Handy-Taktfrequenz	4.285km	70		*EEG max.
	Haushaltsstrom		50		Puls-rhythmus
		10.000km	30		*EEG-Betawellen (16-30), Atem-Rhythmus
	Eisenbahnstrom		16,6	Mount Everest 8.804m	
		18.750km	16		
		25.512km	11,76	Erdkugel (Kern)	
		25.000km	12		*EEG-Alphawellen, Körperoberfläche
		37.500km	8		
		51.024km	5,88	1. Erd Ausgleichsfeld-Oktavbereich	*EEG-Thetawellen (4-8), Thalamus (4-7)
		75.000km	4		

Bild 5.12 Schematische Gegenüberstellung von Wellen und Rhythmen zum Durchmesser von Objekten (Orientierungswerte)

5.5 Heilung

Eine Krankheit wird zuerst von unseren sensibelsten äußeren Ausgleichsfeld-Bereichen registriert und beginnt im Bereich der Intuition, der höheren Gedanken. Wir merken, dass irgendetwas nicht stimmt. Bei überwiegender Konzentration auf materielle Dinge können diese schwachen Signale leicht überhört werden.

Das Heilwesen im alten China war dementsprechend folgendermaßen aufgebaut: Die angesehensten Vertreter waren die „Propheten". Man suchte sie als Gesunder zur Vorbeugung auf, wenn man sich über eine wichtige Entscheidung unklar war oder nicht sicher wusste, welchen Weg man beschreiten sollte. Fühlte man sich nicht gut, ging man zum Geistheiler, der Ungleichgewichte im Ausgleichsfeld wieder ins Lot brachte. Nun war nicht nur der Organismus wieder geschützt, sondern der Patient erkannte durch die Vernetzung innerhalb der Ausgleichsfelder oft selbst, was er an seinem Lebensweg verbessern könnte. Stellten sich körperliche Krankheitssymptome ein, ging man zur Akupunktur oder ließ sich eine Kräutermedizin verabreichen. Nur wer alle Signale unbeachtet ließ, musste sich einem direkten Eingriff in die dichte Körpermaterie unterziehen. Ärzte, die mit Operationen ihr Geld verdienen mussten, waren zu jener Zeit am wenigsten angesehen.

Betrachten wir unser heutiges Gesundheitssystem, ist dies nahezu entgegengesetzt aufgebaut. Die Eingriffe und auch Manipulationen am Körper gelten als höchste Kunst. Mit den Mitteln der modernen Gerätemedizin und der massenhaften Verordnung von teuren Medikamenten werden enorme Summen verdient. Die übrigen Sparten wurden vernachlässigt.

Aber zurück zur Heilung. Je nach Grad einer Erkrankung schaltet unser Organismus unnötige Verbraucher ab. Bei einer schweren Störung wird der ganze Körper zur Heilung einbezogen, unser Unternehmungsgeist sinkt, wir legen uns ins Bett. So kann möglichst viel Kraft auf die Heilung konzentriert werden. Es geht um Reparatur beschädigter Zellen, Organe und auch deren Ausgleichsfelder, die unseren natürlichen Schutzmantel bilden.

Den Heilungsprozess können wir durch eine sanfte Energiezufuhr bzw. Anregung unterstützen. Dies kann frische Luft sein, denn es werden besonders viele Umfeldteilchen gebraucht; eine entsprechende nährstoffreiche und leicht verdauliche Kost sowie reichlich Wasser oder Tee, denn eine große Zahl an Schlacken ist abzuführen. Die Kost sollte viele Vitamine und Mineralstoffe enthalten. Vitamine bilden die Medien der Zell-Ausgleichsfelder. Dabei wirkt Vitamin A im Umfeld (extrazellulärer Raum). Vitamin E gehört zu den Medienteilchen im äußeren

Ausgleichsfeld-Bereich und Vitamin C schützt den Zellkern im inneren Ausgleichsfeld-Bereich (intrazellulärer Raum). Wenn diese Vitamine nur unzureichend vorhanden sind, haben es freie Radikale leicht, die Zelle oder gar den Kern zu zerstören.

Ist der „Draht“ zwischen Körper und Geist (zur Steuerungsebene) durch eine seelische Blockade gestört, kann durch homöopathische Mittel ein anderes Signal mit einer ähnlichen Information direkt an die Steuerungsebene geschickt werden, um eine „Reparatur“ des Körpers zu erreichen.

Kürzlich wurde in einem Beitrag der Fernsehreihe „Sonde“ gezeigt, wie die Heilung von chronisch offenen Wunden möglich wird, indem durch eine Plastikumhüllung CO_2 statt Luft als Medium verwendet wird. Dieser Effekt wurde zufällig entdeckt, und es ist nicht bekannt, wie es funktioniert. Nach dem Universal-Prinzip wirkt das CO_2 –Medium als künstliches Ausgleichsfeld, denn es ist dichter als Luft. So wird die Dichte-Differenz zwischen der offenen Wunde geringer und der Körper kann das natürliche Ausgleichsfeld „Haut“ leichter erneuern.

Das Handauflegen wirkt in gleicher Weise. Dabei bilden die Hände ein Ersatz-Ausgleichsfeld, verhindern das Entweichen von Wärme und Teilchen, dämpfen Schmerzen und Ängste.

In jedem Falle ist bei einer Krankheit eine derart begleitende Energiearbeit sinnvoll. Die Auswirkung von Störungen ist wegen der komplizierten Vernetzung verschiedener Regelkreise zumeist nicht nur auf eine Ursache zurückzuführen. Geistige Heiler werden daher stets ganzheitlich arbeiten. Eine Diagnose ist nicht erforderlich, denn ein geistiger Heiler konzentriert sich auf energetische Ungleichgewichte. Indem er sich auf die entsprechende Frequenz der Störung meditativ einschwingt, spürt er diese in Form von überdurchschnittlicher Teilchenabgabe oder -anziehung (prickeln – stechen, Kälte – Wärme). Auf diese Weise wird Resonanz zum Krankheitsherd hergestellt und es fließen ausgleichende Teilchenströme. Nun füllen sich Defizite an Medienteilchen, lösen sich Blockaden, das gestörte Gleichgewicht wird wieder hergestellt. Zu stark angespannte Bereiche werden entspannt, der Energiestrom kann wieder ungehemmt fließen und der Heilungsprozess wird verkürzt, denn es stellen sich keine unerwünschten Nebenwirkungen ein.

Teilweise erfahren Patient und Heiler auch per „Einfall“ hilfreiche Hinweise zur Genesung, da über Oktaven Vernetzungen zu Bereichen der Gefühle, Gedanken oder Intuition aktiviert werden.

Bei Fernheilung wird ein Resonanzkanal über den Namen oder ein Bild zum betreffenden Patienten hergestellt. Über diesen Kanal werden die benötigten Teilchen, Kräfte und Informationen geleitet.

Bäume bieten wie bereits erwähnt mit ihren drei Oktavbereichen eine wertvolle Hilfe durch sauerstoffreiche Luft, ausgewogene Luftfeuchte und Temperatur sowie beruhigende niedrige Frequenz aufgrund ihrer Größe. Unter Bäumen spart man die Kraft zum Ausgleich der eigenen ersten drei Ausgleichsfeld-Bereiche. Der Baum profitiert seinerseits von unserer CO_2-haltigen Ausatemluft und von unseren Schwingungen.

Ein weiterer Energiequell sind die so genannten „Energie- oder Kraftorte". Es handelt sich dabei um Erd-Chakras, d. h. Orte, an denen durch die Beschaffenheit der Erdkernschichten eine geringere oder größere Energiedichtedifferenz zwischen Erde und Erd-Ausgleichsfeld (Atmosphäre) besteht. Durch diese Spannung fließt hier ein schwächerer oder stärkerer ausgleichender Fluss an Medienteilchen; im Körper wird weniger (Yin) oder mehr Kraft (Yang) induziert.

5.6 Der Übergang in die Anderswelt

Der Lebensabschnitt zwischen Geburt und Tod entspricht dem in Kapitel 3.5 beschriebenen Universellen Kreisprozess. Je nachdem, ob der Mensch im Leben ein höheres oder niedrigeres Energieniveau erreicht, wird es ein Gravitations- oder Levitations-Zyklus sein.

Mit jedem Ausgleichsfeld-Oktavbereich, der im Laufe des Lebens aufgebaut wird, können wir einen weiteren Bereich elektromagnetischer Wellen absorbieren. Während Wärme für die Aufrechterhaltung des Lebens notwendig ist, führt Licht zwar zur Erleuchtung, kurzwellige UV- und Röntgenstrahlung jedoch zerstört den Zellkern und beendet damit den Zyklus des Zellwachstums. Dies ist offenbar ein von der Natur gewollter Vorgang. So wie schließlich der reife Apfel zu Boden fällt, ist auch für Menschen nach Reifung des letzten Ausgleichsfeld-Oktavbereiches im Energieniveau Erdoberfläche keine Weiterentwicklung mehr möglich. Es werden keine Wünsche, also keine Gravitationskräfte mehr entwickelt, da alle Phasen durchlebt sind und die Anhaftung an Materielles überwunden wurde. Dies ist sicher ein Idealzustand, der nur von wenigen Menschen erreicht wird.

Der physische Körper einschließlich des sterblichen Verstandes verliert an Leistungsfähigkeit. Diese verlagert sich nun zunehmend in geistige Bereiche. Dadurch entwickelt das Ausgleichsfeld eine immer stärkere Levitationskraft zu höheren Energieniveaus, es entsteht eine Sehnsucht nach dem Übergang, was den physischen Tod erleichtert. Ältere sollten sich über ein nachlassendes Kurzzeitgedächtnis nicht grämen. Es ist normal, dass sich die Verbindung zwischen Körper und geistigen Bereichen lockert und auf die Trennung vorbereitet. Das bedeutet keinesfalls ein Schwächung der geistigen Bereiche sondern deren Stärkung. Das Bewusstsein konzentriert sich mehr und mehr auf geistige Bereiche, es entsteht ein übergeordnetes Denken und Fühlen. Durch Allgemeinliebe werden letzte Anliegen geklärt, Schuld eingestanden oder anderen vergeben. Johann Wolfgang von Goethe beschrieb die harmonische Entwicklung im Sinne des Lebens kurz und treffend:

„Aufnehmen, veredeln, abgeben“

Der Zeitpunkt des Todes wird durch eine der Geburt ähnliche Anregungsphase ausgelöst. Die verbrauchten Zellen und Organe sind dem Druck nicht mehr gewachsen, stellen ihre Pulsation ein und ziehen sich durch Gravitation zusammen (Leichenstarre). Dadurch werden die Medienteilchen in das Gesamtkörper-Ausgleichsfeld gepresst. Jetzt erhöht sich spontan die Dichte des physischen Körpers, während sich das Ausgleichsfeld ausdehnt. Dies ist der Impuls, der die

Trennung von Körper und Seele (Ausgleichsfeld) bewirkt. Nach Professor Popp [Popp84] strahlt eine Zelle im Augenblick des Todes am hellsten. Im Sinne des Universal-Prinzips: Die Medienteilchen verlassen die Zelle.

Aus Berichten von Nahtoderfahrungen oder letzten Aussagen Sterbender geht hervor, dass die Seele (Medienteilchen) den Körper durch die Wirbelsäule (Polachse) über das Scheitel-Chakra und den Mund verlässt (Leben aushauchen). Dabei läuft der „Lebensfilm“ noch einmal in umgekehrter Reihenfolge ab. Dieser Vorgang stimmt ebenfalls mit den Aussagen des Universal-Prinzips überein.

Die Medienteilchen, mit denen wir unsere Ausgleichsfelder im Laufe des Lebens gefüllt haben, enthalten unsere gespeicherten Erlebnisse und Erfahrungen. Diese gelangen beim Verlassen des Körpers noch einmal kurz in unser Bewusstsein. Dann verlässt die unsterbliche Seele mit unserem Bewusstsein samt unseren Erfahrungen den Körper. Sie sucht das ihr zugehörige Energieniveau im Erd-Ausgleichsfeld auf.

Der ins Licht führende Kanal, den Hieronymus Bosch zeichnete (Bild 5.13), ist nichts anderes als jene Polachse, die den Zugang zu höheren Energieniveaus ermöglicht.

Für die aufsteigende Seele (Ausgleichsfeld) ist es wichtig, den Geburtskanal möglichst schnell zu durchqueren. Denn es ist die Geburt in die folgende geistige Lebensphase. Am lichten Ausgang wird die Seele erwartet.

Bild 5.13 Hieronymus Bosch: „Der Aufstieg ins himmlische Paradies

Während es bei einer körperlichen Geburt lebende Eltern und Verwandte sind, handelt es sich bei der geistigen Geburt um die Seelen verstorbener Verwandter, so die Botschaft von Menschen mit Nahtoderfahrungen.

Himmel oder Hölle

Beim Tod trennen sich Körper und Seele. Wo aber bleibt der Geist?

Die im Laufe des Lebens gewachsenen neuen Seelenanteile verbinden sich mit der alten Seele, die der Mensch bei der Geburt als geistigen Oktavbereich erhielt, zu einer „erfahreneren" größeren Seele.

Die befreite Seele steigt durch einen Quantensprung in ein Energieniveau auf, das ihrer Dichte entspricht, d. h. dem Karma, das sie ansammelte. Die Ausgleichsfelder von Menschen, die ihren Lebensplan erfüllt haben, steigen am höchsten, die der Menschen, die ihr Leben nicht genutzt haben, bleiben im gleichen Niveau und diejenigen, die sich zusätzlich belasteten, sinken in ein tieferes Niveau.

Während mit den überlieferten Begriffen Hölle (Höhle) Energieniveaus unter der Erdoberfläche gemeint sind, entspricht der Himmel dem Erd-Ausgleichsfeld. Der schwere Körper verbleibt wie ein Ballast auf der Erdoberfläche. Das Energieniveau des grobstofflichen Körpers befindet sich unter der Erde, wohin auch die Bestattung erfolgt. Der grobstoffliche Körper zersetzt sich in seine Bestandteile und ordnet sich wieder ein in den Kreisprozess Erde, Pflanze, Tier, Mensch. Das feinstofflich-geistige Seelenfeld aber besteht in den höheren Energieniveaus fort, eingebunden in weitere Zyklen der fortschreitenden Entwicklung des Gesamtsystems.

Gesunder oder kranker Tod

Der geschilderte Ablauf entspricht einem „gesunden" Tod. Dieser tritt nur ein, wenn Alterung gleichmäßig und Übergang natürlich erfolgen. Der „kranke" Tod tritt hingegen vorzeitig ein, wenn durch einzelne kranke Organe zu viel Energie verbraucht wurde, oder der Tod künstlich verzögert wurde. In beiden Fällen wird die natürliche Reifung und Ablösung der Seele behindert.

Der kranke Tod tritt ebenfalls zu einem Zeitpunkt ein, der eine spontane Entleerung der körperlichen Ausgleichsfelder in die seelischen und geistigen Felder ermöglicht. Oft muss der Kranke lange leiden, bis der Zeitpunkt der Ablösung durch eine entsprechende Anregung (Stand der Gestirne) erreicht ist. Ein Festklammern am Leben erschwert den Übergang zusätzlich.

Ein einfaches, jedoch gut nachvollziehbares Beispiel für die Entwicklung der Ausgleichsfelder ist der Reifeprozess einer Frucht. Wenn sie gut ausgereift zu Boden fällt, ist sie wohlschmeckend (gesunder „Tod“). Eine notreif abgefallene Frucht ist hingegen unbekömmlich – sie starb „krank“.

Alle noch fehlenden Erfahrungen (unausgefüllte Ausgleichsfelder) werden in einem folgenden Leben nachgeholt. Nachdem sich das Chaos des Übergangs geordnet hat, entsteht zu gegebener Zeit wieder eine Resonanz zu einem Embryo, und die alte Seele wird sich als Geist oder Hohes Selbst zu einem weiteren körperlichen Leben inkarnieren.

Erleuchtung

Sind alle sieben Ausgleichsfeld-Oktavbereiche erfüllt, erfolgt der Quantensprung in eine höhere Oktave. Das neu geborene erleuchtete Wesen wird sich nicht mehr mit einem grobstofflichen Körper im Energieniveau an der Erdoberfläche verbinden. Es besitzt jedoch weiterhin sieben Oktavbereiche mit ähnlichen Funktionen wie ein Mensch. Somit entspricht das Energieniveau an der Erdoberfläche einer Durchgangsstation. Es sind ständig Menschen mit ganz unterschiedlichen Entwicklungsstufen anwesend. Entwickelte verlassen dieses Niveau „nach oben“, andere kommen „von unten“ hinzu.

Hin zu Gott

Je mehr Ausgleichsfeld-Oktavbereiche im Leben entwickelt werden, desto mehr Antennen, desto mehr Kraft kann vom riesigen Sonnen-Spektrum aufgenommen werde, was tatsächlich einer Entwicklung hin zu Gott entspricht.

Bei einem gesunden Tod löst sich das gesamte Ausgleichsfeld schnell vom Körper. Ein solchermaßen gut gefüllter „Ballon“ wird rasch sein Energieniveau erreichen. Je höher, desto näher zu Gott.

Ein erfülltes Leben zu führen, wird im Technikzeitalter offensichtlich immer schwerer. Viele Menschen glauben zwar, die Technikgesellschaft sei fortschrittlich. Hinterfragt man dies, kommt in den allermeisten Fällen verdrängter Zweifel ans Licht. Die meisten ahnen durchaus, dass sich die Gesellschaft einseitig entwickelt, dass wir von einer verhängnisvollen Strömung erfasst wurden. Es ist nicht ganz einfach, sich dieser zu entziehen.

GEWOGEN UND FÜR ZU SCHWER BEFUNDEN?

Laut dem ägyptischen Totenbuch muss sich jeder Mensch nach seinem Tod vor einem Totengericht verantworten. Nachdem er vor 42 Totenrichtern Rechenschaft ablegte wird sein Herz (Sitz der Seele) von den Göttern Thot und Anubis gewogen. Auf der anderen Waagschale liegt eine Feder. Ist das Herz infolge guter Taten leichter kommt der Tote in das Reich der Ewigkeit, ist es aufgrund schlechter Taten schwerer, wird das Herz von einem nilpferdartigem Ungeheuer gefressen.

In der griechischen Mythologie spielt das Wiegen der Seele ebenfalls eine Rolle. Auch das Christentum übernahm die Seelenwägung beim Jüngsten Gericht. Dabei geht es um den Kampf des Guten (Gott, Jesus) gegen das Böse (Teufel). Bis zum Jüngsten Gericht versuche der Teufel möglichst viele Seelen zu rauben. Seine Methoden seien Verharmlosung, Lüge, Verschleierung. Finden Sie Ähnlichkeiten mit lebenden Personen aus Wirtschaft und Politik?

Im Sinne des Universal-Prinzips entspricht das so genannte Böse der dichten Materie eines Kerns. Dessen Materie wandelt sich durch die Anregung der Sonne in ein weniger dichtes Ausgleichsfeld um. Dies gilt auch für die Vorgänge zwischen unserem Körper und unserem Ausgleichsfeld Seele. Das Universal-Prinzip kennt zwar keinen Teufel aber es gibt eine Entsprechung: Die Trägheit der dichten Materie unseres Körpers versucht uns in Form des „inneren Schweinehundes“ immer wieder hinab zu ziehen, uns zu Lastern, wie zu wenig Bewegung, zu viel Essen zu verleiten. Das Gute ist unser *Gewissen, welches uns zur Aktivität anspornt. Nach getaner Arbeit, einem Walking, einer Aussprache fühlen wir uns gut und vor allem leicht. Mit anderen Worten: **Das Böse ist das werdende, noch nicht vollendete Gute.**

5.7 Die Entwicklung menschlichen Erkenntnisstrebens

Warum fasziniert die Menschen eigentlich Technik mehr als Natur? Warum treibt die Menschheit schier unaufhaltsam und größtenteils wohl wissend einem in der Geschichte der Erde nie da gewesenen, selbstverschuldeten Wärmekollaps und dem zunehmenden Sterben der wunderbaren Artenvielfalt entgegen? Gibt es eine Chance zur Umkehr und wo liegt diese?

Auf der Suche nach den Gründen, weshalb sich die Menschen kaum noch für eine höhere Stufe des Erlebens und Verstehens der Welt öffnen, beschäftigten wir uns mit der Menschheitsgeschichte.

Die Weisheit alter Hochkulturen

Die Weisen alter Hochkulturen kannten das vernetzte Wirken unsichtbarer Kräfte, wussten, dass uns diese Natur-Abläufe ebenso wie das menschliche Schicksal maßgeblich beeinflussen. Ihnen war bekannt, dass die einzelnen Planeten jeweils ganz unterschiedliche charakteristische Anlagen in uns anregen, und sie nannten diese – **Götter**.

Die Sonne galt als höchster Gott. Sie wurde nicht nur von Ägyptern, Germanen oder Mayas verehrt, sondern von allen natürlichen Religionen. Bekannt sind ca. 55 Sonnen-Kulturen. Die Sonne ist eine reale, sichtbare Macht, die uns Licht und Wärme als Grundlage allen Lebens schenkt. Die Planeten-Götter bilden die zweite Stufe der solaren Hierarchie.

Der griechische Philosoph Empedokles ging davon aus, dass die Seele auf ihrem Weg zur Erde sieben Sphären des Himmels durchwandert und dabei negativ aufgeladen wird. Lebensaufgabe der Inkarnation ist es, den Weg zurückzufinden. Die „sieben Todsünden", welche das Christentum von den Griechen übernahm, entsprechen den „dunklen Seiten" der sieben Planeten. Im Sinne des Universal-Prinzips stellen die festen Kugeln den dichten „dunklen" Aspekt der Planeten, die Atmosphären dagegen den feinen „guten" Aspekt der Ausgleichsfelder dar.

In den indischen Veden wird der höchste Schöpfer, der Herr des Universums und der Sonne „Savitri" genannt. „Surya" dagegen ist die physische Sonne, die Strahlen der Erkenntnis zu uns sendet. Surya, der Sonnengott, bewirkt die Entwicklung der Menschen bis hin zur Erleuchtung.

Die Planeten-Götter mit ihren individuellen Ausprägungen sind auch Basis der archetypischen Astrologie, die sich an den Archetypen C. G. Jungs orientiert.

Unsere Führer und Lehrer sind die Sonne und die Planeten-Götter, welche die Natur in allen Ebenen steuern. Menschen bestehen tatsächlich aus den gleichen Stoffen wie die Planeten-Götter, nur eben in einer anderen Zusammensetzung. Diese wird außerdem durch die Anordnung der Planeten im Augenblick unserer Geburt geprägt. Im Leben werden unsere Empfindungen und Handlungen durch die Anregungen der sich bewegenden Planeten beeinflusst. Auf diese Weise sind alle Menschen Teil der vernetzten, sich gegenseitig überlagernden Felder. Sie unterliegen den Wechselwirkungen zwischen ihnen und sind zugleich eingebunden in ein universelles Ordnungsprinzip. Viele Menschen, die keiner Religion angehören, *glauben dennoch an ein göttliches Prinzip.

Die meisten Wochentage tragen bis heute in den europäischen Ländern die Namen von Planeten-Göttern, so wichtig waren diese den Menschen.

Wochentage			Germanische Götter	Griechische Götter	Römische Götter	Zuordnung Planeten
Deutsch	Englisch	Französisch				
Sonntag	Sunday	Dimanche	Sunna	Helios	Sol	Sonne
Montag	Monday	Lundi	Mond	Selene	Luna	Mond
Dienstag	Tuesday	Mardi	Tiu / Ziu / Tyr	Ares	Mars	Mars
Mittwoch	Wednesday	Mercredi	*Odin / *Wotan	Hermes	Merkur	Merkur
Donnerstag	Thursday	Jeudi	Thor / Donnar	Zeus	Iuppiter	Jupiter
Freitag	Friday	Vendredi	Freya	Aphrodite	Venus	Venus
Sonnabend	Saturday	Samedi		Kronos	Saturn	Saturn

Die Funktechnik der Götter

In [Meyl04] weist Prof. Meyl am Beispiel des Zeus-Tempels in Olympia nach, dass die nach dem goldenen Schnitt konstruierten antiken Tempel und Gebäude *Hohlraumresonatoren darstellen, die als Telegrafie-Sender und Empfänger mit Wellenlängen im Bereich von 100 m funktionierten. Bei einer Frequenz von drei MHz käme eine 50 m lange sowie 25 m hohe und breite Halle in Betracht. Bereits mit weniger als ein Watt Sendeleistung ließen sich Funkverbindungen rund um den Erdball aufbauen. Er vermutet, dass diese Kurzwellensender durch die Energie des jeweiligen Neutrinofeldes gespeist wurden, und zwar die Tempel irdischer Götter durch die Erdstrahlen, die des Sonnengottes Apollon durch die solare Neutrinostrahlung, die der planetaren Götter durch die aus Richtung der jeweiligen Planeten eintreffenden Neutrinos. Hierin könnte der Grund liegen, weshalb antike Bauten einer bestimmter Epochen auf der ganzen Welt eine ähnliche Architektur aufweisen.

Ein Hohlraumresonator ist in der Sprache des Universal-Prinzips ein Körper, welcher Umfeld-Wellen in Ausgleichsfeld-Wellen umwandelt. Befindet man sich im Empfänger (Cella), steht man in einer stehenden Longitudinalwelle (Dichte-, Skalar- oder Teslawelle).

Auch Dipole in Form von einfachen Stäben oder Ringen wirken als Antennen. Heiligtümer mit ringförmig angeordneten Palisaden oder Steinkreise erfüllen diesen Zweck ebenso wie geometrische Körper, beispielsweise Pyramiden.

Unsere Vorfahren führten ein Leben mit der Natur. Bevor wichtige Entscheidungen getroffen oder Urteile gefällt wurden, versetzte man sich in das höchste erreichbare Niveau. Standen die Sterne günstig, begab man sich an einen Kraftort, dessen Energieniveau durch besondere „Antennen" (z. B. Steinkreis, Gebäudeform) noch erhöht worden war - dem heiligen „Thingplatz".

Das Geheimnis alter Sonnentempel

Goseck, Deutschland: In den 90ern des vorigen Jahrhunderts wurde in Goseck / Sachsen-Anhalt ein 7.000 Jahre alter Rundtempel aus der Jungsteinzeit entdeckt. Es ist das weltweit älteste Himmelsobservatorium. Das Bild 5.14 zeigt deutlich die Formen von Kern und Ausgleichsfeld. Es handelt sich offensichtlich um eine „Antenne", mit welcher Resonanzen zu den gewünschten Feldern der *Akasha-Chronik hergestellt werden können.

„Von Flugzeugen aus wurden in den letzten Jahren Dutzende von Kreisgrabenanlagen entdeckt. Sie erstrecken sich von England bis nach Nordungarn. Messungen des Bochumer Astronomen Wolfhard Schlosser ergaben, dass der Tempel von Goseck solar ausgerichtet ist: Zwei Tore markieren den Sonnenauf- und -untergangspunkt zur Wintersonnenwende. Für die Sommer-Sonnenwende sparten die Erbauer Lücken in der Palisade aus. Das dritte Tor liegt in jener Richtung, in der vor 6800 Jahren der ‚Kopf' des Tierkreiszeichens „Stier" am Nachthimmel erschien. Der Sternhaufen war auch allen Kulturen des Alten Orients bekannt und genoss hohen astrologischen Rang. Die Griechen sahen in ihm den zum Stier verwandelten Zeus, der die schöne Europa verführt." nach [Spiegel604]

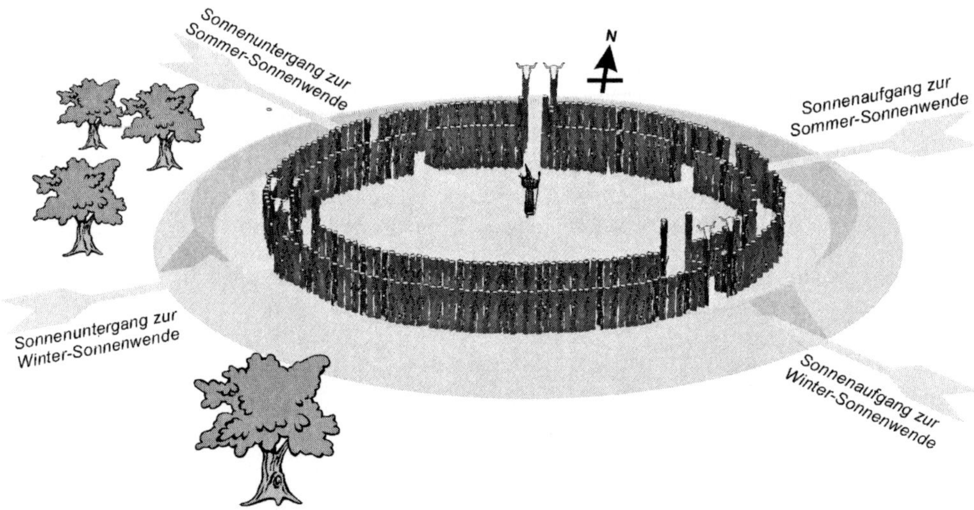

Bild 5.14 Anlage Goseck

Newgrange, Irland: Auf Irland finden wir in einer der bedeutendsten archäologischen Landschaften der Welt Ganggräber-Anlagen, die vor über 5.000 Jahren gebaut wurden. Bei der Anlage Newgrange (Bild 5.15 a) befindet sich über der Eingangstür, die durch einen reich verzierten Stein verschlossen wurde, eine 20 x 30 cm große Öffnung (Bild 5.15 b).

Bild 5.15 a Anlage Newgrange, Bild 5.15 b Eingang der Anlage Newgrange, mit oberer Sonnenöffnung

[Bilder 5.15 a und b mit freundlicher Genehmigung von Michael Fox/Newgrange, Irland]

Ein 19 m langer, von Menhiren gesäumter Gang führt in eine Grabkammer in Form einer 6 m hohen Pyramide. Von dieser zweigen zwei Gänge ab. In jedem der drei Gangenden befindet sich je eine kunstvoll verzierte steinerne Grabschale. Darin lagen ursprünglich menschliche Skelette. Bei Sonnenaufgang zur Wintersonnenwende, sowie drei Tage davor und danach dringt ein Sonnenstrahl in den Gang ein und wandert langsam zu den Grabschalen – zuerst zum westlichen, dann zum nördlichen, am Schluss zum östlichen.

Die ägyptischen Pyramiden dokumentieren eine Weiterentwicklung. Sie bilden die nördliche Erdhemisphäre im Maßstab von 1:43.200 ab. Die Winkel der Seitenwände wurden so akkurat ausgeführt, wie man es heute nur mit einem Laser zustande brächte. Das Alt-Ägyptische Staatswesen war hierarchisch aufgebaut und wurde von Weisheit in Balance gehalten, Grund für die 3.000 jährige Geschichte.

Bild 5.16a Stonehenge

Die Pyramide entspricht einer räumlichen *Antenne. Durch Anregung eines angepeilten Objektes kann im Sinne des Universal-Prinzips zwischen Sender und Empfänger ein Resonanzkanal entstehen, durch den neben Kommunikation

Ströme von Medienteilchen bzw. Felder transportiert werden können. Es ist durchaus denkbar, dass auf diese Weise seelisch-geistige Felder von Lebewesen auf der Erde inkarnieren und wieder zurück zum Ursprung gelangen konnten. Wir vermuten, dass die in Newgrange in den drei Grabschalen bestatteten Menschen zur Wintersonnenwende zu genau diesem Zweck angeregt wurden. Das wäre auch eine Begründung für immer wieder auftauchende Vorstellungen von der Anwesenheit Außerirdischer und anderen scheinbar unerklärlichen Phänomenen.

Stonehenge/Großbritannien: Bild 5.16b zeigt den Grundriss der 4.000 Jahre alten Steinkreisanlage. Hier sind die Formen von Kern und Ausgleichsfeld deutlich zu erkennen. Die Anlage arbeitete vermutlich mit verschiedenen Frequenzen, denn sie verfügt über einen äußeren Kreis aus „Sarsensteinen" sowie einen inneren Kreis aus „Blausteinen". Letztere erwärmen sich durch die aufgehende Sonne früher als die großen Steine.

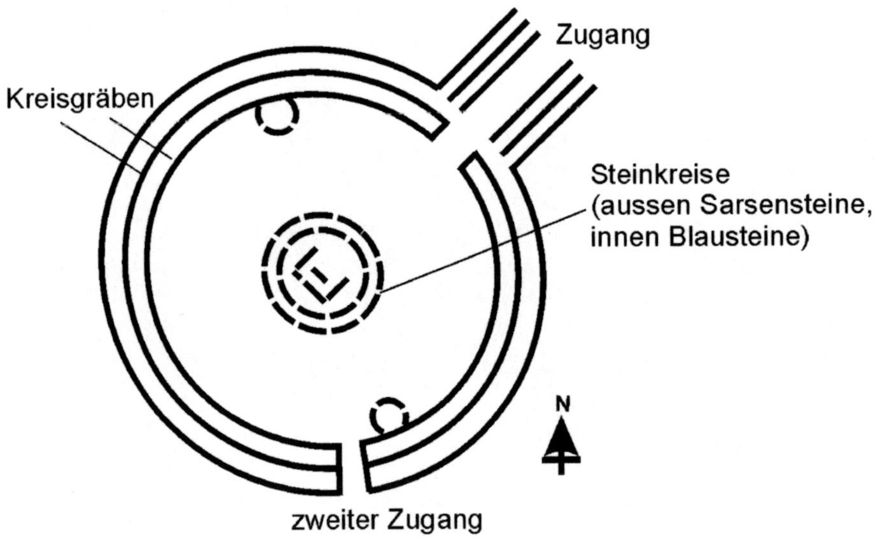

Bild 5.16b Grundriss der Anlage Stonehenge

Geistfelder, Phantasie oder Realität?

Zurzeit plant man in verschiedenen Ländern Solarsegler. Das sind kleine Weltraum-Sonden, die mit Segeln ausgestattet durch den Sonnenwind angetrieben werden. Die Amerikaner bereiten das Projekt M2P2 "Mini-Magnetospheric Plasma Propulsion" vor, hierbei wird statt eines Solarsegels ein großes blasenförmiges Magnetfeld verwendet. Diese High-Tech-Projekte geben unseren Vermutungen über den Transport von Geistfeldern einen realen Hintergrund.

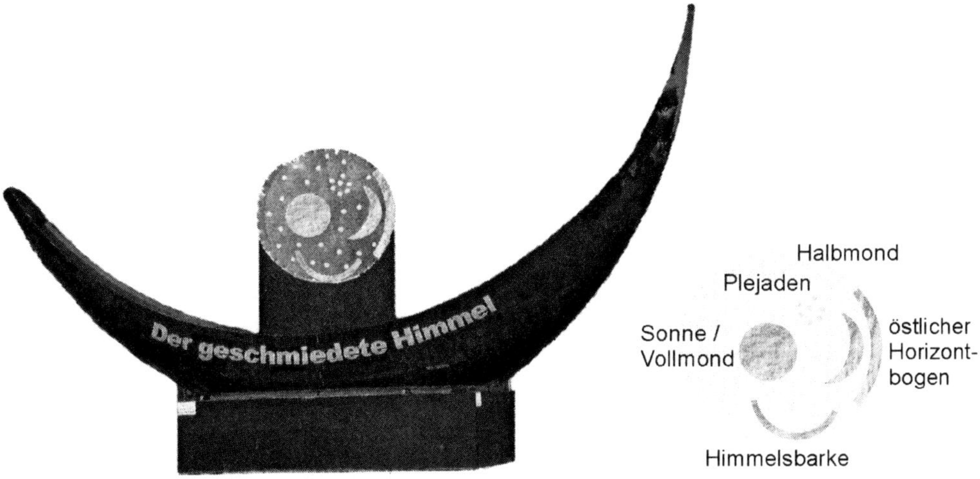

5.17 Die Himmelsscheibe von Nebra

Die Himmelscheibe von Nebra

wurde im Jahr 1999 auf dem Mittelberg in Sachsen-Anhalt in einer alten Tempelanlage entdeckt. Mit ihren 2.600 Jahren ist sie die **älteste kosmologische Darstellung der Menschheit** (Bild 5.17). Nach neuesten Erkenntnissen stellt die Himmelsscheibe eine komplexe astronomische Uhr dar, die Sonnen- und Mondkalender miteinander verbindet. Die Sonne links stellt gleichzeitig einen Oktobervollmond dar. Rechts die Sichel eines Märzhalbmondes. Astronomische Beobachtungen wurden mit mythischen Vorstellungen verknüpft: Die Sonne gleitet auf der unteren Barke über den Nachthimmel der Anderswelt. Hervorgehoben ist das Sternbild der Plejaden am Westhimmel, welche in Beziehung zu Sonne und Mond stehen.

Die Schöpfer der Himmelsscheibe erzielten die gleichen astronomischen Erkenntnisse, welche tausend Jahre später von den Babyloniern beschrieben wurden, so der Astronom Wolfhard Schlosser von der Uni Bonn.

Der Zauber der goldenen Hüte

Zu den bedeutendsten Hinterlassenschaften der europäischen Bronzezeit zählen vier hohe kegelförmige Goldhüte (1.300 – 800 v. Chr.). Der Prähistoriker Wilfried Menghin deutet diese als Kopfschmuck von Priestern: „***Diese ‚Herren der Zeit' wussten um die Ordnung von Himmel, Erde und Zeit und waren mit den Herren dieser Ordnung, den Göttern, durch ihr Wissen verbunden. Sie konnten somit um das Bestehen der Ordnung, von der ja die Jahreszeiten, die Fruchtbarkeit und letztlich das Leben abhingen, Sorge tragen*** *(Bild 5.18).*

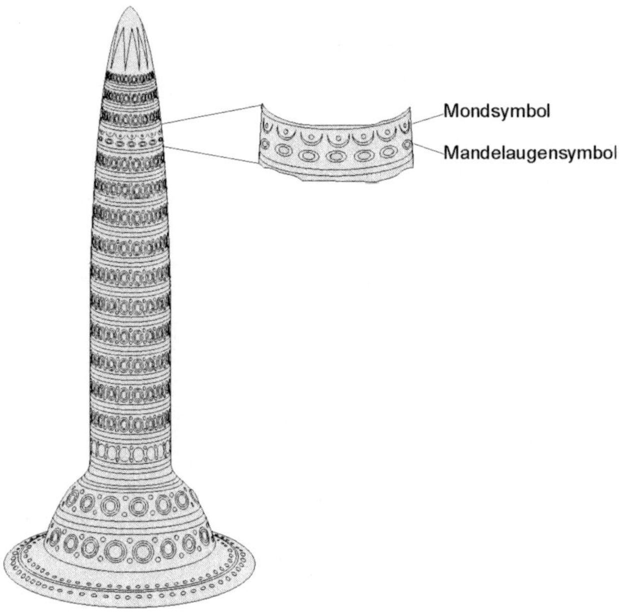

*Die Ornamentik der Goldhüte erkannte er als komplexes kalendarisches Zahlenwerk, **als Abbild der kosmischen und göttlichen Ordnung**. „Die Ornamente wurden übrigens weltweit verstanden. Vom Atlantik bis zum Schwarzen Meer, von Südschweden bis zum Mittelmeer gab es einheitliche Bräuche. Ähnliche Hüte wurden gefunden in Irland, Dänemark, Spanien, Sardinien und Sizilien, Griechenland, Syrien, Türkei." nach [Goldene05]*

Bild 5.18 Einer der vier Goldhüte

Natürliche Philosophien

Natürliche Philosophien entwickelten sich mit den Menschen, sind lebendig. Ihre Quellen gehen auf mündlich überlieferte Mythen zurück.

Die Mythen

Die Mythen der Völker erzählen, wie einst alles entstand, sich entwickelt und wieder vergeht. Ein Kreislauf, der sich gleich einer Spirale in höhere Energieniveaus schraubt. Mythen sprechen zwar in der verständlichen Form weltlicher Geschehnisse – es handeln Götter, Helden, Menschen und Tiere. Ihr tieferer Inhalt jedoch enthält Urweisheit, denn die Entwicklungsprozesse der Evolution werden überraschend präzise dargestellt.

Bild 5.19 Eine mythische Gestalt

Der germanische Schöpfungsmythos gründet sich auf reale Naturbezüge, die hervorragend mit dem Universal-Prinzip harmonieren. So wird die Entstehung unseres Sonnensystems wie folgt geschildert: *„Im ewigen Gap Ginnunga, dem Abgrund der Abgründe strömten, bevor die Welt geschaffen war, 12 Flüsse aus dem kalten dunklen Niflheim (Nebelheim) im Norden. Sie erstarrten zu Eis, das in Ginnungagap übereinander wuchs. ... und wuchsen, bis ein Riese ward. Aus dem heißen lichten Muspelheim (Ur-Feuer, Licht) im Süden flogen Funken herüber. Es entstanden Feuchtigkeit (Wasser) und Wind (Luft). ... dann stoben Funken aus der südlichen Welt, Und Lohe (Feuer) gab Leben dem Eis."*

Der folgende Auszug aus dem Artikel "Die Planeten im Visier", [bdW96] beschreibt Bilder, die das Weltraumteleskop Hubble aus dem Universum sendete. Die Parallelen mit dem obigen Zitat sind wirklich erstaunlich: *"Für Aufsehen haben vor wenigen Monaten die Bilder gesorgt, die verschiedene Stadien der Sternentstehung zeigen. Vor allem die Gassäulen im "Adler-Nebel" M 16 im Sternbild Schlange beeindruckten durch das kunstvolle Wechselspiel von Licht und*

Form, das den -- in Wirklichkeit über einen Zeitraum von vielen zigtausend Jahren ablaufenden -- Prozess der Sternentstehung optisch eindrucksvoll zeigt. Da kann man zusehen, wie Eiszapfen kalter dunkler Materie im energiereichen Ultraviolettlicht junger heißer Sterne eines benachbarten Sternhaufens verdunsten und dahin schmelzen, noch bevor in ihrem Inneren allzu große Sterne wachsen konnten. Selbst die typischen Dampfwölkchen über dem Eis sind zu erkennen, denn an ihnen streut sich das Licht der dahinter liegenden Sterne." (Bild 5.20).

Bild 5.20 Planetarischer Nebel M16 - eine Sternengeburtswolke [NASA, ESA, STSci]

Religion und Wissenschaft

Religion und Wissenschaft waren ursprünglich in einer gemeinsamen Kultur vereint. Gebildete Menschen beherrschten beide Gebiete gleichermaßen, denn Wissenschaft war untrennbar mit der Wahrheit göttlichen Wirkens verbunden. Wie bereits dargestellt, können wir davon ausgehen, dass es bereits weit vor der Zeitenwende eine weltweit verständliche und in den Grundzügen einheitliche und reale **universale zeitlose Weltreligion** gab. Diese umfasste Menschen und Götter ebenso wie die gesamte übrige Natur. Man lebte bewusst mit der Natur, war mit ihr im ständigen Dialog und achtete darauf, dass sich das Leben gemäß dem göttlichen Plan entwickeln konnte und nicht aus der Balance geriet.

Zeugnisse der reichen alteuropäischen Wissenschaftsreligion sind Mentalität, Sprache und Kultur, sowie Symbole, Mythen, weltweit erste Musikinstrumente, Plastiken, Sonnenobservatorien und Kalender. Wir stehen auf den Schultern unserer Ahnen und blicken voller Bewunderung auf ihre frühen Werke.

Nach bzw. parallel zu den frühen Zeugnissen europäischer Kultur entfaltete ein europides Volk in **Ägypten** eine Hochblüte. Die alten Ägypter verehrten Natur und Götter, mit dem Sonnengott „Re" an der Spitze. Das Wissen um ein Fortleben nach dem Tod war hoch kultiviert. Das Pharaonenreich wurde durch Weisheit regiert und bestand wohl auch durch seine Toleranz ganze 3.000 Jahre. Im 7. Jh. wurde Ägypten durch die Perser und danach durch die Araber erobert und erst dann arabisiert.

„Vor rund 4.000 Jahren zogen indogermanische Völkerschaften aus dem Norden – man weiß nicht genau woher sie kamen – auf die südliche Balkanhalbinsel. Die Nachfahren dieser Eroberer nannten sich Ionier, Achäer und Dorer. Seit dem 8. Jh. verstanden sie sich als Hellenen. Nach den Gründern der Stadt Kyme, die aus der Landschaft Graikoi stammten, wurden später alle Hellen von den Römern Graeci – ***Griechen*** *genannt. Sie brachten im letzten vorchristlichen Jahrtausend jene Kultur hervor, mit der die europäische Geschichte beginnt. Die Griechen schufen die typischen Muster des Europäischen und die Leitbilder des Lebensstils, welcher unser Denken und Handeln noch heute weitgehend bestimmt. Aus dem Phönizischen entstand durch Hinzufügen von Vokalen das griechische Alphabet – die erste Lautschrift der Welt – Grundlage aller europäischen Schriften.*

Zwischen 500 und 400 v. Chr. liegt die Hochblüte der griechischen Klassik. ***Perikles*** *war der erste europäische Staatsmann. Die Akropolis blieb für mehr als 2.000 Jahre das Muster aller säulengeschmückten Eingangsbauten. Athen war die erste Demokratie, in der die Macht wirklich beim Plenum der freien Bürger lag. In Athen lehrte der Philosoph* ***Anaxagoras****, der als erster „den Geist über die Materie" stellte. Das europäische Theater wurde begründet und die Normen für das Schöne in der Kunst wurden immer wieder den Plastiken des* ***Phidias****, den Dramen der großen Tragiker und den Epen* ***Homers*** *abgenommen.*

Seit dem 6. Jh. v. Chr. erblüht ein Wissenschaftszweig von weltverändernder Bedeutung – die Naturphilosophie des ***Sokrates.*** *Erfahrung und Beobachtung wurden die Voraussetzungen zur Erklärung natürlicher Phänomene. Der griechische Begriff von Philosophie (Liebe zur Weisheit oder Freude am Wissen) ist wesentlich umfassender, als wir ihn heute verstehen. Das Viele aus Einem zu erklären bleibt ein Grundzug. Kennzeichnend für diese Schule ist die Suche nach einem Urprinzip, dem alles Sein zugrunde liegt. Für* ***Thales*** *von Milet ist es das Wasser, für seinen Schüler* ***Anaximenes*** *die Luft, durch Verdünnung und Verdichtung entstehen alle Dinge.* ***Heraklit*** *sah das Feuer als bewegendes Moment und um 450 v. Chr. stellten* ***Leukippos*** *und sein Schüler* ***Demokritos*** *die These auf, das unendliche Weltall sei erfüllt von winzigen, unvergänglichen und* *unteilbaren Körpern, den Atomen, die sich in rascher Bewegung befinden und sich in Wirbeln zu festen, wahrnehmbaren Dingen verdichten.* ***Anaximander*** *von Milet lehrte, dass alle Dinge aus einem Urstoff hervorgehen, um später wieder in den Urstoff zurückzugelangen. Aufgrund der Vorstellung, dass der Atem der Geist des Lebens sei, hielt er Luft für das Grundelement der Erde. So wie unsere Seele, die Luft ist, den Körper zusammenhält, so umschließen Wind und Luft die ganze Welt. Alle anderen Elemente seien aus verdichteter oder verdünnter Luft entstanden."*

Universal-Prinzip Kommentar: Die Annahme eines regulierenden Prinzips und die Vorstellung, dass alle Stoffe durch Verdünnung und Verdichtung (Levitation und Gravitation) aus einem Stoff (Materie) entstehen, findet sich ebenso im Universal-Prinzip, wie die Erkenntnis von der Natur der Seele, welche identisch ist mit dem Ausgleichsfeld.

Pytagoras sah um 550 v. Chr. den Kosmos als fast magischen Ausdruck von Maß und Zahlenverhältnissen. vertrat die Lehre von der Wiedergeburt der menschlichen Seele. Er ging davon aus, dass die Planeten bei ihrer Umdrehung Klänge (Sphärenmusik) erzeugten.

Universal-Prinzip Kommentar: Jedes angeregte Objekt erzeugt Töne, sofern es selbst oder seine Bestandteile im Frequenzbereich von Schall liegen.

Empedokles sah den Weltgang als ewiges Mischen und Entmischen der Elemente Erde, Wasser, Feuer und Luft, wobei Anziehung und Abstoßung wie Liebe und Hass als Motoren wirkten.

Universal-Prinzip Kommentar: Das Mischen und Entmischen beschreibt den universellen Kreisprozess, Anziehung und Abstoßung entsprechen der Gravitations- und Levitationskraft.

Mit **Platon**, Schüler von Sokrates, beginnt die Hinwendung zu einer Weltdeutung. Er misst dem Wirken göttlicher Kräfte im Kosmos große Bedeutung bei. Höchste Idee ist die des Guten, aus der die anderen Tugenden abgeleitet werden. Der Beste, ein mit Einsicht regierender Philosophenkönig, soll an der Spitze eines idealen Staates stehen.

Universal-Prinzip Kommentar: Platons Gedanken zur optimalen Staatsform sind richtungsweisend.

Aristoteles, Schüler Platos und Erzieher Alexanders des Großen versuchte aus den vor ihm gewonnenen Erkenntnissen ein ebenso umfassendes wie logisches Weltbild zu denken: Er ordnet die vier irdischen Elemente ihrer Schwere nach zwischen Erde und Mond an, jenseits davon ist das All von einem fünften göttlichen Element, dem Äther erfüllt, aus dem auch die Himmelskörper gebildet sind. Damit sind die irdischen Dinge dem Gesetz vom Werden und Vergehen unterworfen, während das All ewig besteht. Ziel seiner Philosophie war, die Welt des Alltags und die Vielfalt ihrer Phänomene im Rahmen einer sie erklärenden Theorie und eines entsprechenden Systems von Aussagen zu verstehen. Hierzu entwickelte er die formale Logik. Aristoteles schuf mit seiner Metaphysik für die abendländische Philosophie einen richtungsweisenden begrifflichen Apparat.

Universal-Prinzip Kommentar: Aristoteles' Gedanken finden sich im Universal-Prinzip.

Vom 3. bis zum 1. Jh. v. Chr. erfolgte eine enge Verknüpfung zwischen ägyptischen und griechischen Göttern. *„Krieg war nicht einfach ein Kampf unter Menschen, das Meer nicht einfach das Meer, der Wald nicht einfach der Wald, sondern in allem wirkten Götter. In der griechischen Religion ist die Natur seit jeher von Gottheiten belebt."* nach [Winzer]

Historiker rätseln über die Ursachen jener überaus fruchtbaren Zeit. Mit Sicherheit waren Freiheit und Toleranz wesentliche Faktoren.

Das Römische Imperium beherrschte das Regieren und Verwalten, Kriegsführung und Bauwesen. Sie brachten weder bedeutende Wissenschaftler noch Künstler hervor. Im 5. Jh. brach das Riesenreich zusammen.

Kurz danach breitete sich von Rom aus das Dunkel einer Religionsdiktatur über Europa: Dies bedeutete ein abruptes Aus für Philosophen, für die Freunde der Wahrheit. Wissenschaften, Künste, Politik, das gesamte gesellschaftliche Leben geriet unter die Knute päpstlicher Zensur. Dieser Schnitt ist in Etwa vergleichbar mit der Vorstellung der Errichtung von Kalifatstaaten im Europa des 21 Jahrhunderts.

5.8 Abkehr von der Natur-Philosophie, Einführung von Zweck-Religionen

In den letzten 2.000 Jahren wurde das Abendland durch das Christentum geprägt. Die Suche nach dem Geheimnis dieses Erfolges offenbart einige Überraschungen. Lassen wir zuerst Wissenschaftler zu Wort kommen. Unter dem Titel „Wo die Bibel irrt" lesen wir:

„Die Archäologen geben sich selbstbewusst: Mittlerweile sind sie in der Lage, die Kulturgeschichte Palästinas auch ohne Hilfe der Bibel nachzuzeichnen. Und Dank archäologischer Funde werden immer mehr Berichte der Bibel in das Reich der Sagen verbannt.

Die Israeliten, so behauptet die Bibel; seien – mit Gottes Hilfe und von Mose geleitet – aus Ägypten geflohen und hätten das Gelobte Land erobert. Mit neuen Funden in der Hand erzählen die Archäologen aber eine ganz andere Geschichte. Sie sind überzeugt, dass sie Nachfahren der ortsansässigen Kanaanäer waren. ‚Da ist niemand eingewandert aus Ägypten', zieht der Kieler Archäologie-Professor Ulrich Hübner seine Schlüsse. (...) Nicht zuletzt weisen Gen-Tests sehr deutlich auf eine antike Verwandtschaft der Juden mit den palästinensisch-arabischen Völkern hin.

Nichts also mit Stammvater Abraham, Fron für Pharao, Mose, Flucht aus Ägypten, Wanderung in der Wüste, Offenbarung und Landnahme in Palästina, wie es das Alte Testament an vielen Stellen blumig und blutig berichtet? In der Tat schickt die Biblische Archäologie – die sich in den letzten Jahren zumindest in Europa von einer „Bibel-Beweiserin" zu einer durchaus kritischen Wissenschaft gemausert hat – immer mehr Details aus der großen Saga der Bibel ins Land der Sagen.

Israels Nachbarn werden im Alten Testament verteufelt. Dabei waren sie alle weit entfernte Verwandte des auserwählten Volkes. Vieles haben die Israeliten von ihren Verwandten übernommen – nur der Gott Jahwe ist ihr Eigengewächs. Es war ein beispielloser Aufstieg, den Jahwe hinlegte: Vom Lokalgott eines arabischen Wüstenstammes avancierte er zum Staatsgott der beiden Königreiche Israel und Juda. Und er prägt bis heute die drei großen monotheistischen Religionen: Judentum, Christentum und Islam.

Jahwe übernimmt aus der altorientalischen Tradition so viele Rollen, das er sie fast nicht mehr halten kann, er wird ziemlich abstrakt. Ein Problem, das sich ins Christentum fortsetzt und mit der Dreieinigkeit und den vielen Heiligen der katholischen Kirche nur mühsam übertünchen lässt. ***Drei Bereiche wurden bei Jahwe jedoch nicht integriert; ‚das Böse', ‚die Unterwelt' und ‚das Weibliche'.*** *" nach [bdW05]*

Durch diese Ausgliederung sind die monotheistischen Religionen **unvollständig**. Sie verkörpern lediglich einen Pol, der zu den übrigen, außerhalb der Religion befindlichen Polen in Spannung steht (Gott zum Teufel). Auch haben sie keinen realen Bezug zur Natur, sind **unnatürlich**.

Das Christentum wurde in Rom „hoffähig" gemacht. Weshalb entwickelte es sich ausgerechnet im dekadenten Rom zur Staatsreligion? Zuerst wurden Christen **verfolgt**. Der Grund: Antike Religionen kannten keine Unterscheidung zwischen wahrem und falschem Glauben, es herrschte Toleranz und Offenheit gegenüber anderen Religionen. Monotheistische Religionen aber erhoben einen Alleinvertretungsanspruch.

„Die Schriften des AT wurden dann bis Ende des 1. Jh. aus besonders ausgewählten apokryphen Evangelien und Apostelgeschichten zusammengestellt. Die Schriften des NT entstanden zwischen 50 und 120." nach [Lexikon96] In den Kanon (Kernsätze) des AT wurden aber nur solche Schriften aufgenommen, die den Zweck, den die neuen christlichen Priester mit der neuen Religion verfolgten, erfüllten. So wurde das Christentum eine **Zweckreligion**.

Aber auch dieses konstruierte Werk wurde seit seiner Entstehung vielfach korrigiert und umgeschrieben. Mit der Beseitigung der Natur-Götter wurde die Unnahbarkeit eines fiktiven Gottes proklamiert und seine Vertreter auf Erden bestimmt. Beredter Ausdruck des christlichen Machtstrebens waren die Kreuzzüge im Mittelalter. Wissenschaften und Künste wurden unterdrückt, Kulturen in aller Welt zerstört, unzählige Menschen gefoltert und getötet, altes Wissen vernichtet. Die Folgen: Der Mensch machte sich die Erde untertan, es begann seine verhängnisvolle Entfremdung von der Natur.

5.9 Die Wende in den Naturwissenschaften

Der Übergang vom 17. zum 18. Jahrhundert war eine Zeit, in der sich das Partikularwissen immens vermehrte. Durch neue wissenschaftliche Sichtweisen wurden enorme Fortschritte erzielt. Allerdings geschah dies auf Kosten des großen Überblicks. Gleichzeitig wurden alte, intuitiv gewonnene Erkenntnisse und tradierte Vorstellungen der Altvorderen durch den Mechanismus als Prinzip beseitigt.

Die Naturphilosophie

„Naturphilosophen beschäftigten sich damals in erster Linie mit der traditionsreichen Astronomie. Nikolaus Kopernikus, Tycho Brahe, Galileo Galilei und Johannes Kepler stürzten das geozentrische Weltbild und erweckten das zuvor gültige heliozentrische Bild zu neuem Leben. Das unendliche Universum hatte Renaissance. Nun ergaben sich neue Fragen wie z. B. – was hält die Planeten auf ihrer Bahn?“

Die Magnetische Philosophie

Gilbert behauptete in seinem Werk „De magnete“ um 1600, die Erde sei ein gigantischer Magnet. Der Holländer Simon Stevin hatte in seiner Anfang des 17. Jh. verfassten Schrift „De hemellop“ den Magnetismus auf die Planetenbewegung übertragen.

Die Anhänger der Magnetischen Philosophie beschrieben die magnetische Kraft als etwas Unsichtbares, Immaterielles, das auch auf Entfernung wirken könne. Gilbert sprach von einer magnetischen Erde als einem „beseelten Körper“. Außerdem dachte man sich anziehende Kräfte als sympathisch und abstoßende als unsympathisch – Gedanken der Alchimisten, die bis auf Hermes Trismegistos zurückreichen.

Kepler verband die Idee, dass von der Sonne eine immaterielle Kraft ausgeht, die über Entfernung wirkt und die Bewegung der Planeten verursacht, mit seinem ersten und zweiten Planetengesetz. Keplers Idee steckt auch in der o. g. Antwort Newtons an Halley. Für Kepler war die Sonne der göttliche erste Beweger des Universums. Sie besitzt eine Seele, verbunden mit einer magnetischen Polarität, welche sich in den Raum erstreckt. Dies gilt ebenso für die Planeten. Die Erklärung astronomischer Phänomene durch Magnetismus führte jedoch zu Problemen. Man stellte fest, dass die magnetische Kraft nur auf kurze Entfernung wirkt.

Die mechanische Philosophie

Nach der mechanischen Philosophie sollten alle natürlichen Phänomene – und nicht nur die astronomischen – ausschließlich mit Hilfe von Teilchen-Modellen erklärbar sein. Phänomene der Physiologie (Blutkreislauf, Sinneswahrnehmungen), der Optik (Lichtbrechung) und der Astronomie (Bewegung der Planeten) mussten mit den Begriffen Materie, Bewegung und Stoß erklärbar sein. Für Kräfte, Anziehung, Sympathien oder Seelen gab es keinen Platz mehr. Die Naturgesetze mussten einerseits als Bewegungs- und Stoßgesetze verstanden werden, andererseits lagen ihnen eine Reihe von Annahmen über Form und Größe der Materieteilchen zugrunde... Der große Meister dieser Theorie war René Descartes.

Die Vorteile der mechanischen Philosophie waren große begriffliche Ökonomie – Teilchen und Stoß erklären alles sowie ausgeprägter Rationalismus – man muss nicht auf Ursachen, Qualitäten oder Kräfte zurückgreifen, die sich dem Verständnis entziehen." nach [Guicciardini01] S. 7f.

Es begann eine unstete Zeit. Die Menschen stürzten sich auf jeden neuen Gedanken, der scheinbar bisherige Probleme lösen konnte. Dabei wurden andere wichtige Erkenntnisse vernachlässigt und der Überblick ging verloren. So geriet altes Wissen in Vergessenheit, neues Wissen entwickelte sich jedoch isoliert, ja zusammenhanglos.

„Da Descartes den Begriff des Geistes auf das Denken einengt, die Tiere aber in diesem Sinne nicht denken, haben sie an der geistigen Welt keinen Anteil. Sie sind reine Mechanismen, nichts anderes als Maschinen. Wenn ein Tier, das man schlägt schreit, so bedeute das nicht mehr, als wenn eine Orgel ertönt, deren Taste man niederdrückt. Von dieser im Sinne des Descartschen Denkens zwar konsequenten, aber unannehmbaren Ansicht war nur noch ein Schritt zu der von späteren Materialisten gezogenen Folgerung, dass auch der Mensch nichts als eine besonders komplizierte Maschine sei." [Störig93] S. 318.

Universal-Prinzip-Kommentar: Das Universal-Prinzip vereinigt Magnetische und Mechanische Philosophie: Die sympathische Kraft wird als „anziehende Gravitationskraft", die unsympathische als „abstoßende Levitationskraft" erklärt. Und – die „Schwäche" der magnetischen Kraft gilt gleichermaßen für die Gravitationskraft, weil beide identisch sind: *„Die Gravitation, wenn auch über große Entfernungen hin sehr schwach, ist die einzige Kraft, die von einem Ende der Schöpfung bis zum anderen reicht. Sie ist die einzige Kraft, die in der Lage ist,* *die großräumigen Strukturen des Universums zu erklären."* nach [Berlinski02] S. 161.

Wie bereits mehrfach erläutert, ist die Vorstellung des Phänomens Seele gleichbedeutend mit dem Begriff „Ausgleichsfeld" des Universal-Prinzips. Und, die anregende Kraft von Sonnen wird ursächlich für die Entwicklung eines „Levitations-Zyklusses" im Rahmen des „Universellen Kreisprozesses" erkannt.

Der Bruch

Newton verwarf die Lehre von Aristoteles, die bis dahin 2.000 Jahre lang galt. Er schuf aufbauend auf Galilei, Kepler, Descartes, Huygens und Hooke die neue Vorstellung von Schwerkraft, welche noch heute gilt.

Analysieren wir die Aussagen von Newton mit Hilfe des Universal-Prinzips, werden wir feststellen, dass diese unvollständig sind. Folgende Tatsachen deuten darauf hin, dass ihm dies selbst bewusst war: Bei jeder Neuauflage seiner „Principia" fügte er Korrekturen ein. Und bis zu seinem Tode forschte er nach der Ursache der anregenden Kraft – allerdings vergeblich.

„Um 1665 beschäftigte sich Newton mit der Tatsache, dass Äpfel stets nach unten fallen. Er leitete davon ab, dass der Materie eine anziehende Kraft innewohnen müsse und schlussfolgerte: Gravitation ist eine Kraft, die sich über das ganze Universum erstreckt und alle materiellen Objekte einem einzigen Modus der Anziehung unterwirft. Newton wie auch all seine anderen Zeitgenossen bezeichneten die Himmelskörper allgemein als ‚Fixsterne'. Sie zeigten sich unbeweglich und änderten ihre Position nicht.

Im Jahr 1694 jedoch richtete der Theologe Richard Bentley an Newton die grässliche Frage: „Wenn es eine Anziehungskraft gibt, die bis ins Unendliche ausgedehnt ist, was hindert dann die Sterne daran, sich gegenseitig anzuziehen und in ihrem eigenen Schwerpunkt zu kollabieren?

Bentleys Frage war gefährlich, und Newton konnte mit ihr nicht umgehen. Newton versuchte auszuweichen, aber Bentley beharrte auf einer Antwort. Newton meinte zunächst, die Sterne seien unzählig und in gleichförmiger Weise verteilt. Daher werde jeder Stern in jeglicher Richtung von einer unendlichen Zahl von Sternen angezogen: Folglich befänden sie sich im Gleichgewicht. Bentley ließ nicht locker. Er entgegnete, dass sich dann auch die Erde in einem Gleichgewicht befinden müsse, denn auch sie würde dann in jeder Richtung von einer unendlich großen Anzahl von Sternen angezogen! Newton wich schließlich folgendermaßen aus:

‚Das Sternensystem befindet sich im Gleichgewicht, weil Gott jeden Stern in großer Entfernung zu den anderen platziert und sie so optimal verteilt hat'. Dadurch wird der von Bentley befürchtete Gravitationskollaps vermieden. Aber damit noch nicht genug. Nach der Schöpfung des Universums greift Gott durch ein ‚kontinuierliches Wunder' ein und sorgt dafür, dass die Sterne nicht – selbst in sehr großen zeitlichen Abständen – ineinander stürzen. Newton machte dieses vorsehende Eingreifen Gottes auch dafür verantwortlich, dass die Stabilität unseres Sonnensystems garantiert sei.

Newton und Bentley wurden in das so genannte ‚kosmische Paradox' verstrickt. Die Lösung beruht auf der Erkenntnis, dass die Sterne eben nicht ‚fix' sind: Sie üben Anziehungskräfte aus und haben Flugbahnen genau wie Planeten und Kometen." nach [Berlinski02] S. 41.

Universal-Prinzip-Kommentar: Das kosmische Paradox ist allerdings keine Lösung, denn es wurde nach dem Newtonschen Ansatz „gebastelt".

Gut hundert Jahre nach Newton hatte Johann Wolfgang von Goethe die besonderen Eigenheiten entlarvt, welche sich bei der neu entstandenen Berufsgruppe entwickelt hatten, die sich Wissenschaftler nennen:

„Daran erkenne ich den gelehrten Herrn:
Was ihr nicht tastet, steht euch meilenfern,
was ihr nicht fasst, das fehlt euch ganz und gar,
was ihr nicht rechnet, glaubt ihr, sei nicht wahr,
was ihr nicht wägt, hat für euch kein Gewicht,
was ihr nicht münzt, dass, meint ihr, gelte nicht."

5.10 Die Schieflage in der Neuzeit

Die Weisen alter Hochkulturen strebten nach Wahrheit, Aufrichtigkeit, Gerechtigkeit und Ordnung. Im alten Griechenland bezeichneten sie sich als Philosophen (Freunde der Weisheit), daraus wurden im Mittelalter die Naturphilosophen. Es folgte die Trennung zwischen Naturwissenschaft, Philosophie und Religion. Heute spielen die „Freunde der Weisheit“ nur noch eine Außenseiterrolle. Ihr Rat war von Weitsicht geprägt, die aufstrebenden neuen Kräfte aber sind auf kurzsichtigen raschen Gewinn aus. Wissenschaft, Wirtschaft und Politik sind heute eng verflochten und achten nicht auf die Folgen ihres Raubbaues. Doch schauen wir, wie sich die Wende im Mittelalter zur Schieflage in der Neuzeit entwickelte mit den globalen gesellschaftlichen Problemen, Artensterben und rasante Klimaveränderungen.

Religiöse Ursachen: Die Tatsache, dass sich aus einem gemeinsamen Fundament drei monotheistische Religionen entwickelten, und selbst diese sich im Laufe der Zeit in weitere Gruppierungen getrennt hatten, anstatt sich durch ihre Erfahrungen aus der Religionspraxis auf der Grundlage natürlicher Gesetze zu vereinen macht deutlich, dass diese Lehre nicht stimmig ist.

Die Erfahrung der letzten 2.000 Jahre zeigt, dass im Namen dieser Religionen in der Zeit ihrer Stärke durch rücksichtslose menschenverachtende Gier nach Macht und Besitz bestehende natürliche Kulturen zerstört und Völkermord betrieben wurde. In der Zeit schwindender Macht dienen Religionen um ihres materiellen Vorteils willen rücksichtslos den jeweiligen weltlichen Machthabern: Hitlers Armeen wurden gesegnet und die Atombombe, wohl im Blick auf den damals expandierenden Kommunismus, als Zuchtrute in der Hand Gottes gepriesen.

Die sieben Farben der Erfahrung sind nicht voll entfaltet, so konnte sich nie eine Weisheit entwickeln. Christentum und Islam missionieren nach wie vor, sind bestrebt, andere Religionen zu verdrängen. Alleinvertretungsanspruch, Streben nach Steigerung von Macht und Besitz sowie fehlende Entwicklungsfähigkeit zeigen, dass sich die drei monotheistischen Religionen in einem Gravitationszyklus befinden. Der Zerstörung der Natur, dem Niedergang menschlicher Moral, Kreativität und Kultur hat das Christentum nichts entgegenzusetzen.

Ursachen durch die Wissenschaftsentwicklung: Newton rang bis zu seinem Tode um Erklärungen für die Ursachen von Anregungskraft und Gravitation. Da er sich Gott nicht in Materie vorstellen konnte, erdachte er sich ein immaterielles göttliches Wirken. Er hatte sich einseitig auf die Erforschung der Gravitation konzentriert. Mit der abstoßenden Kraft beschäftigte er sich nicht. Er dachte über den fallenden Apfel nach, nicht aber, wie dieser entgegen der Schwerkraft auf den Baum gekommen ist. Er dachte nicht an schwebende Wolken, an steigende Nebel, nicht daran, dass jeder Regentropfen, jede Schneeflocke und jedes Hagelkorn vor dem Herabfallen nach oben gestiegen ist. Er dachte nicht an Vulkane und konnte vielleicht noch nichts wissen von den gewaltigen Kräften, die ganze Gebirge bis in Höhen von 6000 m Höhe auftürmen.

Die konventionelle Physik hat der von Newton im Jahre 1687 beschriebenen Gravitation bisher keine entgegen gesetzte Kraft entgegengestellt. Keine Rakete könnte sich in die Luft erheben, wenn nicht deren Levitationskraft die Gravitation übersteigen würde. Keine Sonne könnte scheinen, weil sie weder Teilchen noch Wellen aussenden könnte; keine Supernova, kein Urknall wäre möglich.

Newtons Nachfolger verstanden es nicht, sein einseitiges Werk zu ergänzen, seine Gravitation um eine Gegenkraft zu vervollständigen. Im Gegenteil – sie bauten darauf auf, und so wurde ein schiefes Gebäude auf unsicherem Fundament geschaffen.

Die von der Sonne kommende Kraft ist immateriell und offensichtlich die Kraft, die Newton suchte. Da aber das natürliche göttliche Wirken der Sonne von den monotheistischen Religionen zu einem imaginären Gott entrückt worden war, gelang es Newton offensichtlich nicht, eine Verbindung zwischen Gott und Sonne herzustellen.

Die Ursachen für unsere heutige Schieflage liegen wohl an den konstruierten und unrealen monotheistischen Zweck-Religionen und der sich, beginnend mit Newton, einseitig entwickelnden Physik. Beides strahlte auf die übrigen Wissenschaftszweige aus, führte zur Aufspaltung von Natur- und Geisteswissenschaften sowie Religion – und beeinflusste letztendlich auch Wirtschaft, Politik und Kunst. Das Ergebnis dieser unseligen Entwicklung: Heute dominiert die Wirtschaft.

Dazu schreibt Kutschmann in [Kutschmann83]: „Es ist die Zeit des 17. Jh., die sich durch die Erfindung des Irrtums, des scheiternden oder falschen Wissens, auszeichnete. Grundlage dieser neuen Einstellung dem nicht-genehmigten und nicht-kodifizierten Wissen gegenüber war ein Vorgang der Selbstdistanzierung, ***der zur kritischen Entfremdung von innerer und äußerer Natur führte.*** *Es war der Versuch, eine Natur geschützt im Inneren von Mauern gegen eine feindliche Außenwelt von Interpretationen, Vorgriffen und Voraussetzungen jeder Art* *entstehen zu lassen,* ***in der Illusion, die solchermaßen behütete Natur sei frei, neutral und objektiv.***

Wieso ist dem Zauber der Natur überhaupt derart zu misstrauen, dass sie entzaubert werden muss? *Die Wissenschaft befand sich, wie auch die Kirche – hierin gehen beide völlig parallel – in einem Feldzug gegen die Mythologie der Natur, wie sie im ausgehenden Mittelalter und bis ins 15. und 16. Jh. hinein verbreitet war. Eine Mythologie, die einen neuen, unverkrampften Umgang mit der Natur unmöglich machte. Der alte magische Umgang mit der Natur war an eine nicht-dynamische Ordnung, fast eine Hierarchie der Lebensgewohnheiten in einem statischen Kosmos gebunden und* ***nicht disponibel für einen äußerlichen und veräußernden Kommerz, der die Dinge der Natur zu reproduzierbaren Waren machen und sich in der Wissenschaft einen entsprechenden Gegenstandsbegriff schaffen wollte.“***

Das Mittel dieses Feldzuges gegen den Mythos war die Verunsicherung durch die Idee des Teufels, d. h. die ständige Unterstellung, der angesprochene und umkämpfte Kult sei vom Bösen befallen. ***Die Erfindung des Teufels durch die Kirche beruhte auf dem Prinzip, die Konflikte, Kämpfe und Widerstreite in den Menschen und unter den Menschen zu personalisieren****: dem einen reinen weißen Gott den fast ebenbürtigen Widersacher Teufel gegenüberzustellen. Das zu sanktionierende Unrecht, das verbotene Unmoralische und Illegale nahm Gestalt an in der Person des Teufels als der ständig versuchenden, einflüsternden, wuchernden Instanz. Religiosität, Tugend, Ideal definierte sich vorwiegend durch sein Gegenteil, das Negativum Teufel: Der Teufel war allgegenwärtig, man konnte ihm immer nur entkommen." [Kutschmann83] S. 169 ff.*

Universal-Prinzip-Kommentar: Offensichtlich lebt die Menschheit heute unter ihrem Niveau, hat verdrängt, dass sie selbst zur Natur gehört. Die Führer sind selten Vorbilder, als erstrebenswertes Gut gelten allein wirtschaftliches Wachstum, Profit und Macht. Die Arbeitslosigkeit wird sich durch die angestrebte wachsende Rationalisierung stetig weiter erhöhen. Dies ist Zielkonflikt Nr. 2. Die kaum gebremste Schadstoff-Belastung von Boden, Wasser und Luft wird zur weiteren Beschleunigung von Artensterben und zu Umweltkatastrophen führen. Dies ist Zielkonflikt Nr. 1. Das Universal-Prinzip kann helfen, den Weg zum Umdenken zu ebnen – vom quantitativen zum qualitativen Wachstum.

Andere Meinungen

„Die Naturgesetze sind keine logischen Wahrheiten.“ nach [Berlinski02] S. 192.

Universal-Prinzip-Kommentar: Solange man sich innerhalb der alten Paradigmen bewegt, entfernt man sich von der Wahrheit. Durch Beobachtungen und Messungen verlieren bisher gültige Gesetze, wie die Relativitäts-, Quantentheorie und der 2. Satz der Thermodynamik an Bedeutung und gelten nur noch eingeschränkt für bestimmte Bedingungen: Das Universum, die Milchstraße, die Planeten und deren Atmosphären dehnen sich aus, Planeten entfernen sich von der Sonne, Monde von den Planeten. nach [Spiegel302], [Spiegel402], [Spiegel103], [Spiegel602].

In letzter Zeit häufen sich Theorien zur Erklärung der unerwarteten Phänomene. Zunehmend wird mit schwammigen Begriffen operiert, wie Antimaterie, schwarze Materie, Kraft oder Energie; von Strings, Big Rip oder der Quantengeometrie. Man ist jedoch bemüht, überholte Gesetze und Theorien, die zu einem riesigen „Gebäude“ ausgebaut wurden, möglichst nicht zu „verletzen“. Auf diese Weise umkreist man die Wahrheit, kommt ihr aber nicht näher. Eines haben Newtons Nachfolger übernommen: Ihre Theorien sind nicht mehr verständlich.

Kutschmann zitiert und kommentiert den Philosophen G. W. F. Hegel (*1770 †1831) in [Kutschmann83] S. 149f: *„Hegel kritisiert zweierlei: Zum einen sei allein schon die Einführung von Kräften, mit dem Vorbehalt, nur „in mathematischem Sinne“ von ihnen zu reden, eine Vergewaltigung der physikalische Realität, weil mit ihnen Bestimmungen als wesentliche, subjekthafte in die Darstellung der Realität hineinrutschen, die ihr nicht entnommen seien, sondern mit Gewalt zugesprochen würden.*

Zum anderen bringe Newton, wenn er nun schon in „nur mathematischem Sinne“ von Kräften reden wolle, dennoch immer wieder auch physikalische Existenzen dieser Kräfte mit ins Spiel und verwische somit selber die saubere Grenzziehung, die er vorgenommen habe. Er nehme selber die aus Bescheidenheit auferlegte Beschränkung wieder zurück, indem er die vordem nur mathematische Existenzweise als jetzt auch physisch vorhanden suggeriere.

Mit einem Wort: Hegel spricht Newton – und der Naturwissenschaft überhaupt – das Recht ab, in unschuldiger Manier die „physikalische“ und die „mathematische“ Realität trennen zu wollen, so als könne man in der letzteren ohne weitere Aussagen und Bestimmungen treffen, ohne die erstere zu affizieren (lat. einwirken). Und er fordert weiterhin, dass die mathematischen Bestimmungen der Natur aus der Sache selbst, d. h. aus ihrer physischen Existenz heraus getroffen und abgeleitet würden.

In der Tat ist hier ein kritischer Punkt der newtonschen naturphilosophischen Ethik oder, modern gesprochen, seiner Methodologie getroffen: Wie kann sich eine Naturwissenschaft auf einen „nur mathematischen Sinn" der von ihr verwendeten Vorstellungen und Begriffe berufen, ***und dabei die Augen davor verschließen, dass diese bloß mathematische Form sehr wohl prägend für unser darauf aufbauendes Gesamtverständnis der Natur ist und sehr wohl unser Verhalten auch dieser Natur gegenüber bestimmt?***

*Nehmen wir nur den von Hegel zu Recht in diesem Zusammenhang angeprangerten Kraft-Begriff: Behauptet er nicht, trotz aller Abschwächung und Dementis von Seiten Newtons, eine Wesenheit in der Natur selber zu sein? Besitzen wir nicht ein Verständnis von Kraft, das dieser immerhin eine Rolle des Subjekthaften, also doch eines wirkenden Wesens zuschreibt? Da hilft auch kein Rekurs (Rückgriff) auf die beliebte kausalitätslogische Position, ‚die Kraft sei nichts anderes als die Summe der von ihr ausgehenden Wirkungen': **Die Physik kann sich nicht davor schützen, für die von ihr ausgehenden Interpretationen einer zunehmend durch sie konstituierten Welt auch haftbar gemacht und zur Verantwortung gezogen zu werden. Der Kraftbegriff hat nicht nur eine Geschichte, vielmehr hat er Geschichte gemacht.**"*

Universal-Prinzip-Kommentar: Wir stimmen Hegel in vollem Umfang zu. Der Zerstörung der Natur, dem Niedergang menschlicher Moral, Kreativität und Kultur hat die konventionelle Wissenschaft nichts entgegenzusetzen.

Wirtschaftliche Ursachen: Die Technikgesellschaften des 21. Jahrhunderts sind wie die frühkapitalistischen Betriebe auf ständige Steigerung des Gewinns ausgerichtet. Das bedingt einen endlos aufnehmbaren Markt. Derzeit stößt der Rohstoffhunger der menschenleeren Automatenfabriken, die ihren Ausstoß ständig erhöhen, auf Grenzen. Rohstoffe werden knapp und damit teuer. Dies überträgt sich auf die Produkte. Die Käuferschichten in den Technik-Ursprungsländern schmelzen dahin, weil ihre Kaufkraft infolge steigender Arbeitslosigkeit sinkt. Die Sozialsysteme brechen zusammen, weil Bindungswilligkeit wegen Stress und Unsicherheit sinkt und der Nachwuchs wegen den gleichen Gründen ausbleibt. Der Kapitalismus lebte ganz gut, wenn er Krisen durch Kriege überwand. Aus verschiedenen Gründen kann er dies nicht fortführen. Nun kann er nicht nur seine systembedingten Probleme nicht lösen, sondern tut weiter so, als seien die Bedingungen zwar härter, aber man könne die Krise durch Wachstum überwinden.

Der Zerstörung der Natur, dem Niedergang menschlicher Moral, Kreativität und Kultur hat die Wirtschaft nichts entgegenzusetzen.

Artgerechtes Leben statt Genmanipulation

Das Zusammenspiel der Gene zeigt jenes überlegene Konzept, mit welchem die Natur im Verlauf der Erdgeschichte die gigantische Artenvielfalt hervorbrachte, welche auch die Grundlage zur Entwicklung des Menschen bildet. Auf sich verändernde Lebensbedingungen fand die Natur immer wieder die genialsten Vorkehrungen, zukunftssicher und nebenwirkungsfrei.

Krankheiten und deren evolutionäre Heilung bilden ein Glied in der Kette der natürlichen Entwicklung: Neue Einflüsse können zu neuen Krankheiten führen, jeder Organismus sucht eine individuelle Heilung. Die beste Lösung wird sich durchsetzen. Manipulationen an Genen unterbrechen dieses geniale Konzept, behindern die Weiterentwicklung der Arten einschließlich des Menschen, weil die Natur diese unnatürlichen Eingriffe nur langfristig beheben kann.

Nicht Reparatur oder Austausch von Genen hilft der Evolution sondern Heilung, d.h. sammeln von Erfahrungen und Entwicklung alternativer Lösungen. Ersetzt man das Kranke, nimmt man der Evolution die Möglichkeit die beste Lösung zur Heilung selbst zu finden und - hierin ist uns die Natur weit überlegen. Nicht bekämpfen von Krankem sondern stärken des Gesunden führt zur Heilung.

Daher sollten wir der Erde, den Pflanzen, Tieren und uns Menschen wieder eine saubere und gesunde Umwelt schaffen, damit sich alle artgerecht entwickeln können.

Also nicht Rinder BSE-resistent machen und weiter Fischmehl füttern, sondern sie artgerecht leben lassen, damit sie eigene Selbstheilungskräfte entwickeln können. Die Reparaturmentalität sollte sich auf technische Artikel beschränken und bei natürlichen Wesen auf Einzelfälle beschränkt bleiben.

Durch den Einsatz genmanipulierter Pflanzen werden unumkehrbare Fakten geschaffen. Einmal freigesetzt, sind derartige Pflanzen nicht mehr rückholbar. Durch Pollenflug verbreitet sich unkontrolliert genmanipuliertes Erbgut. Artfremde Eigenschaften können in verwandte Wildpflanzen auskreuzen. Der Anbau von genmanipulierten Organismen (GMO) bedroht weltweit die traditionelle Landwirtschaft. "Koexistenz", wie sie Gentechnikbefürworter immer wieder beschwören, funktioniert nicht. In Kanada z.B. ist es nicht mehr möglich, gentechnik-freien Raps oder Soja zu ernten. Die Agro-Gentechnik bringt Bauern und Bäuerinnen in Abhängigkeit von großen Saatgutkonzernen.

Der Anbau von Gentech-Pflanzen gefährdet die biologische Vielfalt. Traditionelle Pflanzenarten werden verdrängt. Das Gift, das bestimmte gentechnisch veränderte

Maissorten produzieren, vernichtet nicht nur Schädlinge. Genmanipulierte Organismen stellen eine Gesundheitsgefahr dar. Es ist unmöglich, die gesundheitlichen Risiken für Mensch und Tier einzugrenzen. Gentechnik ist ein Zufallsspiel. Gentechnische Konstrukte werden in ein unbekanntes Genom an zufälliger Stelle integriert. Immer wieder ergeben sich Folgen, mit denen niemand gerechnet hat: Die Stängel von Gen-Soja z. B. platzen bei Dürre und Hitze auf oder Gen-Pappeln blühen zum falschen Zeitpunkt. Viele Wissenschaftler und Wissenschaftlerinnen warnen, dass das höchst dynamische System Eingriffe zum Risiko macht.

Nach dem biophysikalische Konzept von Prof. Popp dienen jene 90% der DNA, die bislang als „biologischer Müll“ bezeichnet wurden, der Erzeugung eines kohärenten Photonenfeldes, welches den gesamten Organismus umfasst und eine „Supermolekulare dynamische Ordnung in das lebende System bringt. Elektromagnetische Anregungen steuern primär alle Lebensvorgänge wie biochemische Reaktivität, Nervenreizleitungen, Zellreparatur, Immunstimulation, Wachstumsregulation, aktiver Transport sowie biologische Rhythmen.

Obwohl sich 80% der Deutschen gegen genmanipulierte Nahrung ausgesprochen hatten hat das Bundesamt für Verbraucherschutz und Lebensmittelsicherheit (BVL) am 24.11.2006 die Freisetzung gentechnisch veränderten Winterweizens genehmigt.

Artgerechtes Leben statt Genmanipulation

Reparatur oder Austausch von Genen behindert die Evolution. Ersetzt man das Kranke, nimmt man der Evolution die Möglichkeit die beste Lösung zur Heilung selbst zu finden. Denn hierin ist uns die Natur weit überlegen. Nicht Bekämpfen von Krankem sondern Stärken des Gesunden führt zu dauerhafter Heilung.

Daher sollten wir der Erde, den Pflanzen, Tieren und uns Menschen wieder eine saubere und gesunde Umwelt schaffen, damit sich alle artgerecht entwickeln können.

Der Einsatz genmanipulierter Pflanzen und das Angebot von entsprechend genmanipulierter Nahrung für Tier und Mensch sowie die Freisetzung von Klima beeinflussenden Stoffen werden als dritter und folgenschwerster Bruch in der Geschichte menschlichen Erkenntnisstrebens gewertet, weil diese Eingriffe nicht rückgängig gemacht werden können.

Unsere Wurzeln

Die Zukunft entwickelt sich aus der Gegenwart und diese gründet sich auf der Vergangenheit. Die Wurzeln westlicher Demokratien liegen in Griechenland. Die Wurzeln der europäischen Menschen finden sich in den naturverbundenen Philosophien von Genies, welche bereits in der Steinzeit solch außergewöhnliche Anlagen wie Goseck, Newgrange, Stonehenge oder Nebra errichteten, die uns noch heute Rätsel aufgeben. Die archäologischen Funde der letzten 20 Jahre erinnern an die Weissagung der Völuspa in *Snorris Edda: ***„(...) und sie werden die goldenen Tafeln wieder finden (...)“***.

Helga Zepp-LaRouche forderte in ihrer Rede „Für einen Dialog der Kulturen“ auf der internationalen Konferenz des Schiller-Instituts am 17. Februar 2002 in Reston im amerikanischen Bundesstaat Virginia einen Dialog statt eines Kampfes der Kulturen: *„Der* **‚Dialog der Kulturen'** *ist die dringendste Aufgabe der heutigen Zivilisation. Samuel Huntingtons These* **‚Kampf der Kulturen'** *ist falsch, denn sie beruht auf der Annahme, die Kulturen, Religionen und Zivilisationen wären völlig unterschiedlich und durch keinerlei* ***universale Prinzipien*** *verbunden, weshalb Kriege zwischen ihnen unvermeidlich wären.“*

Helga Zepp-LaRouche verknüpft Gemeinsamkeiten aus der menschlichen Weisheitstradition zu einer „**Universal-Geschichte**“. Diese stellt den wertvollsten Erfahrungsschatz der Menschheit dar. So können Lehren für die Gestaltung der Zukunft aus der Welt-Geschichte gezogen werden, Gründe für Erfolge und Misserfolge ausgewertet werden. Allerdings muss dabei beachtet werden, dass Geschichte vielfach durch Interessengruppen gefälscht worden ist.

Eine Universal-Geschichte wäre eine Synthese der Gemeinsamkeiten aller Kulturen. Wir bekämen eine Essenz des menschlichen Erkenntnisstrebens bei der Suche nach Sinn, Ziel und Aufgabe. Wir könnten Erfolge und Probleme analysieren und kämen der Wahrheit näher. In Verbindung mit dem Universal-Prinzip könnten wir endlich jenes **Ausgleichsfeld zwischen den Kulturen** aufbauen, welches die ersehnte konstruktive Zusammenarbeit der Völker tatsächlich ermöglicht. Lernen wir, aus den besten Beiträgen und den bewährtesten Strategien der gesamten Menschheit unsere Welt so umzugestalten, dass die Menschen im Sinne der göttlichen Evolution leben können.

Eine wünschenswerte neue religiös-wissenschaftliche Ausrichtung sollte als Kern die wichtigsten Erfahrungen, das Beste und Bewährte bei der Wahrheitssuche enthalten.

6. Anwendungen des Universal-Prinzips im Alltag

Nach den vielen grundlegenden Betrachtungen und Forschungsergebnissen sollen nun die ganz praktischen und oft einfachen Methoden angesprochen werden, die uns wieder in Verbindung mit unseren inneren Bedürfnissen und der Körper-Seele-Geist-Einheit führen können.

Die Welt mit anderen Augen sehen

Kinder wundern sich über alles. Staunend betrachten sie die Welt, nehmen alles mit purer Freude auf, freuen sich selbst über kleine Dinge, wie Laura in Bild 6.1. Können wir diese Begeisterung ein Stück weit in unsere Erwachsenenwelt retten?

Nach einer amerikanischen Studie entsteht in der westlichen Gesellschaft eine neue **Bewusstseinskultur** [Ray01]. Seit etwa 15 Jahren wächst neben den „Traditionalisten“ und den „Modernisten“ eine dritte Gruppe – die „kulturell Kreativen“. Dabei unterscheiden sich die drei Gruppen folgendermaßen:

- Traditionalisten schätzen Familie und Religion, stehen Veränderungen misstrauisch gegenüber, haben Probleme mit der Komplexität und der modernen Welt (24 %, Tendenz abnehmend)
- Modernisten schätzen übergreifende Normen, persönliche Freiheit und eigene Leistung haben Vorrang; materialistisch, Glaube an rein technische Lösungen (47 %, Tendenz abnehmend)

- Kulturell Kreative schätzen Selbstverwirklichung, legen Wert auf eine ökologische Lebensweise und eine engagierte Anteilnahme am Weltgeschehen. Sie lehnen die skrupellose Umweltzerstörung im Namen des „Big Business“ ab.

Viele Menschen leben heute überwiegend für ihren Beruf, ihr Geschäft und andere materielle Lebensziele und -inhalte. Sie schwimmen an der Oberfläche des Lebens und bemerken den Schaden nicht, den sie dabei ihrer Seele und ihrem Körper zufügen. Heil-Sein bedeutet Ganz-Sein und gut entwickelte Ausgleichsfelder im körperlichen, seelischen und geistigen Bereich zu entwickeln.

Bild 6.1 Die Welt mit anderen Augen sehen, wie hier Laura

Echte ganzheitliche Gesundung beginnt mit der Suche nach den oft unbewussten individuellen Problemen bzw. Aufgaben und kann zu einer tiefen Einsicht und einem Wandel im Leben führen. Die folgenden Methoden und Hilfsmittel sollen Anregungen geben zum Nachdenken und Erkennen. An erste Stelle möchten wir die Verbindung zur Natur setzen. Die Natur im Inneren kann nur heilen, wenn die Beziehung zur äußeren Natur heil ist.

Diese Verbindung können wir mit Körper, Seele und Geist immerfort genießen; die Elemente Erde, Wasser, Feuer und Luft spüren und unser Herz öffnen.

Gott ruht im Stein
schläft in der Pflanze
träumt im Tier
und erwacht im Menschen
(R. Tagore)

6.1 Was bedeutet Lebens-Energie?

Seit Newton gilt die nach innen gerichtete Gravitationskraft als bestimmende Größe im Universum. Aus diesem Grund geriet die lebendige Dynamik um den Gleichgewichtszustand zwischen Levitation und Gravitation im Westen weithin in Vergessenheit – mit weit reichenden Folgen für die übrigen Naturwissenschaften sowie die gesamte Gesellschaft.

Dazu gehört das mangelnde Verständnis für die Steuerung von Lebensprozessen. Der schulmedizinische Ansatz ist im Wesentlichen von der Biochemie geprägt. Zwar ist die Beschreibung der im Körper stattfindenden Prozesse wichtig, doch wird der übergeordneten Ebene der Gefühle, Gedanken, des Willens zu wenig Beachtung geschenkt. Diese ist allerdings unsichtbar, elektromagnetisch. Die Kraft, die uns am Leben erhält, wird umgangssprachlich **Lebens-Energie** genannt und etwas diffus als Sammelbegriff für verschiedene Kraft- und Energieformen verwendet. Nach dem Universal-Prinzip besteht Lebens-Energie aus dem Energie-Potenzial von **Materie** und der anregenden Kraft von **Wellen**. Diesen Zusammenhang entdeckten die Chinesen vor über 2.000 Jahren – sie konnten ihr Wissen bis heute bewahren.

Verbindungen zwischen fernöstliche Philosophie und Universal-Prinzip

*„Leben basiert nach der Traditionellen Chinesischen Medizin (TCM) auf den beiden Komponenten **Substanz** und **Energie**. Substanz besitzt **Yin**-Charakter – wie alles Dunkle (Mond, Nacht), Weibliche, Bewahrende, Materielle, nach innen und nach unten Gerichtete. **Energie**, von den Chinesen auch „Ki“ genannt, hat **Yang**-Charakter – wie alles Helle (Sonne, Tag), Männliche, Aktive, Nichtmaterielle, nach außen oder oben Gerichtete.“* nach [Temelie94] S. 20.

„Nach chinesischer Denkweise ist die Unterscheidung zwischen ‚Energie‘ und ‚Substanz‘ sehr vage, es wird häufig von Energie gesprochen, obwohl Substanzen gemeint sind, da es aus chinesischer Sicht ohne weiteres möglich ist, im Körper aus Substanz Energie zu erzeugen und umgekehrt.“ nach [Temelie94] S. 36.

EINE BRÜCKE ZWISCHEN DEN WELTEN

Die vier uralten Vorstellungen „Substanz“ und „Yin“ sowie „Energie“ und „Yang“ aus der chinesischen Philosophie stimmen hervorragend mit den grundlegenden Begriffen des Universal-Prinzips überein:

Substanz stellt ausgedehnte **Materie** mit Gravitations-Potenzial dar. **Yin** ist die Gravitations-**Kraft** sich verdichtender und abkühlender Materie.

Energie ist das Kraft-Potenzial dichter **Materie** mit Levitations-Potenzial. **Yang** ist die Levitations-**Kraft** sich erwärmender und ausdehnender Materie.

Der landläufige Begriff „**Lebensenergie**" erstreckt sich demnach auf vier Aspekte, die im Yin-Yang -Symbol enthalten sind (Bild 3.18).

Unsere Nahrung (**Materie**) setzt sich aus wärmenden und kühlenden Bestandteilen (Energie und Substanz) zusammen. Bei der Verdauung werden daraus die beiden Aspekte der Lebens-**Kraft** (Yang und Yin) freigesetzt. Im Sinne des Universal-Prinzips besitzt Materie ein zweiseitiges Energie-Potenzial: Ausgedehnte Materie kann Gravitationskraft freisetzen, verdichtete Materie kann Levitations-Kraft erzeugen (Bild 6.2a).

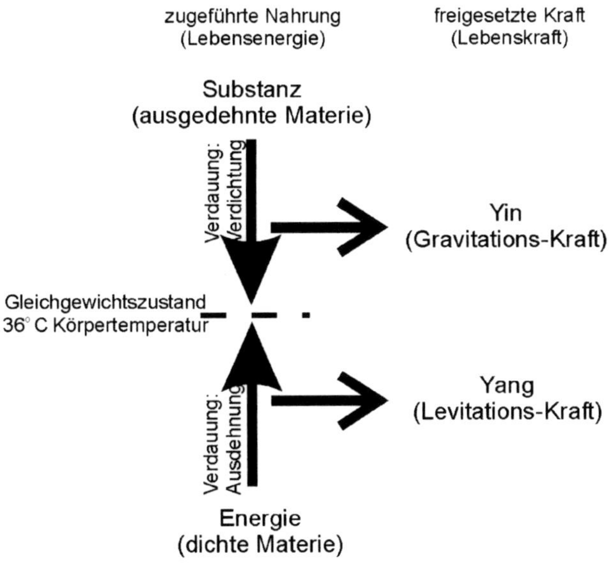

Bild 6.2a

Alle vier Aspekte der Lebensenergie beziehen sich natürlich auch auf seelisch-geistige Einflüsse, wie folgende Beispiele zeigen: „Mir läuft es vor Angst kalt den Rücken herunter“, „Mir wurde ganz heiß, als ich ihn sah“, oder „Vor Aufregung konnte ich keinen Bissen herunterkriegen“.

Und so klingt das Ganze aus fernöstlicher Sicht:

„Auf körperlicher Ebene entspricht das Yang-Element der Energie und der Wärme, die den Organismus mit all seinen Funktionen am Leben erhalten, ferner allem Geistigen, also allem nicht Sichtbaren. Ein Mangel an Energie (Ki-Mangel), drückt sich zunächst durch Müdigkeit und Konzentrationsmangel aus. Ein Mangel an Wärme (Yang-Mangel) geht mit Kälteempfinden einher. Eine Fülle an Yang erlebt man als Hitzeempfindung oder übersteigerte Aktivität.

Das Yin-Element des Körpers beinhaltet alles Substanzielle: Knochen, Muskeln, Körperflüssigkeiten, Gehirnmasse, also alles Sichtbare. Bei Yin spricht man von Fülle oder Leere. Bei Yin-Leere ist der Mensch unruhig, fahrig, eventuell mager und nervös. Yin-Fülle zeigt sich u. a. in Wasseransammlungen, Cellulitis, Übergewicht, Trägheit oder Niedergeschlagenheit.

Ist eine der beiden Komponenten in einem Organ unzureichend oder übermäßig vorhanden, erkrankt der Mensch. Fehlt eine ganz, ist kein irdisches Leben möglich. Beim Tod trennen sie sich beide Komponenten.“ nach [Temelie94] S. 20f.

Wie viel Energie habe ich?

Das uns zur Verfügung stehende Gesamt-Energie-Potenzial wird nach dem in Bild 6.2b dargestellten Schema an die einzelnen Verbraucher verteilt. Es ist abhängig von Güte, Menge und Verdauung der aufgenommenen Nahrung sowie vom Bedarf der einzelnen Verbraucher. Die inneren und äußeren gestrichelten Kreise symbolisieren die Bandbreite normaler Schwankung. Bild links zeigt eine ausgeglichene Energieverteilung an alle Verbraucher. In Bild rechts sehen wir einen extrem hohen Wärmebedarf des Körpers, wodurch alle übrigen Verbraucher „auf Sparflamme“ geschaltet werden. Diese Regulierung macht Sinn, da ein im Beispiel derart frierender Mensch nur überleben kann, wenn alle Energie in Körperwärme umgesetzt wird. Wir kennen alle die Situation, dass wir frierend nur daran denken, rasch wieder ins Warme zu kommen.

Das gleiche passiert, wenn ein oder mehrere Verbraucher zu lange oder zu intensiv belastet werden. Der Organismus erzwingt sich dann die Reduzierung durch

Abschalten. Wir ermüden nach einer anstrengenden Arbeit, nach einer schwer verdaulichen Mahlzeit oder bei Verzicht auf Pausen.

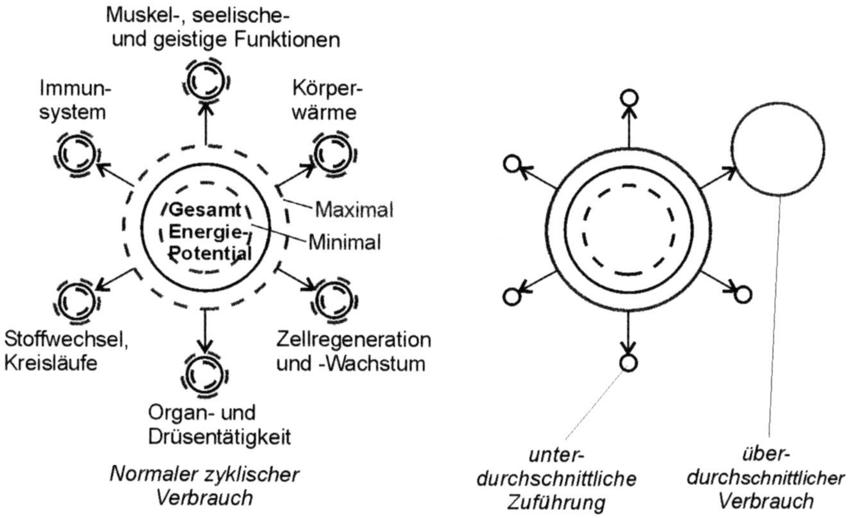

Bild 6.2 b Schema Energieverteilung, links - ausgeglichen, rechts unausgeglichen

Pausen haben mit den Ausgleichsfeldern zu tun. Diese Kraftspeicher sollten niemals ganz leer werden, sondern ein Restvolumen behalten. Mit Ermüdung signalisiert uns der Körper Energiemangel. Eine Pause nutzt der Körper, um die Ausgleichsfelder wieder aufzufüllen. Das wird besonders deutlich beim Luftbedarf bei einem Sprint. Verausgabe ich mich, kann dies wegen zu großen Luftbedarfs zu Verkrampfungen der Atemmuskulatur führen.

Damit nicht alle Verbraucher gleichzeitig Energie abfordern, entwickelte die Evolution die geniale Reihenfolge nach der Organuhr (Bild 5.9 a).

Unsere seelischen und geistigen Ausgleichsfeld-Bereiche verbrauchen natürlich ebenfalls Energie. Und das nicht nur bei angestrengter geistiger Arbeit, sondern auch durch Angst, Wut, Eifersucht, Hass oder Neid. Und – was wir nicht unmittelbar bemerken – bei Überlastungen bekommt das Immunsystem weniger Energie. Hält dieser Zustand länger an, kann es seine Aufgaben nicht mehr vollständig wahrnehmen und wir werden anfällig für Krankheiten. Im Krankheitsfall erhält nun wiederum das Immunsystem Vorrang, da es um die

Existenz des Gesamt-Organismusses geht. Jetzt wird auch die Verdauung zweitrangig, wir merken das am fehlenden Appetit.

Besonders heimtückisch ist die zunehmende und schleichende Verschlechterung unserer Lebensbedingungen durch verdeckte Einflüsse. Während unsere Eltern die Qualität von Lebensmitteln noch an Aussehen, Geruch und Geschmack beurteilen konnten, sind heute zunehmend ungesunde Bestandteile zugemischt, die zudem durch künstliche Geruchs-, Geschmacks- und Farbstoffe verschleiert werden. Bis in die 60-er Jahre gab es diese Probleme nicht. Nahezu alle Nahrungsmittel waren biologisch – bio (griech.): Leben, Antibio (-tika): gegen das Leben.

Hinzu kommt eine ständig steigende Belastung durch Elektrosmog. Auch derartige Einflüsse muss unser Organismus „verdauen“. So benötigen wir zunehmend mehr Energie, um ins Gleichgewicht zu kommen. Vertreter der konventionellen Wissenschaft bestreiten oft die schädliche Wirkung technischer Wellen. Tatsächlich lassen sich derartige Einflüsse schwer erfassen, weil der Organismus versucht, diese sofort auszugleichen. Der dadurch bedingte Energiemangel wird allerdings selten damit in Zusammenhang gebracht. Eine Minderung der Leistungsfähigkeit ist ebenfalls schwer nachzuweisen. So werden die wahren Ursachen für Müdigkeit bis hin zur depressiven psychischen Persönlichkeitsveränderung oder zu physischen Krankheiten selten erkannt.

Bei andauernder Überlastung kommt die Weiterentwicklung unserer Anlagen zum Stillstand. Wir drehen uns gewissermaßen im Kreis, können unsere Eindrücke und Erfahrungen nicht verarbeiten und verbleiben auf dem Entwicklungsstand jüngerer Menschen.

Ausgleichsfelder sind Kraftspeicher

In den Ausgleichsfeldern ist jene Kraft gespeichert, die zu ihrem Aufbau erforderlich war. Wird vom Organismus Kraft benötigt, wird der Kraftvorrat angezapft, der Druck sinkt, das Ausgleichsfeld erschlafft. Jede Zelle, jedes Organ und auch der gesamte Organismus besitzt Ausgleichsfelder. Eine geläufige Bezeichnung für den Kraftvorrat ist der Muskeltonus. Die störungsfreie Funktion der Ausgleichsfelder ist abhängig von der Qualität der Inhaltsstoffe, der Medienteilchen.

Die von der Evolution hervorgebrachten Systeme arbeiten äußerst energiesparend. Dies wird durch unzählige Sensoren erreicht, die für alle Lebensprozesse in kürzester Zeit energetisch optimale Verhältnisse herstellen. Die Verteilung des

Gesamt-Energiepotenzials wird vegetativ gesteuert, also unabhängig von unserem Willen und nach den Anforderungen unseres Organismusses. Mit dem Verstand können wir diese Regulation bis zu einem *Gewissen Grad beeinflussen. Wenn wir Warnzeichen durch falsch verstandene Willenskraft oder Aufputschmittel übergehen, werden Reserven verbraucht – wir betreiben Raubbau am Organismus. So kann ein **Teufelskreis** entstehen, die Urteils- und Denkfähigkeit lässt nach, materielle Dinge treten immer mehr in den Vordergrund. Die Kraft reicht dann nur noch zum Nötigsten, Ersatzbefriedigungen werden gesucht, weil wir natürlich trotz allem ein Gleichgewicht suchen und glücklich werden wollen. Doch wenn wir uns den Weg dazu selbst immer mehr verbauen, geraten wir schließlich in Resignation oder Depression (laut Statistik die Volkskrankheit Nr. 2).

Müdigkeit, Unbehagen, Funktionsstörungen und Krankheiten sind Mittel, mit denen unser Organismus versucht, den Verstand zur Rückkehr zu einem natürlicheren Leben zu bewegen. Denn dafür ist es nie zu spät. Sobald wir wieder Aktivitäten nachgehen, die unseren Anlagen entsprechen, gelangen wir zurück zu dem Weg, der zum Lebensziel führt. In Frankreich spricht man von „cercle de vertue“ – dem **Kreis der Tugenden**, dem Gegenteil eines Teufelskreises. Spontan werden jetzt Selbstheilungskräfte aktiviert und wir gelangen ins Gleichgewicht.

Günstige Zeiten für derartige Wendepunkte im Leben ergeben sich durch unsere verschiedenen Bio-Rhythmen, die durch die Konstellationen der Gestirne gesteuert werden (Oktavzyklus und Jahreskreis, Bilder 5.7b und 5.8).

So wirkt Lebensenergie

Wie wirkt es tatsächlich, was wir an Materie zu uns nehmen (natürliche oder *denaturierte Nahrung, Luft, Wasser) und welchen Wellen wir uns aussetzen (natürlichen oder künstlichen, z. B. Licht oder Elektrosmog)?

Unser Körper bildet mit seinen Organen, Muskeln, Knochen, Adern und Nervenbahnen, die allesamt aus Zellen bzw. Atomen bestehen, ein komplexes System verschiedener „Antennen“. Hinzu kommen die Ausgleichsfelder, die unseren Körper umhüllen. Alle Organe, Zellen Moleküle, Atome und selbstverständlich auch unsere Ausgleichsfelder pulsieren, solange wir leben, in verschiedenen Rhythmen.

Vielfältige Anregungen wirken auf uns ein (Sonne, Nahrung, Arbeit, Mitmenschen...) und führen zu Wechselwirkungen mit unserem Organismus. In den Zellen wird pulsierend Lebenskraft frei – es entsteht ein Stoffwechsel. In kleineren und größeren Zyklen wechseln anziehende Gravitationskräfte (einatmen, Hunger) und abstoßende Levitationskräfte (ausatmen, Sättigung). Je nach Lebenssituation und persönlicher Entwicklung entstehen durch diese Kräfte Wünsche, Sehnsüchte oder Abneigungen, die zum Ausgleich durch Aktivitäten drängen. So versuchen wir, unsere Wünsche zu erfüllen und das zu meiden, was wir nicht mögen.

Zufrieden sind wir immer dann, wenn wir etwas Positives erreicht haben. Dann sind die Kräfte zwischen uns und dem Umfeld ausgeglichen. Während wir den Körper sehen, können wir die Ausgleichsfelder (Aura) nur spüren (Körperwärme) oder riechen (Körpergerüche). Jedoch lassen sich Gefühle oder Gedanken schwerer erfassen. Allen Sinnen, Gefühlen und Gedanken ist jedoch gemeinsam, dass wir Kraft entfalten können, wenn diese angeregt werden.

Insbesondere bei der Partnerwahl verknüpfen wir verschiedene Eindrücke. Wir sehen äußere Formen, Kleidung und Bewegungsabläufe, riechen Körpergerüche, hören den Klang der Stimme und bewerten meist unbewusst seelische und geistige Ausdrucksformen. Auf diese Weise werden bei jeweils passenden Partnern Resonanzen angeregt, durch die anziehende Gravitationskräfte oder distanzierende Levitationskräfte entstehen. Ist die Anziehung stärker als die Zurückhaltung, kommt es zur Kontaktaufnahme. Je mehr seelische und geistige Ausgleichsfelder miteinander in Übereinstimmung sind, desto größer ist die Anziehungskraft zwischen zwei Menschen.

Unser Organismus wächst und regeneriert sich durch materielle Nahrung und wird belebt durch anregende Wellen.

Beides wird in letzter Zeit zunehmend beeinflusst durch künstliche Aroma- und sonstige Zusatzstoffe, genmanipulierte Nahrung, schadstoffbelastete Luft (Smog) oder Elektrosmog. Nach der Studie einer Schweizer Forschergruppe wird das evolutionäre zwischenmenschliche Auswahlprinzip sogar durch die Antibabypille beeinflusst (Proceedings of the Royal Society London, Bd. 260, 1995). So entstanden Fehlentscheidungen bei der Partnerwahl, die nicht selten zum späteren Beziehungsbruch führten. Die Palette weiterer Manipulationen beginnt relativ harmlos mit Parfüms, setzt sich fort mit kosmetischen Operationen und reicht bis zu künstlicher Befruchtung oder gar Retortenbabys.

Die etablierte Wissenschaft geht nach wie vor davon aus, dass materielle Schadstoffe nur in hohen Konzentrationen (Smog) oder elektromagnetische Wellen nur in hohen Intensitäten (Elektrosmog) für Lebewesen schädlich seien. Auf dieser Grundlage legte man willkürlich Grenzwerte fest. Synergieeffekte (Wirkungssteigerung durch Überlagerung verschiedener Einflüsse) werden kaum beachtet. In vielen Fällen sind die Folgen künstlicher Beeinflussung von Nahrung und Wellen noch nicht erforscht, wie jüngere Beispiele von BSE und Beeinträchtigungen durch Mobilfunk zeigen.

Die von der Natur entwickelte Welt ist den maschinell hergestellten Produkten in Komplexität und damit in strukturierender Wirkung weit überlegen. Natürlich Gewachsenes entwickelt stets Ausgleichsfelder. So entsteht die *holografische Vernetzung mit dem Umfeld auf mehreren Ebenen (Ausgleichsfeld-Oktavbereichen). Der Schöpferimpuls eines Menschen beseelt die von ihm geschaffenen Produkte (Nahrung, Spielzeug, Musik, Bilder), denn vor der Ausführung entsteht die geistige Idee, während der Arbeit fließen Gefühle und Erfahrungen ein.

Bei industrieller Produktion, insbesondere mit synthetischen Materialien, fehlt die feinstoffliche Struktur völlig oder die Information vorher intakter natürlicher Strukturen wird zerstört. Ein deutlicher Unterschied zeigt sich bei Wasser aus einem Bach gegenüber dem Wasser aus der Leitung (Untersuchung von Wasserkristallen durch Masaru Emoto).

Vorschläge: Mehr selbst kochen statt Fertigmenüs; mit den Kindern spielen statt Fernsehen oder Gameboy; vielleicht ein Vogelhaus selbst basteln, statt es zu kaufen; singen statt nur Radio zu hören; Waldlauf statt Fitnesscenter. Erfolg und Zufriedenheit werden sich bald einstellen.

Der Dreifach-Erwärmer als Energie-Erzeuger

„Nach der Traditionellen Chinesischen Medizin (TCM) erhält der Körper seine Energie aus dem ‚Dreifach-Erwärmer'. Es wird davon ausgegangen, dass der Mensch seine Energie aus zwei Quellen bezieht, aus einer vorgeburtlichen und einer nachgeburtlichen.

1. Die vorgeburtliche Energie „Yuan-Ki" setzt sich aus zwei Komponenten zusammen, dem Erbgut der Eltern (Ähnlichkeit, Mentalität, Anlagen) und kosmischer Energie. Die kosmische Energie ist entweder göttlichen Ursprungs oder entspricht etwa dem Geist des tibetischen Buddhismus oder der Seele nach den ursprünglichen Naturreligionen (prinzipiell durch die Anthroposophen wieder aufgegriffen). Das Yuan-Ki wird in den Nieren (unterhalb des Bauchnabels), im „unteren Erwärmer" gespeichert und bildet die Basis des Lebens. Die zur Verfügung stehende Menge ist von Geburt an festgelegt. Im Laufe des Lebens wird diese Energie verbraucht. Die Lebenskunst besteht darin, diese Energie zu bewahren, indem möglichst viel nachgeburtliche Energie erzeugt wird. Es gibt

Meinungen, dass Yuan-Ki durch bestimmte Übungen, wie Tai Chi-Yuan, wieder ergänzt werden kann.

Nachgeburtliche Energie wird in den weiteren beiden Erwärmern erzeugt:

2. Der „mittlere Erwärmer“ (Milz und Magen) erschließt Ki und Essenz aus der festen und flüssigen Nahrung.

Das Yuan-Ki des unteren Erwärmers regt die Organe des darüber befindlichen mittleren Erwärmers an, damit diese die erste Komponente der nachgeburtlichen Energie, das Nahrungs-Ki und Essenz überhaupt erzeugen können.

3. Der „obere Erwärmer“ (Lunge, Herz – Sitz des Geistes und Blut) gewinnt Energie aus der Atemluft.

Wenn unterer und mittlerer Erwärmer gut funktionieren, gelangt ausreichend Energie zum oberen Erwärmer, um diesen anzuregen.

Nahrungs-Ki ca. 70% und Atmungs-Ki ca. 30% vermischen sich und fließen durch die Meridiane zu den Verbrauchern. Je mehr nachgeburtliche Energie erzeugt wird, desto weniger Yuan-Ki wird verbraucht. Schlechte Ernährung bzw. Luft, Drogen, Krankheiten oder Untugenden wie Zorn, Ärger, Aggression sowie Stress können die Erzeugung nachgeburtlicher Energie soweit reduzieren, dass zusätzlich Yuan-Ki verbraucht wird. Außerdem wird der harmonische Ki-Fluss gestört.

Am Tag wird Ki durch Bewegung erzeugt, nachts die Yin-Komponente Blut und Substanz (Zellregeneration).“ nach [Temelie94] S. 35 – 37.

Dies alles ist ein Grund mehr, das Leben an der chinesischen Organuhr zu orientieren. Wer die Nacht zum Tage macht, verkürzt sein Leben. Wer die alte Regel „beizeiten ins Bett, beizeiten auf, das macht gesunden Lebenslauf“ beherzigt und sich vernünftig ernährt, bleibt mit ziemlicher Wahrscheinlichkeit gesund, wird alt und spart in der zweiten Lebenshälfte das Geld für den Arzt.

„Während heiße Emotionen (Zorn, Ärger, Aggression) Energie verbrauchen, blockieren kalte Emotionen (Angst, Frustration, Geiz und Traurigkeit) den Energiefluss. Fazit: Energiereiche Ernährung zur rechten Zeit, damit auf die Anspannung des Tages eine entspannende Nacht folgen kann.

Aus westlicher Sicht liegt der Schwerpunkt beim Ernährungs- und Medikamentenverständnis auf der Substanz. Bei Mangelerscheinungen werden fehlende Substanzen zugeführt. Die östliche Philosophie orientiert sich an der

Energie, die Substanzen erzeugt. Bei Ungleichgewichten wird der Organismus in die Lage versetzt, sich selbst zu helfen, wieder normal zu arbeiten.

Die TCM teilt Nahrungsmittel entsprechend ihrer thermischen Wirkung in heiße, warme, neutrale, erfrischende oder kalte ein. Für den thermischen Wirkungsgrad sind mehrere Faktoren ausschlaggebend:

Ein hoher ***Wassergehalt*** *weist auf einen kühlenden Einfluss hin. Je stärker die* ***Sonneneinstrahlung****, desto kühlender. Orangen aus dem Äquator-Bereich wirken kühlender als jene aus Italien.*

Kühlende Wirkung bedeutet Yin, wärmende Yang. Die Natur reguliert so intelligent, indem Früchte in heißen Ländern den dort lebenden Menschen einen Ausgleich zur Hitze bieten. Umgekehrt wirkt die in kalten Ländern übliche Nahrung erwärmend (Eskimo Seehundfleisch).

Durch Angebot und Käuferverhalten werden zunehmend Südfrüchte im kühlen Mitteleuropa, insbesondere im Winter verzehrt. Dies führt zu innerer Kälte, insbesondere der mittlere Erwärmer wird gekühlt und geschwächt. Dadurch kann nicht mehr genügend Nahrungs-Ki gewonnen werden und es kommt zu einem Ki- und Yang-Mangel. Außerdem fehlt der vermeintlich hohe Vitamingehalt, weil die Früchte unreif geerntet werden und zudem oft beachtliche Schadstoffmengen enthalten.

Beide Fakten belasten das Immunsystem und begünstigen das Auftreten von Erkältungskrankheiten, die man gerade verhindern möchte. Das gilt insbesondere für Frauen, die eher frieren, weil sie weniger Ki besitzen. Ihre Behaglichkeitstemperatur liegt um 2 °C höher als die von Männern.

Der Yin-Yang Anteil von Nahrungsmitteln zeigt sich analog im Kalium-Natrium-Verhältnis. Bei einem Verhältnis von 5:1 sind Nahrungsmittel neutral, bei höheren Werten Yin, bei niedrigerem Yang. Orangen mit 570:1 und Bananen mit 840:1 sind stark kühlend. Wir tun gut daran, im Winter innerlich wärmende Nahrung zu essen.

Eine ausgewogene Ernährung strebt den Ausgleich zwischen Yin und Yang an. Je nach Witterung kann man auswählen. Dabei nicht übertreiben, denn ein Hyper-Yang führt zu Yin-Mangel mit den möglichen Folgen: Hitzegefühl, Unruhe, Hyperaktivität, Schlafstörungen, Zorn, Kopfschmerz. Hyper-Yin kann zu Schweregefühl in Gliedmaßen, Trägheit, Kopfschmerz, kalten Hände, Neigung zu Durchfall und Depressionen, Blähunge führen. Neutrale Nahrung liefert Ki und wirkt ausgleichend auf die Organe. Bei diesem System wird als Richtwert eine

Nahrungszusammensetzung von 70% Getreide (gekocht), 15% Gemüse, 5% Rohkost, 5% Fleisch und Fisch, 5% Milchprodukte empfohlen." [Temelie94] S. 39-41.

Die Einteilung nach dem thermischen Wirkungsgrad ist außerdem nach den „fünf Elementen" gegliedert (Bild 6.3). Diese werden in einem so genannten „Fütterungs-Zyklus" gedacht und stellen Zeiträume im Leben eines Menschen dar, die sich gegenseitig befruchtend nacheinander aufbauen (Bild 6.4).

Element	**thermischer Wirkungsgrad**				
	heiß	**warm**	**neutral**	**erfrischend**	**kalt**
Holz					
Feuer					
Erde	Zimt Fencheltee	Süßreis Kürbis Pfirsich Kokosmilch Walnuss Met	Hirse, Mais Kohl, Möhre Kartoffel Rübe Stangenbohne Pflaume Rindfleisch Milch, Butter Honig	Gerste Blumenkohl Broccoli Schwarzwurzel Sellerie Spargel Spinat Zucchini	Gurke Banane Mango Wassermelone
Metall					
Wasser					

Bild 6.3 Thermischer Wirkungsgrad von Nahrungsmitteln [Temelie94] Auszug aus Nahrungsmittel-Liste, mit freundlicher Genehmigung des Joy Verlags Oy-Mittelberg

Dieser jahrtausende alte Zyklus ähnelt dem Oktav-Zyklus (Kapitel 5.3). Beide zeigen, dass sich Entwicklungen in zeitlich begrenzten Oktavbereichen (siebenjähriger Oktavzyklus) vollziehen. Jeder Lebensbereich begünstigt ganz spezifische Entwicklungen.

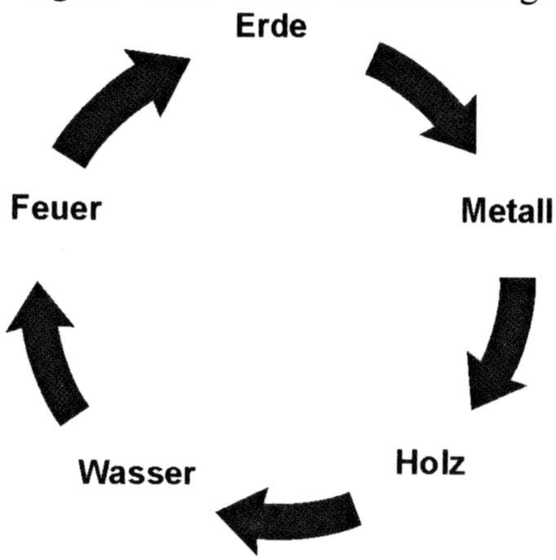

Ob die Möglichkeiten ausgeschöpft werden, liegt an den Lebensumständen. Versäumte Erfahrungen können später nur schwer nachgeholt werden. Kinder, die das richtige Hinfallen zum richtigen Zeitpunkt nicht gelernt haben, verletzen sich später öfter. Ein Baum kann den dünnen Jahresring von einem klimatisch ungünstigen Jahr nie mehr verändern.

Bild 6.4 Der „Fütterungs-Zyklus" der fünf Elemente [Temelie94] mit freundlicher Genehmigung des Joy Verlags Oy-Mittelberg

„Die Zeit von der Geburt bis Ende der Kindheit wird dem Holzelement zugeordnet (positiv: Basis für Kreativität, Toleranz, Großzügigkeit und Offenheit; negativ: Gegensatz), die Jugend dem Element Feuer (Basis für Lebensfreude und geistige Entwicklung), das mittlere Lebensalter der Erde (positiv: Vernunft, Stabilität, Erkennen des Wesentlichen; negativ: Unfähigkeit eine Existenz zu schaffen, Ideen umzusetzen, aus Erfahrungen zu lernen). Es folgen das Metall- (Lebenserfahrung, Gerechtigkeit, Gefühl der Verbindung mit Allem, Mitgefühl; negativ: Egoismus, Existenzangst, Gefühl der Trennung, Stolz), sowie das Wasser-Element (positiv: Weisheit; negativ: Intoleranz, Furcht vor dem Tod).

***Holz**, Frühling, das kleine Yang, die Bewegung des rasch aufstrebenden Wachstums (Samen, Triebe, Vermehrung) nach oben und außen mit zunehmender Sonnenanregung.*

***Feuer**, Sommer, das große Yang des Reifens.*

***Erde**, die Mitte, das nährende und ausgleichende Element, das sich durch das Jahr zieht und die Jahreszeiten harmonisch verbindet.*

***Metall**, Herbst, das kleine Yin des Zurückziehens der Säfte, des Vertrocknens der Blätter.*

Wasser, Winter, das große Yin, die Bewegung nach unten und innen, das Zusammenziehen mit abnehmender Sonnenanregung." nach [Temelie94] S. 70-87.

Die energetische Zuordnung des Zyklusses der Elemente entspricht dem „Universellen Kreisprozess", der die immerwährende Abfolge von Levitations- und Gravitations-Zyklen beschreibt (siehe Kapitel 3.5). Bild 6.5 zeigt die Übereinstimmung zwischen den Begriffen Yin und Yang bzw. den Aspekten der fünf Elemente aus der chinesischen Philosophie und den Kräften Gravitation und Levitation nach dem Universal-Prinzip.

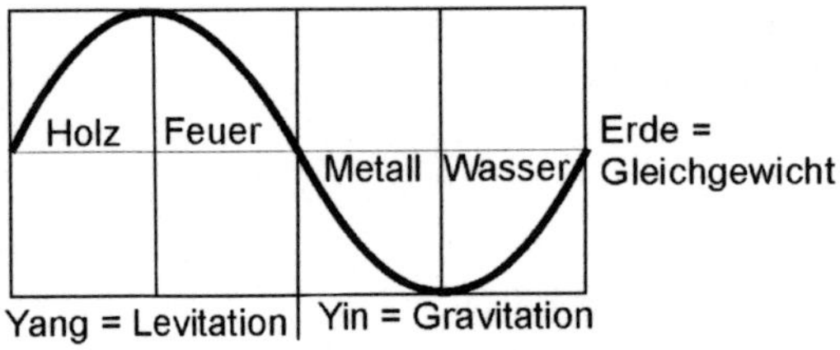

Bild 6.5 Der „Fütterungs-Zyklus" unter energetischen Aspekten

Betrachten wir das Element Metall zur Verdeutlichung der Gemeinsamkeiten mit dem Universal-Prinzip näher: „Dem Element **Metall** sind Lunge (Yin) und Dickdarm (Yang) zugeordnet. Eine wichtige Aufgabe der Lunge besteht in der Bereitstellung der äußeren Abwehrenergie, des so genannten „Wei-Ki", welches den ganzen Körper **ummantelt**. Damit beschreiben die alten Chinesen eindeutig das, was nach dem Universal-Prinzip als Ausgleichsfeld bezeichnet wird.

„Wei-Ki schützt vor allen störenden Einflüssen bioklimatischer und chemischer Natur, vor Strahlung sowie vor Unfällen und Konflikten. Letzteres wird verständlich, wenn man bedenkt, dass die seelisch-geistige Verfassung im engen Zusammenhang mit dem Wei-Ki steht. Leid, das einem Menschen widerfahren kann, hat seinen Ursprung in negativen Eindrücken, welche er durch untugendhaftes Verhalten selbst erzeugt und als negatives Karma abgespeichert hat. Dadurch wird das Wei-Ki geschwächt. Ebenso werden positive Eindrücke aufgrund liebevoller Taten und Gedanken als positives Karma gespeichert, was zu glücklichen Empfindungen führt.

Raum und Ausdehnung (Levitation) sind Analogien zum Metall-Element. Dabei geht es um die Erkenntnis der wahren Natur des Raumes (Ausgleichsfelder) und die Erfahrung der unsterblichen Seele. Diese lösen die Anhaftung an den Körper auf, werden zur Quelle bedingungsloser Freude und können zur Erleuchtung führen." nach [Temelie94] S. 112-113.

6.2 Wie gewinne ich mehr Lebens-Energie?

Jede Handbewegung, jeder Gedanke, jede Zelle, die neu gebildet wird, jeder Virus, der bekämpft wird, aber auch das Verdauen materieller Nahrung sowie Gefühle und Gedanken kosten Kraft. Normalerweise wird uns dies nicht bewusst. Nur bei Schwächezuständen wie z. B. Krankheiten bemerken wir, wie uns all das anstrengt, was wir sonst mit spielerischer Leichtigkeit tun. Energie muss unaufhörlich zu den Verbrauchern (Organen, Zellen) transportiert werden. Dies geschieht in verschiedenen Zyklen (siehe Organuhr). Für erhöhten Bedarf oder Notfälle verfügen wir über Energiereserven.

Bei diesen Reserven denken wir nicht nur an die körperlichen Fettspeicher, sondern vor allem an die Ausgleichsfelder, welche Kraftspeicher darstellen. Wir finden diese Speicher zum Beispiel in Lunge und Muskeln (Verbrauch bei körperlicher Arbeit und Sport) sowie in seelischen und geistigen Bereichen. Das wird besonders daran deutlich, dass wir nach einem erholsamen Urlaub längere Zeit belastbarer bleiben.

Gönnen wir uns ein Zuwenig an Schlaf (Regeneration) fühlen wir uns bald ausgepowert und urlaubsreif. Sind die Ausgleichsfelder ganz leer, spricht man vom „Burn-Out-Syndrom", das bereits behandlungsbedürftig ist.

Falls einer der Haupt-Energielieferanten und Taktgeber, beispielsweise der Atem ausfällt, erhalten die übrigen Resonanzgebilde keine Energie mehr und fallen ebenfalls aus. Die Kreisläufe brechen zusammen, Proteingebilde fallen auseinander, Enzyme können nicht mehr arbeiten, Ruhe kehrt ein, der materielle Körper erkaltet und stirbt.

Im vorigen Abschnitt stellten wir fest, dass Materie durch Wellen angeregt, d. h. belebt wird, denn Anregung führt zu Pulsation und Freisetzung von Kraft. Stoffwechsel und Kreisläufe werden aktiviert und unsere Ausgleichsfelder als auch die Zellen mit Medienteilchen gefüllt und dienen nun als **Kraft-Speicher**. Dadurch fühlen wir uns stark und können Arbeit verrichten - dies gilt sowohl für den körperlichen Bereich, als auch für die seelischen und geistigen Bereiche. Anregung können wir auch mit unserem Willen aus uns selbst heraus mobilisieren. Die daraus erwachsende Kraft kann uns sogar aus aussichtslos scheinenden Lebenssituationen retten.

Während man im körperlichen Bereich direkt von Kraft (Muskeltonus) spricht, entstehen im seelischen Bereich, Lust oder gute Laune und im geistigen Bereich Unternehmungsgeist. Schließlich erschaffen wir durch Arbeit Neues. Das können grobstoffliche materielle, feinstoffliche künstlerische oder geistige Produkte sein.

Indem diese von uns selbst und anderen Menschen beurteilt werden, erhalten sie einen Wert. Nur durch Arbeit können wir Erfahrungen sammeln. Bald entwickeln sich Wettbewerb und Ehrgeiz, die evolutionären Triebkräfte zur Entfaltung der individuellen Anlagen.

Erstrebenswert ist eine ganzheitliche Fitness, die eine Harmonie von Körper, Seele, Geist ermöglicht. So streben beispielsweise Buddhisten eine Dreiteilung des Tages an, zur körperlichen, seelischen und geistigen Betätigung. Bild 6.6 zeigt Schwerpunkte, auf die sich verschiedene Aktivitäten beziehen.

Schwerpunkt der Wirkung auf		
Körper (träge schwere Masse, hoher Energiebedarf, um das Ausgleichsfeld zu füllen)	**Seele** (weniger träge mittelschwere Masse, mittlerer Energiebedarf, um das Ausgleichsfeld zu füllen)	**Seelisch-geistige Ausgleichsfelder** (flexible leichte Masse, geringer Energiebedarf, um das Ausgleichsfeld zu füllen)
Hochwertige Nahrung	Genussmittel	Kunst, Literatur
Sport	Tanz	Konzentration, Meditation, Kontemplation
Gymnastik	Musik (aktiv / passiv)	*Affirmationen
Autogenes Training	Poesie	Reiki
Massage	Malen	Tai Chi Yuan
	Farben	Chi Gong
	Düfte	Aikido
	Natur erleben	Shiatsu
	Familie, Freunde, Kollegen	Yoga
	Bildung, Beruf, Hobby	Feldenkrais

Bild 6.6 Wirkungen verschiedener Anregungen (die Silben Ki, Chi, Shi kommen aus dem Chinesischen. Ki bedeutet dort Energie und hat Yang-Charakter, die Entsprechung in Deutsch ist etwa Lebensenergie)

Bei einseitiger Hauptbeschäftigung ist eine Ausgleichsgymnastik unerlässlich, um eine gute Körperhaltung zu erhalten und gelenkig zu bleiben. Dies ist eine Grundvoraussetzung für die ungestörte Funktion der Kreisläufe und der Atmung (übereinander geschlagene Beine stören die Blutzirkulation!).

Bei allen Aktivitäten sollten wir unsere Organuhr berücksichtigen. Danach ist Sport am Abend unangebracht. Dies haben Wissenschaftler der Universität Cambridge herausgefunden. Sie stellten fest, dass hierdurch die Melatoninproduktion unterdrückt wird und der Organismus aus dem Gleichgewicht kommt.

Während des Schlafes werden Tagesereignisse verarbeitet und gefestigt. So sollten beispielsweise nach dem Lernen keine aufregenden Medien konsumiert werden, da der Lernstoff dann in den Hintergrund gedrängt wird. Aktivitäten in einem Bereich können ebenso andere Bereiche in den entsprechenden Oktavbereichen anregen. So kann intensives Hören zu bildhaften Vorstellungen führen. Wer Eindrücke mit möglichst vielen Sinnen erfasst, erlebt diese intensiver.

6.3 Weitere Quellen von Lebens-Energie

Was weise Frauen und Druiden wussten

Wir stehen im ständigen Kontakt zu Erde, Pflanzen, Tieren und Mitmenschen und sind dabei den verschiedensten Schwingungen ausgesetzt. Durch unser Antennensystem und die Körperrhythmen können wir mit allen Lebensformen kommunizieren. Sind die Kreisläufe oder der Energiefluss eines Menschen in einem Bereich blockiert, so kann die „gesunde“ Schwingung einer Farbe, eines Edelsteins, einer Pflanze oder eines Heilers die entstandene „Blockade“ lösen, so dass Körper und Ausgleichsfeld wieder ins Gleichgewicht kommen.

In alter Zeit halfen „Priester“, Probleme durch die Kunst des Zauberns (Heilen und Weissagen) zu lösen. Sie wurden bei den Kelten „Druiden“, bei den Germanen „Freund“ oder „Liebling“ genannt. „Weise Frauen“ kannten die heilende Wirkung von „Materie“ (Heilkräuter, Salze, u.a.), nutzten „Wellen“ (Amulette, Edelsteine, heilsame Gebete sowie die Kunst des Handauflegens). Was in der heutigen Zeit oft leichtfertig als Aberglauben abgetan wird, hat jedoch einen ganz realen Hintergrund, der sich mit Hilfe des Universal-Prinzips erklären lässt.

Wellen machen Materie lebendig

Wellen sind das Bindeglied zwischen belebter und unbelebter Materie, vermitteln Bewegung durch Kraft. Ausgleichsfelder entwickeln sich im harmonischen Verhältnis von 1:2 in Intervallen von jeweils einer Oktave. Entsprechungen für die Oktave finden sich im *Periodensystem der Elemente, bei der DNS, bei den sieben Tönen und den sieben Farben.

Wie wir in den vorangegangenen Kapiteln gesehen haben, regen die Strahlen von Sonne, Mond und den übrigen Gestirnen die Erde samt ihren Bewohnern zu verschiedenen Resonanzschwingungen an. Diese Anregungen führen zu Pulsation und Stoffwechsel und sind Grundlage allen Lebens und jeglicher Entwicklung.

Wir leben in der Wärme und dem Licht, das die Erde mit ihren Ausgleichsfeldern (Atmosphäre) durch Umformung der Sonneneinstrahlung erzeugt, atmen Luft (Medienteilchen des Erd-Ausgleichsfeldes) und essen Pflanzen und Tiere, die uns in Form einer Nahrungskette die „Rohstoffe“ der Erde aufbereiten.

Betrachten wir einmal die Quellen unserer Lebensenergie, Materie und Wellen unter diesem Gesichtspunkt:

Die Energie der Materie

Vom griechischen Arzt Hippokrates stammt nicht nur der Eid, den noch heute jeder Arzt schwört, sondern auch der Ausspruch:

„Euere Nahrungsmittel sollen Euere Heilmittel sein und Euere Heilmittel sollen Euere Nahrungsmittel sein."

Nach dem Universal-Prinzip entspricht jede Zelle unseres Körpers dem Ausgleichsfeld eines Zellkerns. Das Ausgleichsfeld ernährt und schützt den Kern, indem es die Anregungen aus dem Umfeld filtert. Dies funktioniert allerdings nur, wenn das Ausgleichsfeld mit dem passenden Medium gefüllt ist. Ein einfaches Beispiel: Ein Autoreifen erfüllt seinen Zweck nur, wenn er Luft enthält.

Vitamine gehören zu den Ausgleichsfeld-Medienteilchen, die „freie Radikale" umwandeln. Sie erzeugen Nahrung und bilden den Schutz für den Zellkern.

Bild 6.7 Die Wirkung von Vitaminen: Vitamine A (außen mit A gekennzeichnet), E (im äußeren Ausgleichsfeld-Kreis mit E gekennzeichnet) und C (im inneren Ausgleichsfeld-Kreis mit C gekennzeichnet) schützen den Zellkern vor freien Radikalen (ganz außen mit R gekennzeichnet)

Freie Radikale sind aggressive Teilchen, welche der Organismus selbst erzeugt, die jedoch auch durch Umfeldbelastungen (UV-Strahlung, Ozon) oder durch Stress, Rauchen, Medikamente, Entzündungen entstehen. Ein Zuviel ist schädlich. Mein Sohn Thomas stellt in Bild 6.7 diese Teilchen als Angreifer dar (Männchen mit Speer), die von Verteidigern abgefangen werden. Verteidiger sind die Medienteilchen in den Ausgleichsfeldern der Zellen. Allen voran schützt das fettlösliche Vitamin A, in der zweiten Reihe das fettlösliche Vitamin E und unmittelbar um den Kern gruppieren sich die Medienteilchen aus dem wasserlöslichen Vitamin C. Vitamine werden durch Lebensprozesse ständig verbraucht. Bei zu geringer Anzahl sind Zellen bzw. Zellkerne ungeschützt.

Vitamine sind jedoch empfindlich. Verluste kann es bereits bei der Ernte geben, wenn Früchte unreif gepflückt werden, weil sich Vitamine erst in der letzten Reifungsphase entwickeln. Weiterer Vitalstoffverlust können durch Lagerung (außer bestimmten Kohlsorten), Zubereitung und Neuzüchtungen entstehen.

Während neue Obst- und Gemüsesorten oft nur noch einen Bruchteil an Vitaminen besitzen, erhöht sich allgemein der Schadstoffanteil. Nahrungsmittel, die industriell verarbeitet, durch Bestrahlung konserviert, tiefgefroren oder in der Mikrowelle zubereitet wurden, verlieren zudem beträchtlich an Nährwert. Am günstigsten ist der Verzehr direkt nach der Ernte. Künstlich hergestellten Vitamine können im günstigsten Fall zur Hälfte vom Körper aufgeschlossen werden, da die hierfür notwendigen Begleitstoffe, die Bioflavonoide der Frucht, fehlen. Genmanipulierte Nahrung sollte generell gemieden werden, da sie nicht zur natürlichen Nahrungskette gehört und Schäden noch gar nicht abzusehen sind.

Spurenelemente werden zwar nur in sehr geringen Mengen benötigt, sind jedoch für unseren Körper unverzichtbar. Sie stellen unsere ältesten Verbindungen mit dem Erdkern dar und dienen als Antennen für ursprüngliche Wellenbereiche im Spektrum der elektromagnetischen Wellen. Manchmal genügt die bloße Anwesenheit eines Spurenelements, das als Katalysator bestimmte Vorgänge ermöglicht, ohne sich dabei selbst zu verändern.

Die Ärzte Paracelsus und Kerner kannten die Wirkung der Planeten auf den Organismus. Den Planeten sind folgende Metalle zugeordnet: Sonne – Gold, Merkur – Quecksilber, Venus – Kupfer, Mond – Silber, Mars – Eisen, Jupiter – Zinn, Saturn – Blei. Nach dem Universal-Prinzip beruht die Wirkung der Planeten unter anderem auf der Anregung der Spurenelemente, die sich im Körper befinden.

Vielseitige Kost ist besonders wichtig, denn bei fehlendem oder unzureichend entwickeltem Ausgleichsfeld sind die Organe als Kerne der Ausgleichsfelder ungeschützt oder werden nicht ausreichend ernährt. Wir kennen das Gefühl „die Nerven liegen bloß" vielleicht von einer offenen Wunde oder einer Zahnbehandlung. Ungeschützte oder unterernährte Organe jedoch altern durch die direkte Umfeldanregung vorzeitig.

Die (Heil-) Wirkungen von Pflanzen

Unsere wertvollsten Helfer für Gesundheit und Wohlbefinden finden wir im Pflanzenreich, wobei immer wieder überrascht festgestellt wurde, dass einige Wirkungen noch gar nicht entdeckt bzw. wieder in Vergessenheit geraten sind.

Grundsätzlich entwickeln sich die wertvollsten Inhaltsstoffe bei zunehmendem Mond in den Pflanzenteilen, die über der Erde wachsen und bei abnehmendem Mond in den unterirdischen Teilen.

Heute ist eine große Anzahl an Teesorten für alles Jahres- und Tageszeiten sowie für verschiedenste Wehwehchen zu bekommen. Viele Menschen schätzen die selbst gesammelten oder selbst angebauten Kräuter, die ausgebreitet oder zum Strauß gebunden schonend im Schatten der Laube oder Stube getrocknet, später in Blechdosen gelagert und erst bei Bedarf klein geschnitten oder zerrieben werden. So haben wir neben der Wahl der Menge (weniger ist mehr) die vollen Inhaltsstoffe und Aromen gegenüber maschinell zerkleinerten, abgepackten Tütchen zur Verfügung und können beim Trinken unsere Gedanken an die schönen Stunden des Sommers zurückschweifen lassen.

Wenn wir den Pflanzen mit Achtung begegnen, verstärkt sich die heilende Wirkung noch. Es ist bekannt, dass sich auch Schamanen mit Pflanzen und ihren heiligen Kräften meditativ verbanden. Pflanzen stellen eine Verbindung zwischen dem Reich der Lüfte und dem der Erde her. Die Stengel, Blätter und Blüten bilden himmelwärts gerichtete Antennen, die der Wurzeln sind erdwärts orientiert.

Das wohl wertvollste Kräutlein für trübe, graue Tage ist das **Johanniskraut** (früher auch Sonnwendkraut, Christi Kreuz Blut, Hexenkraut genannt und u. a. als Weihwasserwedel verwendet). Mit seinen leuchtendgelben Fünfstern-Blüten scheint diese Pflanze die Sonnenenergie förmlich aufzusaugen. Tatsächlich enthält Johanniskraut einen erheblichen Anteil an ätherischem Öl mit fluoreszierenden Substanzen, welches Lichtenergie aufnehmen und speichern kann. Die Pflanze ist astrologisch der Sonne, dem obersten Lebensprinzip zugeordnet – die größte Heilkraft besitzt sie bei Sammlung vom 21. bis 24. Juni zum Zeitpunkt der Sommersonnenwende (Johannistag).

Johanniskraut enthält Bestandteile (Biophotonen), die als Medienteilchen in Ausgleichsfeldern von Zellen die ultraschwache Zellstrahlung bewirken (siehe Kapitel 4.2 Abschnitt „Unsere Zellen leuchten!“).

Die Anwendungsgebiete sind zahlreich – der Tee wirkt aufbauend, beruhigend und aufmunternd (auch ein guter Wechseljahrestee), wird gern genommen bei Gastritis sowie Reizdarm und Krämpfen und unzureichender Leberfunktion. Der Tee sollte 10 min ziehen – empfohlen wird eine kurmäßige Teekur über 6 Wochen, aber nur in den Monaten, die ein „R“ enthalten (nicht in der Sommerzeit wegen der Fotosensibilisierung).

Das wertvolle Hautöl ist hilfreich als Antiseptikum, bei Durchblutungsstörungen und Krampfadern, bei kalten Händen und Füßen, Gicht und Rheuma sowie zur Beschleunigung der Heilung bei Verbrennungen (auch zur Beigabe ins Wannenbad).

Einen weiteren überaus wertvollen Helfer finden wir im schwarzen **Holunder** (= Holler, Frau Holle, Elderbaum). Der Holunder galt als Baum der Ahnen und der Percht – Hüterin von Leben und Tod, Beschützerin der Natur und der Hilflosen. In alter Zeit durfte kein Holunder verletzt oder gar gefällt werden – der Baum galt als heilig. Dieser Bedeutung und Ehrerbietung entsprechend fand – und findet man noch immer Holunderbüsche besonders in ländlichen Gegenden, die einen Ehrenplatz an der Ecke des Hauses oder Stalles einnehmen.

Die Blätter des Holunders wirken stark Stoffwechsel anregend, harntreibend sowie mild abführend. Sie unterstützen die Behandlung von Diabetes, Rheuma, Gicht, Übergewicht.

Die Blüten können bei Erkältungskrankheiten eingesetzt werden (stark schweißtreibend, 1x1 mit Lindenblüten gemischt als Tee). Kräuterkissen 1:1 mit Kamillenblüten gemischt helfen sie bei Zahnschmerzen, Kopfweh sowie bei durch Wind/Kälte verursachten Ohrenschmerzen. Am bekanntesten ist die Verwendung der Beeren (als Holundersaft, -suppe), die bei beginnender Erkältung die Abwehrkräfte sowie den Magen stärken, den Kreislauf anregen - und Rheuma sowie Gicht lindern.

Vom rechten Ort: Pflanzen, die in unserer Nähe wachsen und reifen (bis ca. 30 vom Wohnort) entwickeln Ausgleichsfelder, die dem Energieniveau der Gegend entsprechen. Sie leben unter den gleichen Umfeld-Bedingungen (Klima), haben gleiche Probleme zu bewältigen, wie wir. Alles Gründe, weshalb heimische Lebensmittel besser verträglich sind. Früchte aus fernen Ländern werden außerdem meist unreif geerntet und können die für uns wertvollen Stoffe gar nicht entwickeln. Diese Aussage gilt insbesondere für all das, was wir häufig essen. Exotische Pflanzen sind natürlich eine willkommene Ergänzung als Würze, Beilage oder Nachtisch.

Bild 6.8 Renate bei der Holunderernte

Zur rechten Zeit: Die Mahlzeiten haben sich im modernen Leben verschoben, was oft zu einer unzureichenden Verdauung führt. Wer schwer Verträgliches zur falschen Zeit isst, benötigt mitunter mehr Kraft zum Verdauen, als durch die Nahrung gewonnen wird. Die Müdigkeit nach der Mahlzeit zeigt es an. Indem wir uns nach der chinesischen Organuhr richten (Bild 5.9a), können wir mit Leichtigkeit mehr Kraft aus der Nahrung erschließen.

Im rechten Maß: Das rechte Maß wird uns durch das natürliche Sättigungsgefühl angezeigt. Nichtbeachtung über längere Zeit hinweg, oft in Verbindung mit unregelmäßigem Essen führt dazu, dass Sättigung nicht mehr wahrgenommen wird und zu viel gegessen wird. Ähnliches gilt für das Hungergefühl. Folgende Ratschläge sind sinnvoll:

- Eine halbe Stunde vor und eine halbe Stunde nach dem Essen nichts trinken, weil sonst die Verdauungssäfte zu sehr verdünnt werden
- Sich auf das Essen freuen, in Ruhe und mit möglichst vielen Sinnen genießen (sehen, riechen, schmecken) bewirkt eine optimale Bereitstellung von Verdauungssäften

- Jeden Bissen bis zu 32 Mal kauen, denn gut gekaut ist halb verdaut
- Iß morgens wie ein Kaiser, mittags wie ein Edelmann und abends wie ein Bettelmann
- Mit Süßem und Fettem sparsam umgehen
- Abends keine Rohkost, weil diese nachts nicht verdaut wird, setzt Gärung ein

Der Magen kann, im Sinne des Universal-Prinzips ausgedrückt, kleine Medienteilchen besser verdauen; die Aktivität der Verdauungsorgane sinkt zum Abend hin (siehe Organuhr, Bild 5.9a).

Nach Jahreszeit und Temperament: Wie in Kapitel 6.1 Abschnitt „Der Dreifach-Erwärmer als Energie-Erzeuger" beschrieben, werden Lebensmittel nach der traditionellen chinesischen Ernährungslehre Lebensmittel nach ihrer thermischen Wirkung in heiße, warme, neutrale, erfrischende und kalte eingeteilt. *„Diese Wirkung hat nichts mit der Temperatur des Essens zu tun, sondern bezieht sich auf den inneren Stoffwechsel. Die Natur liefert Nahrung passend zu den Jahreszeiten. Wenn wir unsere Auswahl danach richten, werden wir im Sommer Kühlendes und im Winter Wärmendes essen. Wer aber beispielsweise kühlende Kiwi, Orangen oder Salate im Winter isst, kühlt sich innerlich. Umgekehrt führen z. B. Walnüsse, Aprikosen, Grünkern, Rotwein zur inneren Erwärmung, während Feldsalat, Rosenkohl, Kartoffeln, Käse oder Pflaumen neutral wirken. Außerdem sollten wir uns bei der Auswahl der Nahrung nach dem persönlichen Temperament richten. Über die individuelle Verteilung der Elemente Erde, Wasser, Feuer und Luft gibt das *Horoskop Auskunft. Grundsätzlich wird durch „heiße Gefühle", wie Ärger, Aggression und Zorn sehr viel Levitationskraft verbraucht, während kalte Gefühle wie Angst, Trauer, Frust und Geiz durch Gravitationskraft zu Verkrampfungen und Blockierungen führen."* nach [Temelie94]

Was bedeutet eigentlich Qualität?

Müssen Früchte groß und sauber sein? Sind Nahrungsmittel mit langer Haltbarkeitsdauer besser?

Nach dem Universal-Prinzip ist der Zustand der Ausgleichsfelder – der Reifegrad der Nahrung – wichtiger als die chemische Zusammensetzung. Erstens entwickelt die Pflanze Begleitstoffe (Bioflavonoide), die zum Aufschließen der wertvollen Bestandteile unerlässlich sind, und zweitens besitzen Inhaltsstoffe natürlich gereifter Pflanzen zumeist andere Strukturen als künstlich hergestellte.

Wie wir durch Nahrung Lebenserfahrung gewinnen

Wir sprachen es schon an – Pflanzen und Tiere bilden genau wie Menschen in der letzten Phase der Reifung in den äußeren Schichten kleinste und zugleich am höchsten entwickelte Medienteilchen aus (Bild 6.9).

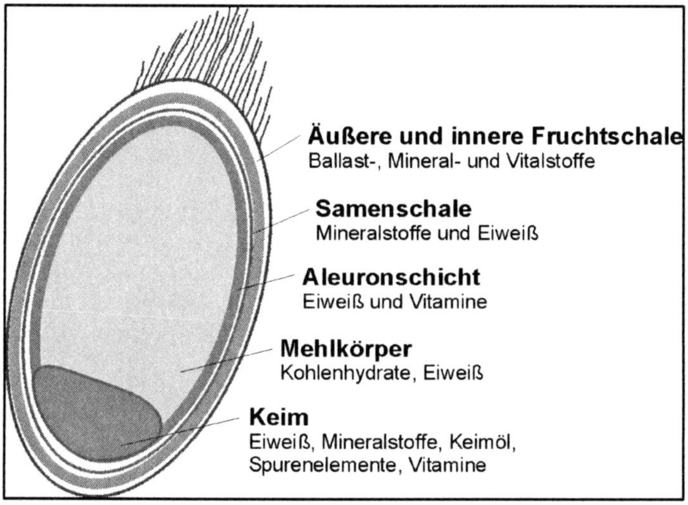

Bringt eine Pflanze Früchte hervor, sind damit besondere Lebenserfahrungen verbunden. Diese Erfahrungen können wir selbst nicht machen, aber wir können diese mit der Frucht aufnehmen. Modern gesprochen erhalten wir „Updates" auf unsere Ur-Instinkte – eine geniale Vernetzung.

Bild 6.9 Korn, die Nährstoffe sitzen in den äußeren Ausgleichsfeld-Schichten

Die kleinen Medienteilchen, zu denen Vitamine, Farb-, Duft- und Geschmacksstoffe zählen, sind für uns besonders wertvoll. Nach dem Genuss mancher Früchte wandern deren Geruchsstoffe auch erstaunlich rasch in unsere äußeren Auraschichten. Besonders deutlich ist das bei Knoblauch.

Mehr noch, „Ein ganz persönlicher Duftcocktail lässt jeden Menschen einzigartig riechen. Darin lassen sich etwa Noten finden, die den Duft von Flieder, Zitrusfrüchten, Nelken oder Zimt prägen. Das Immunsystem könnte für den individuellen Duft eines jeden verantwortlich sein. Jeder Mensch habe neben seinem persönlichen Fingerabdruck auch einen ganz individuellen Duft, berichten Dustin Penn vom Konrad-Lorenz-Institut für vergleichende Verhaltensforschung in Wien und seine Kollegen in der Fachzeitschrift ‚Journal of the Royal Society Interface'. Dabei prägten sowohl die Zusammensetzung als auch die Mengenverhältnisse der Substanzen die persönliche Duftnote. Bei einigen der Duftstoffe, die die Forscher bereits identifizieren konnten, handelt es sich um komplexe organische Substanzen, wie sie beispielsweise in Rosenöl vorkommen. (...) Wie die verschiedenen Mischungen zustande kommen, können sie allerdings noch nicht sagen. Bislang gingen Duftforscher davon aus, dass Bakterien für Schweißgeruch sorgen: Die Mirkoorganismen futtern den eigentlich geruchlosen Schweiß und geben daraufhin eine Duftnote ab, die man als Schweißgeruch wahrnimmt." [Spiegel 0106]

Somit fördern Pflanzen auch unseren Reifeprozess, indem sie direkt in höhere Energieniveaus unserer Ausgleichsfelder transportiert werden. Aus diesen Gründen sind heimische Lebensmittel nicht nur besser verträglich sondern unterstützen uns bei unserer Entwicklung.

Lebensmittel, Trinkwasser und Luft sollten möglichst natürlich und nicht durch industrielle Verarbeitung oder Zusätze *denaturiert sein. Auch wenn wir Früchte wegen Schadstoffen schälen müssen, gehen wertvolle Stoffe verloren. Am besten ist es, wenn wir unsere Lebensmittel mit den Sinnen und dem Verstand auswählen können, z. B. „Mit-Augen und Nase kaufen". Eine reife Frucht erkennen wir an Farbe, Geruch und Geschmack. All dies regt unseren Appetit an.

EINE BESONDERE VERBINDUNG MIT PFLANZEN UND TIEREN

Lebensbedingungen (Standort, Bodenbeschaffenheit, Klima) beeinflussen Pflanzen ebenso wie Tiere und Menschen: Alle nutzen Vorteile (Sonneneinstrahlung), bewältigen Nachteile (Schadstoffe), um sich optimal zu entwickeln. Alle entwickeln in der letzten Phase der Reifung in den äußeren Schichten der Ausgleichsfelder kleinste und zugleich am höchsten entwickelte Medienteilchen.

Bringt eine Pflanze Früchte hervor, sind damit ihre besonderen Lebenserfahrungen verbunden. Diese Erfahrungen können wir Menschen nicht machen, aber wir können sie mit der Frucht aufnehmen. Modern gesprochen: wir erhalten „Updates" auf unsere Ur-Instinkte.

Aus diesen Gründen sind heimische Lebensmittel nicht nur besser verträglich sondern unterstützen uns bei unserer Entwicklung. Unsere Nahrungsaufnahme sollte über natürlich gereifte Pflanzen und Tiere aus unserem näheren Umfeld erfolgen. Auf diese Weise nehmen wir deren Lebenserfahrungen auf und entwickeln sie in unserem höher entwickelten Organismus weiter.

Ein weiterer Grund, um wieder mehr Achtung und Dankbarkeit gegenüber Pflanzen und Tieren zu zeigen.

Man ist, was man isst

Im Normalfall essen wir, worauf wir Appetit haben. So reguliert der Organismus durch das Wechselspiel von Gravitations- und Levitationskräften nicht nur Menge, sondern auch Art der Nahrung. Dieser feine Steuerungsmechanismus kann allerdings durch künstliche „Geschmacksverstärker", Aromen und sonstige Manipulationen oder „moderne" Diäten betäubt werden.

Der Spezialist für ultraschwache Zellstrahlung Professor Popp erforschte die Qualität der Nahrung aus biophysikalischer Sicht. Danach sind Lichtwellen und Biophotonen (nach dem Universal-Prinzip: Medienteilchen) die physikalischen Taktgeber der Zelle und regeln alle wichtigen Stoffwechselvorgänge im Organismus. Sie werden dem Körper durch natürliche Strahlung oder mit der Nahrung zugeführt. Daher ist es von enormer Bedeutung, welche Nahrung in welcher Qualität wir zu uns nehmen. Dies verdeutlicht auch der folgende Auszug aus seinem bereits 1993 erschienenen Buch [Popp93]:

„Erschwerend kommt hinzu, dass der Politiker, der im Bundestag oder im europäischen Parlament Entscheidungen zu treffen hat, oft selbst Opfer verminderter Nahrungsqualität ist. Kann er sich dann überhaupt noch sorgfältig genug auf seine Aufgaben konzentrieren, hat er noch die Fähigkeit, sein Heer von bürokratischen Zuarbeitern, die selbst wieder in eine eventuell unheilvolle Nahrungskette eingebunden sind, zu kontrollieren, verfügt er noch, eventuell mit Antibiotika und Konservierungsstoffen gehemmt bis mumifiziert, über die Kraft, richtige Einsichten durchzuboxen, oder sitzt er lieber, von Beruhigungsmitteln und Batterieeiern beseelt, die Probleme einfach aus?"

Die Kraft der Wellen

In den vorherigen Abschnitten beschäftigten wir uns mit dem materiellen Aspekt der Lebensenergie. Wir erfuhren, dass Materie durch die Wirkung von Kräften aktiviert werden muss. Unser Leben wird entscheidend durch Kräfte in Form von Wellen beeinflusst. Daher gehen wir nun auf Wellen ein. Natürliche kommen primär von der Sonne, sekundär von der Erde. Nicht-natürliche Wellen (Elektrosmog) reichen vom Haushaltstrom über Handyfrequenzen bis zu Gammastrahlen.

Der Einfluss natürlicher Wellen

In Kapitel 5.4 Abschnitt „Was wird wodurch angeregt“ wurden u.a. die für uns lebenswichtigen „Schumann- und *Geomagnetwellen“ beschrieben. Außer diesen gibt es eine Vielzahl weiterer Frequenzen, die uns direkt von Sonne, Mond und den übrigen Gestirnen erreichen oder die von der Erde ausgehen. Und jeder Mensch strahlt sein ganz individuelles Wellenmuster ab.

Rufen wir uns ins Gedächtnis: Wellen übertragen Kraft und Informationen und machen unbelebte Materie lebendig. Wellen wirken aber nur auf Körper entsprechender Größe und Form, zu denen sie resonanzfähig sind.

Generell gilt: Natürliche Wellen können anregend, harmonisierend oder dämpfend auf unseren Organismus wirken. So zeigen sich bei Frequenzanalysen teilweise erstaunliche Übereinstimmungen zwischen bestimmten *Schumannwellen (Atmospherics) und dem beim Menschen gemessenen *EEG bei ausgeglichenen Schönwetter- oder spannungsreichen Unwetterlagen. Wetterfühligkeit tritt bei Menschen auf, die Spannungen durch ihre Ausgleichsfelder nicht genügend kompensieren können.

Natürliche Wellen können zu schwache Körperrhythmen aktivieren (Verspannungen und Blockierungen lösen), oder auch zu starke dämpfen (Überreaktionen bremsen). Dies ist möglich, weil Wellen Taktgeber sind und stets in einem Bereich zwischen zwei Gegensätzen schwingen (z. B. kalt-warm, hoch-tief, männlich-weiblich) und diese damit ins Gleichgewicht bringen. Das Universal-Prinzip ermöglicht aufgrund der Beziehung $d = \lambda/2$ eine Zuordnung von Wellenlängen zur Größe von Objekten bzw. Bereichen im Organismus, die angeregt werden können (siehe Bild 5.12). Übrigens – die Anregung von Wellen ist nicht auf Objekte bestimmter Größe beschränkt, sondern kann sich auch auf andere Oktavbereiche erstrecken, analog den Unter- und Obertönen beim Schall.

Die anregende Wirkung von Wellen beruht in erster Linie auf der Frequenz und hängt nicht nur, wie oft von konventionellen Wissenschaftlern behauptet, von der Intensität ab. Dies wird besonders deutlich, wenn man die Wirkung von Wellen auf seelische und geistige Ausgleichsfelder betrachtet. Das Gesetz von Arndt Schulz besagt:

Schwache Reize fördern Lebensprozesse, mittlere Reize hemmen Lebensprozesse, starke Reize verhindern Lebensprozesse.

„Rudolf Steiner begründete 1924 die biologisch dynamische Landwirtschaft. Eines der wichtigsten Erkenntnisse lautete: Der Mutterboden ist lebendig, landwirtschaftliche Maßnahmen sollen dies fördern, nicht hemmen. Eine Verbesserung des Bodens wird erreicht durch Einarbeitung von Kompost (Rinderdung mit Hornkiesel, Schafgarbe, Kamille, Brennnessel, Löwenzahn, Eichenrinde, Baldrian). Es werden keine chemischen Spritzgifte oder Mineraldünger benötigt. Schädlinge werden mit Kräuteraufgüssen in Schach gehalten.

Eine derartige Vitalisierung des Bodens stärkt die Abwehrkräfte der Pflanzen erheblich. Bei Aussaat und Ernte werden kosmische Rhythmen berücksichtigt, da diese bestimmte Einflüsse auf das Pflanzenwachstum besitzen. Das betrifft die Stellung der 12 Sternbilder des Tierkreises, welche den vier Elementen wie folgt entsprechen:

Stier, Jungfrau, Steinbock	*Erde*
Krebs, Skorpion, Fisch	*Wasser*
Zwilling, Waage, Wassermann	*Luft*
Widder, Schütze, Löwe	*Feuer*

Die Stellungen des Mondes vor bestimmten Sternzeichen begünstigt jeweils ein spezifisches Wachstum:

Erdzeichen	*Wurzeln*
Wasserzeichen	*Blätter*
Luftzeichen	*Blüten*
Feuerzeichen	*Früchte und Samen*

Erfolgen Aussaat, Pflege und Ernte an Tagen mit entsprechender Mondstellung, ergeben sich Ertragssteigerungen von 30 – 40%. Generell sind Wurzeltage günstig für Radieschen, Möhren, Rote Beete, Knollensellerie, Kartoffeln, Zwiebeln; hingegen die Blatttage für Kohl außer Brokkoli, Salat, Spinat, Petersilie, Gemüsefenchel, Rasen; die Blütentage für Blumen, Heilpflanzen, Brokkoli, Bohnen, Erbsen, Mais, Tomaten, Paprika, Kürbis, Gurken sowie Getreide.

Bedeutung hat die Entfernung des Mondes von der Erde sowie das Auf- und Absteigen des Mondes. Der absteigende Mond leitet die Kräfte in die Wurzeln der Pflanzen, der aufsteigende leitet diese in die oberen Pflanzenteile, was günstig für die Ernte ist. Auswirkungen auf das Pflanzenwachstum ergeben sich ebenfalls durch die Stellung der Planeten. Die Wirkung der Planeten ist teilweise sogar stärker als die des Mondes. Spinat, der an Wurzeltagen gehäkelt wird, reichert mehr Nitrat an. Bei einer Marsopposition (Mars steht unter 180 Grad zu anderen Planeten) nehmen Pflanzen vermehrt Eisen auf, bei Merkuropposition mehr Kupfer, obwohl Kupfer traditionell der Venus zugeordnet wird.“ nach [Thun Aussaat], [Thun Garten]

Was können uns Bäume sagen?

Unternehmen wir jetzt gedanklich einen Ausflug in den Wald. Bäume ziehen unsere Blicke zu jeder Jahreszeit an. Sie waren lange vor uns da und halfen Bedingungen zu schaffen, in denen sich Menschen entwickeln und leben können. Sie gehören zu unseren Vorfahren. Bäume werden in allen Naturreligionen als heilig (heilbringend) verehrt. Aufrecht stehend, wie wir Menschen, verbinden sie den überirdischen Himmel mit der unterirdischen Erde.

Beim Betrachten einer Eichel können wir staunen, welch großer Baum darin gespeichert ist. Nähern wir uns einem Baum und begeben uns in den Bereich seiner Äste, so finden wir eine sauerstoffreiche und würzige Luft, dazu ein ausgewogenes Verhältnis an Luftfeuchte und Temperatur (im Sommer erfrischend kühl, im Winter angenehm mild) sowie aufgrund der Größe eine beruhigende niedrige Frequenz. So sparen wir Kraft für den Ausgleich in den unteren Ausgleichsfeld-Bereichen, die Lebensfreude steigt. Der Baum profitiert seinerseits von unserer kohlendioxydhaltigen Ausatemluft und unseren Schwingungen.

Sich in aller Stille an einen Baum lehnen
meinen Herzschlag hören, meinen Atem fühlen
langsam sich fallenlassen
Das Rauschen der Blätter hören, die Rinde fühlen
Mein Herz schlägt im Takt der Natur
der Atem fließt durch den Baum, durch mich
schweig stille mein Herz
die Bäume beten
ich sprach zum Baum
erzähl mir von Gott
und er blühte.

(Rabindranath Tagore)

Im Sinne des Universal-Prinzips besitzen Bäume eine große Anzahl von Antennen, die sowohl ins Unterirdische als auch ins Überirdische reichen.

Wollen wir die Heilkraft eines Baumes nutzen, sollten wir uns mit Achtung nähern und ihn begrüßen, bevor wir in sein Ausgleichsfeld eintreten. Dann können wir still in seiner Nähe verharren (5 – 10 Minuten genügen), den Stamm berühren, ihn umarmen, uns mit dem Rücken anlehnen, die Äste berühren, die Nadeln durch unsere Finger gleiten lassen. Die wohltuende Wirkung eines Baumes spüren wir meist sofort, oft noch einige Tage lang, und wenn wir uns erinnern, noch nach Jahren. Stets ist es ein gegenseitiges Geben und Nehmen. Bevor wir uns wieder entfernen, sollten wir uns beim Baum bedanken und uns verabschieden.

Wir können mit Bäumen kommunizieren, wenn wir „ihre Sprache“ lernen.

Die Seele wird vom Pflastertreten krumm.
Mit Bäumen kann man wie mit Brüdern reden
und tauscht bei ihnen seine Seele um.
Die Wälder schweigen. Doch sie sind nicht stumm.
Und wer auch kommen mag, sie trösten jeden.
(Erich Kästner)

Jede Baumart hält eine ganz besondere Heilschwingung für uns bereit: **Eichen** geben Kraft und galten bei unseren Vorfahren als heilige Bäume (Bild 6.10). Keltische Priester werden Druiden genannt, was „Eichenkundiger“ bedeutet. Bei den Griechen ist die Eiche Zeus gewidmet, bei den Germanen Donnar.

Das Ausgleichsfeld wirkt aktivierend, regt die Pulsation der Zellen an, bringt dadurch die Kreisläufe in Schwung und kräftigt. Eichen schenken geistige Klarheit und besseres Konzentrationsvermögen. Ein Sud aus Eichenrinde (Apotheke) heilt Hautunreinheiten, Ekzemen, Entzündungen, Schwellungen und macht die Haut widerstandsfähiger. Bei Unterleibsschmerzen hilft oft ein Eichenrinden-Sitzbad.

Natürliche Rhythmen sind gesund

Der Mensch verfügt von Natur aus über ein derart komplexes System von Antennen und Körperrhythmen, dass er je nach Entwicklungsstand weit mehr als jede Pflanze oder jedes Tier, nämlich nahezu den gesamten Bereich elektromagnetischer Wellen, empfangen und senden kann. Das begründet seine Leistungsfähigkeit, macht ihn aber andererseits anfällig für technische Wellen, die durch ihr „Dazwischenfunken" die natürlichen Abläufe stören.

Die Organuhr (Bild 5.9a) beschert uns über den Tag wechselnde Aktivitätsphasen. So stellten Chronobiologen der Havard-Universität fest: „Ein morgendliches körperliches Hoch (6-8 Uhr), ein geistiges Hoch (9-10 Uhr), eine charmant-sinnliche Zeit (11-12 Uhr), eine Ruhephase (12-15 Uhr), ein erneutes geistiges Hoch (16-17 Uhr), eine erneute Zeit voll Charme und ohne Aggressionen (17-18 Uhr) und schließlich noch eine Phase körperlicher Leistungsfähigkeit (18-19 Uhr). Etwa vier Stunden vor dem Zubettgehen sollte kein Sport mehr getrieben werden."

Bild 6.10 Rolf unter einer 1.200-jährigen Eiche in Ivenac (Mecklenburg)

Es erscheint sinnvoll, das Leben an natürlichen Rhythmen zu orientieren, da wir Menschen danach aufgebaut sind. Das sind insbesondere der Oktav-Zyklus (Bild

5.7b) und die Jahreskreisfeste (Bild 5.8). und den schädlichen Einflüssen technischer Wellen so oft wie möglich auszuweichen.

Symbole

Symbole wirken als Antennen, dienen gleichermaßen zum Empfang und zum Senden von Wellen (Informationen und Kraft).

Symbole können zum Ausgleich von Ungleichgewichten, zur Heilung (gezielte Stärkung von Schwachstellen oder Lösung von Blockaden), zum Schutz oder zur Meditation verwendet werden. Es gibt verschiedene Anwendungsmöglichkeiten, so gegenständlich als Amulett oder gedanklich als Bild. Wer jedoch die Wirkung eines Symbols nicht kennt (das trifft auch für abgedruckte Symbole auf Kleidung zu), sollte sich vor der Anwendung hüten. Es könnten Schäden eintreten, wenn z. B. das Symbol eine negative Wirkung an einer ohnehin bestehenden Schwachstelle auslöst.

„Symboldeutung ist die Kunst analogen Denkens."

Die Gerade entspricht nach dem Universal-Prinzip einer Polachse (senkrechter Kraftaspekt) oder einem Äquator (waagerechter Materieaspekt). In der Antike symbolisierte sie auch den Phallus, in der Technik findet sie Anwendung als *Antenne (Dipol).

Der Kreis ist ein uraltes Symbol, das die Sonnenscheibe als Ursprung aller Dinge zeigt (in der Antike auch eine Vagina symbolisierend). Weit verbreitet in Höhlenmalereien und Heiligtum von Naturreligionen enthält Symbole eines Mittel-Punktes, der von einem oder mehreren Kreisen umgeben ist. Während ein Punkt das „Ich" als Anfang darstellt, drückt ein Mittel-Punkt mit konzentrischen Kreisen Wachstum aus.

Der Mittelpunkt stellt einen Kern dar – das Grundmuster aus dem sämtliche Gebilde oder Objekte beliebiger Größenordnung im Universum aufgebaut sind (Atomkern/Elektronen, Samen/Fruchtfleisch, Körper/Aura, Erde/Mond, Sonne/ Planeten, Galaktischer Zentralstern/Galaxien). Halb- oder Vollkreise mit Strahlen als Sonnensymbol sind noch heute als Schmuckelement an sakralen Bauten und altsächsischen Häusern zu sehen. In der Technik wird der Kreis als Antenne (Schleifendipol) verwendet. Im Sinne des Universal-Prinzips handelt es sich stets um einen Körper (Kern) mit Ausgleichsfeld-Oktavbereichen.

So wird die Wohnung zum Kraftort

Seit alters her sind Orte der Kraft bekannt. Durch unterschiedliche Zusammensetzungen von Erdkernschichten (Gestein, Erze, Wasseradern) entstehen Orte mit geringerem oder größerem Potenzialgefälle zwischen Erdoberfläche (Kern) und Weltraum (Umfeld). An diesen Stellen sind der ausgleichende Teilchenfluss und Wechselwirkungen zwischen Himmel und Erde schwächer oder stärkerer ausgeprägt als an „durchschnittlichen" Orten. Je nachdem, ob wir uns an einem Ort mit stärkerem oder schwächerem Teilchenfluss befinden, wird im Körper mehr oder weniger Kraft (Yang oder Yin) induziert. Eine kräftige Anregung herrscht generell auf Sandboden, auf Bergen und am Meer.

Während unsere Vorfahren für ihren Wohnsitz eine energetisch gute Lage wählten, beschränkt sich die heutige „Baukunst", wenn es um energetische Fragen geht, im Wesentlichen auf Baumaterialien und Wärmedämmung.

Das chinesische „**Feng Shui**" (deutsch: Wind, Wasser), das indische „**Vasati**" oder „Vastu" und die deutsche „**Geomantie**" geben Hinweise auf die Gestaltung einer energetisch günstigen Umgebung. So können Bedingungen geschaffen werden, in denen wir schnell wieder ins Gleichgewicht gelangen. Mittel dazu sind die Auswahl des Nutzungszwecks der Räume nach den Qualitäten der vier Himmelsrichtungen, Optimierung des Verlaufes von Strömungen, Reduzierung von Spannungen durch den Schnitt der Wohnung sowie durch Anordnung und Form der Einrichtungsgegenstände. Es geht auch hier wieder um Teilchen und Wellen.

Räume für geistige Arbeit sollten im Norden, Wohn- und Schlafräume im Süden, Speisezimmer im Osten, Kinderzimmer im Westen liegen. Nach dem Universal-Prinzip werden damit die Unterschiede in Energieniveaus und -strömungen berücksichtigt (im Norden hoch, im Süden niedrig). Saubere Luft mittlerer Temperatur und Luftfeuchte sollten auf gewundenen Wegen durch die Räume streichen, damit überall frische ausgeglichene Atemluft (reich an negativen Ionen) vorhanden ist. Ecken und Spitzen oder derartige Muster sind zu vermeiden. Einerseits werden damit Spannungen verringert, andererseits bilden Formen und Muster Antennen, die ausgleichende Wellen anziehen. Umgeben wir uns mit harmonischen geschwungenen Mustern oder Naturbildern, werden wir derartige Kräfte einfangen. Abstrakte Bilder und Formen führen hingegen stets zu Spannungen. Günstig sind Pflanzen im Osten (Holz), Wasser im Norden (Wasser = Aquarien, Springbrunnen oder ein Bild), Licht im Süden (Feuer) und Audio-

Video-Anlagen im Westen (Metall). Der Schlafraum sollte ruhig eingerichtet sein (Yin), kein Wasser, keine blühenden Pflanzen (behindern Liebesglück), kein Fernseher, keine Spiegel oder Kanten gegenüber oder über der Schlafposition, allgemein sollte das Kopfende nach Norden oder Osten zeigen.

Die Wirkung nicht-natürlicher Wellen (Elektrosmog)

Die schädliche Wirkung künstlicher Wellen beruht neben ihrer Stärke oftmals auf der Frequenz, mit der sie Körper und Ausgleichsfelder negativ beeinflussen. Wir sollten uns wo immer es möglich ist davor schützen. Das betrifft die Plätze, an denen wir uns länger aufhalten, vorrangig den Arbeits- und den Schlafplatz.

Vor einigen Jahren ging folgende Meldung durch die Presse: „Nach einer Studie leiden von 99 Radartechnikern der Bundeswehr mit gesundheitlichen Problemen 69 an Krebs, 24 sind bereits verstorben, das durchschnittliche Sterbealter liegt bei 40 Jahren.“ Unsichtbare technische Strahlung ist allgegenwärtig.

6.4 Wie finde ich den Sinn meines Lebens?

Die Sinnfrage wird in letzter Zeit wieder häufiger gestellt, insbesondere von jungen Menschen. Viele wurden einseitig von nur einem Elternteil erzogen, fanden nicht die Geborgenheit der traditionellen Familie, weil diese aufgrund der heute gefragten Flexibilität zerrissen ist. Die kalte Macht der hemmungslos profitorientierten Wirtschaft tut ein Übriges - Orientierungslosigkeit ist die Folge.

Der Sinn des Lebens besteht nach dem Universal-Prinzip in der Entwicklung der individuellen **Anlagen** (Talente und Begabungen). Die Anlagen machen die Stärken eines Menschen aus. Bereiche, für die keine Anlagen vorhanden sind, könnten vom Betreffenden als Schwächen betrachtet werden (ich bin unmusikalisch). „Nobody is perfect", Defizite werden durch entwickelte Stärken ausgeglichen (Fremdsprachen fallen mir leicht).

Ein Leben ohne Sinn ist ein sinnloses Leben

Während der Sinn für alle gleichermaßen gilt, erhält der Einzelne ganz individuelle **Aufgaben**. Den **Weg** zur Erfüllung muss jeder selbst gehen. Familie, Beruf, Hobbys bieten die Betätigungsfelder, in welchen man seine Begabungen verwirklichen kann. Die Aufgaben stellt das Leben. Indem man diese mit seinen individuellen Begabungen löst, sammelt man **Erfahrungen**, erfüllt damit die höheren Oktavbereiche des Ausgleichsfeldes und gleichzeitig den Sinn des Lebens.

Der Buddhismus geht von einem „Lebensrad" aus. Dieses kann wahrhaftig zum Kreislauf des Leidens werden, wenn es einem Menschen nicht gelingt, Untugenden durch Erfahrung in Tugenden umzuwandeln. Der Sinn des Lebens besteht darin, sich so zu entwickeln, dass man im Verlauf mehrerer Leben durch Erleuchtung das Lebensrad verlassen kann und in höhere Ebenen gelangt. Die einzelnen Bereiche des Lebensrades entsprechen beim Universal-Prinzip den Oktavbereichen eines Ausgleichsfelds. Gutes Karma allein schafft die Möglichkeit zum Entrinnen, schlechtes Karma dagegen führt dazu, dass man zurückgestuft wird.

Das Wort „Sinn" wurde schon in althochdeutscher Zeit auf Verstand und Wahrnehmung bezogen. Ältere Bedeutungen von „sinnen" stehen für „gehen" oder „reisen" – das germanische Wort „sind" für „Reise" und „Weg". Die gesamte germanische Wortgruppe beruht auf der indogermanischen Wurzel „sent-„ für „gehen, reisen, fahren", deren ursprüngliche Bedeutung wohl „eine Richtung nehmen, eine Fährte suchen" war.

Nach dem Universal-Prinzip bilden die Anlagen ein Potenzial, welches zunächst durch Anregung der Eltern und Lehrer aktiviert wird. Solchermaßen motiviert wird das Potenzial erschlossen und Kraft sowie Teilchen freigesetzt. Die Kraft dient zur Durchsetzung im Umfeld, Teilchen für die Wechselwirkungen mit dem Umfeld, aus welchem die Medienteilchen zum Füllen des Ausgleichsfeldes entstehen.

Bin ich manchmal neben der Kappe?

Wahrscheinlich hat ein jeder die folgende Situation schon erlebt: Man fühlt sich „neben der Kappe", handelt fahrig und unkonzentriert, lässt Dinge fallen, kommt ins Stottern. Der Grund: man ist „verrückt", d. h. aufgrund eines kleinen Schocks sind ein oder mehrere Oktavbereiche dezentriert. Für den Schock gibt es verschiedene Gründe. Entweder man wurde plötzlich mit einer ungewohnten Situation konfrontiert, ist nicht richtig ausgeschlafen, oder man wurde aus einer Sache herausgerissen, in die man sich gerade intensiv vertieft hatte. Bild 6.11 zeigt eine normale konzentrierte, eine abgehobene und eine „verrückte" Aura.

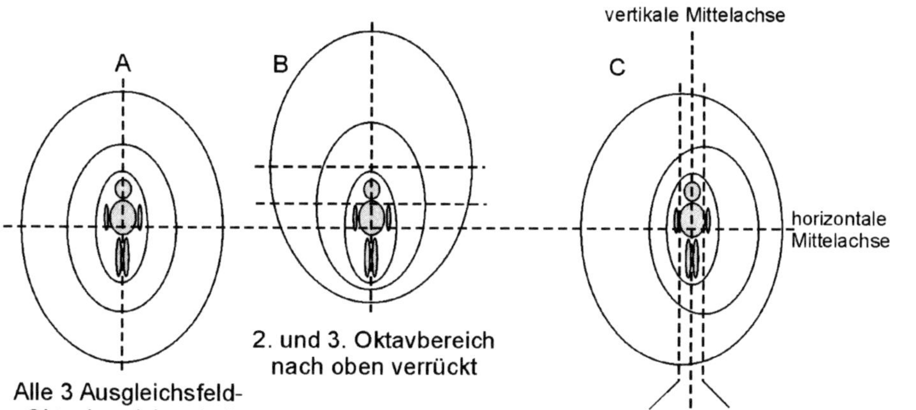

Bild 6.11 Beispiele für dezentrierte Auras (Ausgleichsfeld-Oktavbereiche)

Gönnt man sich einige Augenblicke Ruhe, „renkt" sich die Sache meist schnell wieder ein. Besser wäre es, die verrückte Aura durch zwei Schritte wieder ins Gleichgewicht zu bringen:

Vertikal – Denke an eine Verbindung zwischen Himmel und Erde und stelle Dir vor, wie beispielsweise das Wasser einer Dusche am Körper von oben nach unten hinab rinnt, oder wie umgekehrt die wohlige Wärme der Erde nach oben steigt.

Horizontal – Lege beide Hände auf das Herz-Chakra und stelle Dir vor, dass alle Ausgleichsfeld-Oktavbereiche ihren Mittelpunkt im Herzen haben.

Weitere Einzelheiten zu diesem Thema finden Sie auf unserer Internetseite im „E-Book".

Wohin geht mein Weg?

Es ist nicht leicht, jenen Schatz, der in Form der Anlagen von Anfang an in jedem ruht, zu finden. Das obliegt zunächst den Eltern und Lehrern, die den Ausbildungsweg entsprechend fördern und steuern können. Während der Entwicklung des dritten Ausgleichsfeld-Bereiches beginnt der Mensch dann, seine Anlagen zunehmend selbst zu erkennen. Interessen und Neigungen gelten dabei als „Wegweiser".

Probieren geht über studieren

Das Wichtigste ist, dass der Mensch überhaupt etwas tut. Eltern, die ihren Kindern die spielerischen Möglichkeiten zum Ausarbeiten vorenthalten oder sie mit zu vielen Anregungen überfordern, behindert deren Entwicklung.

Nach dem Universal-Prinzip werden bei der Arbeit die zunächst festen Strukturen der Anlagen aufgebrochen, grobe Materie wird in feinere Medienteilchen umgewandelt. Auf diese Weise werden die höheren Ausgleichsfeld-Bereiche mit Erfahrungen gefüllt. Ohne Arbeit können sich keine Erfahrungen entwickeln.

Sich regen bringt Segen

Anfänglich geht alles schwer, denn die Entwicklung der Anlagen kann mit der körperlichen Entwicklung nicht Schritthalten. Besonders in der Pubertät (2. bis 3. Ausgleichsfeld-Bereich) ist Hilfe nötig. Das Fleisch ist träge, Gewohnheiten werden teilweise noch beibehalten, wenn eigene Gedanken bereits dagegen sprechen. Manchmal versucht man auch, sich selbst mit eigenen Ausreden zu manipulieren.

Der Geist ist willig, doch das Fleisch ist schwach

In seelischen Bereichen spielt sinnliches Erleben hinein (die Lehrerin sah gut aus). In geistigen Bereichen wirken ausschließlich Vernetzungen zwischen feineren Ausgleichsfeld-*Clustern, dadurch entsteht die geistige Wendigkeit und Flexibilität. Höhere geistige Einsicht führt in der Regel rasch zum Erfolg. Lernen und probieren ist stets mit Rückschlägen verbunden, hier gilt es anzuspornen. Nichts gelingt auf Anhieb, aber jeder Versuch bringt wertvolle Erfahrungen.

Es ist noch kein Meister vom Himmel gefallen

Später entsteht Ehrgeiz und der Drang, sich mit anderen zu messen. Erste Erfolge stellen sich ein und die keimende Liebe verleiht Flügel. Wir haben dann zuweilen das Gefühl abzuheben. Die Ursache liegt in der Entwicklung der Ausgleichsfelder. Materie dehnt sich aus, alles wird leichter.

In Kapitel 5.1 wurde erläutert, dass Jeder offenbar körperliche und geistige Eltern hat. Der Organismus wächst aufgrund von körperlichen Erbanlagen heran, wodurch körperliche Ähnlichkeiten mit Eltern und Verwandten entstehen. Die seelischen Ausgleichsfeld-Oktavbereiche beginnen sich bereits während der Embryonalentwicklung durch Wechselwirkungen des Embryo mit seinem Umfeld zu entwickeln.

Der geistige Oktavbereich wird bei der Geburt angezogen und enthält ebenfalls Anlagen, die analog zum Organismus aus Clustern bestehen. Diese durch die Konstellation der Gestirne zum Zeitpunkt der Geburt geprägten Anlagen ergeben geistige Ähnlichkeiten mit den Verhaltensmustern der geistigen Eltern („alte Seele“) zu den kosmischen zwölf Tierkreiszeichen. *Horoskope geben die Zeiten an, in denen bestimmte Aktivitäten durch die Anregung entsprechender Anlagen begünstigt oder erschwert werden. Bei der Auswertung eines Horoskops ist zu beachten, dass die Anregung geistiger Anlagen stets durch Wechselwirkungen mit körperlichen oder seelischen Anlagen beeinflusst werden kann, d. h. Horoskope zeigen Möglichkeiten und Chancen auf. Erkennen und ausnutzen kann diese nur jeder selbst.

Jeder entwickelt seine Seele selbst

Die Seele ist individuell und entwickelt sich im Laufe des Lebens weiter. Das griechische Wort „Psyche“ heißt „Hauch“ oder „Atem“ (althochdeutsch Odem oder Od, geht zurück auf *Odin). Als Sitz der Seele nahmen die Griechen das Zwerchfell an, später wurde im Herz das Zentrum des Seelen- und Gefühlslebens vermutet. In dieser Gegend empfinden wir Freude, Liebe Glück Erleichterung, aber auch Anspannung, Liebeskummer, Depression oder Angst.

Wir deuten auf den Herzbereich, wenn wir „Ich“ zeigen. Es ist zu spüren, dass sich der Herzschlag je nach Gemütszustand ändert. Nach dem Universal-Prinzip bildet das Herz den Kern der Seele. Der vierte transzendente Herz Ausgleichsfeld-Oktavbereich öffnet uns dann für die Allgemein-Liebe. Bei Menschen, deren Entwicklung stagniert, spricht man von einem „kalten oder harten Herz“. Weit entwickelte Menschen haben ein „offenes oder großes Herz“.

Körperlicher und seelischer Stoffwechsel

Beim körperlichen Stoffwechsel wird die Nahrung zerlegt, um danach als Bausteine für Wachstum und Regeneration des Körpers zu dienen. Analog dazu werden beim seelischen und geistigen Stoffwechsel Eindrücke zerlegt, analysiert und als Erfahrungen in den Ausgleichsfeld-Bereichen gespeichert. Ebenso wie körperliche gibt es seelische und geistige Schmerzen.

Da der materielle Körper (Kern) durch *Nadis und Chakras mit den seelischen und geistigen Ausgleichsfeld-Bereichen verbunden ist, wirken Schmerzen ganzheitlich (ich bekomme einen dicken Hals, mir ist das Herz schwer, das schlägt mir auf den Magen). Ein Misserfolg oder eine Beleidigung ist mit einem groben Brocken vergleichbar, der erst verdaut (zerkleinert) werden muss. Dies kann durch Überschlafen oder/und eine bewusste Auseinandersetzung geschehen. Nach dem Universal-Prinzip blockiert der grobe Brocken den Energiefluss und wirkt durch seine Gravitationskraft solange krampf bildend, bis er aufgelöst wurde. Erfolg setzt dagegen Levitationskräfte frei, das „große Problem“ wird in kleine zerlegt, die leichter verdaut werden können. Die Umwandlung von dichter Körper-Materie in leichte Ausgleichsfeld-Materie empfinden wir tatsächlich als Erleichterung, verbunden mit Kraftzuwachs.

Ein alltägliches Problem: In Bild 6.12 a sehen wir eine Herrn Links, der aufgrund irgendeiner Ursache erregt ist und Herrn Rechts beleidigt (Aktion). Herr Rechts besitzt eine ähnliche Anlage, die durch die Beleidigung in Resonanz gerät. Er vergilt Gleiches mit Gleichem und beleidigt seinerseits Herrn Links (Reaktion).

“

Später denkt der Herr Rechts über den Streit nach. Er kommt zu dem Schluss, dass man die Sache gütlich lösen sollte und beschließt, sich mit Herrn Links auszusprechen, um die Sache aus der Welt zu schaffen. Auch empfindet er Mitgefühl gegenüber Herrn Links, der sich gerade in einer schwierigen Lebensphase befindet. Seine Anlage, die bisher empfindlich gegenüber vermeintlichen Angriffen auf seine Person reagierte, kann er durch die Beschäftigung mit dem Fall auflösen, schafft den Sprung in einen höheren Oktavbereich (Bild 6.12 b).

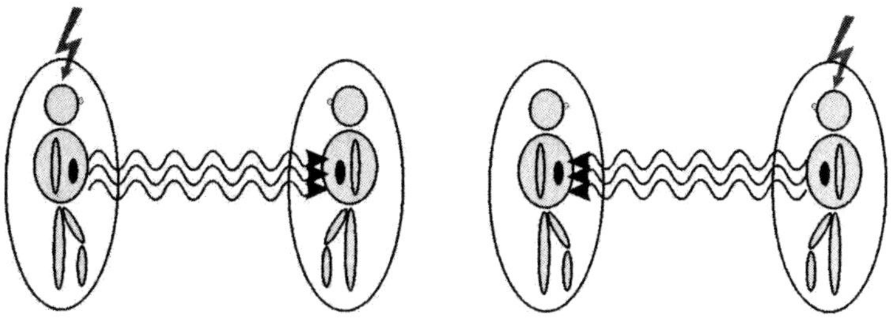

Bild 6.12a Aktion und Reaktion mit „gleicher Münze"

Als sich die beiden erneut treffen, beleidigt Herr Links ihn erneut. Die Beleidigung läuft jetzt ins Leere, führt zu keiner Resonanz mehr bei Herren Rechts. Dieser „steht nun über der Situation", kann Herrn Links beruhigen und zeigt Verständnis für seine Lage. Die Situation ist befriedet, Herr Rechts verhielt sich im Sinne von Goethes Wort: „Aufnehmen, veredeln, abgeben." Herr Links ist erstaunt und erfreut. Er bedankt sich in Stillen bei Herrn Rechts.

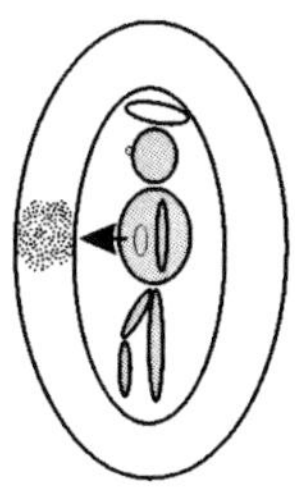

Bild 6.12 b Auflösung einer dichten Anlage

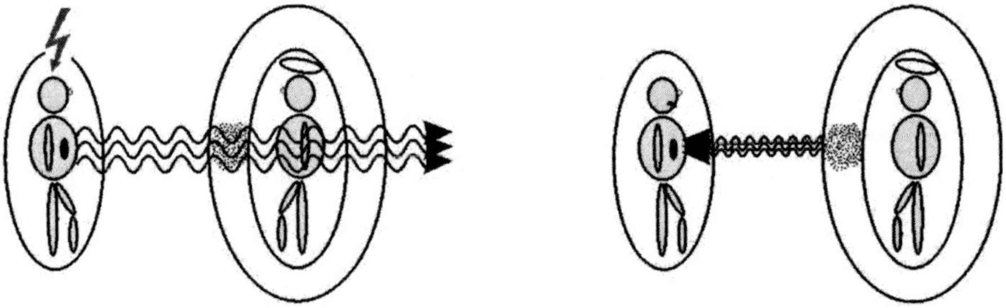

Bild 6.12 c Aktion wird durch eine überlegene Reaktion befriedet (rechts)

Echtes inneres Glück erleben wir nach getaner Arbeit, einer erfolgreich gelösten Aufgabe oder der verdienten Erfüllung eines Wunsches. Scheinbares äußeres Glück durch materielle Geschenke oder unverdiente Erfüllung von Wünschen haben nur kurze Zeit Bestand (Glück kann man nicht kaufen).

Erst die Arbeit, dann das Vergnügen

UNSER INNERER KOMPASS

Jeder Körper besitzt mit seinem Ausgleichsfeld ein Sinnensorgan. Die Dichte eines Ausgleichsfeldes ist stets niedriger als die des Kerns. Daher reagieren Ausgleichsfelder sensibel auf Umfeldeinflüsse. Die einfachste Bewertung ist die Freund-Feind-Erkennung. Höher entwickelte Organismen besitzen ein fein abgestuftes Bewertungssystem, da die Ausgleichsfelder von Atomen, Zellen, Organen und des Gesamtorganismus zu einem gemeinsamen System vernetzt sind. Die einzelnen Ebenen einer hoch entwickelten Freund-Feind-Erkennung sind uns als Empfindungen, Gefühle, Gedanken bekannt.

Im Laufe des Lebens entwickeln wird durch deduktives Lernen und intuitives Erkennen zusammen mit unseren Erfahrungen (ererbten und selbst gewonnenen) ein System, welches wie ein innerer Kompass wirkt. Mit diesem Kompass orientieren wir uns in der Welt, suchen und finden den Weg, der uns die Entwicklung unserer Anlagen ermöglicht.

Das *Gewissen stellt ein individuelles Bewertungssystem dar, in welchem unser Verhalten gegenüber der Umwelt gespeichert wird. Wie eine Waage werden eigene Nutzen-Nutzen- sowie Nutzen-Schaden-Aktivitäten bewahrt. Unser Unterbewusstsein, versucht uns so zu lenken, dass wir unser Schadenpotenzial bis zum Lebensende möglichst auflösen. Dies entspricht der Vorstellung, dass unsere Seele nach dem Tod gewogen wird und je nach Ergebnis in den Himmel kommt oder in die Hölle verbannt wird.

Eine Analogie bildet das regulierende Wechselspiel von Sympathikus und *Parasympathikus. Im Grunde wirken hier wieder unsere beiden Antagonisten zusammenziehende Gravitation (Yin) und ausdehnende Levitation (Yang). Unser innerer Kompass bildet auch die Grundlage zum Erkenntnisgewinn durch Orakel, wie Pendeln oder Tarot.

Ist aller Anfang schwer?

Womit bei der Neuausrichtung des Lebens beginnen? Nun, jede Entwicklung erfolgt stets als Stufenweg – Schritt für Schritt – wie beim Fahrradfahren oder Skilaufenlernen. Ein Ausgleichsfeld entwickelt sich Oktavschicht für Oktavschicht – wie die Ringe eines Baumes.

Beginnen wir am besten ganz von vorn. Denn wenn wir Stufen auslassen, bauen wir auf einem Fundament, das nicht genügend tragfähig ist. Der Strom des Lebens könnte es bei späteren Belastungen hinwegspülen. Dann wäre die ganze Arbeit umsonst gewesen.

Beginnen wir mit Dingen, die einfach sind. Mit dem Tageslauf, einem regelmäßigen Spaziergang, der Konzentration auf nur einen Gedanken. Bald werden wir erkennen, wie uns neue Kräfte zuwachsen, und wie eine Lust an Neuem entsteht.

Stufe für Stufe können wir nun zulassen, dass die Richtung unseres neuen Weges aus unserem Inneren kommt. Ist der Anfang erst einmal gemacht, erfolgt ein Wandel von Fremd- zu Selbstbestimmung. Und zunehmend werden wir an Selbstsicherheit gewinnen.

Der ideale Tageslauf

Schön ist es, den jungen neuen Tag frühzeitig zu begrüßen und damit einen positiven Neubeginn einzuleiten. Noch im Bett stelle ich mir den Tagesablauf mit seinen Aufgaben in rosigem Licht vor – sehe mich und meine Aufgaben für diesen Tag an und wie ich alles gut bewältige. Ich bitte um gutes Gelingen oder Hilfe bei den bevorstehenden Aufgaben. Nun öffne ich das Fenster weit, stelle mich auf die Zehenspitzen und strecke mich. Während ich tief die frische Morgenluft ein- und ausatme, die Fäuste balle und dann die Arme langsam zur Seite senke, spreche ich halblaut zu mir selbst: „Nun bin ich ausgeschlafen und habe neue Kraft geschöpft – ich bin mutig und fröhlich gestimmt“.

Wundervoll ist es auch, in direkten Kontakt mit der Natur zu treten und mich in Gedanken mit ihr zu verbinden, indem ich mich der aufgehenden Sonne bewusst öffne, ein oder zwei kleine Runden barfuss über taunasses Gras gehe (Zehen zuerst aufsetzen), oder im Schnee meine Fußspuren zeichne. Trockenmassage (immer in Richtung Herz) sowie eine Kaltwaschung mit etwas Apfelessig im Wasser erfrischt und vertreibt die letzte Müdigkeit. Nach einem leichten, aber vollwertigen Frühstück kann ich nun optimistisch an mein Tagwerk gehen.

Im Sinne des Universal-Prinzips entwickelt dieses morgendliche Ritual Levitationskraft in den körperlichen, seelischen und geistigen Ausgleichsfeld-Oktavbereichen. Zur Lösung von schweren Aufgaben können wir unser gesamtes Potenzial aktivieren, indem wir es vorab programmieren. Es ist sogar möglich, Probleme rückwirkend in der Vergangenheit aufzulösen.

Trotz der oft voll gestopften Terminpläne sollte alle zwei Stunden eine kleine Verschnaufpause oder innere Einkehr gehalten werden. Es genügt eine kurze Besinnung in „Kutscherstellung“, evtl. auch mit einer *Affirmation auf dem Örtchen, wenn es keine andere Möglichkeit gibt. Kraftreserven sollten nie gänzlich aufgebraucht werden, da das Wiederauffüllen der Ausgleichsfelder danach erheblich mehr Kraft kostet.

Ideal wäre die buddhistische Dreiteilung des Tages: Arbeit oder Sport (körperlich); Hobby (musische Seelenarbeit); Lernen, Meditieren (geistig).

Ein täglicher ca. 20-minütiger flotter Spaziergang auf Naturboden, am besten im Wald, ist zu empfehlen.

Bevor ich dann (nicht zu spät) zu Bett gehe, lasse ich den Tag Revue passieren und danke für alles, was gut gelang. Dabei nehme ich eine positive Einstellung zu mir selbst ein und hadere nicht mit mir und meinen eventuellen Fehlern. Auch sollte Ärger oder Streit beigelegt sein und eine Stunde vor der Nachtruhe keine Filmbeiträge mit schnell wechselnden Bildern angeschaut werden. Im Schlaf werden nicht nur Immunsystem und Haut regeneriert, sondern das am Tag Gelernte durch unsere Erfahrungslogik geordnet. Hirnregionen, die tags besonders aktiv waren, schlafen nachts sehr tief. Nach dem Universal-Prinzip gelangen diese Felder in hohe Energieniveaus. Deshalb sind wir morgens oft klüger als abends.

Eine Einschlafhilfe bietet sich, wenn ich sozusagen symbolisch meine Sorgen mit der Kleidung ablege. Ein kurzer Spaziergang wirkt ebenso Wunder. Und ich kann mir selbst klarmachen: „morgen wird alles besser – an jedem Tag ist ein neuer Anfang möglich". Dabei hilft eine konstruktive Einstellung zu Fehlern (Sichtweise der Größe) und die Gewissheit: „Ich mache es so gut ich kann, ich lerne ständig dazu".

Leben zwischen Chaos und Ordnung

Im Abschnitt 5.4 haben wir beschrieben, dass ein Pendeln zwischen Chaos und Ordnung natürlich und gesund ist. Alles Neue, darunter das soeben eingenommene Essen, führt über eine chaotischen und eine ordnende Phase zu einem neuen Gleichgewicht. Wichtig dabei erscheint, dass wir durch den Wechsel von Anspannung und Entspannung nicht in einer der beiden extremen Verhaltensweisen (Chaos oder Ordnung) stecken bleiben.

Ich wäre einmal trotz besten Wetters beinahe ertrunken. Wir verlebten unseren Urlaub am Mittelmeer und an einem dieser Tage herrschte kräftiger Wellengang. Ich bin ein guter Schwimmer und liebe es, mich in hohen Wellen zu tummeln. Voller Freude schwamm ich hinaus. Natürlich wurde ich kurzatmiger, schwamm aber unvermindert weiter. Bald führte dieser freudige Überschwang zum Problem! Plötzlich und unvermittelt spürte ich, dass mein Bedarf an Luft größer war, als ich einatmen konnte. Durch die Überlastung geriet ich an die Grenze eines Krampfes. Nur durch meine Erfahrung in Energiearbeit gelang es mir, innere Panik zu vermeiden und mich ganz langsam zu beruhigen, was bei dem Wellengang nicht ganz einfach war. Ich werde dieses Erlebnis nie vergessen, es war mir eine große Lehre.

Unsere Helfer

Mit der Freund-Feinderkennung (FFE) besitzen wir eines der erfolgreichsten Systeme der Evolution. Alles was uns begegnet, wird von der FFE blitzschnell getestet. FFE ist in jedem Atom, jeder Zelle, jedem Organ, im Körper und in den Ausgleichsfeldern angelegt.

Jedes Tier und jeder Mensch, der sich uns nähert, wird auf mögliches Gefahrenpotenzial geprüft. Jedes Nahrungsmittel wird auf Verträglichkeit getestet. Neben den fünf Sinnen Sehen, Hören, Riechen, Schmecken und Fühlen spricht man vom sechsten und siebten Sinn, welche kaum erforscht sind. Die FFE enthält sowohl die Erfahrungen unserer Vorfahren als auch die Erfahrungen, Menschenkenntnis und Verständnis für Körpersprache, welche wir im Laufe unseres Lebens sammelten.

Hier eine Zusammenfassung der in diesem Kapitel besprochenen Hilfsmittel:

- Natürlich gereifte Pflanzen mit all ihren Vitaminen, Mineralstoffen und Spurenelementen – vorzugsweise aus heimatlichem biologischen Anbau (6.3)
- Bäume, Edelsteine, Farben, Ätherische Öle, Bachblüten, Töne und Musik, natürliche Rhythmen (Organuhr, Oktav-Zyklus, Jahreskreis), Symbole (6.3)
- Kraftorte, Feng Shui (6.3)
- Vernünftiger Umgang mit dem individuellen Energiepotenzial (6.1)
- Regelmäßige Aktivitäten für körperliche und seelisch-geistige Fitness (6.2)
- Auf der Grundlage der Anregung durch die Gestirne: Horoskop (6.3, 6.4)
- Auf der Grundlage der Freund-Feind-Erkennung: Wünschelrute, Pendel, Tarot
- Meditation, Hohes Selbst, Schutzengel, Götter
- Hilfsmittel werden wirksamer, je mehr Erfahrung wir damit sammeln. Bei der Anwendung sollte jedoch stets auf die innere Stimme gehört werden, um nicht einseitig nach dem Verstand zu handeln.

Der Lauf des Lebens

Der physische Körper ist mit ca. 21 Jahren (3 x 7) erwachsen. Körperkräfte, Geschicklichkeit, Gewandtheit, Koordination und die Erfahrung mit dem Körper befinden sich auf einem hohen Stand. Schule und Berufsausbildung sind beendet und wir können unsere Möglichkeiten und Grenzen einigermaßen gut einschätzen. Grenzen erkennen wir durch Auseinandersetzung mit uns selbst, mit anderen und durch die Annäherung an das andere Geschlecht. Nun wird es Zeit, einen Partner zu finden. Parallel beweist man sich in der Erwerbstätigkeit und bezieht eine eigene Wohnung. Familienplanung und Erziehung der Kinder treten jetzt in den Vordergrund.

In dem Maße, in dem die Kinder selbständig werden, erhält die Partnerschaft eine neue Qualität. Gemeinsame und persönliche Interessen treten nun wieder mehr in den Vordergrund. Die Welt der Illusionen und Manipulationen kann jedoch schnell zur Fremdbestimmung führen. Aber die seelisch-geistige Entwicklung dauert das ganze Leben über an. Theoretisch könnten wir mit 49 Jahren weise sein, und tatsächlich stellt sich in jener Phase ein deutlicher Zugewinn an Erfahrungen ein.

Leider verpulvern viele ihre Energie in einem vom Kommerz fremdbestimmten Leben. Materieller Besitz, Machtausübung, äußere Attraktivität, Erwerb von möglichst vielen Dingen sind Scheinziele, die von den Nutznießern der Wegwerfgesellschaft geschickt propagiert werden. Die Erfüllung vordergründiger Sehnsüchte und der Genuss von nur scheinbar attraktiven Freuden führen allerdings nie zur Bereicherung, sondern lediglich zur Vergeudung der Energien, mit denen wir unsere Anlagen entwickeln könnten. Selbstfindung ist der einzige Weg aus der Fremdbestimmung, der uns das Glück einer gesunden Eigenentwicklung erschließt.

Was ist klüger als mein Verstand?

Im Babyalter lernen wir die Sinne gebrauchen, zuerst das Schmecken (Dinge in den Mund nehmen), das Sehen, das Begreifen (Dinge mit den Händen anfassen), später werden die Wahrnehmungen kombiniert. Wir nehmen zur Kenntnis, kommen nach Vergleich mit eigenen Erfahrungen zur Erkenntnis, gewinnen durch die Lebenspraxis zunehmend Erfahrungen und gelangen vom Einblick zum Überblick, von der Einsicht zur Übersicht. Treffend wird auch vom „Einleuchten" gesprochen.

Zwar ist nicht genau bekannt, wie das Denken und Fühlen funktioniert, aber Wissenschaftler stellten fest, dass es im Gehirn jedes Mal aufblitzt, wenn uns ein Zusammenhang klar wird. Blitzen heißt, wir hatten eine kleine Erleuchtung auf dem Weg zur großen Erleuchtung (eine Nervenzelle in unserem vernetzten Gehirn kann bis zu 10.000 andere aktivieren oder dämpfen). Im Sinne des Universal-Prinzips findet das „Blitzen" als Summe atomarer Wechselwirkungen im Ausgleichsfeld einer Nervenzelle statt. Deren Energieniveau liegt mindestens um einen Oktavbereich höher als das der Zelle selbst, es ist eine kleine Erleuchtung im unsterblichen Bereich.

Im Gehirn werden alle Anregungen kombiniert. Es gehört zum sterblichen Körper, ist die Verbindungsstelle zu dem seelischen und geistigen Ausgleichsfeld-Oktavbereich (im 2. Oktavbereich werden die Eindrücke der fünf Sinne, im 3. die vom Verstand/Intellekt ausgewertet). Der 4. Oktavbereich bildet die Verbindung zwischen Körper und den geistigen Oktavbereichen 5 bis 7 (im 5. ist die Intelligenz angelegt).

Aufgrund unserer Erfahrungen können wir Erscheinungen in einer siebenfachen „Tiefe“ verstehen. Hierin liegt der Unterschied zwischen einer nur oberflächlichen Betrachtung und einer tiefen Erkenntnis. Jede Anregung, die von außen aufgenommen wird, durchläuft zuerst die geistigen und seelischen Oktavbereiche und erreicht erst dann den Körper. Umgekehrt durchläuft jede Aktion, die vom Körper ausgeht, ebenfalls die seelischen und geistigen Bereiche.

Heilung

Was tun, wenn Probleme oder Krankheiten nicht weichen wollen? Nehmen Sie Ihre Beschwerden nicht passiv hin, indem Sie diese zur „Reparatur“ Ihrem Arzt übertragen. Versuchen Sie, selbst zur gewünschten Heilung beizutragen, indem Sie zusätzlich o. g. Hilfsmittel nutzen. Legen Sie Ihre Hände auf die Problembereiche und spüren Sie sich hinein in ihren Körper. Nehmen Sie sich im Ganzen liebevoll an und schicken Sie Ihrer Verletzung, Ihrem Schmerz gedanklich dabei Liebe. Jeder hat die Fähigkeiten zur Heilung in sich. Wie gut hat es uns getan, wenn unsere Mutter uns liebevoll in den Arm nahm und damit schon allein die Bauchschmerzen linderte. Heiler besitzen im Unterschied zu Laien lediglich eine besondere Veranlagung und entsprechende Erfahrungen, wie das analog von Berufungen wie zu Malerei, Gesang bekannt ist. So können sie stärkere Wirkungen erzielen und in der Regel auch Fernbehandlungen durchführen.

Meditation

Ein guter Weg zur Erschließung individueller Anlagen ist die Meditation. Nach seiner Heiligkeit, dem 14. Dalai Lama, werden folgende drei Stufen unterschieden:

1. **Konzentration** ist die Vorstufe zur Meditation. Wir lernen unsere Gedanken zu ordnen, indem wir uns auf das Wichtigste konzentrieren. Wie mit einer Lupe erkennen wir dann das Wesentliche, gehen von der Oberfläche in die Tiefe, in andere Ebenen (Ausgleichsfeld-Bereiche). Am Anfang werden uns viele Gedanken ablenken. Dagegen anzukämpfen hat keinen Sinn (versuchen Sie jetzt nur nicht, an den Eiffelturm zu denken!).

Konzentration lernt man nur mit Gelassenheit. So können wir zu den ablenkenden Gedanken sagen: „Ihr seid jetzt unwichtig und gleichgültig“, oder wir betrachten sie kurz ohne Emotion und lassen sie dann weiterziehen – wie Wolken. Sehr wirkungsvoll ist die Anwendung von *Affirmationen und Visualisierungen. Die

Hilfe von Bäumen können wir beispielsweise nutzen – nehmen wir uns einmal die Zeit, das Blatt einer Pflanze oder auch einer Blüte lange und genau zu betrachten. Schritt für Schritt wird sich so die Konzentrationsfähigkeit verbessern. Denn durch die Konzentration wird ein Großteil unserer Energie auf einen Punkt gelenkt. Dadurch werden Verknüpfungen mit feineren Ausgleichsfeld-Bereichen und kleine Erleuchtungen angelegt. Eine buddhistische Weisheit sagt:

„Es ist unwichtig, auf welchen Bereich Du Deine Konzentration richtest, tust Du es mit voller Hingabe, wird es Dich zur Erleuchtung führen“.

Mein Bruder Hasso hat in seinem Leben sehr viele Erfahrungen gesammelt. Er war zuerst Zimmermann, dann technischer Zeichner, Fotograf, schließlich Bauingenieur und nebenbei Naturschutzbeauftragter und Naturmaler. In der Lebensmitte erblindete er. Dennoch konnte er in seinem Beruf bis zum Rentenalter weiterhin wirken. Jetzt verarbeitet er frühere Erlebnisse in anderer Weise und schreibt so schöne Kurzgeschichten wie die folgende. Lesen Sie den Text langsam und stellen Sie sich dabei den Inhalt möglichst mit allen Sinnen vor. Vielleicht können Sie den Frühlingswind spüren, die frische Erde riechen, den Gesang der Vögel hören und den schilfgesäumten Teich gar sehen.

Vorfrühling am Teich

„Leichter Wind streicht über die Felder, kühlt sich noch an den Resten von Schnee. Aber über den Wintersaaten ist die Luft schon vom Jubilieren der Feldlerchen erfüllt.

Schmelzwasser fließt in unzähligen Rinnsalen zum Teich. Hier erweckt die Märzensonne eine pastellfarbene Stimmung. Noch vom silbrigen Eis umrandet, spiegelt die Wasserfläche lichtes Himmelsblau. Blassgelbes Altschilf säumt die Ufer.

Wo sich vor Tagen noch Eis erstreckte, dort geben sich Scharen von Wasservögeln ein Stelldichein. Viele rasten nur, um später weiter zu ziehen. Wenige bleiben, bereiten sich aufs Brüten vor. Blesshühner und Stockenten gehören zu den ersten, die den Teich beleben. Laut schallt ihr Piepsen und Quäken herüber.

Selten zu hörende Quirr-Laute künden von der Balz der Höckerschwäne. Jetzt behauptet der Altschwan sein Revier – vertreibt jeden Eindringling mit Droh-Gesten und kraftvollen Flügelschlägen. Der Revierverteidiger lässt den jüngeren Rivalen keine Ruhe, bevor sie nicht auffliegen und mit singenden Schwingen das Weite suchen. Als siegreicher Beherrscher seines Reiches kehrt der Altschwan zu seinem Weibchen zurück. In stolzer Haltung schwimmen beide aufeinander zu. Mit zurückgelegtem Hals und vorgestrecktem Kopf berühren sie sich an Brust und Schnabel. Dabei umschließt die Symmetrie der geschwungenen Linien zwischen ihnen ein Symbol, das für ihr Liebesspiel spricht."

2. Meditation setzt die Fähigkeit zur Konzentration voraus. Und nachdem wir uns auf **eine** Sache konzentriert haben, denken wir über diese nach und gelangen dabei in tiefere Bereiche des Erkennens. Ungelöste Probleme, d. h. nicht ausgeglichene Ausgleichsfeld-Bereiche, behindern die Meditation. Durch fortgesetzte Übungen werden sich bestehende Probleme lösen, wodurch „Quantensprünge" in geistige Ausgleichsfeld-Bereiche möglich werden. Die Empfindungen in der Meditation übersteigen die der fünf Sinne bei weitem. Daher besteht bei jeder Stufe die Gefahr der Anhaftung, denn man kann sich oft nicht vorstellen, dass es noch schöner werden kann.

3. Kontemplation ist die höchste Stufe der Meditation. Indem wir all unsere Energie auf eine Sache lenken, erreichen wir das

Eins sein mit dieser Sache.

Mit dem Grad der Erfüllung der Ausgleichsfelder sinkt unsere freie Gravitationskraft. Wenn alle Ausgleichsfeld-Bereiche ausgeglichen sind, sind wir wunschlos glücklich – dies ist der höchste Grad menschlicher Entwicklung, Erkenntnis und zugleich des Empfindens. Das Bewusstsein stieg vom Ich zum Wir, über Partner, Familie, Volksstamm, Volk, Menschheit, Tiere, Pflanzenwelt und Erde zur allumfassenden, vernetzten Liebe, dem

All-Eins-Sein.

6.5 Wie kann ich erkennen, was wahr ist?

Dies ist wohl eine der wichtigsten Fragen. Die Indianer konnten lange nicht verstehen, dass der weiße Mann oft etwas anderes meinte, als er sagte.

*„**wahr** geht zurück auf: vertrauenswert, wahrhaft, echt, wirklich"*, *„**Wahrheit** ist gleichbedeutend mit Wirklichkeit". **Wirklichkeit** „das als Gegebenheit oder Erscheinung Fassbare"* [Herkunftswörterb97]

Die Wirklichkeit können wir einerseits mit unseren Sinnen **wahrnehmen** oder andererseits mit unseren geistigen Fähigkeiten **erkennen** bzw. **erfassen**.

Durch die **Wirklichkeit**, welche wir durch unsere individuelle **Wahrnehmung** erfassen; ist diese Wahrheit subjektiv gefärbt; also relativ. Der Begriff „wahr" enthält daher in seiner Bedeutung „bewähren" einen (nachträglichen) Beweis für die objektive Richtigkeit einer behaupteten Wahrheit (sich als wahr, richtig bzw. geeignet erweisen).

Wahrheit ist gleichbedeutend mit ***„richtige Erkenntnis"*** [Herkunftswörterb97].

Erkenntnis bedeutet *„begründetes Wissen über einen Sachverhalt. Die Tradition unterscheidet zwischen **diskursiver** und **intuitiver** Erkenntnis."* [Lexikon96], „Einsicht"[Herkunftswörterb97], erkennen bedeutet „inne werden, geistig erfassen." [Herkunftswörterb97]

Diskursiv bedeutet *„von Begriff zu Begriff fortschreitend, schlussfolgernd, Gegensatz intuitiv".* [Lexikon96] **Intuitiv** heißt *„geistige Anschauung, Eingebung, die unmittelbar gewisse Erkenntnis von Wesenszusammenhängen." [5] „Spontane, nicht auf diskursiver Reflexion beruhende Erkenntnis; ein Moment wissenschaftlichen Forschens und künstlerischen Gestaltens."* [4]

Diskursiv ist gleichbedeutend mit Deduktion. **Deduktion** heißt in [Lexikon96] *"Ableitung einer Aussage aus anderen Aussagen (Hypothesen) mit Hilfe logischer Schlussregeln."*

Jede diskursive bzw. deduktive Aussage baut auf einer bereits vorhandenen Grundaussage auf. Daraus ergeben sich gleich zwei Probleme: Die abgeleitete Aussage ist falsch, wenn entweder die Ableitung oder die Grundaussage falsch ist.

Langer Rede kurzer Sinn: Wir kommen der Wahrheit am nächsten, wenn wir uns auf unsere Intuition verlassen. Damit wir nicht ständig das Fahrrad neu erfinden müssen, stützen wir uns natürlich für den Großteil unserer Aktivitäten (deduktiv) auf die Erfahrungen unserer Vorfahren.

In Kapitel 5.8 leiteten wir ab, dass Newton den „Mathematischen Beweis" über das menschliche Verstandesvermögen setzte. Diese Verfahrensweise ist bis heute in der konventionellen Wissenschaft verankert.

Verstand wird in [8] mit Denkvermögen erklärt. Und hier scheiden sich die Geister. Wir sind der Ansicht: Wenn der Mensch etwas nicht verstehen kann, also geistig nicht erfassen kann, nicht einsehen kann - handelt es sich nicht um eine Erkenntnis und damit nicht um Wahrheit.

In Kapitel 5.9 begründeten wir eine Ursache für die gesellschaftliche Schieflage in der Neuzeit mit der Wende in den Naturwissenschaften (Kapitel 5.8). Die Philosophen haben dieses Problem natürlich erkannt und darüber geforscht. Eine weitere Weichenstellung fanden wir in [6] auf S. 652:

„So ist im 20. Jahrhundert großenteils Erkenntnistheorie durch Wissenschaftstheorie ersetzt (oder auch auf sie reduziert) worden, um den Preis freilich einer ***Einengung des Begriffs von Erkenntnis****, unter Ausklammerung der Vorfrage, wie sich Gegenstände und Gegenstandsbereiche überhaupt konstituieren (gründen).*

Habermas analysiert dann eindringlich die Selbstinterpretation und Kritik wissenschaftlichen Erkennens, die sich im Schoße der Wissenschaft selbst entfaltet hat,(...) Der dritte Teil des Buches bringt, (...) auch eine Darlegung von Habermas' eigenen Thesen, die u. a. hinauslaufen auf ***eine enge Verbindung zwischen Erkenntnis und Interesse****, zwischen Erkenntniskritik und Gesellschaftstheorie und die eine neue, veränderte, „transformierte" Transzendentalphilosophie (im Kantschen Sinne) zwar noch nicht ausarbeiten, aber nahe legen und als notwendig erweisen."*

Der technische ‚Fortschritt' wird, wie wir heute wissen, immer gnadenloser auf dem Rücken der Natur ausgetragen. *Die Wissenschaft geht immer mehr dazu über, Kritik im eigenen Lager zu üben und ganz wesentlich – Kritik wird zunehmend den „Interessen" untergeordnet.*

Die Wissenschaft wurde mehr und mehr zum Erfüllungsgehilfen der Wirtschaft. Und – diese frönt dem neuen Gott „Geld und Macht". Mehr und mehr werden die Lebensgrundlagen von Pflanzen, Tieren und Menschen vernichtet.

Walter **Russel** beschrieb in [Russel01] die wissenschaftliche Erkenntnisgewinnung recht drastisch: *„Wir haben das „Wie" gelernt, aber nie das „Warum" oder „Was". Darum hat die Wissenschaft heute so wenig Wissen über Ursachen. Sie bringt Wirkungen hervor, ohne das „Warum" dieser Wirkungen benennen zu können. Die bedeutendsten Wissenschaftler unserer Zeit wissen nicht, was Elektrizität ist;*

Schwerkraft, Magnetismus, Licht, Leben, Energie oder den Aufbau der Materie können sie ebenso wenig definieren. Ihre Theorien in dieser Hinsicht sind lediglich wilde Spekulationen, die sich so schnell ändern, dass wissenschaftliche Lehrbücher nach wenigen Jahren überholt sind. Daher verfügt die Welt von heute zwar über viele Informationen über beobachtete Wirkungen sowie über Fähigkeiten im Einsatz von Materialien, sie besitzt aber praktisch kein Wissen."

Diese Aussage scheint übertrieben, enthält aber ein Stück Wahrheit. Wir werten Newtons Vorstellungen von Gravitation als Ursache für eine Kette von Fehlinterpretationen nachfolgender Physiker. Newton wollte Gravitation erklären, ohne deren Ursache erkannt zu haben. So konstruierte er eine Erklärung – die beste, die er finden konnte, und „bewies" sie auf geometrisch-mathematische Weise.

Die in der Antike entwickelten Lehren waren verstandesmäßig fassbar. Der Universalgelehrte Aristoteles hatte noch die gegensätzlichen Kräfte Gewicht und Auftrieb gelehrt. Seine Sicht der Welt galt bis ins 17. Jahrhundert. Newton dagegen konzentrierte sich einseitig auf die Erforschung der Gravitation (Schwerkraft) und übersah die Kehrseite der Medaille.

Dazu Hutter in [Hutter89] *„(...) vielmehr geht es Newton um das, „was die Welt im innersten zusammenhält."*

Universal-Prinzip-Kommentar: Richtig sind die Aussagen zur Gravitation. Neu im Sinne des Universal-Prinzips ist, dass der Abstand zur Sonne durch ein Gleichgewicht zwischen Gravitation und abstoßender Gegenkraft Levitation entsteht. Vom Sonnenwind wusste Newton seinerzeit nichts.

Leider ist es der konventionellen Physik bis heute nicht gelungen, die Ursache zu der von Newton im Jahre 1687 postulierten Gravitation zu ergründen oder eine dazu entgegengesetzte Kraft zu erkennen.

Nun werden Sie vielleicht einwenden, dass die Werte, die nach dem Newtonschen Gravitationsgesetz gemessen wurden, doch zigfach von der Realität bestätigt wurden. Ja und nein, – was Astrophysiker als Gravitation messen, entspricht offensichtlich nicht der reinen Gravitationskraft, vielmehr wird stets die Resultierende aus Gravitations- und Levitationskraft gemessen. Zahlenmäßig richtige Messergebnisse werden falsch interpretiert.

Dazu Berlinski in [Berlinski02]: *„Es gibt innerhalb der Newtonschen Mechanik keine Erklärung für die Kraft der Gravitation im Sinne anderer Kräfte – etwa der Bewegung oder der Verteilung von Teilchen. Gravitation ist, was sie ist: sie lässt* *sich nicht in einfacheren Begriffen oder unter Berufung auf die elementareren Bestandteile der Materie erklären. Wir sind vertraut mit der Gravitation durch ihre Wirkung; wir verstehen die Gravitation mithilfe ihrer mathematischen Formulierung. Darüber hinaus verstehen wir nichts. Das galt, als Newton schrieb; es gilt auch heute."*

Newton legte mit seiner Vorstellung nicht nur den Grundstein für eine seither andauernde höchst einseitige Entwicklung von Wissenschaft und Gesellschaft, sondern auch für eine bedauerliche Unterschätzung menschlicher Intelligenz. Gebetsmühlenartig wiederholten berühmteste Physiker diese fragwürdige Haltung, die noch heute zu den festen Grundlagen wissenschaftlicher Arbeit zählt: „Der mathematische Beweis steht über dem menschlichen Verstand." In der Nachfolge von Newton findet sich diese Haltung bis heute.

Indem zum einen nicht mehr nach den Ursachen der Dinge gefragt wird, und sich zum anderen der Standard wissenschaftlicher Aussagen auf fragwürdigen Theorien beruht, scheint die Vernichtung der Lebensgrundlagen auf diesem Planeten unausweichlich. Von der Leitwissenschaft Physik strahlte jene Denkweise auf andere Disziplinen aus. Schulmediziner bekämpfen nach wie vor in aller Regel nur Krankheitssymptome, erfassen nicht deren Ursachen. So unterscheiden sich nach wie vor die Heilungsansätze der Schulmediziner: „Krankheiten bekämpfen" von denen der Heilpraktiker und Geistigen Heiler: „Stärkung der Gesundheit".

Störig gibt denn auch in [Störig93] zu bedenken: *„**Das rationale und mathematische Denken lässt gerade die tiefsten Bedürfnisse unserer Menschennatur unbefriedigt und kann die wesentlichsten Fragen nicht beantworten.** So glänzend und in sich geschlossen das Gebäude der Mathematik ist – was dem Menschen allein Not tut, darüber kann sie nichts ermitteln." (S. 321) Und – „Es hat sich ferner erwiesen, dass der von Descartes eingeschlagene Weg, die wirkliche Welt aus wenigen Grundbegriffen zu deduzieren, ein Irrweg ist. Descartes verkennt aber, dass für jeden Versuch, die uns umgebende wirkliche Welt zu erklären, die uns gegebene Erfahrung nicht übergangen werden kann, und ferner, dass der Mensch als bedürftiges und handelndes Wesen sich seiner selbst immer nur in der Auseinandersetzung mit einer höchst leibhaftigen Umwelt bewusst wird. Der überwältigende Erfolg der mechanischen und mathematischen Naturerklärung, unter dessen Eindruck er steht, verleitet ihn dazu, die Gültigkeit ihrer Prinzipien über den ihnen zukommenden Bereich hinaus auszudehnen (...)"*

Wenden wir uns dem intuitiven Denken zu.

6.6 Lebendiges Wissen durch intuitive Intelligenz

Zum Begriff Wissen fanden wir in [4]: *„Inbegriff dessen, was überlieferter Bestand des Wissens einer Zeit ist, vor allem der Prozess methodisch betriebener Forschung und Lehre als Darstellung der Ergebnisse und Methoden der Forschung. Wissenschaft beginnt mit dem Sammeln, Ordnen und Beschreiben ihres Materials; weitere Schritte sind die Bildung von Hypothesen und Theorien."*

Betrachten wir den Begriff Lernen, so steht in [5] folgendes: *„Bei Menschen und Tieren der Vorgang der Aufnahme, Speicherung und Verarbeitung nicht ererbter Informationen, die eine Änderung des Verhaltens ermöglichen oder bewirken."*

Volksweisheiten lehren, dass alle Dinge verschiedene Erscheinungsformen in mehreren Ebenen haben: *„Nicht jeder erkennt, was er sieht"; „Er sieht den Wald vor Bäumen nicht"; „Die Angelegenheit liegt jenseits unseres Vorstellungsvermögens."*

Kreativität ist Bedingung für Innovationen. Der Grundstein für intuitives und kreatives Denken wird in der Kindheit gelegt. Die Unabhängigkeit und Freiheit, auszuprobieren und fragen zu dürfen, sind Voraussetzung für ideenreiche Menschen. Leider verkümmert das kreative Potenzial junger Menschen oft in Schule, Ausbildung und Beruf. Vielmehr wird Anpassung gefördert. Die Lust, Dinge auszuprobieren, geht verloren, das Risiko eines möglichen Misserfolges wird gescheut.

Unser individuelles Wissen erwerben wir durch Vererbung, Arbeiten und Lernen. Im Sinne des Universal-Prinzips lässt sich Wissen einteilen in:

- **Lebendiges Wissen**, das aus ewig und unverändert gültigen Grundsätzen (z. B. Geometrie) und aus Wissen besteht, welches über größere Zeiten gilt, bis es durch neuere Erkenntnisse überholt wird (z. B. Naturwissenschaften, Geschichte)
- **Totes Wissen**, welches nur kurze Zeit gültig ist, weil es rasch durch neue Techniken oder Technologien überholt wird (z. B. Computerwissen)

Aus der Schule kennen wir den Unterschied zwischen „Auswendiglernen" und dem „Verstehen höherer Zusammenhänge". Manches ist rasch wieder vergessen, Anderes behält man ein Leben lang.

Totes Wissen ist zumeist einseitig orientiert. Die Wissenschaften zerfielen in Einzelwissenschaften, die Gesellschaft in individuelle Gruppierungen, die Wirtschaft in Lobbygruppen. Theorien lösen sich ab, sind teilweise manipuliert, werden überholt. Die Folge ist ein Werteverfall, die Wegwerfmentalität erfasste die Wissenschaft und diese wurde zum Erfüllungsgehilfen der Wirtschaft. Fälschung und Korruption häufen sich.

Der einstige ganzheitlich denkende Alchimist, der die Umwandlung eines Stoffs in einen anderen als analoge Möglichkeit seiner geistigen Vervollkommnung anstrebte, wurde zum oft die Umwelt verschmutzenden Chemiker, der aus Profit- und Vereinfachungsgründen natürliche Stoffe industriell verändert. Der Trend von Grundlagenforschung zu profit-orientierter Forschung ist unübersehbar, weil die Wissenschaft von der Quelle, von der Ursache getrennt wurde.

Der Alchimist erwarb durch Stoffumwandlung geistige Werte. Heute verfällt die Ethik, man wendet sich vom Geistigen ab und dem Materiellen zu, zerstört zunehmend natürliche Lebensräume, Gewalt wird im Kleinen wie im Großen als Mittel eingesetzt, um Konkurrenten auszuschalten.

So entwickelt sich gegenwärtig, ausgehend von Nordamerika eine neue Elite, eine „Anpassungs-Elite“.

Moderne Ausbildung vermittelt fertiges Wissen, das zumeist ohne Hinterfragen angenommen werden soll. Alexandra stellte bezogen auf ihre Grundschulausbildung fest: *„Totes Wissen erzeugte nur selten Resonanz in mir und es gab kaum Möglichkeiten, Anwendungen für das eigene Leben zu entwickeln. Wir lernten nicht, aus der eigenen lebendigen Quelle zu schöpfen.“*

Der dritte Weg: die Intuition

Lebendiges Wissen sehen wir als Wissen von der Natur, also von Menschen, Tieren, Pflanzen und unserer Umwelt. Totes Wissen ist ungesichertes und unvollständiges Wissen. Im „Alten Reich“ der Ägypter wurden Priester 22 Jahre lang ausgebildet (11 Jahre schwerpunktmäßig bezüglich der linken und 11 Jahre bezüglich der rechten Hirnhemisphäre). Danach waren Persönlichkeiten herangereift, die sich nun den Fachthemen widmeten, welche ihren Anlagen entsprachen. Das alte Ägypten wurde durch Weisheit regiert. Intuitives Wissen wird in aller Regel durch **Induktion** gewonnen, das bedeutet nach [5]: *„vom Einzelnen zum Allgemeinen hinführend.“* Induktion gründet sich auf einer Synthese, erzeugt qualitativ Neues.

Intuitionen, Visionen, Einfälle, also Informationen, die in höheren Bewusstseinszuständen erlangt werden, schöpfen aus der gleichen Quelle. Nutzen wir die in unserem Gedächtnis angelegten Antennenstrukturen, um in den globalen

Speichern der *Akasha-Chronik über Resonanzen Wissen zu erwerben, das der Wahrheit umso näher kommt, je höher die Bewusstseinsstufe liegt, die uns zur Verfügung steht. Auf diese Weise gelingt es, lebendiges Wissen von nur vorübergehend gültigem oder totem Wissen zu unterscheiden. Dies ist deshalb so wichtig, weil wir es zunehmend mit manipuliertem, von Interessen gefärbtem Wissen zu tun haben.

Der Zugang zur Quelle lebendigen Wissens ist in uns allen angelegt, denn die Menschheit hat sich nach diesem Wissen entwickelt. Körper, Seele und Geist sind nach diesem universellen Prinzip aufgebaut und vernetzt.

Konventionell wird zumeist nur der Verstand (Mind) trainiert. Dieser ist vergleichbar mit dem Arbeitsspeicher eines Computers. Es ist der Intellekt, der für ein formales quantitatives Leben genügt. Die bedeutenden qualitativen Entdeckungen aber begannen mit Einfällen, die sich in einer Phase der Entspannung bildeten, in der das konventionelle Denken „abgeschaltet" war. Solche Phasen erleben wir in Pausen, abends, morgens oder in der Meditation. Also immer dann, wenn wir uns gerade nicht nachdenken, wenn wir uns zwischen Wach- und Schlafzustand befinden. In diesen Phasen (Alphazustand) ist der Verstand (Arbeitspeicher) nicht aktiv; wir arbeiten nicht nur mit unserem Hauptspeicher, sondern mit Resonanzen aus der Akasha-Chronik, dem Wissen der Welt.

Konventionelles Lernen kann ermüdend sein. Intuitives Lernen dagegen ist lebendig und anregend. Durch Intuition können wir all das finden, was wir für unsere qualitative Entwicklung brauchen. Jeder Mensch kann hellsichtig, hellhörig usw. sein, es sind verschiedenen Kanäle möglich (Ton, Farben, Licht). Die erste Wahrnehmung ist codiert (Ton, Farbe, Bilder). Hinter der ersten Wahrnehmung sitzen Ursachen, Pläne, Lösungen.

Helga Zepp-LaRouche stellte in ihrer Rede „Für einen Dialog der Kulturen" auch die Idee des „Von oben Denkens" dar: *„Es gibt im Universum eine hierarchische Ordnung höherer und niederer Gattungen, die sich durch vielfältige individuelle Differenzierung auseinander entwickeln. Diese Entwicklung geht jedoch nicht von unten nach oben, sondern in umgekehrter Richtung". In der Schrift ‚Der Laie über den Geist' entwickelt Nikolaus von Kues die Idee, dass Gottes Wissen herabsteigt in die Natur des menschlichen Geistes und weiter in den Bereich der Dinge, aber eben nur durch den menschlichen Geist. Und das Höhere erhebt das Niedrigere – Nikolaus sagt sogar, es werde „empor gerissen". Durch dieses „Empor-Reißen" hat der Mensch teil an Gott, und das Tier hat teil am Menschen.*

***Diese Methode des Denkens von oben**, von der Ebene des Ineinanderfallens der Gegensätze, ist ein universelles methodologisches Konzept, das sich auf alle Lebensbereiche anwenden lässt. So können scheinbar unlösbare Konflikte auf einer höheren Ebene beigelegt werden, und der Dialog der Kulturen kann erfolgreich sein, wenn wir von der einen Menschheit ausgehen.*

In der Schrift ‚Über den Beryll' bespricht Nikolaus diese Methode: ‚Hermes Trismegistus sagt, dass der Mensch ein zweiter Gott ist. Denn so wie Gott der Schöpfer dessen ist, was wirklich ist, und der naturgegebenen Formen, so ist der Mensch der Schöpfer dessen, was begrifflich ist, und der Kunstformen.'

Aber, sagt Nikolaus, der menschliche Geist ist auch fähig, durch Erkenntnis schöpferisch tätig zu sein. Es gibt ein Sein, dass nicht ist, weil Gott es geschaffen hat – und das der menschliche Geist deshalb nur assimilieren oder wiederholen kann –, sondern das völlig vom menschlichen Geist erzeugt ist. In diesem Sinne ist die reine Schöpferkraft göttlich. Man kann den Menschen als einen zweiten Gott auffassen. Je mehr der Mensch auf solche Weise wirklich schöpferisch ist, desto mehr wird er Gott ähnlich. Welch wunderbare Weise, den Menschen frei zu machen, sein ganzes Potenzial auszuschöpfen und die menschliche Identität auf der höchsten, erhabensten Ebene anzusiedeln!"

Die Beschreibung gleicht der des Universal-Prinzips, wonach das Universum aus Materie besteht, welche in Hierarchien unterschiedlicher Energieniveaus bzw. unterschiedlicher Ausgleichsfeld-Oktavbereiche angeordnet ist. So wird auch das Phänomen „Akasha-Chronik" verständlich. Der Mensch hat Anteil an dessen Entwicklung und kann mittels seines Ausgleichsfeldes mit dem dort gespeicherten Wissen kommunizieren. Diese Kommunikation bezeichnen wir als **intuitives Denken.**

7. Zukunftsvisionen

In Kapitel 5.6 stellten wir fest, dass sich frühe Hochkulturen an der natürlichen Hierarchie: Erdboden, Pflanzen, Tiere, Menschen, Erdkugel, den Planeten sowie der Leben spendenden Sonne samt ihren Ausgleichsfeldern orientierten. Es herrschte ein **Gleichgewicht** zwischen Wachsen und Regenerieren sowie Ernten und Kultivieren.

Natürlicher Klimawandel (Ende der letzten Eiszeit) und Bevölkerungswachstum führten zum Übergang vom **nehmenden** Leben der Jäger und Sammler zur **produzierenden** Gesellschaft der Bauern und Viehzüchter. Produktion und Handel begünstigten die Ansammlung von Privateigentum in den Händen Weniger. Mit dem Modell eines Idealstaates von Plato wurde versucht, die Einhaltung von Verhaltensregeln, Ethik und Moral zu bewahren. Wenig später ersetzten die Herrschenden die natürlichen religiösen Philosophien durch Zweckreligionen, welche das aufkeimende Streben nach **Privateigentum** und **Macht** sowie den Raubbau an der Natur förderten. *„Macht euch die Erde untertan"* galt von Stund an auch für Wissenschaft, Politik und Kunst. Die Macht Weniger begann, dadurch sanktioniert, die Gesellschaften zu dominieren.

Mit dem Einzug der Technik distanzierte sich der Mensch noch stärker von der Natur. Automatisierung, Genmanipulation, Antibabypille, künstliche Befruchtung bremsen nun die ganzheitliche Weiterentwicklung des Menschen. Erst

Katastrophen wie beispielsweise Tsunamis und Hurrikans verdeutlichen die Verwundbarkeit – auch der Technik.

„Wir haben die Erde gekränkt.
Nun zieht sie ihre Wunder zurück.
Wir – der Wunder eines."
(Rainer Kunze)

Im Sinne der neuen Philosophie „Göttliche Evolution" gilt es, in allen Lebensbereichen Gleichgewichte zwischen anziehenden und abstoßenden Kräften durch den Aufbau von Ausgleichsfeldern zu fördern, anstatt freie Kräfte zerstörerisch wirken zu lassen.

Voraussetzung für ein gesundes natürliches Bewusstsein ist die Heilung der in Kapitel 5 beschriebenen beiden historischen Brüche, sparsamer Umgang mit Energie sowie die Eingrenzung der Genmanipulation. Die Wissenschaft sollte das Wissen vermitteln, um die Natur mit all ihren vielfältigen Aspekten ganzheitlich zu verstehen und zu fördern. Die Religionen sollten uns auf dem Weg zur individuellen Weiterentwicklung begleiten. Dic Wirtschaft muss gerechte Steuern erheben und diese Mittel zum qualitativen Vorteil der Gemeinschaft einsetzen.

Anregungen für die verschiedenen Bereiche:

Naturwissenschaften sollten ihrem Namen wieder gerecht werden und das ganzheitliche Wesen der Welt erforschen. Die Natur sollte als Vorbild dienen und die mannigfache Vernetzung mit dem Menschen ein Gegenstand der Forschung sein. Ganz „natürlich" wird sich dadurch Motivation statt Orientierungslosigkeit für die Menschheit, vor allem für unsere Jugend ergeben. Voraussetzung für ein Gleichgewicht zwischen Gesellschaft und Natur ist eine Wissenschaft, die dem Aufbau und der Organisation der Natur entspricht. Dazu die folgenden Schwerpunkte:

- Grundsätzliche Herangehensweise entsprechend einem Gehirn mit zwei verknüpften Hemisphären. Mit digitalem Verstand und analoger Intuition können Probleme kontinuierlich (Analyse und Synthese der Aufgabenstellung) und diskret (Entscheidung der optimalen Bearbeitung der Aufgabe aufgrund der Erfahrungs-Logik) behandelt werden.
- Re-Kombination von Natur- und Geisteswissenschaften sowie Religion. Wie bei allen natürlichen Systemen besteht zunächst eine Spannung zwischen

Aufgabe und Ziel. Die Lösung der Aufgabe bedingt den Aufbau eines Ausgleichsfeldes zwischen beiden Polen. Dabei sind alle Energieniveaus zwischen beiden Zuständen einzubeziehen (vom ordnenden hohen bis zum chaotischen niedrigen) um den mittleren Gleichgewichtszustand als Ziel zu erreichen.

- Vereinfachung der Wissenschaft, indem identische Größen und Sachverhalte, die zurzeit noch in verschiedenen Fachgebieten unterschiedlich benannt und interpretiert werden, auf die gemeinsame Basis zurückgeführt werden.

Konstruierte **Religionen** änderten die Auslegungen ihrer Philosophie je nach Interessenlage. Sonne und Planeten bleiben bestehen und entwickeln sich. Die ganze Wahrheit kann wohl keine Religion vollständig beschreiben. Einigen sich jedoch alle Religionen, könnten sie gleich einem Orchester wunderbare göttliche Melodien auf Erden erzeugen. Der Ausgleich zwischen unterschiedlichen Polen bietet den einzigen Weg, um Gott zu dienen.

Daher sollte jeder Mensch seinen Weg zu Gott auf der Grundlage von Toleranz statt Missionierung selbst wählen können. Jeder sollte an erster Stelle sich selbst achten und akzeptieren, und danach seinen Nächsten wie sich selbst. Nie mehr sollte ein Mensch – Muslim, Jude oder Christ – Andersgläubige als Ungläubige diskriminieren.

Ein Grieche meinte bei einem Gespräch über den noch lebendigen Götterglauben in seiner Heimat: „Wenn alle Menschen wüssten, dass das Meer von einem Meeresgott beseelt ist, würde wohl keiner mehr Gift hineinschütten.“

Die **Gesellschaft** sollte allen Menschen sowohl eine Pflicht als auch ein Recht auf Arbeit zuerkennen. Nicht Profit sollte im Vordergrund stehen, denn das ist langfristig der falsche Weg, wie die Verschuldung der „reichsten“ Länder zeigt. Rüstungsausgaben können drastisch reduziert werden, wenn Konflikte intelligent nach dem Prinzip des Ausgleichsfeldes gelöst werden. Langfristige Orientierung auf Qualität statt Quantität im Sinne einer Förderung der göttlichen Evolution ist anzustreben. Damit dies frei von Interessen bestimmter Gruppierungen geschehen kann, sind statt einer überquellenden Fülle teilweise unverständlicher Gesetze die beiden folgenden Regeln einzuhalten:

- Das Wort sollte wieder in seinem ureigensten Sinn gebraucht werden, d. h. niemand darf etwas behaupten oder gar versprechen, was nicht (seiner) Wahrheit entspricht. Also stets nach bestem Wissen und *Gewissen handeln.

- Vor jedweder Aktion sollten die Fragen stehen: Nützt es oder schadet es mir? Nützt es oder schadet es meinem Nächsten? Nützt es oder schadet es der Natur? Wird eine der Fragen negativ beantwortet oder gibt es Zweifel, ist die Aktion zu unterlassen.

Das **Bildungswesen** im Zeitalter ungeordneter Zuwanderung vermochte nicht sicherzustellen, dass alle schulpflichtigen Kinder die Landessprache sprechen bzw. notwendige Sachverhalte verstehen. Nachdem derart elementare Probleme behoben sind, sollten neben der bloßen Vermittlung auch die Möglichkeiten zur intuitiven Erschließung von Wissen gelehrt werden. Das Verständnis der vielfältigen Vernetzungen ist Voraussetzung, um die natürliche Welt ganzheitlich zu verstehen, sich als Bestandteil derselben zu begreifen und entsprechend zu handeln.

Forschung auf der Grundlage eines gemeinsamen Überbaus für Naturwissenschaften, Philosophie und Religionen. Nur so können Synergien und Wechselwirkungen sowie endlich auch der Sinn des Lebens zur Erhöhung der Intelligenz der Erde erschlossen werden. Hierzu bedarf es der Einbeziehung von Tieren und Pflanzen sowie der Erde. Forschungen in folgenden Bereichen werden angeregt:

- Das **Universelle *Periodensystem** (Kapitel 3.6) kann als Grundlage zum Verständnis aller Entwicklungsprozesse genutzt werden, da es die natürliche Abfolge von kontinuierlicher Entwicklung und spontanem Qualitätssprung auf der Grundlage von Oktaven zeigt. Dies gilt für den Kreislauf von Materie (von schweren Elementen im Kern zu leichteren im Ausgleichsfeld), für die Abfolge der Weltzeitalter und Atmosphäreschichten der Himmelskörper, Lebewesen und Kulturen. Erforschung und verstärkte Nutzung natürlicher Zyklen und Perioden für Lebewesen und Technik.

- **Effektivere Energiegewinnung** durch Nutzung des Potenzialgefälles zwischen interplanetarem Raum und der Erdoberfläche. Ein großer Teil der Sonnenstrahlung und des Sonnenwindes wird von dem Erd-Ausgleichsfeld (Atmosphäre) gefiltert bzw. durch Wechselwirkungen verbraucht. Durch Satelliten könnte diese Energie außerhalb des Erd-Ausgleichsfeldes aufgefangen und direkt genutzt werden.

- **Einflüsse technischer Wellen und genmanipulierter Industrienahrung auf die Entwicklung von Ausgleichsfeldern (Seelen).** Dabei geht es um Wechselwirkungen zwischen anregenden technischen Wellen und den Bereichen im Körper von Pflanzen, Tieren und Menschen

(Gesamtorganismus, Organe, Zellen), die dadurch angeregt werden (Bild 5.12). Und es geht um Unterschiede zwischen natürlich gewachsener Nahrung, die entsprechende Ausgleichsfelder entwickeln kann, und künstlicher *denaturierter Nahrung.

- Das Wesen von Gefühlen, Gedanken, Gebeten. Wenn Lebewesen durch Wetterlagen beeinflusst werden, können diese umgekehrt das Wetter beeinflussen. Durch gemeinsame Konzentration vieler Menschen auf bestimmte Gedankenformen (Meditation, Gebete) erhöht sich die Sendestärke ebenso wie bei zusammen geschalteten Antennen oder Teleskopen.

- Der Mensch ist aufgrund seines komplexen Organismus in der Lage, sekundenschnell Schlussfolgerungen aus sehr vielen und zudem verschiedenen Sinnesreizen zu ziehen. Hierbei ist er Messgeräten überlegen, weil diese zumeist nur einzelne Größen messen können, und das auch nur in einem bestimmten Messbereich.

- Die Einflüsse der Gestirne auf die Erde und ihre Bewohner werden zunehmend durch Messergebnisse erkannt. So ergaben Beobachtungen, dass der Mondeinfluss über die Gezeiten auch Erdbeben auslösen kann (kleine Ursache – große Wirkung). Sowohl die Chaostheorie (Der Lufthauch, den der Flügelschlag eines Schmetterlings erzeugt, kann den Verlauf eines Hurrikans auf der anderen Erdhalbkugel beeinflussen) als auch das Gesetz von Arndt Schulz (Leichte Anregung bringt Leben hervor, mittlere fördert es, starke zustört es) beweisen den erheblichen Einfluss, den selbst oder gerade geringe Kräfte erzeugen können. Angesichts der raschen Zunahme drahtloser Kommunikation besteht auf diesem Gebiet erheblicher Nachholbedarf an Forschung.

Manches bedarf keiner besonderen „wissenschaftlichen" Beweisführung, es genügt der gesunde Menschenverstand. Auch kann das Universal-Prinzip helfen, um Phänomene, die sich bisher wissenschaftlicher Deutung entzogen, zu verstehen.

Eine neue Sichtweise der Welt macht uns zu quasi Kindern die sich Schritt für Schritt ihr Umfeld erschließen, bevor sie lernen, in diesem harmonisch zu leben. Bild 7.1 zeigt einen Menschen, der neugierig aus der Sphäre der gewohnten Umwelt hinausschaut und staunend größere Zusammenhänge entdeckt.

Bild 7.1 Der Mensch auf der Suche nach höheren Welten [Holzschnitt aus einem Buch des Astronomen Camille Flammarion]

Besinnen wir uns auf unsere wahren Wurzeln, lernen wir aus der Universal-Geschichte, reinigen wir unsere Welt von allem Unnatürlichen und bauen wir sie im Sinne einer Nutzen-Nutzen-Relation neu auf.

Weshalb bin gerade ich ganz wichtig für diese Welt?

Stellen wir uns die Welt als Bild vor. Jeder Mensch ist einzigartig und ein Teil des Weltbildes. Würde dieser Teil fehlen, wäre das Bild unvollständig. Jeder Mensch besitzt neben seinen individuellen Anlagen eine ganz persönliche seelisch geistige Wesenart und Charaktereigenschaften. Durch diese individuelle Art kann er die Welt bereichern.

Gutes tun, heute beginnen

Es ist für jeden von uns möglich, sofort die Welt zu verändern und dies leicht, wenn wir mit kleinen Schritten beginnen:

- Tun Sie das, was Sie sich schon immer vornahmen und immer wieder verschoben (Anrufe, Theater- oder Kinobesuch…)
- Gönnen Sie Ihrem Körper täglich ein wenig Ausgleichssport (morgens 5 Minuten …)
- Machen Sie anderen Komplimente
- Widmen Sie Ihren Nächsten etwas Zeit, hören Sie zu
- Schenken Sie Liebe ohne eine Gegenleistung zu erwarten
- Räumen Sie anderen die Vorfahrt ein
- Helfen Sie Hilfebedürftigen (das kann ein Regenwurm sein, der sich nach dem Regen auf dem Asphalt verirrt hat)
- Sparen Sie (Wasser, wer nicht gerade im Bergwerk arbeitet, muss nicht täglich duschen; Papier, zum Einkauf Beutel mitnehmen, Strom, …)
- Mehr dazu unter www.gute-tat.de
- Betrachten Sie Probleme als Aufgabe, lösen Sie diese, anstatt sie zu verdrängen
- Lösen Sie Probleme oder realisieren Sie Wünsche, indem Sie in Gedanken sich und die Aufgabe in Form zweier entgegen gesetzter Pole sehen, zwischen denen Sie ein Ausgleichsfeld aufbauen
- Versuchen Sie, öfter zu lächeln, weil das auch im Inneren positiv wirkt (wenn es schwer fällt, hat schon ein Bleistift quer zwischen den Lippen einen positiven Effekt)
- Geben Sie dem Zufall eine Chance, verplanen Sie nicht ihre ganze Zeit
- Behindern Sie Ihre Entwicklung nicht durch Automaten, sammeln Sie durch Selbermachen eigene Erfahrungen
- Der achtfache Pfad des Buddha gibt weitere Hinweise für ein harmonisches Leben:
- Meditiere, um mehr Einsicht und Freiheit zu erreichen

- Sieh ein, dass der Mensch sterblich ist und halte nicht an Vergänglichem fest
- Respektiere und achte alle Lebewesen, auch Tiere
- Vermeide Lüge, Klatsch und Verleumdung
- Entwickle Güte und Freundlichkeit
- Übe einen Beruf aus, der niemandem schadet
- Zügle und kontrolliere Emotionen wie Begierde, Zorn oder Hass
- Nimm deinen Körper bewusst wahr: den Atem, die Sinnesempfindungen und Gedanken

Künstler, Lehrer und Staatsmänner sind auf Dauer nur glaubwürdig, wenn das Publikum, die Schüler, das Volk ihr Wirken als vorteilhaft erkennen.

In Bild 7.2 ist dargestellt, wie eine leitende Person sein Publikum durch seine Arbeit begeistert (Wellenlinien links). Das begeisterte Publikum schätzt dies, wird angeregt (Wellenlinien rechts). Die Energieniveaus aller Beteiligten steigen dadurch vom Niveau 1 auf Niveau 2. Gelingt es dem Leiter jedoch nicht, die Masse zu gewinnen, erkennt diese gar Betrugsversuche, entsteht Ablehnung und Kritik. Die Folge: Alle Beteiligten fallen gravitierend in niedrigere Energieniveaus.

Erkennt ein Leiter schwindende Akzeptanz, wird er versuchen, diese auf andere Weise zu erreichen. Die Palette historisch belegter Möglichkeiten zu diesem Zweck ist groß. Einer der Wege besteht in der Begrenzung der persönlichen Freiheit der Masse, dazu gehören Gesetze.

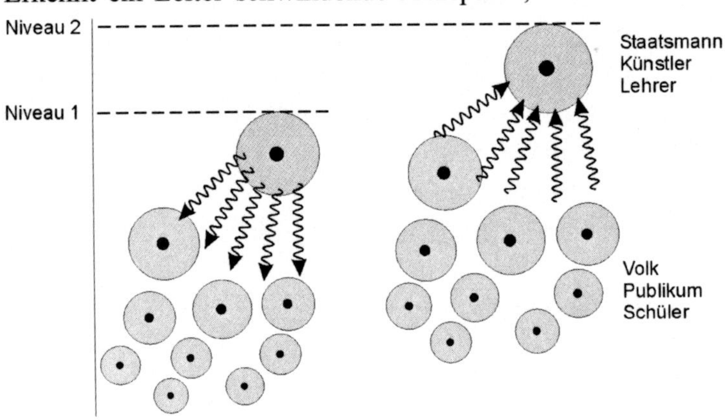

Bild 7.2 Erhöhung des Niveaus durch gegenseitige Anregung

Wenn einer träumt, ist es ein Traum,
wenn viele träumen,
ist es der Beginn einer neuen Wirklichkeit.

Dieser Spruch klingt sehr schön, aber träumen reicht nicht aus, um einen generellen Bewusstseinswandel zu erreichen.

Wir sind das Volk! Dieser machtvolle Ruf aktivierte die Menschen zur Durchsetzung des Mauerfalls. Für großes Veränderungspotenzial steht der folgende Ausspruch von Karl Marx:

Eine Idee wird zur materiellen Gewalt,
wenn sie die Massen ergreift.

Stellen wir uns vor, es gibt einen Missstand, der durch die Gesellschaft nicht gelöst wird, wie beispielsweise die Einführung von Genmanipulation in der deutschen Landwirtschaft. Wenn das Bewusstsein zur Beseitigung des Missstandes eine „kritische Menge“ der Bevölkerung erfasst hat, genügt der berühmte „Funke“, um die Menschen zum Widerstand zu aktivieren.

Begriffserklärungen

***Affirmation**, Bejahung, Bekräftigung, gesprochene oder gedachte Gebetsformel zur Aktivierung gewünschter Denk- oder Verhaltensweisen zur Herstellung des Gleichgewichts auch unter schwierigen Bedingungen. Um eine neue Denk- oder Verhaltensweise anzunehmen muss man gewöhnlich eine alte abgeben (Tugenden anstelle von Untugenden). Es sollte ein, höchstens drei Wünsche enthalten sein.

***Akasha-Chronik,** das gesamte Wissen der Menschheit ist in Energieniveaus vom Erd-Ausgleichsfeld gespeichert. Je höher das Energieniveau, desto feiner das Wissen. Die Intelligenzfelder der ehemals einzelnen Individuen vernetzen sich zu einer Hyper-Intelligenz. Dadurch ist die Gesamtheit wesentlich klüger als die Summe seiner Teile. Je mehr Ausgleichsfeld-Oktavbereiche ein Mensch entwickelt hat, desto tiefere Wahrheit kann er aus der Chronik erfahren. Menschen, bei denen das siebente Ausgleichsfeld-Oktavbereich entwickelt ist, können Weisheit aus der Chronik erfahren, wenn sie ihr Bewusstsein in die hohen Energieniveaus ihres siebenten Ausgleichsfeld-Bereiches lenken. Es ist ein intuitives Lesen im übertragenem Sinne, eine Meditation, eine geistige Anschauung, eine oft als Eingebung erlebte unmittelbare Erkenntnis der Wahrheit von höchsten Wesenszusammenhängen.

***Antenne**, wirkt als elektromagnetischer Schwingkreis, bei dem sich abwechselnd eine Kapazität (Kondensator) und eine Induktivität (Spule) auf- und entladen.

Dabei wechseln die Pole und die Richtung der Teilchenströme ebenfalls. Ein gerades Stück Draht wirkt bereits als *Antenne, ist ein einfacher Dipol.

***Asatru**, isl. Treue zu den Asen. Der Begriff wurde im 19. Jh. von skandinavischen Wissenschaftlern als Bezeichnung für die germanische Urreligion geprägt. Die Asen sind ein germanisches Göttergeschlecht. Weitere sind die Wanen. Anhänger von Asatru heißen Asatruar oder Asatruer.

***Aura**, die Gesamtheit der Wirkungen, die von einem Menschen ausgehen. nach [Lexikon96] Lichthülle, Heiligenschein, Bezeichnung für Felder die Lebewesen umgeben, z. B. das Wärmefeld. Im Sinne des Universal-Prinzip Ausgleichsfelder (Ausgleichsfeld) von Objekten. Lichthülle, Heiligenschein, Bezeichnung für Felder die Lebewesen umgeben, z. B. das Wärmefeld. Im Sinne des Universal-Prinzip Ausgleichsfelder (Ausgleichsfeld) von Objekten.

***Chakra** Sanskrit, „Rad". Der Begriff ist in den buddhistischen, taoistischen und hinduistischen Traditionen bekannt. Menschen besitzen sieben Hauptchakras, welche dem Austausch von Energie in unterschiedlichen Frequenzbereichen dienen. I. S. des Universal-Prinzip die Pole der Ausgleichsfelder.

***Cluster,** Cluster, engl. Klumpen, Traube, eine als einheitliches Ganzes zu betrachtende Menge von zusammenhängenden Einzelteilchen. [Bertels98]

***Datenbus**, eine elektrische Ringleitung, die alle elektronischen Komponenten (Steuergeräte) miteinander verbindet. Die Befehle für alle Komponenten laufen über diese Leitung. Jede Komponente erkennt die ihr zugedachten Befehle, die übrigen reagieren nicht.

***denaturiert,** Stoffe sind durch Zusätze so verändert, dass sie ihre ursprünglichen Eigenschaften verlieren. [Fremdwörter82] I. S. des Universal-Prinzip sind *denaturierte Nahrungsmittel weniger gut bis unverträglich. Die hochwertigsten Bestandteile können bereits durch maschinelle Verarbeitung zerstört werden.

***Dharma**, altindische religiöse Lehre über den Weg zum Heil; im Buddhismus eine der Größen, die das „dreifache Kleinod" (neben Buddha und der Gemeinde) bilden. [Bertels98]

***Doppelhelix**, Doppelspirale, auch die DNS (Desoxyribonucleinsäure) in den Genen im Zentrum jeder Zelle ist in Form einer *Doppelhelix strukturiert. I. S. des Universal-Prinzips ist diese aufgrund ihrer elektromagnetischen Komponente ideal zum Senden, Empfangen und zum Transport von Informationen geeignet.

***EEG**, Elektroenzephalographie, Ableitung und Aufzeichnung der durch die Tätigkeit der Hirnrinde entstehenden feinen Ströme im Elektroenzephalogramm. nach [Bertels98]

***Erdströme**, sehr schwache elektrische Ströme in der Erdrinde, die besonders bei magnetischen Stürmen oder Gewitter Telegraphenanlagen stören. [Bertels98]

***Esoterik**, innere Erkenntnis (individuelle innere Erkenntnis oder in einer Schule vermittelte). Geheimlehre bzw. Lehre über höhere Zusammenhänge, die nicht wirklich geheim, sondern nur Menschen zugänglich ist, die einen entsprechenden Entwicklungsstand erreicht haben. Gegensatz: **Exoterik**, die öffentlich verbreitete Erkenntnis.

Feld, eine physikalische Größe, der an jeder Stelle des Raums ein bestimmter Wert (Feldstärke) zugeordnet werden kann, z. B. Gravitations-(Schwere-), elektrische, magnetische und elektromagnetische Feldstärke. [Bertels98]

geistig, feinstofflich, grobstofflich, traditionell werden die Felder eines Menschen wie folgt bezeichnet: grobstofflich – der sichtbare materielle Körper (Kern); feinstofflich – die kernnahen unsichtbaren Ausgleichsfeld-Oktavbereiche, welche die feinstofflichen Felder mit den geistigen verbinden; geistig, die äußeren unsichtbaren Ausgleichsfeld-Oktavbereiche.

***Geomagnetwellen**, Medienwellen der Erdkernschichten auf denen die Eigenfrequenzen aller Medienteilchen, d.h. der Elemente und Verbindungen (Durchmesser von Atomkernen und -hüllen, Molekülen usw.) aufmoduliert sind.

***Gewissen**, die anlässlich bestimmter Handlungen auftretende unmittelbare Gewissheit ihrer Verwerflichkeit oder Richtigkeit bzw. das bei und nach ihrer Verwirklichung auftretende moralische Gefühl der Schuld oder Zufriedenheit. Ein *Gewissenskonflikt ist der Widerstreit zwischen gleichberechtigten Forderungen, deren eine sich nur auf Kosten der anderen realisieren lässt (Nutzen-Schaden-Situation). nach [Bertels98]

glauben, mhd. Gelouben, ahd. Gilouben, (mit anderem Präfix engl. to believe) gehen zurück auf germ. Ga-laubjan „für lieb halten, gutheißen", das zu der weit verzeigten Wortgruppe von lieb gehört. Schon bei den heidnischen Germanen bezog sich „glauben" auf das freundschaftliche Vertrauen eines Menschen zur Gottheit. Nach der Christianisierung drückt es dann wie lat. Credere und griech. Pisteuein das religiöse Verhalten des Menschen zum Christengott aus. [Fremdwörter82]

Helix, siehe *Doppelhelix

Hertz, Kurzzeichen Hz, die Einheit der Frequenz: 1 Hz = 1 Schwingung pro Sekunde.

Hohlraumresonator, besteht aus einem Hohlleiter. Wird er durch eine Welle zu Resonanz angeregt, sendet er diese verstärkt wieder ab.

Holografisch, Holographie, räumliche, dreidimensionale Struktur eines Objektes, Interferenzfigur, Hologramm.

Horoskop, als Geburtshoroskop eine Grafik, auf der für die Geburtsstunde eines Menschen die Stellung der Planeten, der Sonne und des Mondes in den Tierkreiszeichen und die Lage der letzteren zum Horizont des Geburtsorts und den Häusern des Himmels eingetragen sind; in der Astrologie verwendet, um Schlüsse auf Charakteranlagen und Schicksal zu ziehen. nach [Bertels98]

Ida, Sanskrit: Yang-Nebenkanal und Pingala, Sanskrit: Yin-Nebenkanal

Karma, Begriff der indischen Religionen zur Bezeichnung der automatischen Wirkungskraft menschlicher Handlungen, durch die in der nächsten Existenz Art und Höhe der Wiedergeburt bestimmt werden. nach [Bertels98].

Joule, Abk. J, die Einheit der Arbeit, Energie und Wärmemenge. 1000J = 1kJ. nach [Bertels98].

Kohärenz, liegt vor bei Wellen gleicher Wellenlänge und Schwingungsart. Lichtwellen können nur interferieren, wenn sie kohärent sind, d.h. entweder vom gleichen Punkt ausgehen oder durch Reflexion, Brechung oder Beugung aus einem Wellenzug aufgespalten wurden. nach [Bertels98]

Lebensplan, Darstellung der individuellen Anlagen und Ziele (Stärken und Schwächen) sowie Ableitung der Situationen bei Erfüllung bzw. Nicht-Erfüllung der Anlagen auf Basis eines Horoskops, siehe dort

Lemniskate, nach der Überlieferung alter Hochkulturen das Zeichen für den Zyklus allen Seins, nach C. F. Gauß Bezeichnung für unendlich, eine Zahlenfolge hat keinen Grenzwert, eine Folge geometrischer Gebilde (Punkte, Geraden) keine Grenzlage. Lemniskate, griech.-la eine (ebene algebraische) mathematische Kurve höherer Ordnung (liegende Acht). [Fremdwörter82], [Lexikon96]

Mandala, in Tibet und im japanischen Buddhismus ein mystisches Diagramm (Schaubild) in Form eines Kreises oder Vielecks, das bestimmte geistige Zusammenhänge versinnbildlichen soll. Das „OM-Mantra“ steht beispielsweise für die Verbindung zwischen Körper, Seele und Geist. Wird es als Mantra gesungen, wirkt es reinigend. nach [Bertels98].

Mantra, indische Bezeichnung für heilige Texte, besonders Hymnen des Veda; allgemein mystische oder magische Formel, auch als Meditationshilfsmittel. [Bertels98]

Nadi, Sanskrit: Röhre, i.S. des Universal-Prinzip Resonanzkanäle zwischen resonant angeregten Ausgleichsfeldern (analog zu Gedärmen, Adern, Nerven im physischen Körper).

Odin, im Süden Wotan oder Wodan genannt. Odin ist in der germanischen Mythologie die an der Spitze der nordischen Götterwelt stehende Gottheit. [Bertels98]

Parasympathikus, Sympathikus, Das vegetative Nervensystem (Eingeweide-N.) mit u. Parasympathikus reguliert die Tätigkeit der inneren Organe u. steuert jene Lebensvorgänge, die normalerweise ohne unseren Willen u. ohne unser Bewusstsein ablaufen, z.B. Atmung, Verdauung, Blutkreislauf, Drüsensekretion usw. Der Sympathikus aktiviert die Funktionen von Herz, Lunge u. anderen Organen, richtet sie auf Leistung u. Energieverbrauch aus; der Parasympathikus dagegen dämpft ihre Funktionen u. sorgt für Entspannung u. Erholung. nach [Bertels98].

Periodensystem der Elemente, Abk. PSE, die systematische, tabellarische Anordnung aller chemischen Elemente, die die Gesetzmäßigkeiten des atomaren Aufbaus und der physikalischen und chemischen Eigenschaften der Elemente widerspiegelt. In den waagerechten Zeilen des PSE, den Perioden, werden die Elemente nach steigender Elektronen- bzw. Ordnungszahl, in den senkrechten Spalten, den Gruppen nach ähnlichen chemischen und physikalischen Eigenschaften eingeordnet. nach [Lexikon96]

Photoeffekt, wird eine Metalloberfläche durch Licht bestrahlt (angeregt), gib das Metall Elektronen ab. Man bezeichnet diesen Vorgang als „Photoeffekt".

Schumannwellen, Prof. O.W.Schumann, Uni München, hat in den 50er Jahren die Eigenfrequenz des Raumes zwischen Erdoberfläche und der Heavisideschicht als Resonanz eines großen Hohlraumes mit 7,83 Hz gemessen. Sein Schüler, Prof. König Uni München hat das Ergebnis bestätigt. Prof. R. Wever zeigte, dass der Mensch Schumannwellen braucht, sie gelten heute als „Biologisches Normal".

Schwingkreis, Zusammenschaltung eines Kondensators und einer Spule in Reihe oder parallel, die zu elektrischen Schwingungen angeregt werden kann. Durch eine angelegte Spannung wird der Kondensator aufgeladen. Er entlädt sich über die Spule, in der infolge des Stromflusses eine Gegenspannung erzeugt wird, die wiederum den Kondensator auflädt usw. So pendelt der Strom immer hin und her. Wenn keine neue Kraft zugeführt wird, klingen die Schwingungen rasch ab (gedämpfte Schwingung). nach [Bertels98]

Shushuma, Sanskrit: Hauptkanal, im Sinne des Universal-Prinzip die Polachse eines jeden Objektes, hier des menschlichen Körpers

Snorri Sturluson (*1178, † 1241) ein altisländischer Dichter, Historiker und Politiker. Unterrichtet wurde er von Jon Loftsson, der als einer der einflussreichsten Häuptlinge und klügsten Männer Islands beschrieben wurde. Snorri gilt als Autor der Prosa-Edda, die eine Einführung in die nordische Mythologie bietet. Außerdem ist er Autor der Heimskringla und er gilt als Urheber der Egils-Saga.

Sri Yantra, eines der wichtigsten klassischen Yantras des indischen Yoga. Symbol für die Einheit der polaren Kräfte von Geist / Materie. Es ist ein geometrisches Gegenstück der tibetischen Yab-Yum Symbolik bzw. der indischen Shiva-Shakti Symbolik. Die Vereinigung der polaren Kräfte ist die Vollendung der Schöpfung. Die Dreiecke mit der Spitze nach unten symbolisieren Yoni, das weibliche Prinzip. Die Dreiecke mit der Spitze nach oben symbolisieren Lingam, das männliche Prinzip. Der Punkt in der Mitte (bindu) ist Ursprung und Vollendung der Schöpfung.

Transzendenz, die Grenzen der Erfahrung und des sinnlich Erkennbaren überschreitend, übersinnlich, übernatürlich. nach [Herkunftswörterb97]. Das ein Vorgegebenes Überschreitende, z. B. das Absolute, Göttliche. I. S. des Universal-Prinzip das unsichtbare Ausgleichsfeld-Oktavbereich, das die feinstofflichen Felder mit den geistigen verbindet.

Weisheit, griech. Sophia, eine menschliche Grundtugend (sittlich vollkommener Zustand, Grundlage oder Ziel menschlichen Handelns), die auf einem umfassenden Wissen um die letzten Gründe und Ziele des Seienden beruht. Weisheit umfasst demnach das relevante Wissen der Zeit. nach [Bertels98]

Weltenesche Yggdrasil, ist der erste der Bäume und es ist der Baum, der das Schicksal bringt und das „goldene Zeitalter" beendete. Als Maßbaum setzt er die Maßstäbe, nach denen alles ablaufen wird. Der sagenhafte Weltenbaum ist als universales Prinzip in allen Kulturen der Welt bekannt. Er ist auf zahlreichen Felsbildern erhalten. Analog kennt das Christentum den Baum der Erkenntnis. Yggdrasil verbindet mit ihren Wurzeln, dem Stamm und der Krone die Reiche der Riesen, der Menschen und der Götter. Sie verbindet auch Erde und Himmel. Eine weitere Entsprechung der drei verschiedenen Ebenen sind Körper, Seele und Geist. Nach dem Universal-Prinzip stellt der Maßbaum als Urmuster die zentrale Polachse dar, die jeden Körper als Ursprung eines Ausgleichsfeldes bzw. der Seele durchdringt.

Yggdrasil, Weltenesche, siehe dort

Wotan, Wodan, im Norden Odin genannt, siehe dort

Quellennachweis

[Berlinski02] Berlinski, D.: Der Apfel der Erkenntnis, Europäische Verlagsanstalt, Sabine Groenewold Verlage, Hamburg 2002

[Bertels98] Bertelsmann Universal Lexikon 98. Bertelsmann Electronic Publishing im Bertelsmann Lexikon Verlag GmbH, Gütersloh, München 1997

[Clark33] Clark; A. J.: Mode of Action of Drugs and Cells. Arnold Verlag, London 1933

[Coats] Coats; Callum: Naturenergien verstehen und nutzen, Viktor Schaubergers geniale Entdeckungen: Omega Verlag

[Fröhlich80] Fröhlich, H.: Advances in Electronics and Electron Physics. 1980

[Herkunftswörterb97] Duden, Etymologie: Herkunftswörterbuch. 2. Aufl., Dudenverlag, Mannheim Leipzig Wien Zürich 1997

[Fremdwörter82] Duden, Das Fremdwörterbuch. 4. Aufl., Dudenverlag Mannheim Wien Zürich, Bibliografisches Institut 1982)

[Lexikon96] Duden, Das Neue Lexikon. 3. Aufl,. Dudenverlag Mannheim, Leipzig, Wien, Zürich 1996

[Goldene05] Goldene Zeichen – Kult und Macht der Bronzezeit, Begleitheft zur Ausstellung. Historisches Museum der Pfalz, Speyer 2005

[Grimm03] Grimm, Jacob: Deutsche Mythologie. Bd. 1 und 2, 4. Auflage, fourierverlag, Wiesbaden 2003

[Guicciardini01] Guicciardini, Niccolò: Newton: Ein Naturphilosoph und das System der Welten. Verlag Spektrum der Wissenschaft Verlagsgesellschaft mbH, Heidelberg 2001

[Haken96] Haken, Hermann: Atom- und Quantenphysik. 6. Aufl., Springer Verlag Berlin Heidelberg New York 1996

[Hering89] Hering, Martin; Stohrer: Physik für Ingenieure. 3. Aufl., VDI Verlag, Düsseldorf 1989

[Hutter89] Hutter, K.: Die Anfänge der Mechanik. K., Springer VERLAG, Berlin Heidelberg New York 1989

[König75] König, H.: Unsichtbare Umwelt. Moos Verlag, München 1975

[Kuby94] Kuby, Clemens: Living Buddha. Goldmann Verlag, München 1994

[Kuchling99] Kuchling, Horst: Taschenbuch der Physik. 16. Aufl., Fachbuchverlag Leipzig im Carl-Hanser-Verlag, München, Wien 1999

[Kuchling89] Kuchling, Horst: Taschenbuch der Physik. 12. Aufl., Verlag Harri Deutsch, Frankfurt/Main, 1989

[Kuchling] Kuchling, Horst: Taschenbuch der Physik. 8. Aufl., Verlag Harri Deutsch, Frankfurt/Main

[Kutschmann83] Kutschmann, Werner: Die Newtonsche Kraft, Metamorphose eines wissenschaftlichen Begriffs. Studia leibntiana, Zeitschrift für Geschichte der Philosophie und der Wissenschaften im Auftrage der Gottfried-Wilhelm-Leibnitz-Gesellschaft E.V. Hrsg. Müller, Kurt; Schepers, Heinrich; Totok, Wilhelm; Sonderheft 12, Franz Steiner Verlag GmbH, Wiesbaden 1983

[Lène99] Lène, Alexandra: Darstellung der Theorie der Ausgleichswellenfelder und deren Anwendung auf Wechselwirkungen zwischen Atomen und Molekülen, Diplomarbeit. Fachhochschule Mannheim 1999

[Loistl93] Loistl, Otto: Chaostheorie. München Oldenburg 1993

[Melchizedek02] Melchizedek, Drunvalo: Die Blume des Lebens. Deutsche Ausgabe, 4. Aufl., KOHA-Verlag, Burgrain 2002

[Nachtigall00] Nachtigall, Werner; Blüchel, Kurt G.: Das große Buch der Bionik, Deutsche Verlags-Anstalt, Stuttgart München 2000

[Meyl04] Meyl, Konstantin: Die Sendetechnik der Götter.In: Zeitgeist 1 (2004), S. 12

[Paton61] Paton, W.D.M.: Proc. Roy. Soc. Ser. B. 154, 21, 1961

[Popp84] Popp, Fritz-Albert: Biologie des Lichts. Verlag Paul Parey, Berlin Hamburg 1984

[Popp93] Popp Fritz-Albert: Die Botschaft der Nahrung. Fischer Taschenbuch Verlag GmbH, Frankfurt 1993

[Ray01] Ray, P.H.; Anderson, S.R: The Cultural Creatives: How 50 Million People Are Changing the World. Crown Publishing Group, 2000. In: Zeitgeist 1 (2001).

[Russel01] Russel, Walter: Das Genie steckt in jedem. 2. Aufl., Genius Verlag, Oberstaufen 2001

[Schpolski85] Schpolski: Atomphysik. VEB Deutscher Verlag der Wissenschaften, Berlin 1985

[Speicher96] Speicher, Christian: Strahlung aus dem Nichts. In: Frankfurter Allgemeine Zeitung 134, Frankfurt 12.06.1996, S. N2

[Störig93] Störig, Hans Joachim: Kleine Weltgeschichte der Philosophie. Erw. Neuauflage, Fischer Taschenbuch Verlag GmbH, Frankfurt am Main 1993

[Temelie94] Temelie, Barbara: Ernährung nach den fünf Elementen. 6. Aufl., Joy Verlag GmbH, Sulzberg 1994

[Thun Aussaat] Thun: Aussaattage. Kosmos Verlag

[Thun Garten] Thun: Erfarhugnen für den Garten. Kosmos Verlag

[Winzer] Kultur Geschichte Europas. Sonderdruck der Naumann u. Göbel Verlagsgesellschaft, Köln, Hrsg.: Dr. F. Winzer, Georg, Westermann Verlag, Braunschweig

[bdW97] Der wirbelnde Kern. In: bild der wissenschaft 7 (1997), Deutsche Verlagsanstalt, Stuttgart

[bdW96] Die Planeten im Visier. In: bild der wissenschaft 4 (1996), Deutsche Verlagsanstalt, Stuttgart

[Reform04] Reformrundschau, 9 (2004), Hrsg.: Höpping & Schwabe AG Verlag und Buchhandlung.

[GEO98] Stern ohne Grenzen. GEO, 4 (1998), Grunert & Jahr, Hamburg.

[bdW196] Virtuell oder Reell. In: bild der wissenschaft 1 (1996), Deutsche Verlagsanstalt, Stuttgart.

[bdW05] Wo die Bibel irrt. In: bild der wissenschaft, 12 (2005), S. 56f, Deutsche Verlagsanstalt, Stuttgart.

[Spiegel604] Pforte zum Himmel. In: DER SPIEGEL 48 (2004) 22.11.2004, http://www.spiegel.de/spiegel/inhalt/0,1518,328900,00.html.

[Spiegel102] Überraschung, Galaxie tanzt aus der Reihe. http://www.spiegel.de/wissenschaft/0,1518,181604,00.html, 10.2.2002

[Spiegel202] Rückblick in Bildern Voyager-Zwillinge fliegen ein Vierteljahrhundert. http://www.spiegel.de/wissenschaft/weltraum/0,1518,210189,00.html, 20.8.2002

[Spiegel302] Dramatischer Klimawandel Pluto-Atmosphäre verblüfft Astronomen. http://www.spiegel.de/wissenschaft/weltraum/0,1518,210296,00.html, 21.8.2002

[Spiegel402] Mollige Erde Der Planet wird fetter. http://www.spiegel.de/wissenschaft/erde/0,1518, 207773,00.html, 2.8.2002

[Spiegel502] Laser-Messungen Der Mond hat ein weiches Herz. http://www.spiegel.de/wissenschaft/0,1518,183027,00.html, 18.2.2002

[Spiegel103] Verblüffender Wandel, Plutos Atmosphäre dehnt sich aus. http://www.spiegel.de/wissenschaft/weltraum/0,1518,256594,00.html, 10.7.2003

[Spiegel104] Kinder reimen, Erwachsene sinnieren. http://www.spiegel.de/wissenschaft/mensch/0,1518,325554,00.html, 29.10.2004

[Spiegel204] Rattenhirn steuert Kampfjet. http://www.spiegel.de/wissenschaft/mensch/0,1518,324941,00.html, 26.10.2004

[Spiegel602] Mond-Ausgrabungen Fossilienfriedhof im Meer der Ruhe?. http://www.spiegel.de/wissenschaft/weltraum/0,1518,207533,00.html, 31.7.2002

[Spiegel304] Wasser hielt Naturreaktor unter Kontrolle. http://www.spiegel.de/wissenschaft/mensch/0,1518,326084,00.html, 3.11.2004

[Spiegel404] Gezeiten lassen die Erde beben. http://www.spiegel.de/wissenschaft/erde/0,1518,324318,00.html, 22.10.2004

[Spiegel504] Der gespenstische Gesang der Zellen. http://www.spiegel.de/wissenschaft/mensch/0,1518,302272,00.html, 7.6.2004

[Spiegel203] Kollisionsgefahr, Sonne wirft Asteroiden aus der Bahn. http://www.spiegel.de/wissenschaft/weltraum/0,1518,276950,00.html, 7.12.2003

[Spiegel105] Ohne Sonne schrumpft das Hirn. http://www.spiegel.de/wissenschaft/erde/0,1518,356052,00.html, 15.5.2005,

[Spiegel604] Warum der Meeresboden singt. http://www.spiegel.de/wissenschaft/erde/0,1518,320719,00.html, 30.9.2004

[Spiegel702] Physiker schaffen stärkstes Magnetfeld. http://www.spiegel.de/wissenschaft/0,1518,177559,00.html, 17.2.2002

[Spiegel205] Bakterien kommunizieren per Luftpost. SPIEGEL ONLINE.

[Banzhaf05] Weltzeitalter. Banzhaf, Hajo. http://www.tarot.de, 2005.

[Spiegel802] Magnetische Momente Teilchensturm tobt am Jupiter. http://www.spiegel.de/wissenschaft/weltraum/0,1518,184715,00.html, 28.2.2002

[Spiegel0106] Das Geheimnis der eigenen Duftnote. http://www.spiegel.de/wissenschaft/mensch/0,1518,451240,00.html. 29.11.2006

[ZDF106] Die arktische Wärmepumpe. http://www.zdf.de/ZDFde/inhat/14/0,1872,4079406,00.html. 26.11.2006

[Spiegel0206] Dunkle Energie gibt Einstein Recht. http://www.spiegel.de/wissenschaft/weltall/0,1518,449179,00.html. 19.11.2006

[Spiegel0107] Die Schwerkrafttricks der Pflanzen.

http://www.spiegel.de/wissenschaft/weltall/0,1518,466770,00.html. 16.2.2007

093454

Über die Autoren

Rolf K. Böttner, Jahrgang 1944, nach dem Abitur Studium Kfz-Technik, danach tätig als Sportwagenkonstrukteur, wissenschaftlicher Mitarbeiter und Kfz-Sachverständiger, zuletzt verantwortlich für Qualitäts-Management Kfz-Gutachtenwesen. Mit 43 Jahren schwere Erkrankung, aufgrund derer er begann, sich mit dem Sinn des Lebens auseinanderzusetzen: Studium der Mystiker, vergleichende Philosophie, später Psychotherapie und alternative Heilmethoden. Dadurch erkannte er, welch enorme Möglichkeiten das eigene Potential bietet.

Alexandra Lène, geb. Böttner, Jahrgang 1971, nach dem Abitur Studium Biotechnologie. Während eines Praktikums im Internationalen Institut für biophysikalische Zellforschung (Prof. Fritz-Albert Popp) entstand der Wunsch nach intensiverem Verständnis der Lebensprozesse. Studium vergleichende Philosophie und alternative Heilmethoden. In ihrer Diplomarbeit erarbeitete sie eine Anwendung des Universal-Prinzips. Tätigkeiten bei „BioMerieux" und „Aventis" in Lyon.

Zwischen Vater und Tochter entwickelte sich im Laufe der Zeit eine intensive Zusammenarbeit. Kreative Forschung durch Synthese aus intuitiver Weisheit und verstandesmäßigem Wissen führten schließlich zur Entdeckung des Universal-Prinzips. Aufgrund dessen erreichten beide nicht nur ein tieferes Verständnis der Natur, sondern die verschiedenen einzelnen Kenntnisse und Erfahrungen fügten sich zu einem einheitlichen großen Zusammenhang. Seither Publikationen, Vorträge und Zusammenarbeit mit anderen Forschern, um das Universal-Prinzip in verschiedenen Fachbereichen zum Nutzen aller auf breiter Basis weiterzuentwickeln.